KB146495

FPGA를 이용한 디지털 시스템 설계 및 실습

FPGA
for Digital System Design

FPGA를 이용한 디지털 시스템 설계 및 실습

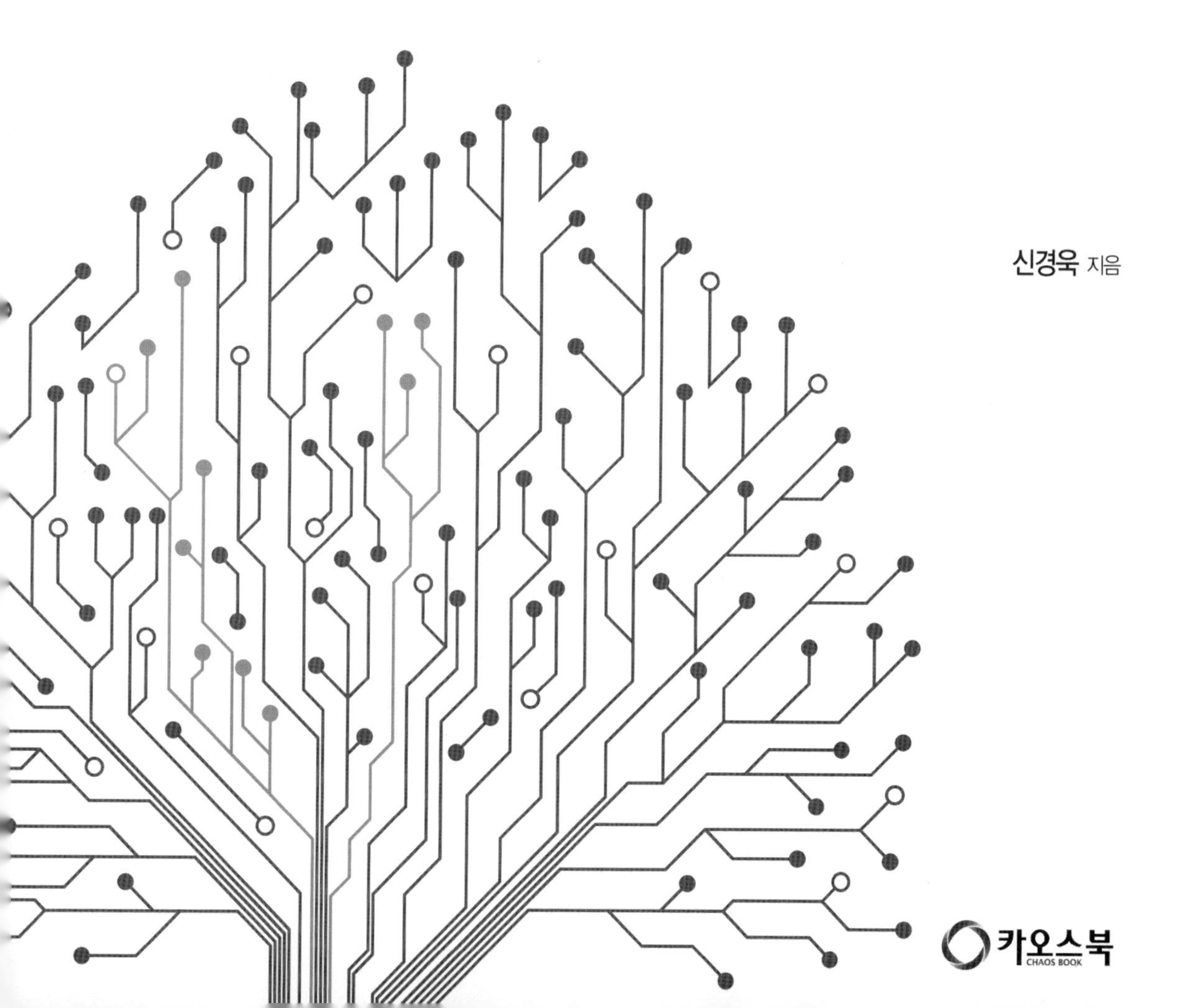

신경욱 지음

카오스북
CHAOS BOOK

FPGA를 이용한 디지털 시스템 설계 및 실습

발행일 | 2015년 12월 30일
저자 | 신경욱
발행인 | 오성준
발행처 | 카오스북
디자인 | 오즈커뮤니케이션
인쇄 | 거호프로세스

등록번호 | 제25100-2015-000038호
주소 | 서울 서대문구 연희로 77-12, 505호(연희동, 연화빌딩)
전화 | 02-3144-3871, 3872
팩스 | 02-3144-3870
이메일 | info@chaosbook.co.kr
웹사이트 | www.chaosbook.co.kr
ISBN | 978-89-98338-87-9 93560
정가 | 23,000원

본 교육교재는 교육부의 재원으로 한국연구재단의 지원을 받아 수행된 산학협력 선도대학(LINC) 육성사업의 연구결과입니다.

저자 서문

FPGA(Field Programmable Gate Array)는 현장에서 프로그래밍을 통해 디지털 회로를 쉽고 빠르게 구현하고 변경할 수 있는 반도체 집적회로 소자로서 ASIC(Application Specific integrated Circuits)을 개발하기 위한 전단계의 하드웨어 검증 용도와 소량으로 생산되는 제품에 탑재되는 반도체 소자의 한 형태입니다. 최근에는 CPU 코어, 메모리, 고속 I/O 인터페이스 등의 고성능 부가기능이 내부에 집적되는 추세이며, 디지털 시스템 설계에 있어서 그 중요성이 날로 증가하고 있습니다. 산업 현장에서는 시스템 IC(System-on-Chip; SoC) 설계 전문 기업체뿐만 아니라 가전, 통신 시스템, 산업용 제어기기 관련 기업체까지 FPGA 디바이스의 사용이 보편화되고 있습니다.

이와 같은 산업체의 추세를 반영하여 최근에는 학부 과정에서 FPGA를 이용한 디지털 회로설계를 교육하는 대학교가 점점 늘어나고 있습니다. 그러나 대학 교재로 사용하기에 적합한 서적이 많지 않으며, 또한 산업체 엔지니어들이 쉽게 접근할 수 있는 서적도 한정되어 있는 실정입니다. 이 책은 학부생(2학년~4학년) 대상의 강의교재로 사용하는 것을 주목적으로 집필되었으며, 또한 대학원생이나 산업체 엔지니어들이 스스로 학습하여 실무에 활용할 수 있도록 고려하였습니다. 디지털 회로의 FPGA 구현과 하드웨어 검증, 그리고 Xilinx ISE 설계 소프트웨어 사용법을 설명하였으며, FPGA 디바이스의 종류와 특성, 내부 구조에 대해서도 비교적 상세히 소개하였습니다. 또한, 디지털 시스템 설계에 사용되는 Verilog HDL의 기본 문법과 다양한 조합회로 및 순차회로의 모델링 예를 소개하려고 노력하였습니다. 따라서 이 책을 읽는 독자들은 디지털 하드웨어의 Verilog HDL 모델링에서부터 FPGA 구현 및 검증에 이르는 전체 과정을 체계적으로 학습하고 실무에 활용할 수 있을 것으로 기대됩니다.

1장에서는 Verilog 하드웨어 설계 언어에 대해 기본적이고 핵심적인 내용을 중심으로 요약해서 설명하였습니다. Verilog HDL의 어휘 규칙, 자료형과 연산자에 대해 소개하였으며, Verilog HDL의 전체적인 개요를 파악할 수 있도록 4가지 모델링 방법과 테스트 벤치를 예제와 함께 소개하였습니다. 2장에서는 Xilinx FPGA 디바이스에 대해 소개하였습니다. Virtex와 Spartan

계열의 디바이스 종류별 특성과 내부 구조, 메모리 및 클록 관련 리소스 등을 비교적 상세히 설명하였습니다. 3장은 Xilinx ISE 소프트웨어 사용법을 설계 흐름을 중심으로 설명하였습니다. 4장에서는 Xilinx FPGA에 구현된 회로의 동작 타이밍을 검증하고 디버깅하는 타이밍 클로저 과정, 로직 지연을 줄이기 위한 HDL 코딩 가이드와 합성 옵션 및 타이밍 제약조건 등에 관해 설명하였습니다.

5장은 FPGA 구현실습 장비인 iRoV-Lab 3000의 구성과 각 장치들의 특징 및 사용법을 소개하였으며, 실습장비 제조회사인 (주)리버트론의 자료를 바탕으로 작성되었습니다. 6장은 여러 가지 조합회로와 순차회로를 Verilog HDL로 설계하고 실습장비에 구현하여 동작을 확인할 수 있도록 기본적인 실습 예제를 중심으로 구성되어 있습니다. 7장과 8장은 Core Generator를 이용한 응용회로와 실습장비의 센서 모듈, 모터 모듈 등을 이용하는 다양한 설계 예제와 설계과제들이 포함되어 있으며, 이를 통해 FPGA를 이용한 하드웨어 설계 및 검증 능력을 배양할 수 있도록 하였습니다. 독자들 스스로 설계과제들을 실습해 본다면 Verilog HDL과 FPGA에 대한 이해와 응용력뿐만 아니라 실무능력 향상에도 큰 도움이 되리라 생각됩니다.

이 책의 모든 예제들은 시뮬레이션 또는 FPGA 구현 검증을 통한 확인 과정을 거쳤습니다. 그러나 HDL 소스 코드를 책으로 옮기는 편집과정에서 오류가 발생되었을 수도 있습니다. 혹시, 책에 오류가 발견되거나 부족한 부분을 알려 주시면 개정판에 반영하도록 하겠습니다.

이 책은 금오공과대학교 산학협력 선도대학(LINC) 육성사업으로 수행된 연구결과물이며, 지원에 감사드립니다. FPGA 실습장비의 기술 자료를 제공해 주신 ㈜리버트론 김만복 사장님과 기술연구소 관계자 그리고 책의 내용을 면밀히 검토해주신 김민석 팀장님께 감사드립니다. 이 책에 수록된 예제들의 검증과 오탈자 교정에 도움을 준 금오공과대학교 VLSI 설계 연구실 학생들에게도 감사를 표합니다. 이 책의 출판을 맡아 주신 카오스북스 오성준 대표와 많은 분량의 원고를 짜임새 있고 읽기 편하게 편집하고, 교정해 주신 관계자분들의 수고에도 감사드립니다. 마지막으로 이 책이 독자들에게 도움이 될 수 있기를 바랍니다.

2015년 12월　저자

목 차

제1장 Verilog 하드웨어 설계 언어

1.1 Verilog HDL 개요

1.2 연산자

1.3 게이트 수준 모델링

1.4 연속 할당문

1.5 행위수준 모델링

1.6 구조적 모델링

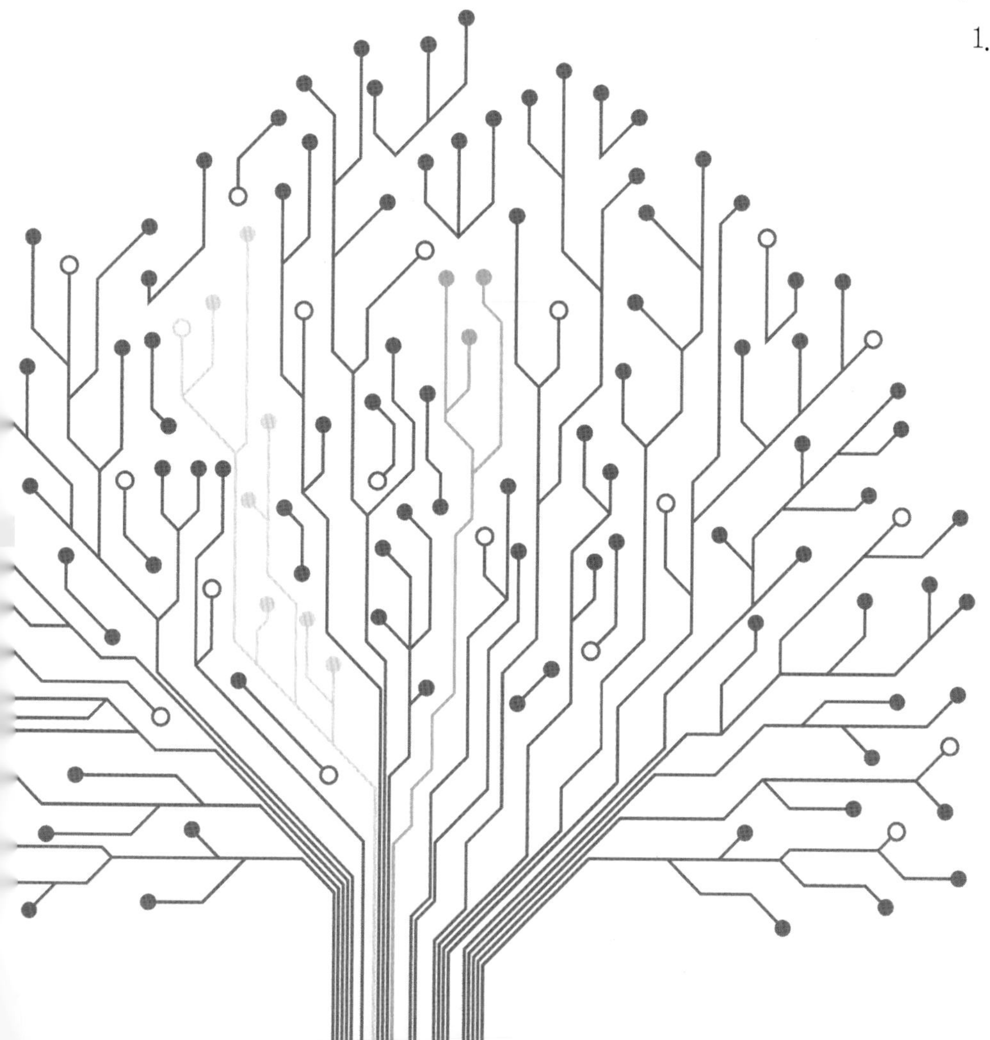

1 Verilog 하드웨어 설계 언어

회로 복잡도가 크지 않았던 1990년대 초반까지는 회로도를 그려서 설계하고 검증하는 스키매틱(schematic) 기반의 회로설계 방법이 보편적으로 사용되었다. 반도체 제조기술의 발전에 의해 집적회로(Integrated Circuit; IC) 복잡도가 급격히 증가함에 따라 고전적인 회로설계 방법으로는 많은 인력과 시간이 소요되는 비효율성이 문제로 대두되었다. 이를 개선하기 위한 노력으로 회로도 대신에 언어를 이용하여 회로를 설계하고 검증하는 하드웨어 기술언어(Hardware Description Language; HDL) 기반의 설계방법이 1980년대 후반부터 개발되기 시작했다.

Verilog HDL은 디지털 시스템의 기능과 회로 구조를 표현하도록 개발된 하드웨어 기술 언어이다. 소프트웨어 프로그래밍 언어와 다르게 하드웨어 기술에 적합한 언어 요소들을 가지며, 디지털 하드웨어를 여러 계층레벨에서 표현하고 검증할 수 있도록 개발되었다. Verilog HDL은 게이트 수준에서부터 레지스터 전송 수준(Register Transfer Level; RTL), 행위 수준(behavioral level)에 이르기까지 다양한 계층에서 디지털 하드웨어 설계가 가능하며, 또한 반도체 제조공정과 FPGA(Field Programmable Gate Array) 소자에 무관하게 회로를 설계하고 검증할 수 있어 설계 작업의 효율성이 우수하다. Verilog HDL은 1995년 12월에 IEEE(Institute of Electrical and Electronics Engineers) Std. 1364-1995로 표준화된 이래로 반도체 IC 개발 및 시스템 업체에서 폭넓게 사용되고 있다.

이 장에서는 Verilog HDL 사용자가 알아야 할 문법의 핵심 내용을 소개하고, Verilog HDL을 이용한 회로 설계 예를 살펴본다. Verilog HDL 문법의 상세한 내용은 관련 서적을 참고하기 바란다.

1.1 Verilog HDL 개요

Verilog HDL의 구문은 논리합성용 구문, 시뮬레이션용 구문, 라이브러리 설계용 구문으로 구분된다. 논리합성용 구문은 assign 문, always 문, if ~ else 문, case 문, for 문 등 대부분의 논리합성 툴에서 합성을 지원하는 구문들이다. 시뮬레이션용 구문은 initial 문, $finish, $fopen 등 시뮬레이션을 위한 테스트벤치의 작성에 사용되며, 논리합성이 지원되지 않는다. 라이브러리용 구문은 논리합성에 적용되는 셀 라이브러리 설계에 사용되며, 셀의 기능, 지연, 핀 정보 등을 정의하는 데 사용된다. 논리합성을 위한 RTL 수준의 모델링에서는 합성이 지원되는 구문들만 사용해야 하며, 시뮬레이션용 구문은 사용하지 말아야 한다.

1.1.1 모듈

Verilog HDL의 기본 설계 단위는 모듈(module)이며, [그림 1.1]과 같이 키워드 module로 시작하여 키워드 endmodule로 끝나는 구조를 갖는다. 모듈을 정의하는 첫 번째 줄은 키워드 module로 시작하여 모듈이름, 포트목록 그리고 세미콜론(;)으로 끝난다. 모듈이름은 식별자 규칙에 따라 설계자가 지정하며, 키워드와 동일한 이름을 사용할 수 없고, 가독성(readability)을 위해 밑줄이 포함될 수 있다. 회로의 기능을 함축적으로 나타내는 모듈이름을 사용하는 것이 좋다. 모듈 내부에는 포트목록에 나열된 포트들의 방향(입력, 출력, 입출력)과 비트 폭, 자료형(reg, wire, integer 등), parameter 등이 필요에 따라 선언되며, 회로의 기능, 동작, 구조 등을 표현하는 다양한 구문들로 구성된다.

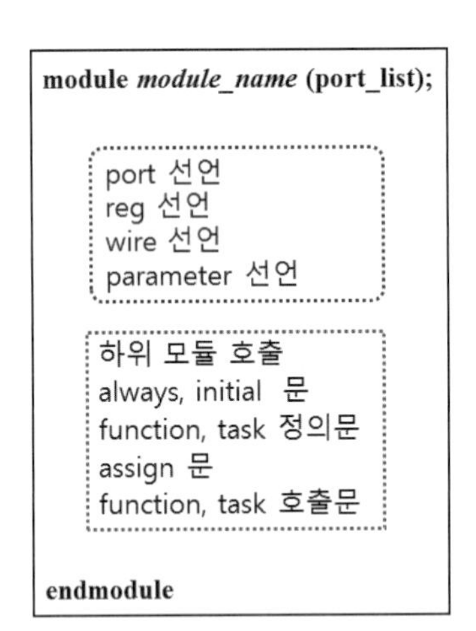

[그림 1.1] Verilog HDL의 모듈 구성

Verilog HDL의 회로 모델링은 게이트 프리미티브 또는 하위 모듈의 인스턴스, assign 문, always 문, 함수 또는 task 정의 및 호출 등을 사용하여 회로의 기능과 구조를 표현한다. 합성을 위한 RTL 수준의 모델링에서는 합성이 지원되는 구문만 사용해야 하며, initial 문, forever 문 등 합성이 지원되지 않는 구문은 시뮬레이션을 위한 테스트벤치에만 사용한다. Verilog HDL의 문장은 기본적으로 병행(concurrent)문이며, 따라서 문장의 순서에 무관하게 동일한 결과를 갖는다. 단, always 문과 initial 문 내부의 절차형 할당문은 예외적으로 문장의 순서가 결과에 영향을 미친다.

Verilog HDL은 게이트 프리미티브(gate primitive)를 이용한 모델링, 연속 할당문을 이용한 모델링, always 문을 이용한 행위수준 모델링, 하위 모듈의 인스턴스에 의한 구조적 모델링의 4가지 기본 모델링 방법을 사용한다. 이들 4가지 모델링 방법의 예를 간략히 살펴본다.

1) 게이트 프리미티브를 이용한 모델링

게이트 프리미티브(gate primitive)는 Verilog HDL에서 기본적으로 제공하는 기본 논리게이트이며, 단순한 조합회로 모델링에 사용될 수 있다. 반가산기(half adder) 회로를 게이트 프리미티브를 사용하여 모델링한 예는 [코드 1.1]과 같다. 모듈이름은 half_adder1이며, 포트목록에는 반가산기의 입력신호 a, b와 출력신호 sum, cout이 나열된다. 모듈의 선언부에는 포트목록에 나열된 신호들의 방향과 비트 폭이 선언된다. Verilog HDL에서 기본적으로 제공되는 게이트 프리미티브인 xor 게이트와 and 게이트를 이용하여 모델링되었으며, 게이트 프리미티브의 포트는 출력, 입력의 순서를 갖는다. 앞에서도 설명하였듯이, Verilog의 문장은 기본적으로 병행문이므로, 게이트 프리미티브를 인스턴스하는 두 개의 문장은 순서에 무관하다. 게이트 프리미티브를 이용한 모델링 방법은 1.3절을 참조한다.

```
module half_adder1 (a, b, sum, cout);
  input   a, b;
  output  sum, cout;

  xor (sum, a, b);   // sum = a ⊕ b
  and (cout, a, b);  // cout = a·b
endmodule
```

[코드 1.1] 게이트 프리미티브를 이용한 반가산기 모델링 예

2) 연속 할당문을 이용한 모델링

Verilog HDL의 연속 할당문은 assign 문으로 표현되며, 할당 기호(=) 좌변의 신호에 우변의 결과 값을 할당한다. 반가산기 회로를 연속 할당문으로 모델링한 예는 [코드 1.2]와 같다. 반가산기 출력 sum과 cout의 논리식을 Verilog의 연산자 &(비트 and)와 연산자 ^(비트 xor)를 사용하여 표현하였다. Verilog HDL의 문장은 병행문이므로, 두 개의 assign 문장은 그 순서에 무관하게 동일한 결과를 갖는다. 연속 할당문을 이용한 모델링 방법은 1.4절을 참조한다.

```
module half_adder2(a, b, sum, cout);
   input  a, b;
   output sum, cout;

     assign sum  = a ^ b;
     assign cout = a & b;
endmodule
```

[코드 1.2] 연속 할당문을 이용한 반가산기 모델링 예

3) 행위수준 모델링

행위수준(behavioral level) 모델링은 always 구문 내부에 할당문, if 조건문, case 문, 반복문 등을 이용하여 회로의 기능과 동작을 모델링하는 방법이며, 조합회로와 순차회로의 모델링에 폭넓게 사용된다. [코드 1.3]은 반가산기 회로의 행위수준 모델링 예이다. always 내부에 case 문을 이용하여 반가산기의 입력 a, b의 4가지 값에 대해 반가산기 출력 cout과 sum의 출력을 결정한다. {a, b}는 입력 a, b를 결합연산자로 묶어 2비트의 신호로 표현한 것이며, 2'b00는 2비트의 2진수(binary) 값 00을 의미한다. always 내부에서 값을 할당받는 신호(sum, cout)의 자료형은 reg로 선언되어야 한다.

```
module half_adder3(a, b, sum, cout);
   input  a, b;
   output sum, cout;
   reg    sum, cout;

   always @ (a or b) begin
     case({a,b})
        2'b00 : {cout, sum} = 2'b00;
        2'b01 : {cout, sum} = 2'b01;
        2'b10 : {cout, sum} = 2'b01;
        2'b11 : {cout, sum} = 2'b10;
     endcase
   end
endmodule
```

[코드 1.3] 반가산기 회로의 행위수준 모델링 예

[코드 1.4]는 순차회로에 사용되는 D 플립플롭(flip-flop) 회로를 행위수준으로 모델링한 예이다. always @(posedge clk or posedge rst)에 의해 플립플롭이 클록신호 clk의 상승에지(rising edge)로 동작하고, 비동기식(asynchronous) active-high 리셋을 나타낸다. always 내부의 if ~else 문에 의해 리셋을 포함한 D 플립플롭의 동작이 모델링되었다. 행위수준 모델링은 1.5절을 참조한다.

```
module D_ff (clk, rst, din, q);
   input  clk, rst, din;
   output q;
   reg    q;

always @(posedge clk or posedge rst) begin
   if (rst) q <= 0;
   else     q <= din;
end
endmodule
```

[코드 1.4] D 플립플롭 회로의 행위수준 모델링 예

4) 구조적 모델링

구조적 모델링은 상위수준의 모듈이 하위수준의 모듈을 인스턴스하고, 포트 매핑을 통해 신호를 전달하는 계층적 모델링 방법이다. 1비트 전가산기는 [그림 1.2]와 같이 두 개의 반가산기와 하나의 OR 게이트로 구현될 수 있다. [코드 1.5]는 [코드 1.1]의 반가산기 모듈 half_adder1을 인스턴스하여 구조적 모델링으로 설계한 예이다. 하위모듈의 인스턴스에는 레이블(U1, U2)이 반드시 사용되어야 하며, 포트 매핑에 의해 모듈의 포트에 신호가 연결된다. [코드 1.5]의 모델링에서 반가산기 모듈의 인스턴스 U1은 이름에 의한 포트 연결(named association)이 사용되었으며, 인스턴스 U2는 순서에 의한 포트 연결(positional association) 방법이 사용되었다. OR 게이트는 게이트 프리미티브 or를 사용하여 모델링되었으며, 게이트 프리미티브에는 레이블(U3)이 생략될 수 있다. 하위모듈 인스턴스를 이용한 구조적 모델링 방법은 1.6절을 참조한다.

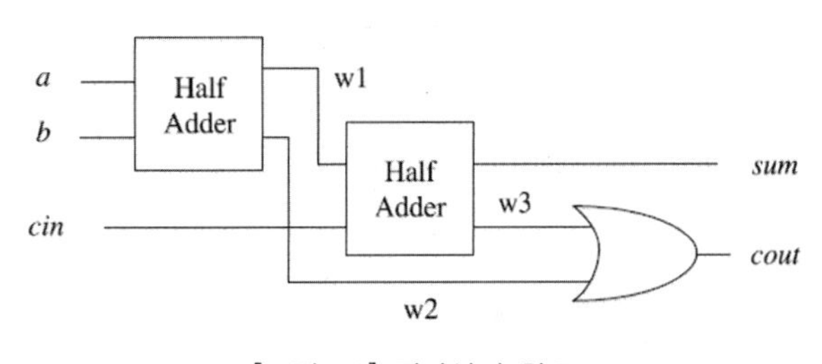

[그림 1.2] 전가산기 회로

```
module full_add(a, b, cin, sum, cout);
  input   a, b, cin;
  output  sum, cout;
  wire    w1, w2, w3;   //1비트 wire 선언은 생략 가능

  half_adder1 U1(.a(a), .b(b), .sum(w1), .cout(w2));   // 이름에 의한 포트 매핑
  half_adder1 U2(w1, cin, sum, w3);                     // 순서에 의한 포트 매핑
  or          U3(cout, w2, w3);                        // 게이트 프리미티브 인스턴스
endmodule
```

[코드 1.5] 모듈 인스턴스를 이용한 전가산기 회로의 구조적 모델링 예

5) 테스트벤치 모듈

Verilog HDL의 회로 모델링이 완료되면, 시뮬레이션을 통해 회로의 기능과 동작 타이밍을 검증해야 한다. 시뮬레이션을 위해서는 설계된 회로에 시뮬레이션 입력을 인가하고 그 응답을 확인하는 과정이 필요하다. 설계된 HDL 모델을 시뮬레이션하기 위한 Verilog 모듈을 테스트벤치(testbench)라고 한다.

Verilog HDL의 테스트벤치 구조는 [그림 1.3]과 같다. 포트목록이 생략된 형태를 가지며, 시뮬레이션 대상이 되는 모듈의 인스턴스와 시뮬레이션 입력신호를 생성하는 initial 또는 always 문으로 구성된다. Verilog HDL의 테스트벤치는 독립된 모듈로 취급되며, 별도의 파일로 작성된다. Verilog HDL의 구문 중에는 시뮬레이션만 지원되고 논리합성이 지원되지 않는 구문이 있으므로, 테스트벤치 모듈을 회로설계 모듈과 분리하여 독립된 파일로 작성하는 것이 바람직하다.

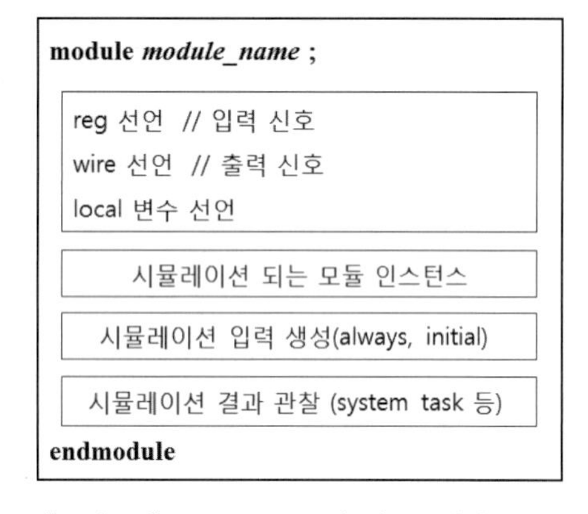

[그림 1.3] Verilog HDL의 테스트벤치 구조

[코드 1.6]은 Verilog HDL의 테스트벤치 예를 보인 것이다. 테스트벤치 모듈은 모듈 외부로 신호의 입력 또는 출력이 없으므로, 일반적으로 포트목록을 갖지 않는다. 테스트벤치 모듈은 reg 변수 선언, 모듈 half_adder1의 인스턴스, 시뮬레이션 입력을 생성하는 initial 문으로 구성되며, initial 문에는 입력 a, b의 값을 100 ns의 간격으로 생성하고 있다. initial 내부의 기호 #은 지연을 나타내며, #100은 100 ns의 지연을 나타낸다. [그림 1.4]는 [코드 1.6]의 테스트벤치를 이용하여 [코드 1.1]의 반가산기 회로를 시뮬레이션한 결과이다. 테스트벤치에서 생성된 입력 a, b의 값에 따라 반가산기의 출력 sum과 cout 값을 확인하여 설계된 회로

의 논리동작을 검증할 수 있다.

```
module tb_half_adder ;
  reg a, b;

  half_adder1 uut (.a(a), .b(b), .sum(sum), .cout(cout));
  initial begin
        a = 0;b = 0;
    #100 b=1;
    #100 a=1; b=0;
    #100 b=1;
    #100 a=0; b=0;
  end
endmodule
```

[코드 1.6] Verilog HDL의 테스트벤치 예

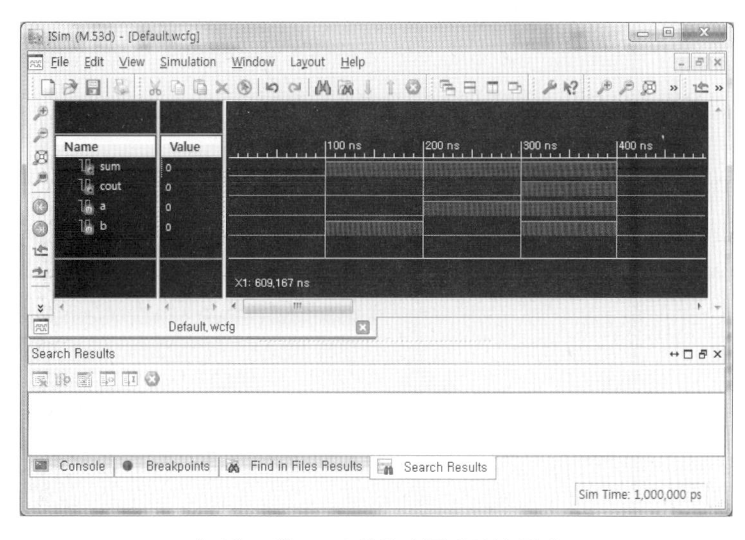

[그림 1.4][코드 1.6]의 시뮬레이션 결과

테스트벤치 작성에 있어서 가장 중요한 부분은 시뮬레이션 입력의 생성이다. 시뮬레이션은 설계된 Verilog 모델이 설계사양을 충족시키며 올바로 동작하는지를 검증하는 과정이다. 따라서 가능한 한 모든 입력 조건에 대해 회로의 동작을 검증해야 하며, 이를 위한 시뮬레이션 입력의 생성이 매우 중요하다. 테스트벤치에는 시뮬레이션 제어용 시스템 task인 `$finish`와 `$stop`, 시뮬레이션 결과 관찰용 시스템 task인 `$monitor`, `$display`, `$write`, 파일 입·출력용 시스템 함수 및 시스템 task들이 함께 사용될 수 있다.

1.1.2 Verilog HDL의 어휘 규칙

Verilog HDL의 소스 코드는 어휘 단위들로 구성되며, 여백(white space), 주석(comment), 연산자(operator), 수(number), 문자열(string), 식별자(identifier), 키워드(keyword) 등의 어휘 단위가 사용된다. 여백은 빈칸(space), 탭(tab), 줄바꿈 등을 포함하며, 어휘 단위를 분리하기 위해 사용되는 경우 이외에는 무시된다.

1) 주석

Verilog HDL에서는 두 가지 형태의 주석을 사용할 수 있다. 단일 라인 주석문은 //로 시작되어 줄바꿈으로 끝나며, //가 시작되는 위치에서부터 그 라인의 끝까지 주석으로 처리된다. 블록 주석문은 /* ~ */로 지정하며, 그 사이의 내용은 모두 주석문으로 처리된다.

2) 식별자

식별자(identifier)는 객체에 고유의 이름을 지정하기 위해 사용되며, 일련의 알파벳 문자, 숫자, 기호 $, 밑줄 등으로 구성된다. 식별자의 첫 번째 문자는 알파벳 또는 밑줄만 사용될 수 있으며, 숫자나 기호 $가 사용될 수 없다. 식별자는 대소문자를 구별한다.

[예 1.1.1] 유효한 식별자

```
reset
half_adder
_busA
counter32
```

3) 문자열

문자열은 이중 인용 부호(" ") 사이에 포함된 일련의 문자들이며, 여러 라인에 걸친 문자열은 허용되지 않는다. 문자열은 수식의 피연산자로 사용될 수 있으며, 문자열 할당은 일련의 8비트 ASCII 값으로 표현되는 무부호(unsigned) 정수형 상수로 취급된다. 문자열 변수는 reg 자료형을 가지며, 문자열 내의 문자 개수에 8을 곱한 크기의 비트 폭을 갖는다.

[예 1.1.2] 문자열

```
reg [8*12:1] string_var;

initial begin
   string_var = "Hello world!";
end
```

4) 키워드

Verilog HDL에서 특정한 용도로 사용되도록 미리 정의된 식별자를 키워드(keyword)라고 하며, 모든 키워드는 소문자로 정의된다.

[예 1.1.3] Verilog HDL 키워드

```
always          generate        real
and             genvar          realtime
assign          if              reg
begin           include         signed
buf             initial         specify
bufif0          inout           task
bufif1          input           time
case            integer         tranif0
casex           join            tranif1
casez           large           tri
deassign        liblist         tri0
default         library         tri1
defparam        localparam      triand
else            module          trior
end             nand            trireg
endcase         negedge         unsigned
endfunction     nor             wait
endgenerate     not             wand
endmodule       notif0          weak0
endtask         notif1          weak1
event           or              while
for             output          wire
forever         parameter       wor
fork            posedge         xnor
function        primitive       xor
```

5) 수 표현

Verilog에서 사용되는 상수는 정수형(integer)과 실수형(real)으로 구분된다. 정수형 상수는 10진수, 16진수, 8진수, 2진수 등으로 표현될 수 있으며, 기본 형식은 다음과 같다.

```
[size_constant]'base_format number_value
```

- size_constant: 값의 비트 수를 나타내는 상수로서 0이 아닌 양의 10진수가 사용된다. 생략되는 경우는 32비트로 취급된다.
- 'base_format: 밑수(base)를 지정하는 문자가 사용되며, 부호(')와 밑수 지정 문자는 붙여야 하며, 공백으로 분리될 수 없다. 10진수(d, D), 16진수(h, H), 8진수(o, O), 2진수(b, B)가 사용된다.
- number_value: 양의 숫자를 사용하여 값을 표현하며, 'base_format에 유효한 숫자들로 구성된다.

밑수 지정자와 함께 부호 지정자 s가 사용되면 signed 정수로 취급되고, 부호 지정자 없이 밑수만 지정되면 unsigned 정수로 취급된다. 부호 지정자 s는 비트 패턴의 해석에만 영향을 미친다. size_constant 앞의 + 또는 −는 부호를 나타내며, 음수는 2의 보수(2's complementary) 형식으로 표현된다. 'base_format과 number_value 사이에는 + 또는 − 부호를 사용할 수 없다. 수 표현에서 첫 번째 문자를 제외하고는 내부에 밑줄(underscore)이 사용될 수 있으며, 이는 수의 가독성(readability)을 좋게 한다.

[예 1.1.4]는 비트 크기가 지정되지 않은 unsized 상수들을 보인 것이다. 150은 단순 10진수 표현이므로 32비트의 unsized 상수로 취급된다. 'h837FF는 size_constant가 생략되었으므로 32비트의 16진수로 취급되며, 'o7460도 32비트의 8진수로 취급된다. 마지막의 4af는 16진수 표현이라면 'h가 추가되어야 하며, 10진수 표현이라면 af가 사용될 수 없으므로 문법적으로 오류이다.

[예 1.1.4] unsized 상수

```
150        // 10진수 (32비트)
'h837FF    // 16진수 (32비트)
'o7460     // 8진수 (32비트)
4af        // 오류이므로 사용할 수 없음 (16진수라면, 'h4af로 표현되어야 함)
```

[예 1.1.5]는 비트 크기가 지정된 sized 상수를 보인 것이다. 첫 번째의 4'b1001은 4비트의 2진수 1001을 나타내며, 5'D3은 5비트로 표현된 10진수 3을 의미한다. 3'b01x는 LSB가 x인 3비트의 2진수 01x를 나타내며, 12'hx는 12비트의 x로 표현되고, 16'hz는 16비트의 z를 나타낸다. 수 표현에서 가독성을 높이기 위해 적절한 위치에 밑줄을 사용할 수 있다.

[예 1.1.5] sized 상수

```
4'b1001              // 4비트의 2진수 1001
5'D3                 // 5비트의 10진수 3
16'b0011_0101_0001_1111 // 가독성을 위해 밑줄이 사용된 경우
3'b01x               // 3비트의 2진수 01x (x는 unknown 값을 나타냄)
12'hx                // 12비트의 unknown 값
16'hz                // 16비트의 high-impedance 값 (z는 unknown 값을 나타냄)
```

실수형(real) 값은 IEEE Std. 754-1985(IEEE standard for double-precision floating-point number)에 따라 표현된다. 실수는 10진수(예를 들면, 14.72) 또는 과학표기(예를 들면, 39e8)로 표현되며, 지수 기호는 대소문자 구분 없이 e 또는 E가 사용된다. 소수점을 갖는 10진 실수는 소수점 좌우에 반드시 숫자가 있어야 하며, 가독성을 위해 밑줄이 사용될 수 있다.

[예 1.1.6] 실수형 상수

```
1.2
1.2E12
1.30e-2
236.123_763_e-12
.12          // 오류이므로 사용할 수 없음
9.           // 오류이므로 사용할 수 없음
```

1.1.3 논리값 표현

Verilog HDL은 [표 1.1]과 같이 정의되는 {1, 0, x, z}의 4가지 논리값 표현을 지원하며, 논리값의 하드웨어적인 의미는 [그림 1.5]와 같다. 논리값 0은 디지털 회로의 논리 0 (0V, 접지) 또는 논리 거짓(false)을 나타낸다. 논리값 1은 디지털 회로의 논리 1 (전원전압) 또는 논리 참(true)을 나타낸다. 논리값 x는 [그림 1.5(c)]와 같이 논리 0과 논리 1의 충돌이 발생하여 논리값을 확정할 수 없는 unknown 상태를 나타낸다. 논리값 z는 [그림1.5(d)]와 같이 구동자(driver)가 없는 high-impedance 상태를 나타낸다.

[표 1.1] Verilog HDL의 논리값 표현

논리값	의 미
0	logic zero, or false condition
1	logic one, or true condition
x	unknown logic value
z	high-impedance state

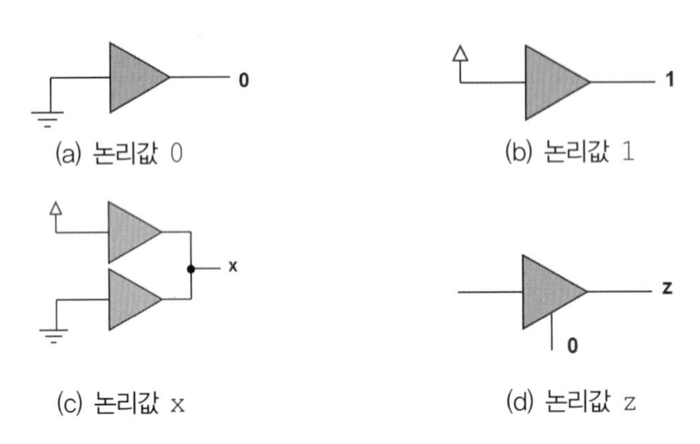

(a) 논리값 0 (b) 논리값 1

(c) 논리값 x (d) 논리값 z

[그림 1.5] Verilog 논리값의 하드웨어적인 의미

1.1.4 자료형

Verilog의 자료형은 variable 형과 net 형의 두 그룹으로 구분된다. 이들 자료형 그룹은 값을 할당받고 유지하는 방식에 있어서 다르며, 서로 다른 하드웨어 구조를 나타낸다.

1) net 형

net 형은 논리 게이트나 모듈 등 하드웨어 요소들 사이의 물리적 연결을 나타내기 위해 사용된다. `wire`는 net 형에 속하는 가장 기본적인 자료형이며, 단순한 연결을 위해 사용된다. 명시적으로 자료형이 선언되지 않은 경우의 기본(default) 자료형은 1비트의 `wire`이다. 하드웨어에서 3상태(tri-state)를 갖는 `tri`, 다중 구동자(driver)를 갖는 net에 사용되는 wand, wor 등 총 11개의 자료형을 사용할 수 있다.

[예 1.1.7]에서 w1, w2는 1비트의 `wire` 형으로 선언되었으며, 1비트의 `wire`는 Verilog의 기본 자료형이므로 선언을 생략할 수 있다. busA는 8비트의 `wire` 형으로 선언되었으며, en은 초기값 0을

갖는 1비트의 wire로 선언되었다. busB는 16비트의 tri 형으로 선언되었다.

[예 1.1.7] net 형 선언

```
wire w1, w2;              // 1비트 wire 자료형은 선언을 생략할 수 있음
wire [7:0] busA;          // wire 자료형을 갖는 8비트 busA
wire en=1'b0;             // 초기값 0을 갖는 1비트 en
tri [15:0] busB;          // tri 자료형을 갖는 16비트 busB
```

2) variable 형

Verilog HDL에서 사용되는 reg, integer, real, time, realtime 등의 자료형 집합을 variable 형이라고 한다. variable 형을 갖는 객체는 절차적 할당문(procedural assignment)의 실행에 의해 그 값이 바뀌며 다음 할당까지 값을 유지하므로, 프로그래밍 언어의 variable과 유사한 개념이라고 볼 수 있다. reg, time, integer 자료형의 기본값은 x(unknown)이며, real, realtime 자료형의 기본값은 0.0이다.

reg 자료형은 always나 initial 구문 내부의 절차적 할당문으로 값을 받는 객체의 자료형이다. reg 자료형의 객체는 새로운 값이 할당될 때까지 값을 유지하며, 플립플롭, 래치 등의 저장 소자를 모델링하기 위해 사용될 수 있다. 그러나 reg 자료형의 객체는 조합회로의 모델링에도 사용되므로, 모든 reg 자료형 객체가 하드웨어적인 저장 소자를 의미하지는 않는다.

[예 1.1.8] variable 형 선언

```
reg a;                    // reg 자료형을 갖는 1비트 a
reg [3:0] sum;            // reg 자료형을 갖는 4비트 sum
reg [7:0] x, y, z;        // reg 자료형을 갖는 8비트 x, y, z
```

1.1.5 벡터

Verilog HDL에서 다중(multiple) 비트의 벡터(vector)는 자료형 선언의 객체이름 앞에 범위지정 [msb : lsb]을 추가하여 다음과 같은 형식으로 선언할 수 있다. 상수 msb는 벡터의 MSB(Most Significant Bit)를 나타내고, 상수 lsb는 LSB(Least Significant Bit)를 나타내며, 양수, 음수, 0을 모두 사용할 수 있다. 벡터로 선언된 객체는 단일 할당문으로 값을 받을 수 있다.

```
data_type [msb:lsb] identifier;
```

[예 1.1.9] 벡터 선언

```
reg  [7:0]  regA;                 // reg 자료형을 갖는 8비트 regA
wire [15:0] d_out;                // wire 자료형을 갖는 16비트 d_out
```

1.1.6 배열

배열(array)은 특정 자료형의 요소(element)들을 다차원 객체로 묶기 위해 사용된다. Verilog HDL에서는 자료형 선언의 객체이름 뒤에 범위지정을 추가하여 다음과 같은 형식으로 배열을 선언할 수 있다.

```
data_type identifier [Uaddr:Laddr];                              // 스칼라의 1차원 배열
data_type identifier [Uaddr:Laddr][Uaddr2:Laddr2];               // 스칼라의 2차원 배열
data_type [msb:lsb] identifier [Uaddr:Laddr];                    // 벡터의 1차원 배열
data_type [msb:lsb] identifier [Uaddr:Laddr][Uaddr2:Laddr2];// 벡터의 2차원 배열
```

배열을 구성하는 개별 요소는 단일 할당문으로 값을 할당받을 수 있으나, 배열 전체 또는 일부분은 단일 할당문으로 값을 할당받거나 수식에 사용될 수 없다. 배열은 벡터와 다르게 취급된다는 점을 유의해야 한다. n비트 벡터는 단일 할당문으로 값을 받을 수 있으나, 배열에 의해 선언되는 메모리는 전체를 단일 할당문으로 값을 받을 수 없다.

[예 1.1.10]에서 reg mema는 8비트 레지스터 256개로 구성되는 메모리 선언이며, reg arrayb는 1비트 레지스터가 8 × 256로 구성된 2차원 배열을 선언한 것이다. wire w_array는 1비트 wire가 8 × 6 크기로 구성된 2차원 배열을 선언한 것이다.

[예 1.1.10] 배열 선언

```
reg [7:0] mema[0:255];
reg arrayb[7:0][0:255];
wire w_array[7:0][5:0];
```

1.1.7 파라미터

Verilog의 parameter는 variable 또는 net 범주에 속하지 않는 상수 값이며, 시뮬레이션 실행 중에 값을 변경할 수 없다. 모듈 parameter는 컴파일 시에 parameter 선언에서 지정된 값을 변경할 수 있으며, 이에 의해 인스턴스된 모듈들의 parameter를 개별적으로 변경시킬 수 있다. parameter는 defparam 문 또는 모듈 인스턴스 문에 의해 변경될 수 있으며, 통상 객체의 비트 폭 또는 지연을 지정하기 위해 사용된다.

[예 1.1.11] parameter 선언

```
parameter msb = 7;
parameter byte_size = 8, byte_mask = byte_size - 1;
parameter average_delay =(r + f) / 2;
parameter newconst = 3'h4;      // implied range of [2:0]
```

1.2 연산자

Verilog HDL은 기본적인 산술 연산자, 논리 연산자, 관계 연산자와 함께 비트 연산자, 축약 연산자, 시프트 연산자 등 다양한 1항 또는 2항 연산자들을 제공한다. 또한 세 개의 피연산자를 갖는 조건 연산자와 결합 연산자 및 반복 연산자도 제공한다. [표 1.2]는 Verilog HDL의 연산자를 보이고 있다.

Verilog HDL 연산자의 우선순위 규칙은 [표 1.3]과 같다. 동일 행에 있는 연산자들은 동일한 우선순위를 가지며, 우선순위가 낮아지는 순서로 나열되어 있다. 예를 들어 *, /, %는 우선순위가 동일하며, +, − 연산자보다 높은 우선순위를 갖는다. 동일한 우선순위를 갖는 연산자가 두 개 이상 나열된 경우에는, 조건 연산자(? :)를 제외한 모든 연산자들은 왼쪽에서 오른쪽의 순서로 연산된다. 예를 들어 A+B−C를 연산하는 경우, A+B가 먼저 계산된 후 그 결과에서 C를 빼는 연산이 수행된다. 연산자의 우선순위를 지정하기 위해서는 괄호를 적절하게 사용하는 것이 좋다.

[표 1.2] Verilog HDL의 연산자

연산자	기 능	연산자	기 능
{}, {{}}	결합, 반복	^	비트 xor
+, -, *, /, **	산술	^~ 또는 ~^	비트 xnor
%	나머지	&	축약(reduction) and
>, >=, <, <=	관계	~&	축약 nand
!	논리 부정	|	축약 or
&&	논리 and	~|	축약 nor
||	논리 or	^	축약 xor
==	논리 등가	^~ 또는 ~^	축약 xnor
!=	논리 부등	<<	논리 왼쪽 시프트
===	case 등가	>>	논리 오른쪽 시프트
!==	case 부등	<<<	산술 왼쪽 시프트
~	비트 부정	>>>	산술 오른쪽 시프트
&	비트 and	? :	조건
|	비트 or	or	Event or

[표 1.3] Verilog 연산자의 우선순위 규칙

연산자	우선순위
+, -, !, ~(unary)	우선순위 높음
**	
*, /, %	
+, -(binary)	
<<, >>, <<<, >>>	
<, <=, >, >=	↓
==, !=, ===, !==	
&, ~&	
^, ^~, ~^	
|, ~|	
&&	
||	
? : (conditional operator)	우선순위 낮음

1.2.1 관계 연산자

Verilog HDL의 관계 연산자는 [표 1.4]와 같다. 관계 연산자는 두 피연산자 a와 b의 크기를 비교하며, 결과 값은 1비트의 0(거짓) 또는 1(참)이 된다. 피연산자 중 하나에 x(unknown) 또는 z(high impedance)가 포함되어 있으면 관계 연산자 수식의 결과 값은 1비트의 x가 된다. 두 피연산자의 비트 수가 다른 경우에는, 비트 수가 작은 피연산자의 MSB 쪽에 0이 채워져 비트 수가 큰 피연산자에 맞추어진 후 관계가 판단된다.

[표 1.4] 관계 연산자

a < b	a가 b보다 작다
a > b	a가 b보다 크다
a <= b	a가 b보다 작거나 같다
a >= b	a가 b보다 크거나 같다

[예 1.2.1] 관계 연산자

```
// A = 9, B = 4
// D = 4'b1001, E = 4'b1100, F = 4'b1xxx

A <= B   // 결과 값은 거짓(0)
A > B    // 결과 값은 참(1)
E >= D   // 결과 값은 참(1)
E < F    // 결과 값은 x
```

1.2.2 등가 연산자

Verilog HDL에서 지원되는 등가 연산자는 [표 1.5]와 같다. 등가 연산자는 두 피연산자 a와 b가 등가인지를 비교하며, 결과 값은 1비트의 0(거짓) 또는 1(참)이 된다. 두 피연산자의 비트 수가 다른 경우에는 0을 채운 후 비교가 이루어진다. 논리적 등가 연산자(==, !=)의 피연산자가 x 또는 z를 포함하고 있으면 등가 여부에 대한 판단이 모호하므로, 그 결과는 1비트의 x가 된다. case equality(===) 또는 case inequality(!==) 연산자는 x와 z를 갖는 비트까지 포함하여 일치 여부를 비교하며, 따라서 그 결과 값은 항상 1(참) 또는 0(거짓)이 된다.

[표 1.5] 등가 연산자

a === b	a와 b는 같다(x와 z가 포함된 일치를 판단)
a !== b	a와 b는 같지 않다(x와 z가 포함된 불일치를 판단)
a == b	a와 b는 같다(결과가 x가 될 수 있다)
a != b	a와 b는 같지 않다(결과가 x가 될 수 있다)

[예 1.2.2] 등가 연산자

```
// D = 4'b1001, E = 4'b1100
// F = 4'b1xxz, G = 4'b1xxz, H = 4'b1xxx

D != E          // 결과 값은 참(1)
D == F          // 결과 값은 x
F === G         // 결과 값은 참(1)
G !== H         // 결과 값은 참(1)
```

1.2.3 논리 연산자

Verilog HDL의 논리 연산자는 [표 1.6]과 같다. 논리 연산자의 결과 값은 1비트의 참(1) 또는 거짓(0)이 되며, 참이나 거짓의 판단이 불가능한 경우의 결과 값은 x(unknown)가 된다. 논리 부정 연산자 !는 하나의 피연산자를 갖는 단항 연산자이다. 논리 연산자의 우선순위는 ! (논리부정) → && (논리 AND) → || (논리 OR)의 순서로 적용된다.

[표 1.6] 논리 연산자

!a	a의 논리 부정
a && b	a와 b의 논리 AND
a || b	a와 b의 논리 OR

[예 1.2.3] 논리 연산자

```
// A = 3, B = 0, C = 2'b0x, D = 2'b10;
!A         // 결과 값은 0
A && B     // 결과 값은 0
A || B     // 결과 값은 1
C && D     // 결과 값은 x
if(!reset)   // if(reset == 1'b0)과 등가임
```

1.2.4 비트 연산자

비트 연산자는 피연산자의 각 비트에 적용되어 피연산자의 비트 수 만큼의 결과를 출력하며, Verilog HDL의 비트 연산자는 [표 1.7]과 같다. 피연산자의 비트 수가 같지 않으면, 비트 수가 작은 피연산자의 MSB 위치에 0이 채워진다.

[표 1.7] 비트 연산자

`~a`	a의 비트 부정
`a & b`	a와 b의 비트 AND
`a | b`	a와 b의 비트 OR
`a ^ b`	a와 b의 비트 XOR
`a ~^ b, a ^~ b`	a와 b의 비트 XNOR

[예 1.2.4] 비트 연산자

```
// C = 4'b1101, D = 4'b1100, E = 4'b11x1

~C       // 결과 값은 4'b0010
~E       // 결과 값은 4'b00x0
C & D    // 결과 값은 4'b1100
C & E    // 결과 값은 4'b1101
C | D    // 결과 값은 4'b1101
C | E    // 결과 값은 4'b11x1
C ^ D    // 결과 값은 4'b0001
C ^ E    // 결과 값은 4'b00x0
```

[그림 1.6]의 2입력 NOR 게이트 회로를 비트 연산자를 사용하여 모델링하면 [코드 1.7]과 같다. a, b, y가 모두 4비트이고 벡터는 단일 할당문으로 값을 받을 수 있으므로, 비트 연산자를 이용하여 하나의 `assign` 문으로 모델링되었다.

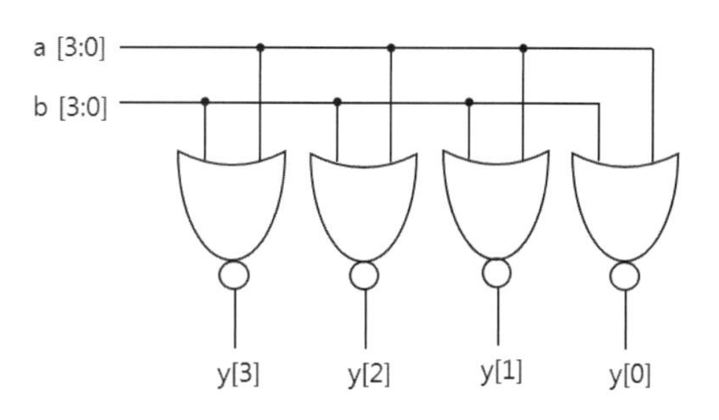

[그림 1.6] 2입력 NOR 게이트 회로

```
module nor_op(a, b, y);
  input  [3:0] a, b;
  output [3:0] y;

  assign y = ~(a | b);

endmodule
```

[코드 1.7] 비트 연산자를 이용한 2입력 NOR 게이트 모델링

설계과제

1.2.1 [그림 1.7]의 2입력 NAND 게이트 회로를 비트 연산자를 이용하여 모델링하라.

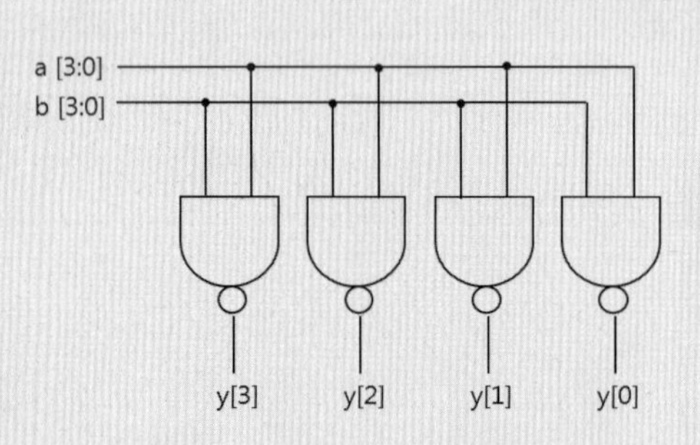

[그림 1.7] 2-입력 NAND 게이트 회로

1.2.2 [그림 1.8]의 3입력 XNOR 게이트 회로를 비트 연산자를 이용하여 모델링하라.

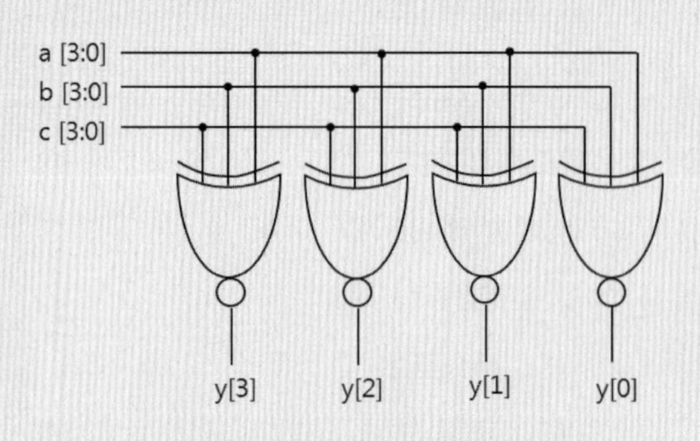

[그림 1.8] 3-입력 XNOR 게이트 회로

1.2.5 축약 연산자

단항 연산자인 축약 연산자는 피연산자를 구성하는 비트들에 적용되어 1비트의 결과를 만들며, Verilog HDL의 비트 연산자는 [표 1.8]과 같다. 축약 AND, 축약 OR, 축약 XOR 연산자는 피연산자의 처음 두 비트에 적용하여 1비트의 결과를 만들고, 그 결과가 피연산자의 다음 비트와 연산되어 새로운 1비트의 결과를 만들어 다음 비트의 연산에 적용된다. 축약 NAND, 축약 NOR, 축약 XNOR 연산자는 각각 축약 AND, 축약 OR, 축약 XOR 연산자의 결과에 대한 반전 값을 만든다.

[표 1.8] 축약 연산자

`&a`	축약 AND (a의 각 비트에 순차적으로 AND 연산이 적용됨)
`~&a`	축약 NAND (축약 AND 연산 결과의 반전 값을 출력)
`|a`	축약 OR (a의 각 비트에 순차적으로 OR 연산이 적용됨)
`~|a`	축약 NOR (축약 OR 연산 결과의 반전 값을 출력)
`^a`	축약 XOR (a의 각 비트에 순차적으로 XOR 연산이 적용됨)
`~^a, ^~a`	축약 XNOR (축약 XOR 연산 결과의 반전 값을 출력)

[예 1.2.5]에서 8비트의 `reg [7:0] cnt`에 대한 축약 XOR 연산의 결과는 피연산자 cnt의 개별 비트에 xor 연산자를 적용시킨 결과가 된다. [예 1.2.5]에서 축약 XOR 연산의 결과 parity는 비트 XOR 연산자를 적용한 결과 parity_bit와 동일하다.

[예 1.2.5] 축약 XOR 연산자

```
reg[7:0] cnt;
assign parity = ^cnt;
assign parity_bit = cnt[7]^cnt[6]^cnt[5]^cnt[4]^cnt[3]^cnt[2]^cnt[1]^cnt[0];
```

[예 1.2.6] 축약 연산자

피연산자 \ 연산자	연산 결과					
	&	~&	|	~|	^	~^
4'b0000	0	1	0	1	0	1
4'b1111	1	0	1	0	0	1
4'b0110	0	1	1	0	0	1
4'b1000	0	1	1	0	1	0

[그림 1.9]의 3입력 AND 게이트를 ① 비트 연산자, ② 축약 연산자를 이용하여 모델링한 예는 [코드 1.8]과 같다.

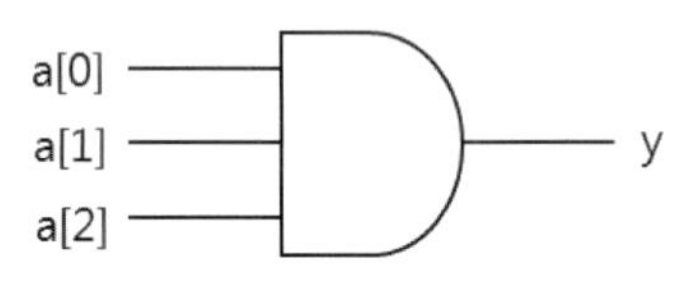

[그림 1.9] 3입력 AND 게이트

```
module and3_op1(a, y);
  input  [2:0] a;
  output       y;

  assign y = a[0] & a[1] & a[2];

endmodule
```

(a) 비트 연산자 사용

```
module and3_op2(a, y);
   input  [2:0] a;
   output       y;

   assign y = &a;

endmodule
```

(b) 축약 연산자 사용

[코드 1.8] 비트 연산자와 축약 연산자를 이용한 3입력 AND 게이트 모델링

1.2.3 4입력 OR 게이트를 ① 비트 연산자, ② 축약 연산자를 이용하여 모델링하라.

1.2.4 3입력 NOR 게이트를 ① 비트 연산자, ② 축약 연산자를 이용하여 모델링하라.

1.2.5 8입력 XNOR 게이트를 ① 비트 연산자, ② 축약 연산자를 이용하여 모델링하라.

1.2.6 4입력 NAND 게이트를 ① 비트 연산자, ② 축약 연산자를 이용하여 모델링하라.

1.2.6 시프트 연산자

Verilog HDL의 시프트 연산자는 [표 1.9]와 같으며, 논리시프트 연산자(<<, >>)와 산술시프트 연산자 (<<<, >>>)로 구분된다. 논리시프트 연산자는 시프트 후 빈자리에 0을 채워 결과 값을 만든다. 산술시프트 연산자는 결과 값의 자료형에 따라 시프트 후 빈자리를 채우는 방식이 다르다. unsigned인 경우에는 비어 있는 비트에 0이 채워지며, signed인 경우에는 시프트 후의 빈자리에 첫 번째 피연산자의 MSB(부호)가 채워진다. 우측 피연산자는 항상 양의 정수가 되어야 하며, x 또는 z가 포함되면 시프트 연산의 결과 값은 x가 된다.

[코드 1.9]는 오른쪽 산술시프트 연산자의 사용 예를 보이고 있다. 1000이 오른쪽으로 2비트만큼 이동되며, result가 signed 속성을 가지므로 시프트 후의 빈자리에 두 개의 1(부호 비트)이 채워져 1110이 result에 할당된다.

```
module ashift;
  reg signed [3:0] start, result;
  initial begin
        start = 4'b1000;
        result =(start >>> 2);    // 결과값은 1110
  end
endmodule
```

[코드 1.9] 오른쪽 산술시프트 연산자의 예

[표 1.9] 시프트 연산자

논리 시프트	a << b	a를 b 비트만큼 왼쪽으로 시프트 (빈자리에 0을 채움)
	a >> b	a를 b 비트만큼 오른쪽으로 시프트 (빈자리에 0을 채움)
산술 시프트	a <<< b	a를 b 비트만큼 왼쪽으로 시프트 (빈자리에 0을 채움)
	a >>> b	a를 b 비트만큼 오른쪽으로 시프트 (결과가 signed인 경우, 빈자리에 a의 부호비트(MSB)를 채움)

[예 1.2.7] 시프트 연산자

```
// A = 4'b1010
B = A >> 1          // 오른쪽으로 1비트 시프트, 결과 값은 B=4'b0101
D = A << 2          // 왼쪽으로 2비트 시프트, 결과 값은 B=4'b1000
C = A << 3          // 왼쪽으로 3비트 시프트, 결과 값은 B=4'b0000
```

1.2.7 조건 연산자

조건 연산자는 세 개의 피연산자를 갖는 3항 연산자이며, a ? b : c의 형식을 갖는다. 첫 번째 피연산자 a가 참(0, x 또는 z가 아닌 값)으로 평가되면 두 번째 피연산자 b의 값이 결과 값으로 선택되며, a가 거짓(0)으로 평가되면 세 번째 피연산자 c의 값이 결과 값으로 선택된다. 만약 a가 참 또는 거짓을 판단할 수 없는(x 또는 z를 포함하는) 경우에는 b와 c를 비트별로 비교하여 [표 1.10]과 같이 각 비트의 결과 값이 결정된다.

[표 1.10] 조건에 애매성이 존재하는 경우의 조건 연산자의 결과 값 결정

? :	0	1	x	z
0	0	x	x	x
1	x	1	x	x
x	x	x	x	x
z	x	x	x	x

[예 1.2.8] 조건 연산자를 이용한 3상태(tri-state)의 출력 버스

```
wire [15:0] busA, data;

assign busA = drive_busA ? data : 16'bz;
//16'bz는 16비트의 high impedance를 나타냄
```

1.2.8 결합 및 반복 연산자

결합(concatenation) 연산자는 중괄호 { }에 포함된 두 개 이상의 피연산자들을 순서대로 결합시킨다. 결합 연산자는 수식의 좌변 또는 우변에 모두 사용이 가능하다.

[예 1.2.9] 결합 연산자

```
wire [7:0] addr_h, addr_l;
wire [15:0] addr_bus;

assign addr_bus = {addr_h, addr_l};
```

[예 1.2.10] 결합 연산자

```
wire [3:0] a, b, sum;
wire       carry;

assign {carry, sum } = a + b;
// 결합 연산자에 의해 1비트의 carry가 sum 우측에 결합되어 a+b의 결과를 5비트로 만듦
```

중괄호 { }를 {a{b}}의 형태로 표현하면 반복(repeat) 연산자로 사용된다. 반복 횟수를 나타내는 a는 0, x, z가 아닌 상수이어야 하며, b는 결합 연산자의 규칙을 따른다.

[예 1.2.11] 반복 연산자

```
assign cntA = {6{4'b0110}};
assign cntB = 24'b0110_0110_0110_0110_0110_0110; // cntA와 cntB는 동일한 값을 가짐
```

1.3 게이트 수준 모델링

Verilog HDL은 게이트 수준 모델링에 사용될 수 있는 12개의 논리 게이트 프리미티브(primitive)를 제공한다. 게이트 프리미티브는 [표 1.11]과 같으며, 정의나 선언 없이 사용이 가능하고 이름은 반드시 소문자를 사용해야 한다.

[표 1.11] Verilog HDL의 게이트 프리미티브

n-input gates	n-output gates	three-state gates
and	buf	bufif0
nand	not	bufif1
nor		notif0
or		notif1
xnor		
xor		

게이트 프리미티브의 인스턴스 구문은 다음과 같으며, 인스턴스 이름은 생략될 수 있다. 포트 매핑 순서는 반드시 출력신호가 처음에 와야 하며, 입력신호들은 임의의 순서로 나열하면 된다. 지연 연산자(#)을 이용하여 게이트의 전달지연을 지정할 수 있으며, 지연 값이 지정되지 않으면 지연은 0으로 가정된다. 지연은 하나 또는 두 개의 값으로 지정할 수 있다. 두 개의 지연 값을 지정하는 경우, 첫 번째 값은 출력 상승지연을 나타내고 두 번째 값은 출력 하강지연을 나타내며, 두 값 중에서 작은 값은 출력이 x(unknown)로 변할 때의 지연을 나타낸다. 하나의 지연 값만 지정되면, 상승지연과 하강지연이 동일한 값으로 설정된다.

```
primitive_gate_name [#(n1, n2)][instance_name](output, input1, ...);
```

buf 게이트는 디지털 버퍼(인버터가 짝수 개 연결된 것과 논리적으로 등가임)이며, not 게이트는 인버터(inverter)이다. buf와 not 게이트는 하나의 입력과 하나 이상의 출력을 갖는다.

3상태(tri-state) 게이트는 제어 입력에 따라 데이터 입력이 출력으로 전달되거나 또는 출력이 high-impedance 상태를 갖는 게이트이며, [표 1.12]의 진리표를 갖는다. 포트 매핑은 출력, 데이터 입력, 제어 입력의 순서로 연결된다.

[표 1.12] 3상태 게이트의 진리표

bufif0		제어 입력			
		0	1	x	z
데이터 입력	0	0	z	L	L
	1	1	z	H	H
	x	x	z	x	x
	z	x	z	x	x

bufif1		제어 입력			
		0	1	x	z
데이터 입력	0	z	0	L	L
	1	z	1	H	H
	x	z	x	x	x
	z	z	x	x	x

notif0		제어 입력			
		0	1	x	z
데이터 입력	0	1	z	H	H
	1	0	z	L	L
	x	x	z	x	x
	z	x	z	x	x

notif1		제어 입력			
		0	1	x	z
데이터 입력	0	z	1	H	H
	1	z	0	L	L
	x	z	x	x	x
	z	z	x	x	x

[예 1.3.1] 게이트 프리미티브 인스턴스의 예

```
and          U1(out1, a, b);        // 2입력 and 게이트
nand           (out2, a, b);        // 인스턴스 이름을 생략한 경우
or           U3(out3, a, b, c);     // 3입력 or 게이트
nor #(2)     U4(out4, a, b);        // 2입력 nor 게이트, 상승과 하강지연이 2 ns
xor #(3, 4)  U5(out5, c, b, a);     // 3입력 xor 게이트, 상승과 하강지연이 각각 3 ns, 4 ns

not #5 inv(out, in);                // 인버터 게이트
buf b1(out1, out2, in);             // 두 개의 출력(out1, out2)를 갖는 버퍼 게이트
notif0              bf0(out0, in, control);   // 3상태 인버터 게이트
bufif1 #(10,12,11)  bf1(out1, in, control);   // 3상태 버퍼 게이트
```

게이트 프리미티브의 다중(multiple) 인스턴스가 필요한 경우에는 인스턴스 배열(array)을 사용할 수 있으며, 인스턴스 이름 뒤에 배열의 범위를 [m : n]의 형식으로 지정하여 반복 회수를 표현한다. [그림 1.10]의 2입력 NOR 게이트 회로를 게이트 프리미티브 인스턴스 배열을 사용하여 모델링한 예는 [코드 1.10]과 같으며, 2입력 NOR 게이트 4개를 개별적으로 인스턴스하는 것과 등가이다.

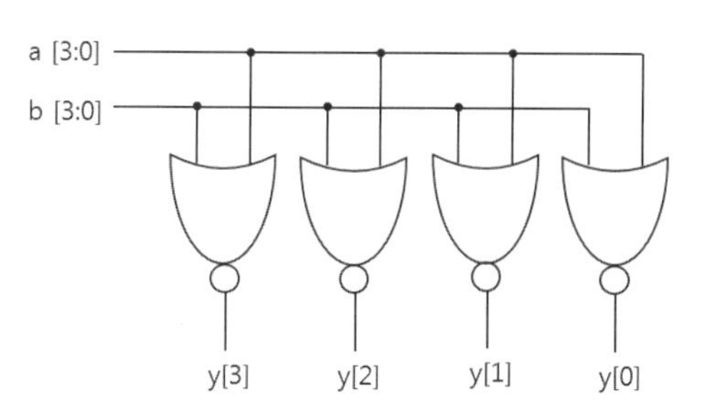

[그림 1.10] 2입력 NOR 게이트 회로

```
module nor_gate_4b(a, b, y);
  input  [3:0]  a, b;
  output [3:0] y;

  nor U0 [3:0] (y, a, b);     // 2입력 nor 게이트의 배열

//  nor U3 (y[3], a[3], b[3]);
//  nor U2 (y[2], a[2], b[2]);
//  nor U1 (y[1], a[1], b[1]);
//  nor U0 (y[0], a[0], b[0]);
endmodule
```

[코드 1.10] 게이트 프리미티브 배열을 이용한 2입력 NOR 게이트 회로의 모델링

1.3.1 [그림 1.11]의 1비트 전가산기 회로를 게이트 프리미티브를 사용하여 모델링하라.

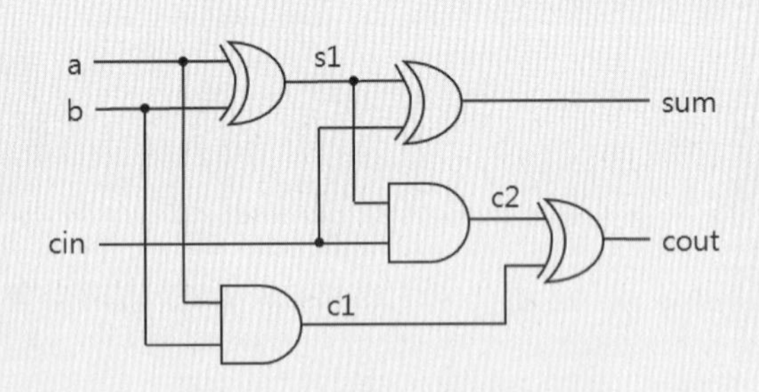

[그림 1.11] 1비트 전가산기 회로

1.3.2 [그림 1.12]의 2입력 NAND 게이트 회로를 게이트 프리미티브를 이용하여 모델링하라.

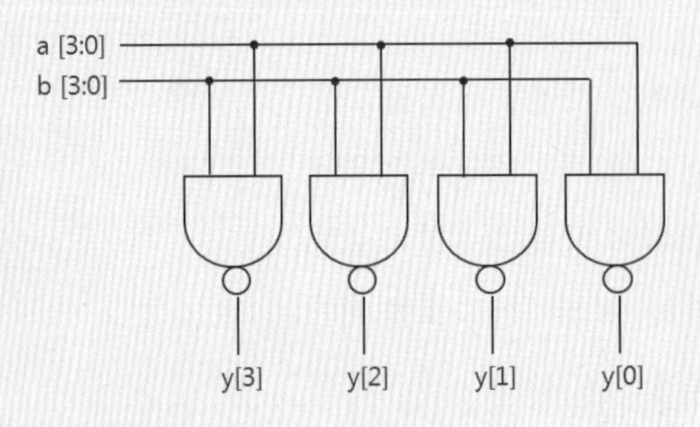

[그림 1.12] 2-입력 NAND 게이트 회로

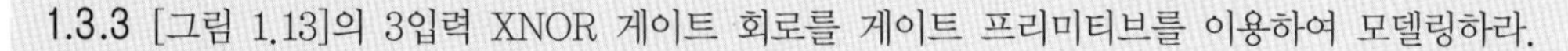
1.3.3 [그림 1.13]의 3입력 XNOR 게이트 회로를 게이트 프리미티브를 이용하여 모델링하라.

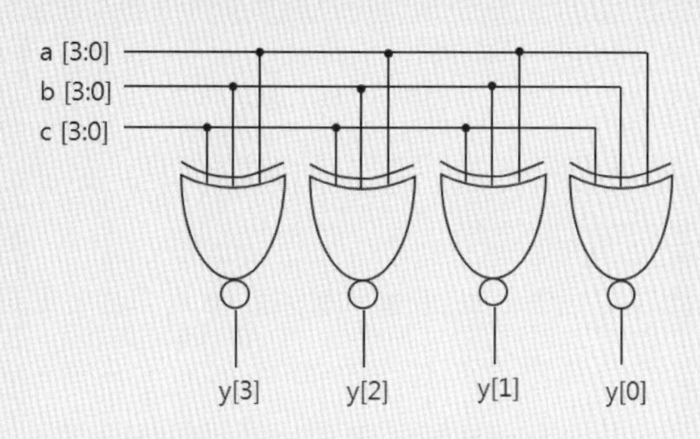

[그림 1.13] 3-입력 XNOR 게이트 회로

1.4 연속 할당문

Verilog HDL의 연속 할당(continuous assignment) 문은 assign 문을 이용하여 net 형 객체에 값을 할당하며, 할당문의 우변 값을 결정하는 수식이다. 연속 할당문은 net 형 객체에 스칼라 또는 벡터 형태의 값을 할당하며, 우변 수식의 값에 변화(event)가 발생했을 때 좌변의 객체에 값이 할당되는 하드웨어적인 특성을 갖는다. 따라서 Verilog 소스 코드 내에서 연속 할당문들의 순서는 시뮬레이션 결과에 영향을 미치지 않는다. 연속 할당문은 논리식으로 표현된 조합회로의 모델링에 사용될 수 있다.

[예 1.4.1] 연속 할당문

```
assign out1 = a & b;            // 2입력 and 게이트
assign out2 = ~(a & b);         // 2입력 nand 게이트
assign out3 = c ^ b ^ a;        // 3입력 xor 게이트
assign out4 = ~in;              // 인버터 게이트
```

[코드 1.11]은 연속 할당문을 이용하여 4비트 가산기 회로를 모델링한 예이다. 할당문의 좌변에 결합 연산자를 이용하여 carry_out과 sum_out을 결합시켰다.

```
module adder(sum_out, carry_out, carry_in, ina, inb);
   output [3:0] sum_out;
   output carry_out;
   input [3:0] ina, inb;
   input carry_in;

   assign {carry_out, sum_out} = ina + inb + carry_in;
endmodule
```

[코드 1.11] 연속 할당문을 이용하는 4비트 가산기 모델링

설계과제

1.4.1 다음의 부울 식이 나타내는 회로를 연속 할당문을 이용하여 모델링하라.

$$Y=\overline{a \cdot (b+c)+d \cdot e}$$

1.4.2 2비트 4:1 멀티플렉서를 조건 연산자와 연속 할당문을 사용하여 모델링하라.

1.4.3 3상태 버퍼 회로를 조건 연산자와 연속 할당문을 사용하여 모델링하라.

1.4.4 [그림 1.10]의 회로를 연속 할당문을 사용하여 모델링하라.

1.4.5 [그림 1.11]의 1비트 전가산기 회로를 연속 할당문을 사용하여 모델링하라.

1.4.6 [그림 1.12]의 2입력 NAND 게이트 회로를 연속 할당문을 사용하여 모델링하라.

1.4.7 [그림 1.13]의 3입력 XNOR 게이트 회로를 연속 할당문을 사용하여 모델링하라.

1.5 행위수준 모델링

Verilog HDL의 행위수준 모델링은 조합회로와 순차회로의 설계, 그리고 시뮬레이션 테스트벤치 작성에도 사용된다. 행위수준 모델링에는 always 구문, initial 구문, 함수와 task 등이 사용되며, 이들 구성체 내부는 절차형 문장(procedural statement)으로 구성된다. 절차형 문장은 begin-end 블록 내부의 문장 순서가 실행에 영향을 미치는 특성을 갖는다.

1.5.1 always 구문

always 구문은 행위수준 모델링에 사용되는 대표적인 구문으로서 조합회로와 순차회로의 모델링, 그리고 테스트벤치 작성에 매우 많이 사용된다. 시뮬레이션 관점에서 always 구문은 반복적으로 실행된다. always 구문은 다음과 같은 형식을 가지며, @(sensitivity_list)는 always 문의 실행을 제어하는 역할을 한다. sensitivity_list(감지신호 목록)에 나열된 신호들 중 하나 이상에 변화(event)가 발생했을 때 always 내부에 있는 begin-end 블록의 실행이 트리거(trigger) 된다. always 내부의 begin-end 블록은 절차형 문장들로 구성되며, blocking 할당문(=)이냐 non-blocking 할당문(<=)이냐에 따라 실행방식과 결과가 달라진다.

```
always [@(sensitivity_list)] begin
    blocking_or_nonblocking statements;
end
```

[코드 1.12]는 always 구문을 이용한 조합회로 모델링 예이며, always 내부에 if~else 문을 이용하여 2입력 OR 게이트를 설계한 예이다. always 내부에서 값을 할당받는 객체는 reg 형으로 선언되어야 한다. 감지신호 목록의 or 대신 콤마(,)를 사용해도 된다. 조합회로를 모델링하는 경우, 감지신호 목록에는 always 구문으로 모델링되는 회로의 입력신호가 모두 나열되어야 한다. 일부 신호가 감지신호 목록에서 빠지면, 합성 전과 합성 후의 시뮬레이션 결과가 다를 수 있다.

```
module or2 (a, b, out);
  input  a, b;
  output out;
  reg    out;

  always @(a or b)  // 감지신호 목록의 or를 콤마(,)로 대체 가능함. always @(a, b)
  begin
     if(a==1 || b==1) out = 1;
     else             out = 0;
  end
endmodule
```

[코드 1.12] always 구문을 이용한 2입력 OR 게이트 모델링

[코드 1.13]은 always 구문을 이용한 순차회로 모델링 예이며, clk의 상승에지에서 동작하는 D 플립플롭을 설계한 것이다. 감지신호 목록에는 posedge clk(클록신호 clk의 상승에지로 동작하는 경우) 또는 negedge clk(클록신호 clk의 하강에지로 동작하는 경우)가 포함되며, 데이터 입력 신호는 포함되지 않는다. 또한, 셋(set) 또는 리셋(reset)이 비동기식으로 동작하는 경우에도 천이에지 검출자 posedge, negedge와 함께 셋, 리셋 신호가 감지신호 목록에 포함된다.

```
module dff(clk, din, qout);
  input  clk, din;
  output qout;
  reg    qout;

  always @(posedge clk)    //클록신호 clk의 상승에지로 동작함
          qout <= din;
endmodule
```

[코드 1.13] always 구문을 이용한 D 플립플롭 회로 모델링

[예 1.5.1]은 조합회로를 모델링하는 always 구문에 @(*) 또는 @*를 사용한 함축적 감지신호 표현의 예이다. @(*)은 always 블록으로 모델링되는 조합회로의 모든 입력신호를 메타 문자(*)로 표현한 것이다.

[예 1.5.1] 함축적 감지신호 표현

```
always @ (*)  // always @(a or b or c or d) 또는 always @(a, b, c, d)와 등가임
begin
   tmp1 = a & b;
   tmp2 = c & d;
   y = tmp1 | tmp2;
end
```

1.5.2 initial 구문

시뮬레이션이 진행되는 동안 무한히 반복되는 always 구문과는 다르게, initial 구문은 시뮬레이션이 실행되는 동안 한 번만 실행된다. initial 구문은 다음과 같은 형식을 가지며, begin-end 블록의 절차형 문장들은 나열된 순서대로 실행된다. initial 구문은 논리합성이 지원되지 않으므로 시뮬레이션을 위한 테스트벤치에 주로 사용된다.

```
initial begin
   blocking_or_nonblocking statements;
end
```

[코드 1.14]는 행위수준 모델링을 이용하여 서로 다른 주기를 갖는 두 개의 구형펄스 a와 b를 생성하는 예이다. 1개의 initial 블록과 2개의 always 블록이 사용되고 있으며, 이들은 시뮬레이션 시간 0에서 동시에 실행된다. initial 구문은 reg 변수 a와 b를 초기화시키기 위해 사용되며, 시뮬레이션 시간 0에서 a=1, b=0으로 초기화시킨다. initial 구문은 한 번만 실행되므로, 시뮬레이션 시간 0 이후에는 더 이상 영향을 미치지 않는다.

always 구문도 시뮬레이션 시간 0에서 시작되나, 변수 a와 b의 값은 지연 연산자 #에 의해 지정된 시간이 경과한 후에 값이 바뀐다. 따라서 reg a는 50ns 이후에 반전되고, reg b는 100ns 이후에 반전된다. always 구문은 시뮬레이션이 진행되는 동안 계속 반복되므로, 두 개의 구형펄스가 생성된다. initial에 의해 변수 a와 b의 초기 값이 지정된 것을 고려하면, 신호 a는 초기 값이 1이고 주기가 100ns인 구형펄스가 되며, 신호 b는 초기 값이 0이고 주기가 200ns인 구형펄스가 된다. [그림 1.14]는 [코드 1.14]의 시뮬레이션 결과를 보이고 있다.

```
module behave;
  reg  a, b;

  initial begin
    a = 1'b1;
    b = 1'b0;
  end

  always
    #50 a = ~a;

  always
    #100 b = ~b;
endmodule
```

[코드 1.14] initial 구문과 always 구문을 이용한 주기신호 생성

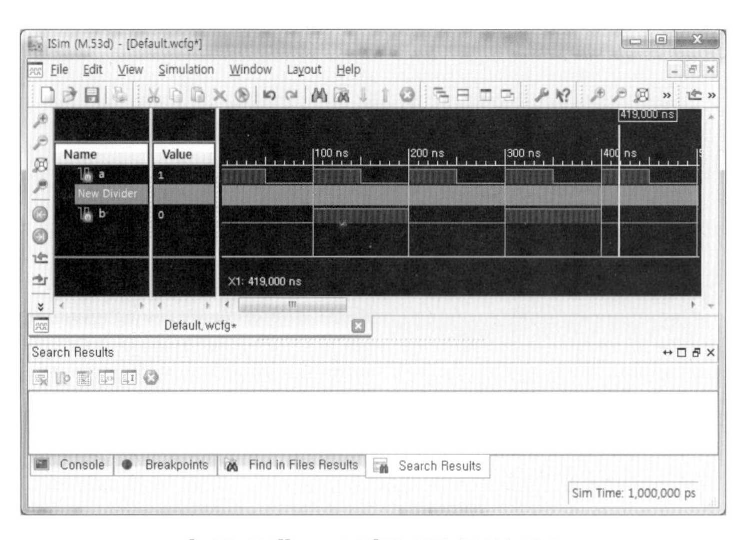

[그림 1.14][코드 1.14]의 시뮬레이션 결과

1.5.3 절차형 할당문

Verilog HDL의 절차형 할당(procedural assignment) 문은 variable 형 객체에 값을 할당하며, 다음 절차형 할당문에 의해 값이 갱신될 때까지 할당된 값을 유지한다. 절차형 할당문은 always, initial, task, function 내부에서 사용된다. 절차형 할당문은 우변 수식의 이벤트 발생과는 무관하게 문장의 실행에 의해 좌변의 객체에 값이 할당되는 소프트웨어적인 특성을 가지며, 절차형 할

당문의 순서는 시뮬레이션과 회로합성 결과에 영향을 미칠 수 있다.

절차형 할당문은 blocking 할당문(=)과 nonblocking 할당문(<=)으로 구분되며, 이들 두 할당문은 begin-end 블록에서 서로 다른 순차적 흐름을 가지며, 시뮬레이션 및 논리합성 결과에 매우 큰 차이를 유발한다. 따라서 올바른 회로 모델링을 위해서는 이들 두 절차형 할당문의 차이를 명확하게 이해하는 것이 필요하다.

1) blocking 할당문

blocking 할당문은 begin-end 블록 내부에서 현재 할당문의 실행이 완료된 이후에 그 다음 할당문이 실행되는 순차적 흐름을 갖는다. 다시 말하면, "현재 할당문의 실행이 완료될 때까지 그 다음의 할당문이 실행되지 않는다(블록킹된다)"는 의미를 갖는다. blocking 할당문의 표현형식은 다음과 같으며, 할당 연산자로 기호 =가 사용된다.

```
reg_lvalue = [delay_or_event_operator] expression;
```

[예 1.5.2]는 initial 내부에 blocking 할당문이 사용된 예를 보이고 있다. begin-end 사이에 나열된 5개의 할당문이 순서대로 실행되어 10ns의 간격으로 16진수 00, 01, 02, 04, 08이 순서로 din에 할당된다.

[예 1.5.2] blocking 할당문

```
initial begin
      din = 8'h00;   // initialize at time zero
  #10 din = 8'b01;   // first pattern
  #10 din = 8'b02;   // second pattern
  #10 din = 8'b04;   // third pattern
  #10 din = 8'b08;   // last pattern
end
```

2) nonblocking 할당문

nonblocking 할당문은 begin-end 블록 내의 할당문 우변이 동시에 평가된 후, 문장의 나열 순서 또는 지정된 할당 스케줄에 따라 좌변의 객체에 값이 갱신된다. 따라서 동일 시점에서 변수들의 순서나 상호 의존성에 의해 할당이 이루어져야 하는 경우에 사용된다. 예를 들어 시프트 레지스터의 경우에, 시프트 레지스터를 구성하는 각 비트들은 이전 비트에 대해 상호 의존성을 가지므로 non-blocking 할당문으로 모델링되어야 한다. nonblocking 할당문의 표현 형식은 다음과 같으며, 할당

연산자로 기호 <=가 사용된다.

```
reg_lvalue <= [delay_or_event_operator] expression;
```

[예 1.5.3]은 always 내부에 nonblocking 할당문이 사용된 예를 보이고 있다. nonblocking 할당문은 우변이 동시에 평가된 후, 좌변에 할당이 이루어진다. 따라서 첫 번째 할당문의 할당이 이루어지기 이전의 값(클록의 이전 상승에지에서 할당된 값)이 두 번째 할당문 우변의 and_reg에 사용된다. always @(posedge clk)에 의해 nonblocking 할당문 좌변의 and_reg와 out은 플립플롭의 출력이 된다.

[예 1.5.3] nonblocking 할당문

```
always @(posedge clk) begin
    and_reg <= a & b;            // nonblocking assignment
    out     <= and_reg ^ c;      // nonblocking assignment
end
```

3) blocking 할당문과 nonblocking 할당문의 차이

[코드 1.15]는 blocking 할당문과 nonblocking 할당문의 차이를 보이기 위한 예이다. [코드 1.15(a)]에서는 always 내부의 blocking 할당문이 나열된 순서대로 실행된다. 첫 번째 blocking 할당문이 실행되면 a=1이 되고, 두 번째 blocking 할당문이 실행되면 변수 a의 값(1)이 변수 b에 할당되어 a=b=1이 된다. [코드 1.15(b)]의 nonblocking 할당문은 다음의 과정으로 처리된다. 클록신호 clk의 첫 번째 상승에지에서 nonblocking 할당문의 우변의 값은 initial 블록에 의해 a는 0, b는 1이 되고, 이 값이 좌변에 할당되어 a=1, b=0이 된다. 다음번 클록신호 상승에지에서 non-blocking 할당문의 우변을 평가하면 이전 클록에서 결정된 값에 의해 a는 1, b는 0이 되고, 이 값이 좌변에 할당되어 a=0, b=1이 된다. 결국, 클록신호의 상승에지가 인가될 때마다 a, b의 값이 바뀌게 된다. [코드 1.15]의 시뮬레이션 결과는 [그림 1.15]와 같으며, blocking 할당문과 nonblocking 할당문의 차이를 확인할 수 있다. 이와 같이 blocking 할당문과 nonblocking 할당문은 동작상 큰 차이가 있으며 서로 다른 회로로 합성되므로 사용에 주의해야 한다.

```verilog
module blk1;
  reg a, b, clk;

  initial begin
        a = 0;
        b = 1;
        clk = 0;
  end

  always clk = #5 ~clk;

  always @(posedge clk) begin
        a = b;          // a=1
        b = a;          // b=a=1
  end
endmodule
```

(a) blocking 할당문

```verilog
module non_blk1;
  reg a, b, clk;

  initial begin
        a = 0;
        b = 1;
        clk = 0;
  end

  always clk = #5 ~clk;

  always @(posedge clk) begin
        a <= b;
        b <= a;
  end
endmodule
```

(b) nonblocking 할당문

[코드 1.15] blocking 할당문과 nonblocking 할당문

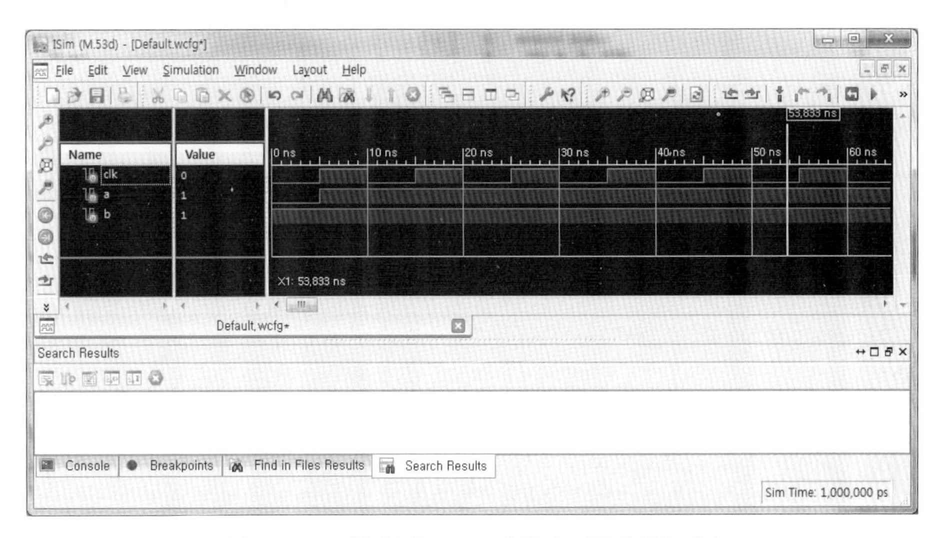

(a) blocking 할당문([코드 1.15(a)])의 시뮬레이션 결과

[그림 1.15] [코드 1.15]의 시뮬레이션 결과(계속)

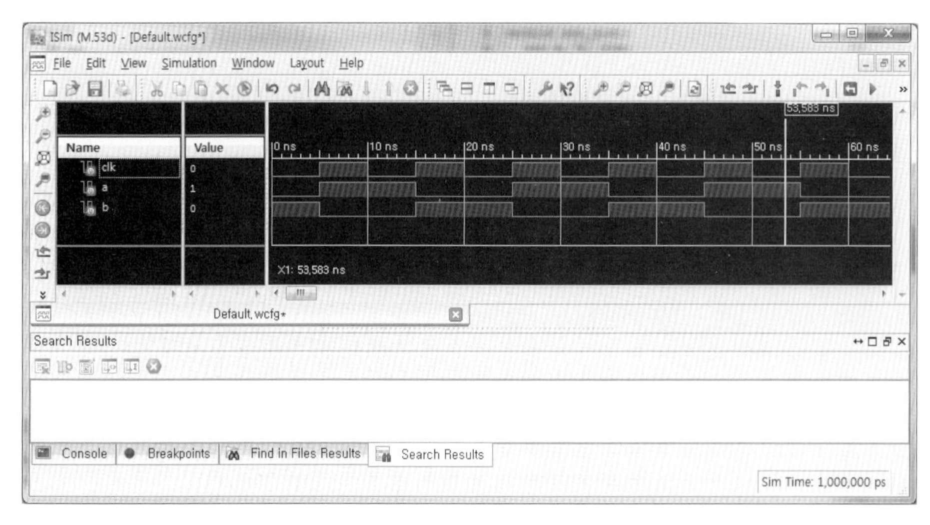

(b) nonblocking 할당문([코드 1.15(b)])의 시뮬레이션 결과

[그림 1.15] [코드 1.15]의 시뮬레이션 결과

[코드 1.16]은 blocking 할당문의 순서가 서로 바뀐 예를 보이고 있다. 이들 두 코드는 각각 [그림 1.16(a), (b)]와 같이 합성되어 서로 다른 회로로 동작한다. blocking 할당문이 순차회로 모델링에 사용되는 경우에 할당문의 나열 순서에 따라 회로의 동작이 달라지므로, 사용에 주의해야 한다.

```
module blk1(clk, d, q3);
  input  clk;
  output q3;
  input  d;
  reg    q3, q2, q1, q0;

  always @(posedge clk) begin
    q0 = d;
    q1 = q0;
    q2 = q1;
    q3 = q2;
  end
endmodule
```

(a)

```
module blk2(clk, d, q3);
  input  clk;
  output q3;
  input  d;
  reg    q3, q2, q1, q0;

  always @(posedge clk) begin
    q3 = q2;
    q2 = q1;
    q1 = q0;
    q0 = d;
  end
endmodule
```

(b)

[코드 1.16] blocking 할당문이 사용된 순차회로

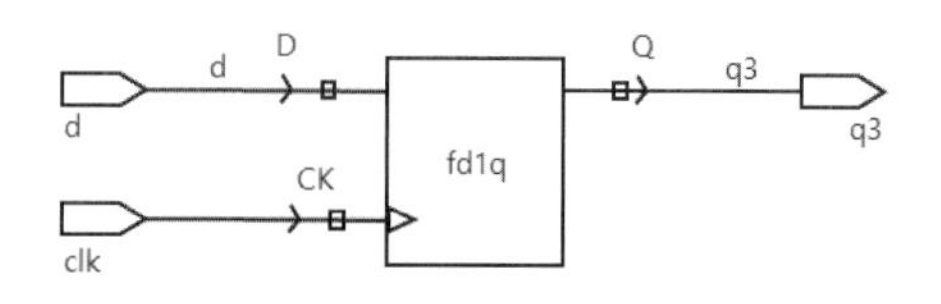

(a)[코드 1.16(a)]의 합성결과

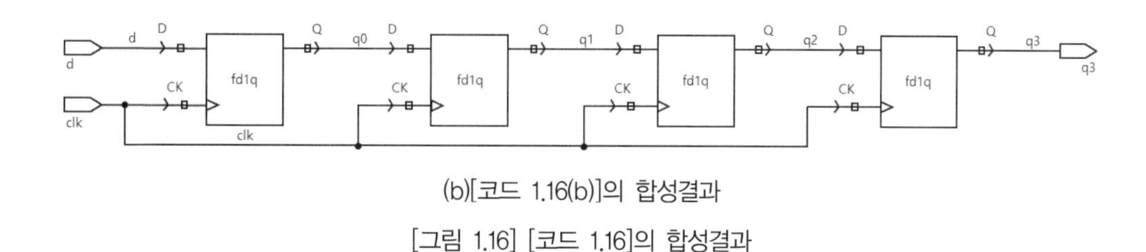

(b)[코드 1.16(b)]의 합성결과

[그림 1.16] [코드 1.16]의 합성결과

[코드 1.17]은 nonblocking 할당문의 순서가 서로 바뀐 예를 보이고 있다. 이들 두 코드는 각각 [그림 1.17]과 같이 합성되어 동일한 회로가 된다. nonblocking 할당문이 순차회로 모델링에 사용되는 경우에 할당문의 나열 순서에 무관하게 동일한 회로로 동작한다.

```
module non_blk1(clk, d, q3);
  input  clk;
  output q3;
  input  d;
  reg    q3, q2, q1, q0;

  always @(posedge clk) begin
    q0 <= d;
    q1 <= q0;
    q2 <= q1;
    q3 <= q2;
  end
endmodule
```

(a)

```
module non_blk2(clk, d, q3);
  input  clk;
  output q3;
  input  d;
  reg    q3, q2, q1, q0;

  always @(posedge clk) begin
    q3 <= q2;
    q2 <= q1;
    q1 <= q0;
    q0 <= d;
  end
endmodule
```

(b)

[코드 1.17] nonblocking 할당문이 사용된 순차회로

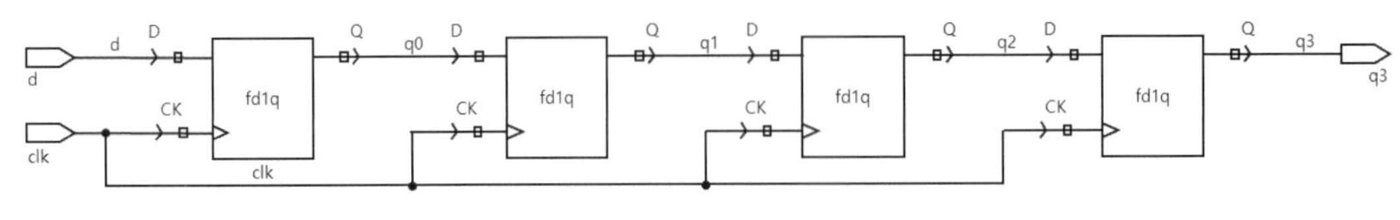

[그림 1.17] [코드 1.17]의 합성결과

1.5.4 조건문

조건문(if-else 문)은 문장의 선택적인 실행을 위해 사용되며, 다음과 같이 일반적인 프로그래밍 언어와 유사한 문법을 갖는다.

```
if(expression)
    statement_true;
[else
    statement_false;]
```

if 조건문의 조건이 참(0이 아닌 알려진 값)으로 평가되면 statement_true 부분이 실행되고, 조건이 거짓(0, x 또는 z)으로 평가되고 else 블록이 있으면 statement_false 부분이 실행된다. else 블록이 없는 경우에는 이전에 할당받은 값을 유지하며, 래치(latch) 회로로 합성된다.

[코드 1.18]은 if-else 조건문을 이용한 2 : 1 멀티플렉서의 모델링 예이다. sel=0이면 a가 선택되어 출력 out으로 출력되며, 그렇지 않은 경우(sel이 0이 아닌 경우)에는 b가 선택되어 out으로 출력된다. 이 예에서 if 조건을 if(!sel)로 표현해도 동일한 결과가 된다.

```
module mux21_if(a, b, sel, out);
   input  [1:0] a, b;
   input        sel;
   output [1:0] out;
   reg    [1:0] out;

   always @(a or b or sel)
      if(sel == 1'b0)    // 또는 if(!sel)
          out = a;
      else
          out = b;
endmodule
```

[코드 1.18] if 조건문을 이용한 2 : 1 멀티플렉서 모델링

[코드 1.19]는 if-else-if 구문을 이용하여 비동기식 set/reset을 갖는 D 플립플롭을 모델링한 예이다. always 구문의 감지신호 목록에 포함된 posedge clk은 클록신호 clk의 상승에지에서 동작하는 플립플롭을 모델링하며, negedge rst와 negedge set는 비동기식 set/reset 동작의 모델링에 필요하다. always 내부의 if-else-if 구문에서 첫 번째 if(!rst)에 의해 rst==0이면 출력 q=0이 되므로 active-low reset 동작을 모델링한다. 두 번째 if(!set)에 의해 set==0이면 출력 q=1이 되므로 active-low set 동작을 모델링한다. 마지막 else 문은 앞의 두 가지 if 조건을 만족하지 않는 경우(rst==0이 아니고, set==0이 아닌 경우)에 q <= d의 nonblocking 할당문을 실행시킨다. 시뮬레이션 결과는 [그림 1.18]과 같다.

```
module dff_sr_async(clk, d, rst, set, q);
    input clk, d, rst, set;
    output q;
    reg q;

  always @(posedge clk or negedge rst or negedge set) begin
     if(!rst)
         q <= 0;
     else if(!set)
         q <= 1;
     else
         q <= d;
  end
endmodule
```

[코드 1.19] 비동기 set/reset을 갖는 D 플립플롭의 모델링

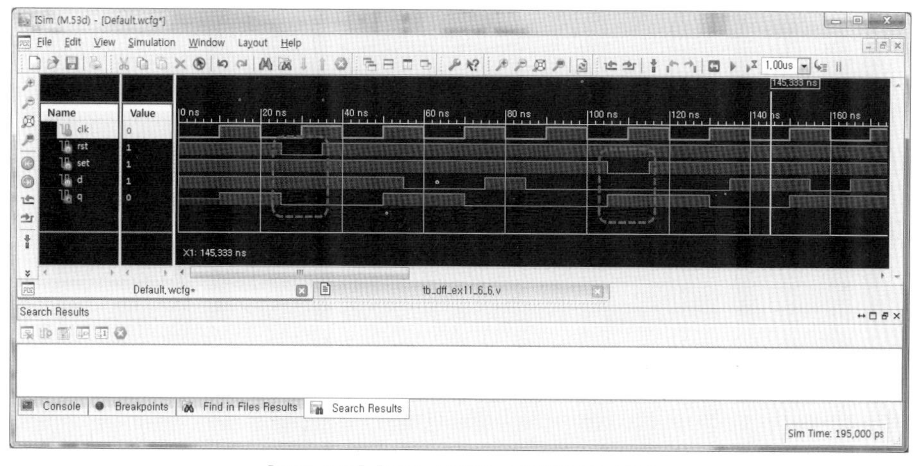

[그림 1.18] [코드 1.19]의 시뮬레이션 결과

1.5.1 [표 1.13]의 진리표를 갖는 3:8 이진 디코더를 `if` 조건문을 사용하여 모델링하고, 테스트벤치를 작성하여 기능을 검증하라.

[표 1.13] 3:8 이진 디코더의 진리표

디코더 입력 (dec_in[2:0])	디코더 출력 (dec_out[7:0])
000	0000_0001
001	0000_0010
010	0000_0100
011	0000_1000
100	0001_0000
101	0010_0000
110	0100_0000
111	1000_0000

1.5.2 mode=0이면 증가, mode=1이면 감소 계수기로 동작하는 8비트 증가/감소 계수기 회로를 설계하고, 테스트벤치를 작성하여 기능을 검증하라.

1.5.3 입력 클록신호의 주파수를 1/100로 분주하는 주파수 분주기(frequency divider) 회로를 설계하고, 테스트벤치를 작성하여 기능을 검증하라. 단, 분주 클록은 듀티 비(duty cycle)가 50% 되도록 한다.

1.5.4 Negative level-sensitive 방식으로 동작하는 8비트 D 래치회로를 설계하고, 테스트벤치를 작성하여 기능을 검증하라.

1.5.5 active-low 셋과 리셋을 갖는 negative level-sensitive 8비트 D 래치회로를 설계하고, 테스트벤치를 작성하여 기능을 검증하라.

설계과제

1.5.6 다음의 D 플립플롭을 Verilog HDL로 모델링하고, 테스트벤치를 작성하여 기능을 검증하라.

① 동기식 active-high 리셋을 갖는 D 플립플롭
② 동기식 active-high 셋을 갖는 D 플립플롭
③ 동기식 active-low 셋과 리셋을 갖는 D 플립플롭
④ 비동기식 active-high 리셋을 갖는 D 플립플롭
⑤ 비동기식 active-high 셋을 갖는 D 플립플롭
⑥ 비동기식 active-low 셋과 리셋을 갖는 D 플립플롭

1.5.7 [그림 1.19]의 상태 천이도로 동작하는 8비트 BCD(binary coded decimal) 계수기를 모델링하고, 테스트벤치를 작성하여 기능을 검증하라. Active-low 비동기식 리셋을 갖는다.

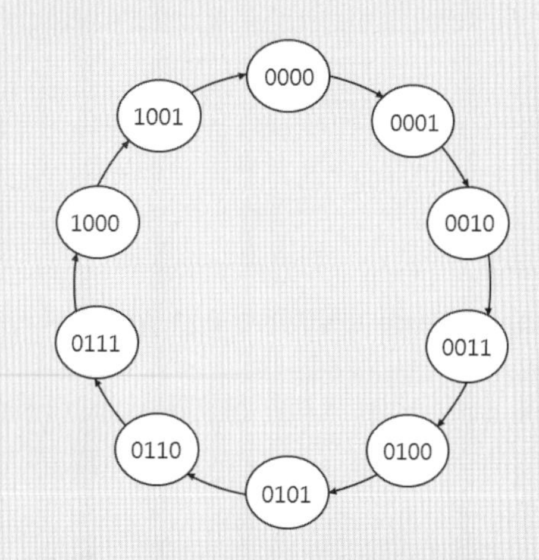

[그림 1.19] 8비트 BCD 계수기의 상태 천이도

1.5.5 case 문

case 문은 문장의 선택적인 실행을 위해 사용되며, 다음과 같이 C 프로그래밍 언어와 유사한 구조를 갖는다. case 조건식의 값과 일치하는 case_item의 문장이 실행된다. 나열된 모든 case_item들 중 case 조건식의 값과 일치되는 항이 없는 경우에는 `default` 항이 실행되고, `default` 항이 없으면 변수는 이전에 할당받은 값을 유지하며 래치가 포함된 회로로 합성된다.

```
case(expression)
   case_item {, case_item} : statement_or_null;
   | default [:] statement_or_null;
endcase
```

[코드 1.20]은 case문을 이용한 2 : 1 멀티플렉서의 모델링 예이다. 선택신호 sel이 0이면 a가 선택되어 출력 out으로 할당되며, sel이 1이면 b가 선택되어 출력 out으로 할당된다.

```
module mux21_case(a, b, sel, out);
   input  [1:0] a, b;
   input        sel;
   output [1:0] out;
   reg    [1:0] out;

   always @(a or b or sel) begin
      case(sel)
         0 : out = a;
         1 : out = b;
      endcase
   end
endmodule
```

[코드 1.20] case 문을 이용한 2 : 1 멀티플렉서 모델링

기본적인 case 문 이외에, don't-care 조건을 허용하는 casex 문과 casez 문을 사용할 수 있다. casez 문은 z를 don't-care로 취급하며, casex 문은 x와 z를 don't-care로 취급한다. casex와 casez 문은 don't-care에 대한 처리만 다르며 나머지 문법적인 기능은 case 문과 동일하다. case 조건식이나 case_item의 임의의 비트가 don't-care 값(casez 문에서 z, casex 문에서 z와 x)을 가지면, 해당 비트는 비교에서 제외된다. [코드 1.21]은 casex 문을 이용한 우선순위 인코더 모델링 예이다.

```
module pri_enc_casex(encode, enc);
  input  [3:0] encode;
  output [1:0] enc;
  reg    [1:0] enc;
```

```
  always @(encode) begin
    casex(encode)
      4'b1xxx : enc = 2'b11;
      4'b01xx : enc = 2'b10;
      4'b001x : enc = 2'b01;
      4'b0001 : enc = 2'b00;
    endcase
  end
endmodule
```

[코드 1.21] case 문을 이용한 우선순위 인코더 모델링

설계과제

1.5.8 [표 1.13]의 진리표를 갖는 3:8 이진 디코더를 case 문을 사용하여 모델링하고, 테스트벤치를 작성하여 기능을 검증하라.

1.5.9 4비트 4:1 멀티플렉서 회로를 case 문을 사용하여 모델링하고, 테스트벤치를 작성하여 기능을 검증하라.

1.5.6 반복문

Verilog HDL은 for 반복문, repeat 반복문, forever 반복문, while 반복문을 제공하며, 반복문의 형식은 다음과 같다.

```
forever statement;
| repeat(expression) statement;
| while(expression) statement;
| for(variable_assign; expression; variable_assign) statement;
```

1) **for** 반복문

반복 변수에 의해 지정되는 횟수만큼 반복 실행되며, 반복을 제어하는 변수 i는 integer 자료형으로 선언된다. [코드 1.22]는 for 반복문을 이용해서 8비트 시프트 레지스터를 모델링한 예이며,

i=1부터 시작하여 1회 반복마다 i가 1씩 증가하여 i=7이 될 때까지 총 7회 반복 실행된다.

```
module shift_reg8b_for (clk, rst, sin, qout);
  input         clk, rst, sin;
  output [7:0]  qout;
  reg    [7:0]  qout;
  integer        i;

  always @(posedge clk or posedge rst) begin
     if (rst)
        qout <= 8'b0000_0000;
     else begin
        qout[0] <= sin;
        for (i=1; i<8; i=i+1)
           qout[i] <= qout[i-1];
     end
  end
endmodule
```

[코드 1.22] for 반복문을 이용한 8비트 시프트 레지스터 모델링

2) **repeat** 반복문

지정된 횟수만큼 반복 실행된다. 반복 횟수를 나타내는 값이 x(unknown) 또는 z(high impedance)로 평가되면 반복 횟수는 0이 되고 실행되지 않는다. [코드 1.23]은 opcode=10인 경우에 16비트 데이터를 좌측으로 8비트 순환 이동시키는 회로를 repeat 반복문을 이용하여 모델링한 예이다.

```
module repeat_example();
  reg  [3:0]  opcode;
  reg  [15:0] data;
  reg         temp;

  always @(opcode or data) begin
    if (opcode == 10) begin
       repeat(8) begin  // Perform rotate
          temp = data[15];
          data = data << 1;
          data[0] = temp;
```

```
        end
      end
    end
endmodule
```

[코드 1.23] repeat 반복문을 이용한 순환 시프트 회로 모델링

3) **forever** 반복문

조건 없이 무한히 반복 실행되며, 합성이 지원되지 않으므로 테스트벤치에서만 사용된다. [코드 1.24]는 forever 반복문을 이용해서 주기가 20ns인 클록신호를 생성하는 예이다.

```
module clk_gen ();
   reg  clk;

   initial begin
     clk = 1'b0;
     forever  #10 clk = ~clk;
   end
endmodule
```

[코드 1.24] forever 반복문을 이용한 클록신호 생성

4) **while** 반복문

조건식의 값이 참인 동안 반복 실행되며, 초기값이 거짓이면 실행되지 않는다. [코드 1.25]는 8비트 data_in에 포함된 1의 개수를 구하는 회로를 while 반복문을 이용해서 모델링한 예이다. temp_reg에 1이 하나 이상 포함되어 있으면 begin ~ end 블록의 내용이 반복 수행되고, temp_reg가 0이 되면 반복을 멈춘다. while 반복문은 합성이 지원되지 않는 툴이 있으므로 합성을 위한 모델링에는 사용하지 않는 것이 바람직하다.

```
module cnt_one(data_in, cnt_one);
  input   [7:0] data_in;
  output [3:0]  cnt_one;
  reg     [7:0] temp_reg;
  reg     [3:0] cnt_one;
```

```
    always @(data_in) begin
      cnt_one = 0;
      temp_reg = data_in;
      while(temp_reg) begin
          if(temp_reg[0])
              cnt_one =  cnt_one + 1;
          temp_reg = temp_reg >> 1;
      end
    end

endmodule
```

[코드 1.25] while 반복문을 이용한 1의 개수를 구하는 회로 모델링

설계과제

1.5.10 [표 1.13]의 진리표를 갖는 3:8 이진 디코더를 for 반복문을 사용하여 모델링하고, 테스트벤치를 작성하여 기능을 검증하라.

1.5.11 [그림 1.20]의 상태 천이도로 동작하는 8비트 링 계수기를 for 반복문을 사용하여 모델링하고, 테스트벤치를 작성하여 기능을 검증하라. Active-low 동기식 리셋을 갖는다.

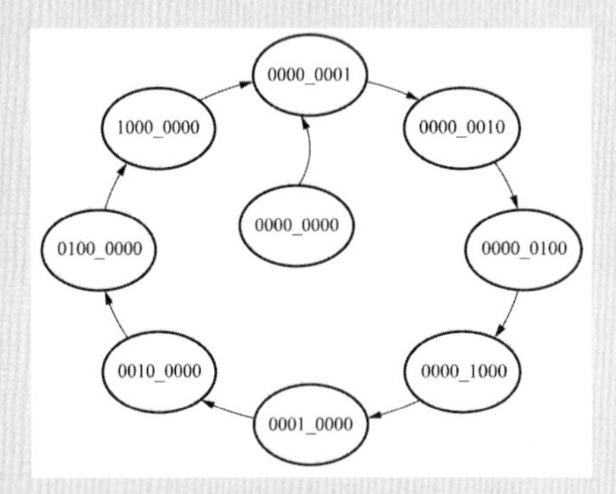

[그림 1.20] 8비트 링 계수기의 상태 천이도

1.5.12 8비트 직렬입력-병렬출력 시프트 레지스터를 for 반복문을 사용하여 모델링하고, 테스트벤치를 작성하여 기능을 검증하라. Active-low 동기식 리셋을 갖는다.

1.6 구조적 모델링

Verilog HDL의 기본 설계 단위는 모듈이며, 모듈은 다른 모듈을 이용한 계층적(구조적) 설계를 지원한다. 상위수준의 모듈은 하위수준 모듈을 인스턴스(instance)하고, 입력, 출력 및 양방향 포트를 통해 모듈 사이의 연결과 신호를 전달한다. 이와 같이 모듈을 이용한 계층적 설계를 구조적 모델링(structural modeling)이라고 한다.

1.6.1 모듈 인스턴스

하위모듈을 인스턴스하는 형식은 다음과 같다. 인스턴스되는 모듈이 파라미터를 갖는 경우는 모듈 이름과 인스턴스 이름 사이에 #(parameter_assignment)을 통해 파라미터 값을 변경시킬 수 있다. 또한 인스턴스 이름 뒤에 [m:n]로 범위를 지정해서 인스턴스 배열을 생성할 수 있다. 인스턴스 이름을 생략할 수 없으며, 반드시 지정해야 한다.

```
module_name #(parameter_assignment) instance_name [m:n] (port_mapping );
```

모듈의 포트 매핑은 다음과 같이 포트순서에 의한 연결(ordered_port_connection)과 포트이름에 의한 연결(named_port_connection) 중 하나를 사용할 수 있으며, 특정 모듈 인스턴스에서 두 가지를 혼용해서 사용할 수 없다.

```
//순서에 의한 포트 매핑
module_name instance_name (expression1, expression2, . . . );

// 이름에 의한 포트 매핑
module_name instance_name (.port_name1(expr1),
                           .port_name2(expr2),
                           . . . );
```

[코드 1.27]은 [코드 1.26]의 반가산기 모듈 half_adder를 인스턴스해서 포트 매핑하는 예를 보이고 있다. 인스턴스 U0는 순서에 의한 포트 매핑을 사용하고 있으며, 인스턴스 U1은 이름에 의한 포트 매핑을 사용하고 있다. 순서에 의한 포트 매핑에서는 인스턴스되는 모듈 half_adder의 포트목록에 나열된 포트순서와 일치하도록 신호를 연결한다. 이름에 의한 포트 매핑에서는 인스턴스되는 모듈 half_adder의 포트이름을 사용하여 신호를 연결한다.

```
module half_adder (a, b, sum, cout);
   input   a, b;
   output  sum, cout;

   xor (sum, a, b);   // sum = a ⊕ b
   and (cout, a, b);  // cout = a·b
endmodule
```

[코드 1.26] 반가산기 모듈 half_adder

```
 module full_adder(a, b, cin, sum, cout);
   input  a, b, cin;
   output sum, cout;

   half_adder u0( a, b, temp_sum, temp_c1); // 순서에 의한 포트 연결

   half_adder u1( .a(temp_sum),
                  .b(cin),
                  .sum(sum),
                  .cout(temp_c2) );  // 이름에 의한 포트 연결
   or u2(cout, temp_c1, temp_c2);     // 게이트 프리미티브 인스턴스
endmodule
```

[코드 1.27] 모듈 인스턴스를 이용한 전가산기 모델링

[코드 1.28]은 인스턴스 배열을 이용하여 모듈 driver 4개를 인스턴스한 예를 보이고 있으며, 모듈 driver의 포트 out과 포트 en으로 매핑되는 신호에 결합 연산자가 사용되었다.

```
 module bus_driver_eq(busin, bushigh, buslow, enh, enl);

    input [15:0] busin;
    input        enh, enl;
    output [7:0] bushigh, buslow;

    driver U0 [3:0](.in(busin),
                    .out({bushigh, buslow}),
                    .en({enh, enh, enl, enl}) );
endmodule
```

[코드 1.28] 인스턴스 배열을 이용한 모델링 예

1.6.2 모듈 파라미터

Verilog HDL의 모듈에서 정의된 parameter는 모듈이 인스턴스될 때 값을 변경시킬 수 있다. parameter 값의 변경은 모듈 인스턴스의 개별화(customize)를 위한 유용한 수단을 제공한다. 모듈의 parameter 값을 변경하는 방법은 defparam 문을 이용하는 방법과 모듈 인스턴스에서 기호 #을 사용하는 방법이 있다. 모듈 인스턴스에서 parameter 값의 변경은 parameter 순서에 의한 방법과 parameter 이름에 의한 방법 중 하나가 사용된다. 단일 모듈 인스턴스 문에서 이들 두 가지 방법을 혼용하여 사용할 수 없다.

[코드 1.29]는 가산기의 비트 수가 파라미터 bit_width로 선언된 가산기의 모델링 예이며, for 반복문에 의해 파라미터로 선언된 bit_width만큼 반복되어 bit_width-비트의 가산기가 구현된다. [코드 1.30]에서 모듈 add_Nb를 인스턴스하고 있으며, #(8)에 의해 파라미터 bit_width를 8로 변경하여 8비트 가산기를 구현하고 있다. 파라미터 값 변경은 #(.bit_width(8))와 같이 이름에 의해 변경할 수도 있다.

```
module add_Nb (a, b, cin, sum, cout);
   parameter      bit_width = 1;
   input  [bit_width-1:0] a, b;
   input                  cin;
   output [bit_width-1:0] sum;
   output                 cout;

   reg    [bit_width-1:0] sum, p;
   reg    [bit_width:0]   carry;
   integer                i;

  always @(a or b or cin)  begin
   carry[0] = cin;
   for (i=0; i<bit_width; i=i+1) begin
      p[i] = (a[i] ^ b[i]);
      sum[i] = (p[i] ^ carry[i]);
      case (p[i])
          0    : carry[i+1] = a[i];
        default : carry[i+1] = carry[i];
      endcase
   end
  end

  assign cout = carry[bit_width];
endmodule
```

[코드 1.29] 파라미터화된 N-비트 가산기 모델링

```
module add_8b (da, db, sum, cout);
  input  [7:0]   da, db;
  output [7:0]   sum;
  output         cout;

   assign cin = 1'b0;
// add_Nb #(.bit_width(8)) U0 (
    add_Nb #(8) U0 ( .a(da),
                     .b(db),
                     .cin(cin),
                     .sum(sum),
                     .cout(cout));
endmodule
```

[코드 1.30] 파라미터 값 변경을 통한 구조적 모델링

제2장 Xilinx FPGA 디바이스

2.1 PLD 개요

2.2 Xilinx FPGA 디바이스 개요

2.3 Xilinx FPGA 내부 구조

2.4 메모리 리소스

2.5 내장 마이크로프로세서 리소스

2.6 클록 관련 리소스

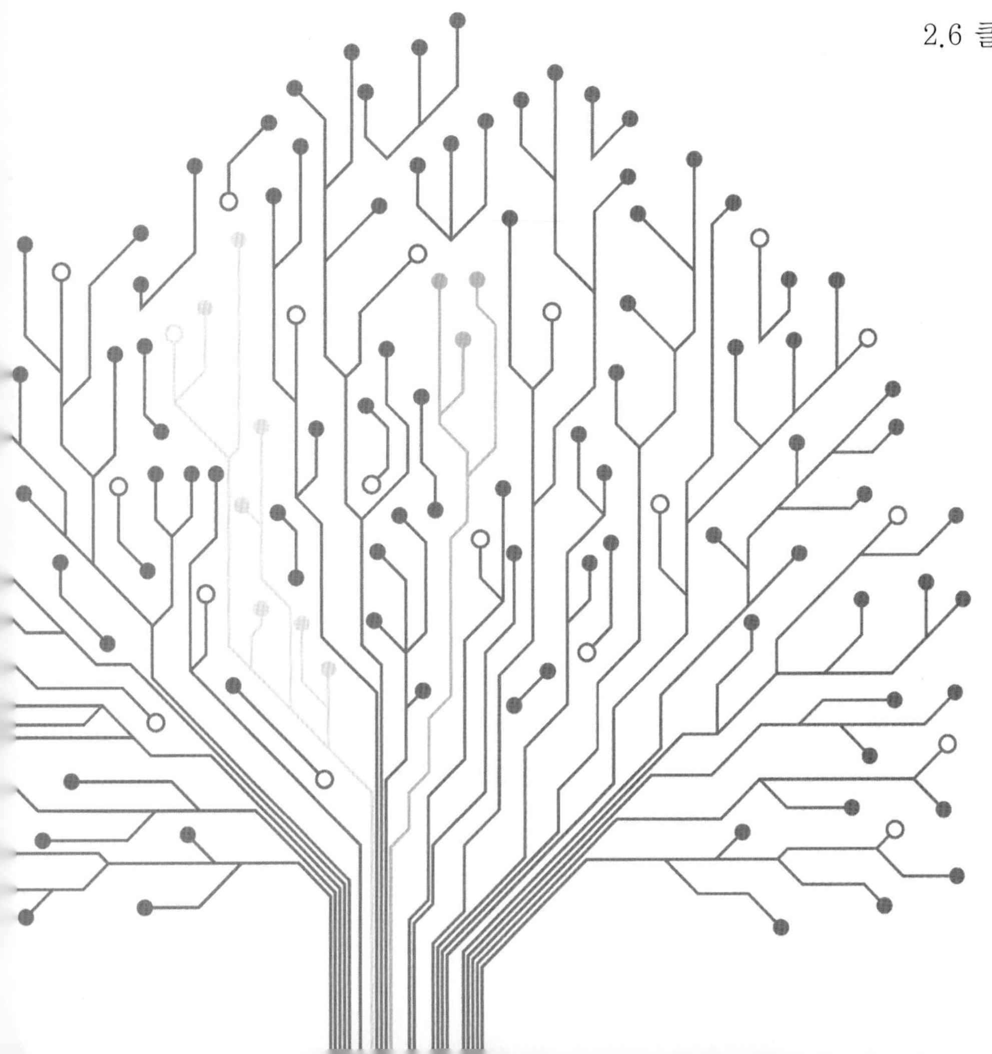

2 Xilinx FPGA 디바이스

FPGA(field programmable gate array)는 PLD(programmable logic device)의 한 형태로서 사용자가 현장에서 프로그래밍(field programmable)을 통해 회로의 기능을 구현할 수 있는 반도체 소자이다. 'gate array'라는 말은 기본 논리게이트(NAND, NOR 등)가 규칙적으로 배열되어 있는 내부 구조를 나타내며, 초기의 FPGA 디바이스가 단순한 논리게이트의 배열 구조로 만들어졌으므로 붙여진 이름이다. 칩 내부의 하드웨어 자원이 증가함에 따라 LUT(Look-Up Table)와 플립플롭으로 구성되는 CLB(configurable logic block)의 배열 구조로 발전해 왔으며, 최근에는 디지털신호처리(DSP) 또는 마이크로프로세서 코어와 고속 입출력 모듈을 내장하는 형태로 발전하고 있다.

FPGA 디바이스를 전문으로 개발해서 판매하는 회사로는 Altera와 Xilinx가 대표적이며, 전체 FPGA 시장의 약 80% 정도를 두 회사가 점유하고 있는 것으로 알려지고 있다. (참고로, Altera는 2015년 5월에 Intel에 인수 합병되었음) 그 밖에 Lattice, Atmel, Achronix, Tabula, QuickLogic, Actel 등 여러 회사의 다양한 제품들이 판매되고 있다. Xilinx, Altera, Lattice, Atmel, Achronix, Tabula 등은 SRAM 기반의 FPGA 디바이스를 판매하고, Actel, QuickLogic은 Flash & antifuse 방식의 FPGA 디바이스를 판매한다.

마이크로프로세서, 메모리와 같은 범용 반도체 집적회로(integrated circuit; IC)를 제외한 일반적인 반도체 IC는 칩의 설계과정에서 기능이 정해지고, 제조가 완료되면 칩의 기능을 변경하는 것이 불가능하다. 반면에, FPGA는 디바이스 프로그래밍(칩 내부의 메모리(SRAM) 또는 외부의 PROM에 정보를 저장하는 과정)을 통해 회로의 기능을 구현하므로, SRAM과 PROM의 정보를 지우고 새로운 회로를 구현할 수 있다는 장점을 갖는다. 따라서 전용 반도체 IC 개발 과정에서 회로의 하드웨어 동작을 검증하는 연구용 시제품(prototype) 개발에 사용된다. 또한 완제품의 시장 규모가 작거나 소량 다품종 칩이 필요한 경우에 전용 IC를 개발하면 비용이 많이 소요되므로, FPGA를 사용하면 전체적인 비용을 줄일 수 있다. 예를 들어 항공, 국방, 의료, 방송, 산업/과학용 시스템, 자동차 등과 같이 시장규모가 작거나 고가인 시스템에 FPGA가 사용될 수 있다. 이와 같이 FPGA는 연구용 시제품 개발에서부터 최종 완제품에 이르기까지 폭넓게 사용되고 있다.

이 장에서는 Xilinx FPGA 디바이스의 내부 구조와 기본적인 특성에 대해 설명한다. 시중에 시판되고 있는 FPGA는 디바이스 계열(family)과 그룹으로 구분되어 수십 종류 이상이지만, 기본적으로 FPGA 디바이스 내부의 구조는 매우 유사하다. 최신 디바이스일수록 동작속도가 빠르고 많은 하드웨어 리소스를 포함하고 있으며, 부가적인 하드웨어 자원들이 추가되어 있다. FPGA 디바이스별 상세한 사양과 설계 예에 관해서는 제조회사에서 제공하는 데이터 시트와 사용설명서를 참조한다.

2.1 PLD 개요

PLD는 사용자가 회로의 기능을 직접 구현할 수 있도록 만들어진 반도체 IC를 총칭하는 말이며, [그림 2.1]과 같이 (EE)PROM(electrically erasable programmable read only memory), PLA(programmable logic array), PAL(programmable array logic), CPLD(complex PLD), FPGA 등이 PLD에 속한다. PLD 사용자는 가공이 완료된 반도체 IC를 구매한 후 원하는 기능을 직접 구현할 수 있으므로, 시제품 개발에 소요되는 시간을 크게 단축할 수 있으며 구현된 회로를 지우고 다시 프로그래밍(re-programming)하여 새로운 회로를 구현할 수 있다. 또한, PLD 소자가 보드/

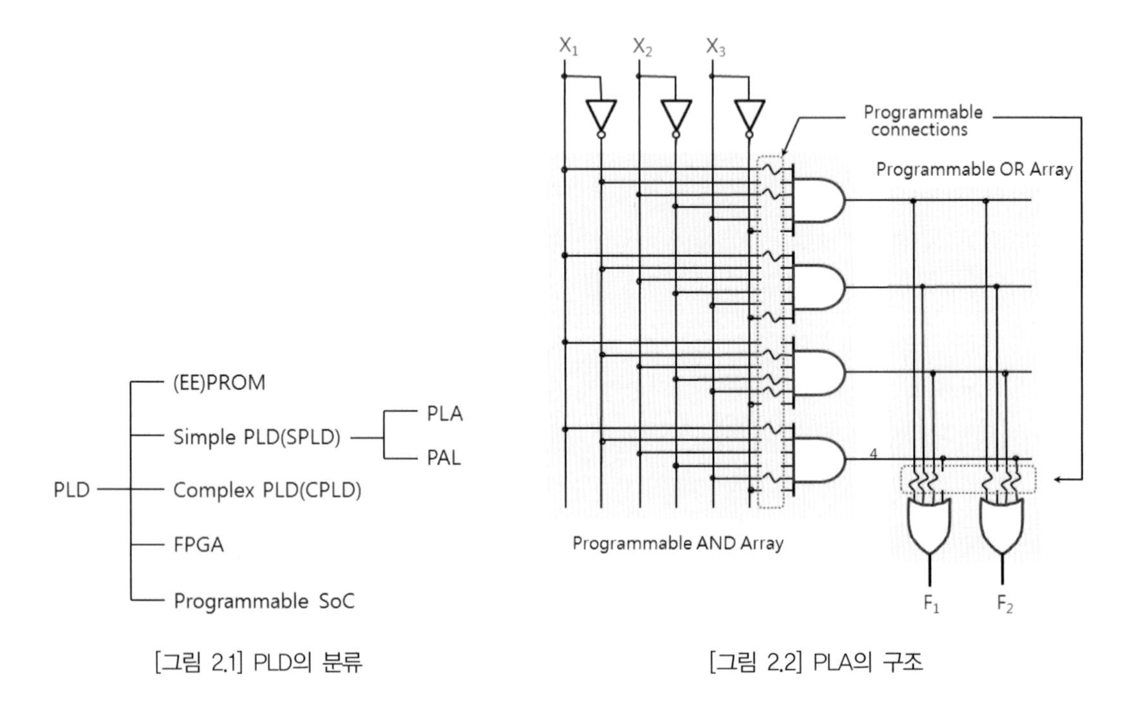

[그림 2.1] PLD의 분류

[그림 2.2] PLA의 구조

시스템에 장착된 상태에서 프로그래밍할 수 있는 ISP(in-system programming)가 가능하다는 장점도 있다.

PLA는 [그림 2.2]와 같이 프로그래밍 가능 AND 배열과 프로그래밍 가능 OR 배열의 구조를 가지며, PLA의 출력은 입력의 곱의 합(sum of product) 형태가 된다. [그림 2.2]의 예에서 출력은 $F_1 = X_1X_2 + X_1\overline{X_3} + \overline{X_1}\,\overline{X_2}X_3$, $F_2 = X_1X_2 + \overline{X_1}\,\overline{X_2}X_3 + X_1X_3$이다. PLA는 AND 게이트와 OR 게이트의 팬-인(fan-in)이 커서 속도가 느리다는 단점이 있으며, PLA의 입력은 16개 이하, 곱의 항(product terms)은 32개 이하 그리고 출력은 8개 이하가 되도록 설계된다.

PAL은 [그림 2.3(a)]와 같이 프로그래밍 가능 AND 배열과 고정된(fixed) OR 배열의 구조를 가지며, PLA과 동일하게 곱의 합(sum of product) 형태의 출력을 갖는다. [그림 2.3(a)]의 예에서 출력은 $F_1 = X_1X_2\overline{X_3} + \overline{X_1}X_2X_3$, $F_2 = \overline{X_1}\,\overline{X_2} + X_1X_2X_3$이다. PAL은 AND 게이트의 팬-인(fan-in)이 크고, 고정된 OR 게이트 배열로 인해 PLA 보다 유연성이 낮다는 단점을 갖는다. 그러나 PLA에 비해 구조가 단순하여 칩 단가가 싸고 속도가 빠르다는 장점을 갖는다. PAL의 OR 게이트 출력에 플립플롭, 멀티플렉서, 3상태 게이트 등이 부가적으로 연결된 구조를 매크로 셀(macro-cell)이라고 하며, [그림 2.3(b)]와 같은 구조를 갖는다.

CPLD는 PLA와 PAL 디바이스의 단점인 제한된 입력/출력 개수와 곱의 항 개수를 개선하기 위해 만들어진 소자이다. CPLD는 [그림 2.4]와 같이 다수 개의 PAL-like 블록 배열과 블록 간 연결을 위한 배선 네트워크로 구성된다. 상용화된 CPLD 디바이스는 2~100개 정도의 PAL-like 블록으로

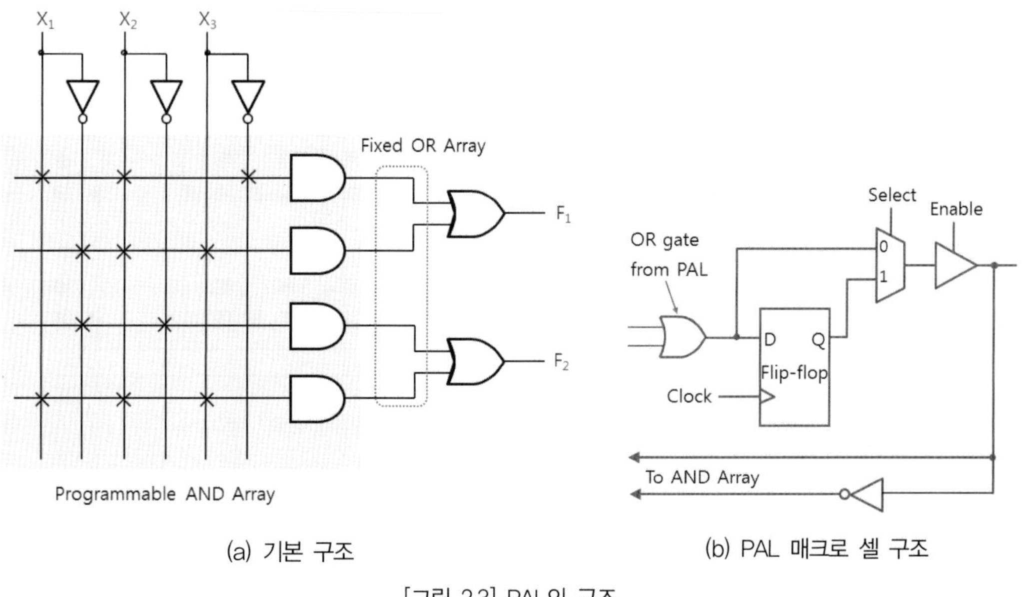

(a) 기본 구조 (b) PAL 매크로 셀 구조

[그림 2.3] PAL의 구조

구성되며, PAL- like 블록은 통상 16개의 매크로 셀로 구성된다. 배선 네트워크는 [그림 2.5]와 같이 프로그램 가능한 구조를 가지며, 각각의 PAL-like 블록은 I/O 블록으로 연결된다. OR 게이트 배열의 OR 게이트는 5~20 정도의 팬-인을 가지며, XOR 게이트는 반전(인버터) 기능을 제공한다.

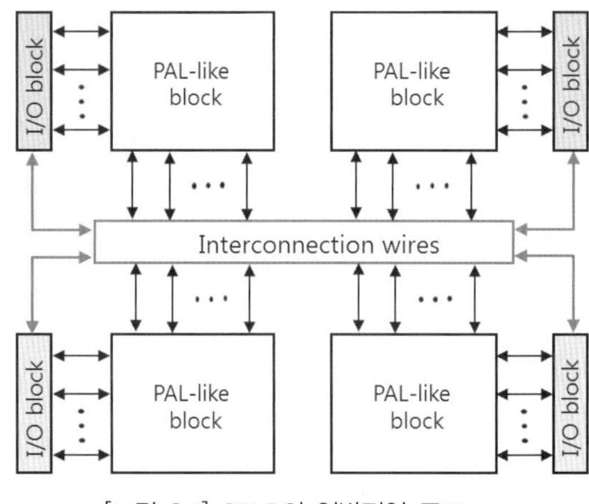

[그림 2.4] CPLD의 일반적인 구조

CPLD 소자는 20,000 게이트 이하 소규모 회로의 구현에 적합하며, 보다 복잡한 로직의 구현에 적합하도록 개발된 PLD 소자가 FPGA이다. 초기에 개발된 FPGA는 기본적으로 [그림 2.6]과 같은 구조를 가지며, 로직 블록의 2차원 배열과 로직 블록 사이의 배선 스위치들로 구성된다. 로직 블록은 LUT를 기반으로 한 CLB 리소스로 구성되며, 칩 외곽의 둘레에는 외부 연결을 위한 I/O 블록이 배치되어 있다. 최근에는 메모리, FPGA 동작에 필요한 클록을 변환해주는 DCM(digital clock management), 산술연산을 빠르게 구현하기 위한 곱셈기(multiplier), 고속 입출력을 위한 기가 비트 고속 송수신 회로(giga bit transceiver) 그리고 마이크로프로세서 등의 리소스가 추가되어 기능과 구조가 점점 복잡한 FPGA 디바이스들이 개발되고 있다.

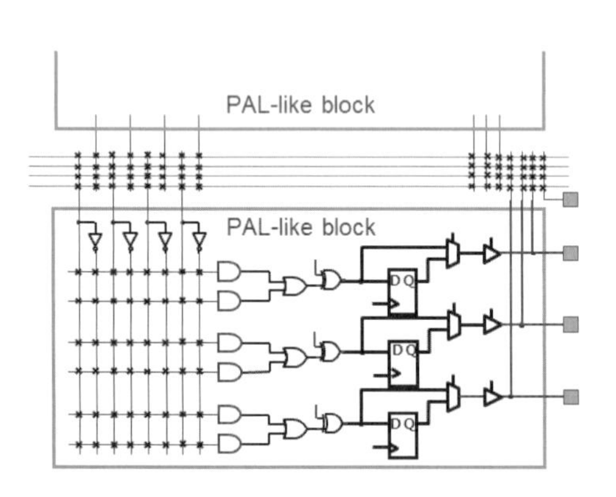

[그림 2.5] CPLD의 프로그램 가능 배선 네트워크 구조

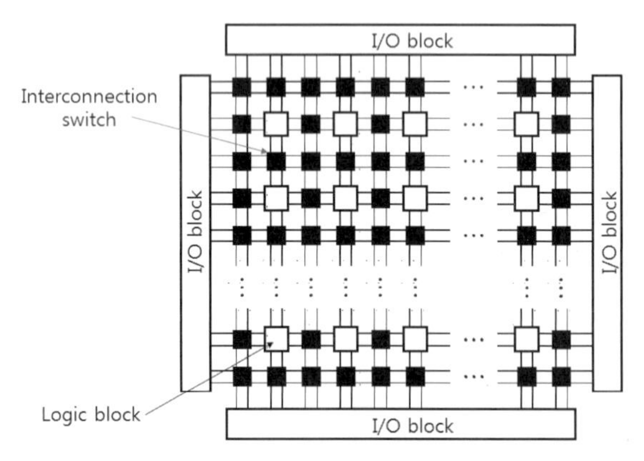

[그림 2.6] FPGA의 일반적인 구조

2.2 Xilinx FPGA 디바이스 개요

Xilinx FPGA 디바이스의 세대별 제품군 이름 및 제조공정은 [표 2.1]과 같다. Virtex는 고성능 제품군이며, Virtex 계열 FPGA의 일부 기능을 제외시키고 저비용 제조공정을 사용한 저가격 제품군이 Spartan 계열이다. FPGA의 제품 세대가 발전하면서 로직 구현을 위한 리소스의 복잡도가 크게 증가해 왔다. 또한 [그림 2.7]에서 보는 바와 같이 프로세서 코어, 고속 직렬 I/O, 시스템 모니터, PCIe 블록 등 부가적인 기능들이 추가되어 왔으며, 첨단 미세 제조공정이 적용되고 있다.

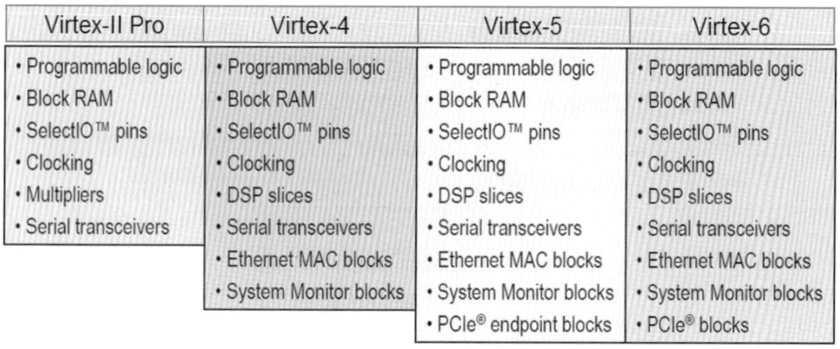

Virtex-II Pro	Virtex-4	Virtex-5	Virtex-6
• Programmable logic	• Programmable logic	• Programmable logic	• Programmable logic
• Block RAM	• Block RAM	• Block RAM	• Block RAM
• SelectIO™ pins	• SelectIO™ pins	• SelectIO™ pins	• SelectIO™ pins
• Clocking	• Clocking	• Clocking	• Clocking
• Multipliers	• DSP slices	• DSP slices	• DSP slices
• Serial transceivers	• Serial transceivers	• Serial transceivers	• Serial transceivers
	• Ethernet MAC blocks	• Ethernet MAC blocks	• Ethernet MAC blocks
	• System Monitor blocks	• System Monitor blocks	• System Monitor blocks
		• PCIe® endpoint blocks	• PCIe® blocks

[그림 2.7] Virtex FPGA 제품군의 리소스 비교

[표 2.1] Xilinx FPGA 디바이스의 세대별 제품군 이름 및 제조공정

제품 세대	고성능 제품군		저가격 제품군	
	제품군 이름	제조공정	제품군 이름	제조공정
1세대	Virtex, Virtex-E	220 nm	Spartan	500 nm
2세대	Virtex-II	150 nm	Spartan-XL	350 nm
3세대	Virtex-II Pro	130 nm	Spartan-II	220 nm
4세대	Virtex-4	90 nm	Spartan-IIE	180 nm
5세대	Virtex-5	65 nm	Spartan-3/3E/ 3A/3AN/3ADSP	90 nm
6세대	Virtex-6	40 nm	Spartan-6	45 nm
7세대	Virtex-7	28 nm	Artix-7	28 nm

Virtex-4 계열 FPGA는 LX, SX, FX의 세 가지 하위 제품군으로 구성되며, [그림 2.8]과 같은 대표적인 특징을 갖는다. LX는 로직 전용 제품군으로 디바이스 모델에 따라 최소 14,000에서 최대 200,000 로직 셀(logic cell)을 가지고 있다. SX는 산술연산 기능이 강화된 제품군으로 128~512개

의 DSP 슬라이스를 가지고 있으며, LX나 FX 제품군에 비해 로직 셀이 적다. FX 제품군은 로직 셀, 메모리, DCM, SelectIO 등의 리소스를 상대적으로 많이 가지고 있으면서 RocketI/O(MGT), PowerPC 프로세서, Ethernet MAC이 탑재되어 다양한 기능들을 지원하도록 설계된 제품군이다. 참고로, Spartan-3 이후에 생산되는 Xilinx FPGA는 칩의 집적도를 나타내기 위해 시스템 게이트 대신에 로직 셀이 사용되며, 로직 셀은 LUT와 플립플롭의 조합으로 구성되는 회로 단위를 나타낸다.

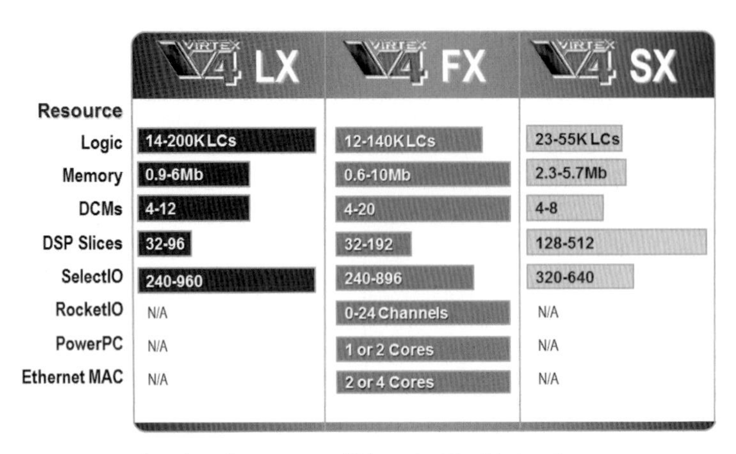

[그림 2.8] Virtex-4 계열 FPGA의 리소스 비교

Virtex-5 계열 FPGA는 LX, LXT, SXT, FXT의 네 가지 하위 제품군으로 구성되며, 대표적인 특징은 [그림 2.9]와 같다. LX와 LXT는 로직 전용 제품군이며, LXT는 고속 직렬 I/O를 포함하고 있다. SXT는 LX/LXT, FX 제품군에 비해 로직 셀은 적으나 DSP 슬라이스를 많이 포함하고 있으며, 고속 직렬 I/O를 가지고 있다. FXT 제품군은 로직 셀, 메모리, DCM 등의 리소스를 상대적으로 많이 가지고 있으면서 고속 직렬 I/O, PowerPC 프로세서가 탑재되어 다양한 기능들을 지원하는 제품군이다.

[그림 2.10]은 Virtex-6와 Spartan-6 계열 FPGA의 하위 제품군 구성과 주요 특징을 비교한 것이다. Spartan-6 계열은 Virtex-6 FPGA의 저가형 제품군이며, 로직 셀, 블록 RAM, DSP 슬라이스, 고속 시리얼 송수신기 등의 리소스를 적게 가지고 있다. Virtex-6는 6개의 하위 제품군으로 구성되며, Spartan-6는 2개의 하위 제품군으로 구성된다. Virtex-6와 Spartan-6 계열 FPGA는 내장형 프로세서 코어를 갖지 않으며, 필요에 따라 소프트 프로세서 코어를 구현해서 사용할 수 있다.

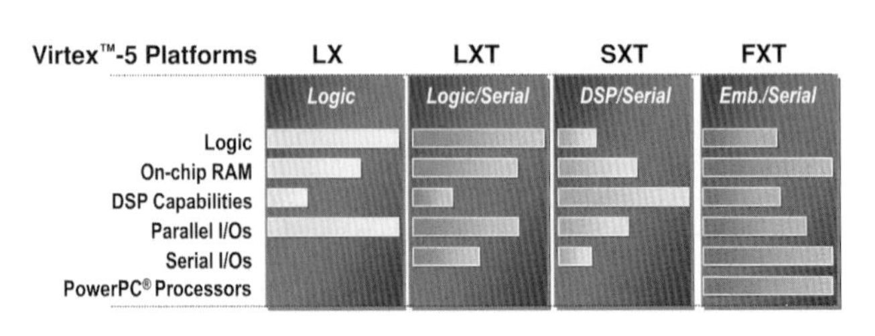

[그림 2.9] Virtex-5 계열 FPGA의 리소스 비교

Spartan-6LX는 로직 전용 범용 FPGA 제품군이며, Spartan-6LXT는 저비용 직렬 송수신기(GTP)와 PCI Express 코어가 내장되어 직렬 연결성(serial connectivity)이 강화된 제품군이다. Virtex-6 계열의 모든 제품군은 Tri-mode ethernet MAC 코어, 고성능 직렬 송수신기(GTX), PCI Express 코어를 내장하고 있다. Virtex-6SXT는 다른 제품군에 비해 블록 RAM, DSP 슬라이스를 많이 내장하고 있어 DSP 응용분야에 적합하다. Virtex-6HXT는 초고속 직렬 송수신기(GTH)를 내장하고 있다.

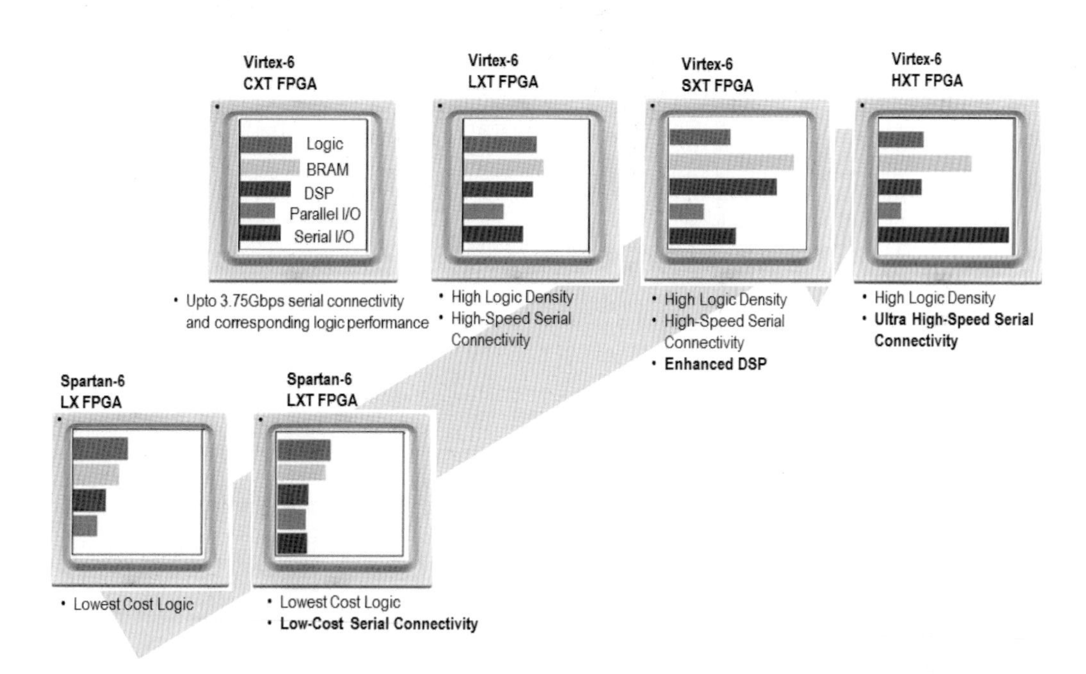

[그림 2.10] Virtex-6/Spartan-6 계열 FPGA의 리소스 비교

Xilinx는 통합 아키텍처를 기반으로 하는 7 시리즈 FPGA 제품군인 ARTIX-7, KINTEX-7, VIRTEX-7을 제공하고 있으며, 주요 특징은 [그림 2.11]과 같다. ARTIX-7은 20K~355K 로직 셀, 40~700개의 DSP 슬라이스, 3.75 Gbps의 송수신기 성능을 갖는 저전력과 저가격의 제품군이다. KINTEX-7은 70K ~ 480K 로직 셀, 240~1,920개의 DSP 슬라이스, 최대 12.5 Gbps의 송수신기 성능을 가져 가격 대비 성능이 우수한 제품군이다. VIRTEX-7은 285K~2,000K 로직 셀, 700~3,960개의 DSP 슬라이스, 최대 28 Gbps의 송수신기 성능, 최대 1,200개의 SelectIO를 갖는 고성능 제품군이다.

Virtex-7 계열의 FPGA는 [그림 2.12]와 같이 Virtex-7, Virtex-7XT, Virtex-7HT의 세 가지 제품군으로 나뉘며, Virtex-7XT는 DSP 슬라이스와 블록 RAM을 많이 내장하고 있으며, Virtex-7HT은 고속 시리얼 I/O 성능을 특징으로 한다.

Maximum Capability	ARTIX 7 Lowest Power and Cost	KINTEX 7 Industry's Best Price/Performance	VIRTEX 7 Industry's Highest System Performance
Logic Cells	20K – 355K	70K – 480K	285K – 2,000K
Block RAM	12 Mb	34 Mb	65 Mb
DSP Slices	40 – 700	240 – 1,920	700 – 3,960
Peak DSP Perf.	504 GMACS	2,450 GMACs	5,053 GMACS
Transceivers	4	32	88
Transceiver Performance	3.75Gbps	6.6Gbps and 12.5Gbps	12.5Gbps, 13.1Gbps and 28Gbps
Memory Performance	1066Mbps	1866Mbps	1866Mbps
I/O Pins	450	500	1,200
I/O Voltages	3.3V and below	3.3V and below 1.8V and below	3.3V and below 1.8V and below

[그림 2.11] Xilinx 7 시리즈 FPGA의 리소스 비교

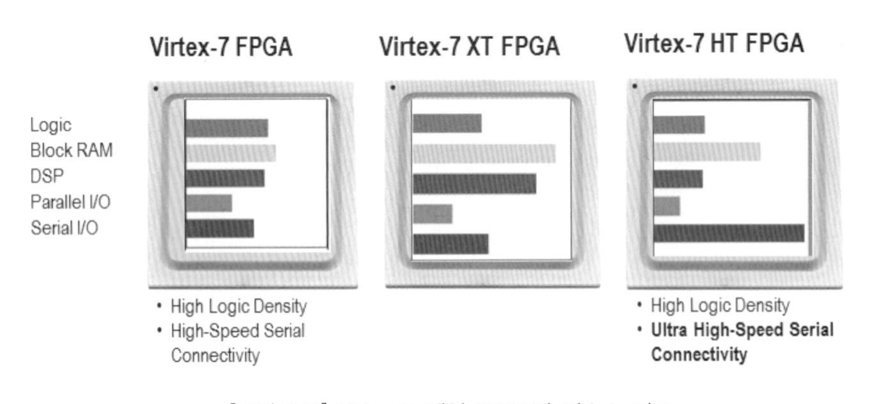

[그림 2.12] Virtex-7 계열 FPGA의 리소스 비교

Xilinx FPGA는 고성능의 Virtex 계열과 저가격의 Spartan 계열로 나누어진다. Virtex-II Pro, Virtex-4 FX, Virtex-5 FX, Zynq 등의 제품군에는 마이크로프로세서 코어가 포함되어 있다. Virtex-4 FX FPGA에는 IBM에서 개발된 PowerPC 코어가 내장되어 있으며, Xilinx에서 개발한 소프트 코어 프로세서로는 MicroBlaze와 PicoBlaze가 있다. 이들 소프트 코어 프로세서는 일종의 반도체 설계자산(silicon intellectual property; SIP)이며, Xilinx의 모든 FPGA에서 사용이 가능하다. 성능면에서는 PicoBlaze < MicroBlaze < PowerPC로 PowerPC가 가장 높은 성능을 갖는다.

Xilinx FPGA는 Virtex-II를 근간으로 개발되어 왔으며, Virtex-II 계열에서부터 전용 곱셈기

(dedicated multiplier)가 내장되기 시작했다. Virtex-II pro 계열 디바이스에는 MAC(Multiplier + Adder) 구조의 DSP 슬라이스가 내장되어 연산기능이 강화되었다. 또한, 고속 데이터 전송을 위한 MGT(multi gigabit transceiver)가 추가되었으며, 임베디드 프로세서인 PowerPC가 1 ~ 2개 내장되어 FPGA 하드웨어와 PowerPC의 소프트웨어를 연동하여 시스템 레벨 설계가 가능하도록 하였다.

Spartan-3는 Virtex-II를 기반으로 한 저가격 제품군이며, Virtex 계열에서 제공하는 일부 특수 기능들이 제외되었다. 5만 ~ 5백만 시스템 게이트의 디바이스 용량을 지원하여 다양한 회로의 구현에 사용할 수 있다. Spartan-3AN 디바이스에는 비휘발성 플래시(flash) ROM이 내장되어 있어 외부에 PROM을 사용할 필요가 없다.

Virtex-II pro 계열의 성능을 보강하여 개발된 제품군이 Virtex-4 계열이다. Virtex-4와 Spartan-3 generation 계열의 FPGA는 4-입력 LUT 구조를 가지며, CLB는 4개의 슬라이스로 구성되고, 슬라이스는 2개의 LUT를 갖는다. Virtex-4 계열부터는 FPGA 디바이스 내부의 리소스 형태와 크기에 따라 LX, SX, FX의 세 가지 그룹으로 분리하여 출시된다. 고비용의 기능블록을 디바이스군별로 분리하여 내장시킴으로써 필요한 기능이 포함된 디바이스를 선택하여 저렴한 가격으로 사용할 수 있도록 했다. 예를 들어 XC4VLX15는 LX 그룹의 디바이스를 나타낸다. LX 그룹은 CLB와 I/O 리소스를 많이 포함하고 있어 로직 구현에 적합하고, SX 그룹은 DSP 슬라이스를 많이 포함하고 있어 신호처리 회로의 구현에 적합하다. FX 그룹은 프로세서와 RocketI/O, EMAC 등의 리소스가 포함되어 있어 임베디드 구현에 적합하다. FPGA 내부의 리소스 유무나 크기에 따라 디바이스 그룹이 달라지므로, 구현되는 회로의 기능이나 용도에 따라 적절한 디바이스 그룹을 선택해야 한다.

Virtex-5 계열에서는 기존의 4-입력 LUT가 6-입력 LUT로 바뀌어 하나의 LUT에서 처리할 수 있는 용량이 증가했으며, 블록 메모리의 블록 크기가 18 Kb에서 36 Kb로 커졌고 DSP 슬라이스도 18-b×18-b에서 25-b×18-b로 커졌다. PCI Express Endpoint 블록과 6.5 Gbps를 지원하는 고속 GTX가 탑재되었으며, DCM에 PLL이 추가되어 클록 특성이 강화되었다. Virtex-5 계열 FPGA의 제품명에 T가 포함된 디바이스군은 고속 송수신 회로인 MGT를 내장하고 있다. LXT 제품군은 로직 전용인 LX 계열과 고속 송수신 회로가 결합된 디바이스이며, SXT 제품군은 DSP용 SX 계열과 고속 송수신 회로가 결합된 디바이스이다. 또한 FXT 제품군은 PowerPC가 내장된 FX 계열과 고속 송수신 회로가 결합된 디바이스이다. 고속 송수신 회로는 3.75 Gbps로 지원되는 GTP와 6.5 Gbps로 지원되는 GTX로 구분된다.

Virtex-6 계열은 Virtex-5 계열의 제품군에서 선택적으로 내장되었던 MGT를 기본으로 내장하고 있다. HXT 제품군은 다른 제품군보다 빠른 약 10 Gbps의 MGT를 지원하며, GTX 제품군에서는 6.6 Gbps를 지원한다. Spartan-6 계열의 LXT 제품군에는 3.125 Gbps의 속도를 지원하는 MGT가 내장되어 있다. Virtex-5/-6, Spartan-6 계열의 FPGA는 6-입력 LUT 구조를 가지며, CLB는

2개의 슬라이스로 구성되고, 슬라이스는 4개의 LUT를 갖는다.

[그림 2.13]은 Xilinx FPGA의 제품명 표기법을 보이고 있다. VIRTEX-4는 Device Family 이름을 나타내며, XC4VLX25는 Device Type을 나타낸다. Xilinx Component의 약자로 XC가 사용되며, 4VLX25는 Virtex-4 계열 중에서 CLB와 I/O 리소스를 많이 포함하고 있는 LX 그룹에 속하며, 약 25,000개의 로직 셀을 갖는 디바이스임을 나타낸다. FF668DNQ0508은 Package Type(FF), Number of Pins(668), Mask Revision Code(D), Fabrication Code(N), Process Technology(Q), Date Code(0508)을 나타내며, Date Code의 0508은 2005년 8번째 주에 생산된 것을 의미한다.

FPGA는 사용되는 용도에 따라 온도 등급이 정해져 있다. 상업용(commercial) 제품에 사용되는 FPGA는 C등급으로 표기하며, 0 ~ 85 ℃의 동작 범위를 갖는다. 산업용(Industrial) 제품과 자동차에 사용되는 디바이스는 I등급으로 표기하며, −40~100 ℃의 범위를 갖는다. 군사용과 자동차용으로 사용되는 Q(Qualified)등급의 디바이스는 −40~125 ℃의 범위를 갖는다. 여기서 온도 범위는 디바이스의 최대 접합온도(maximum junction temperature) $T_{j,\max}$를 나타내며, 패키징 재료(플라스틱 또는 세라믹)에 따라 달라진다.

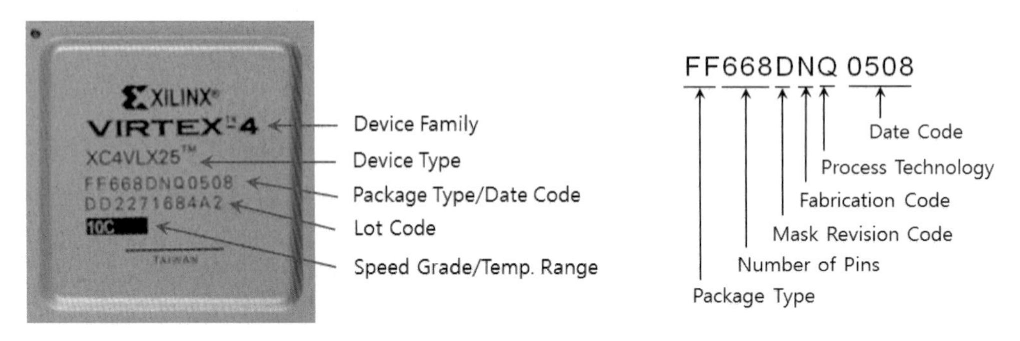

[그림 2.13] Xilinx FPGA 디바이스의 제품명 표기법

2.3 Xilinx FPGA 내부 구조

2.3.1 내부 구조

Xilinx FPGA는 Virtex-II를 기본으로 하여 개발되어 왔으며, [그림 2.14]는 Virtex-II FPGA의 간략화된 내부 구조를 보이고 있다. CLB가 2차원으로 배열되어 있으며, CLB 배열 중간에 블록 RAM(Block RAM)과 곱셈기(Multiplier)가 열 방향으로 배치되어 있다. 칩 가장자리에는 I/O 블록(IOB)이 배치되어 있으며, IOB 배열 중간에 클록신호 관리를 위한 DCM(digital clock management)이 배치되어 있다. [그림 2.15]는 Spartan-II FPGA의 기본 구조를 보이고 있다. Virtex-II와 비교하여 CLB 배열 중간에 곱셈기가 없으며, 칩의 왼쪽과 오른쪽 가장자리의 IOB와 CLB 사이에 각각 2개씩의 블록 RAM이 배치되어 있다. 또한, DCM 대신에 4개의 DLL(delay-locked loop)이 칩의 모서리 부분에 배치되어 있다.

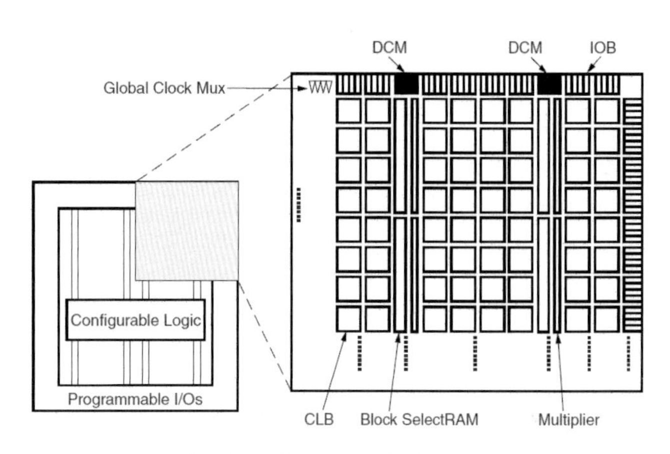

[그림 2.14] Virtex-II의 기본 구조

Spartan-3 계열 FPGA의 기본 구조는 [그림 2.16]과 같으며, Virtex-II 계열과 유사한 기본 구조를 갖는다. CLB 배열 사이에 블록 RAM과 곱셈기가 열 방향으로 배치되어 있으며, 칩 가장자리에는

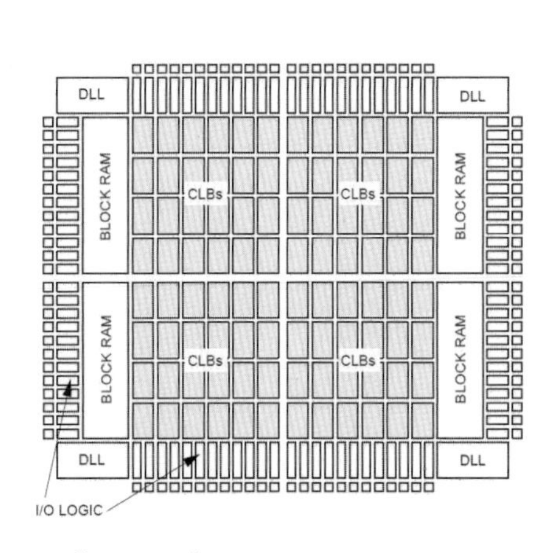

[그림 2.15] Spartan-II의 기본 구조

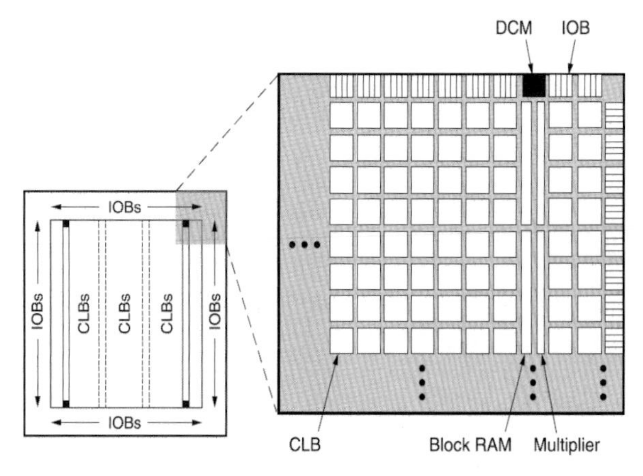

[그림 2.16] Spartan-3의 기본 구조

I/O 블록과 DCM이 배치되어 있다.

Virtex-4 계열 FPGA는 [그림 2.17]과 같은 기본 구조를 갖는다. CLB 배열 사이에 블록 RAM(Smart RAM)이 3개의 열(column)에 배치되어 있으며, XtremeDSP 슬라이스는 2개의 열에 배치되어 있다. 칩의 중앙부에는 클록관리와 분배를 위한 블록이 열 방향으로 배치되어 있다. 칩의 우측 부분에는 PowerPC 405 프로세서 코어 2개와 Tri-Mode Ethernet MAC 블록 4개가 CLB 배열 사이에 배치되어 있다. 칩의 가장자리에는 기가 비트 고속 송수신 블록인 RocketIO 블록과 SelectIO 블록이 배치되어 있다.

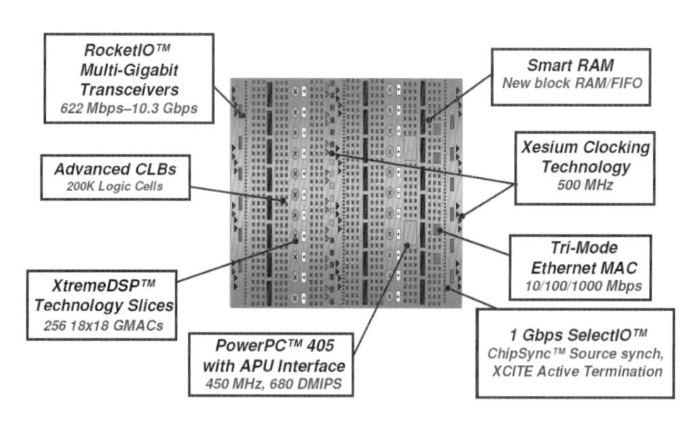

[그림 2.17] Virtex-4의 기본 구조

Spartan-6 FPGA의 간략화된 내부 구조는 [그림 2.18]과 같다. 칩의 우측에는 CLB가 2차원으로 배열되어 있으며, CLB 배열 사이에 2개의 메모리 컨트롤러 블록이 배치되어 있다. 중앙부분에는 DCM과 클록 버퍼로 구성되는 클록 관리 타일(clock management tile; CMT)이 배치되어 있고 칩의 왼쪽부분에는 블록 RAM과 DSP48 블록들이 열 방향으로 배치되어 있다. 칩 외곽의 둘레에는 외부 디바이스들과 연결할 수 있는 I/O 블록과 버퍼가 배치되어 있으며, I/O 블록과 내부 리소스들을 연결하기 위한 배선 리소스(routing resource)가 존재한다.

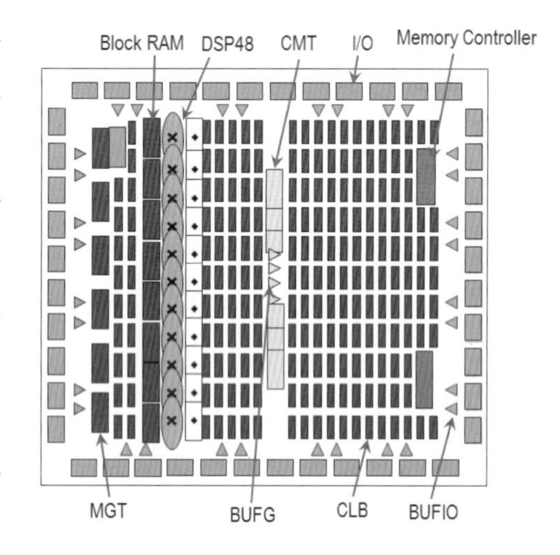

[그림 2.18] Spartan-6 기본 구조

2.3.2 CLB 리소스

CLB(Configurable Logic Block)는 사용자가 설계한 회로의 논리기능 구현에 사용되는 로직 리소스이며, 스위치 매트릭스(switch matrix)를 통해 칩 내부의 다른 리소스들에 연결된다. CLB의 내부 구조는 FPGA 계열에 따라 일부 차이가 있다. Virtex-4/-5/-6 계열의 FPGA는 CLB가 두 종류(SLICEM, SLICEL)의 슬라이스로 구성되며, Spartan-6 계열은 세 종류(SLICEM, SLICEL, SliceX)의 슬라이스로 구성된다. [그림 2.19]는 Xilinx FPGA의 CLB 구조를 보이고 있다. [그림

2.19(a)]는 Virtex-II/-4, Spartan-3 계열 디바이스의 CLB 구조이다. CLB는 4개의 슬라이스로 구성되며, 이들은 SLICEM과 SLICEL의 두 그룹으로 구분된다. 왼쪽에 위치한 두 개의 슬라이스 SLICE(0), SLICE(2)을 SLICEM이라고 하고, 오른쪽에 위치한 두 개의 슬라이스 SLICE(1), SLICE(3)을 SLICEL이라고 한다. SLICEM과 SLICEL은 서로 독립적인 캐리 체인(carry chain)을 가지며, SLICEM은 공통 시프트 체인(shift chain)을 갖는다. SLICEL은 LUT, 플립플롭, 멀티플렉서, 캐리 로직으로 구성되며, SLICEM에는 SLICEL의 리소스 이외에 분포(distributed) RAM과 시프트 레지스터가 추가로 포함되어 있다. Xilinx FPGA에서 슬라이스들의 위치를 XnYm 형식으로 표기하며, m과 n은 0, 1, 2, ...의 정수이다. Xn은 왼쪽에서부터 (n+1)-번째 열을 나타내고, Ym은 아래쪽에서 (m+1)-번째 행을 나타낸다. 예를 들어, X0Y0는 첫 번째 열의 첫 번째 행에 위치한 슬라이스를 나타낸다.

Virtex-5/-6 계열 FPGA의 CLB 구조는 [그림 2.19(b)]와 같으며, 두 개의 슬라이스 SLICEL, SLICEM으로 구성된다. SLICEL은 LUT, 플립플롭, 멀티플렉서, 캐리 로직으로 구성되며, SLICEM에는 SLICEL의 리소스 이외에 분포 RAM과 시프트 레지스터가 추가되어 있다. CLB를 구성하는 슬라이스들은 서로 직접적인 연결을 갖지 않으며, 독립적인 캐리 체인을 갖는다. Spartan-6 계열 FPGA의 CLB 구조는 [그림 2.19(c)]와 같으며, CLB가 SliceX와 SLICEL 또는 SliceX와 SLICEM의 짝(pair)으로 구성된다. SLICEL과 SLICEM은 인접한 열에 교대로 배치되며, Slice(1)은 SliceX이고 Slice(0)은 SLICEL 또는 SLICEM에 해당한다. Xilinx FPGA의 CLB에 포함된 로직 리소스를 요약하면 [표 2.2]와 같다.

[표 2.2] Xilinx FPGA의 CLB당 로직 리소스

Device Family	Slices	LUTs	Flip-flops	Arithmetic & Carry Chains	Distributed RAM*	Shift Registers*
Virtex-4, Spartan-3	4	8	8	2	64 bits	64 bits
Virtex-5	2	8	8	2	256 bits	128 bits
Virtex-6	2	8	16	2	256 bits	128 bits
Spartan-6	2	8	16	1 **	256 bits	128 bits

* SLICEM에만 포함됨, ** SLICEM과 SLICEL에만 포함됨

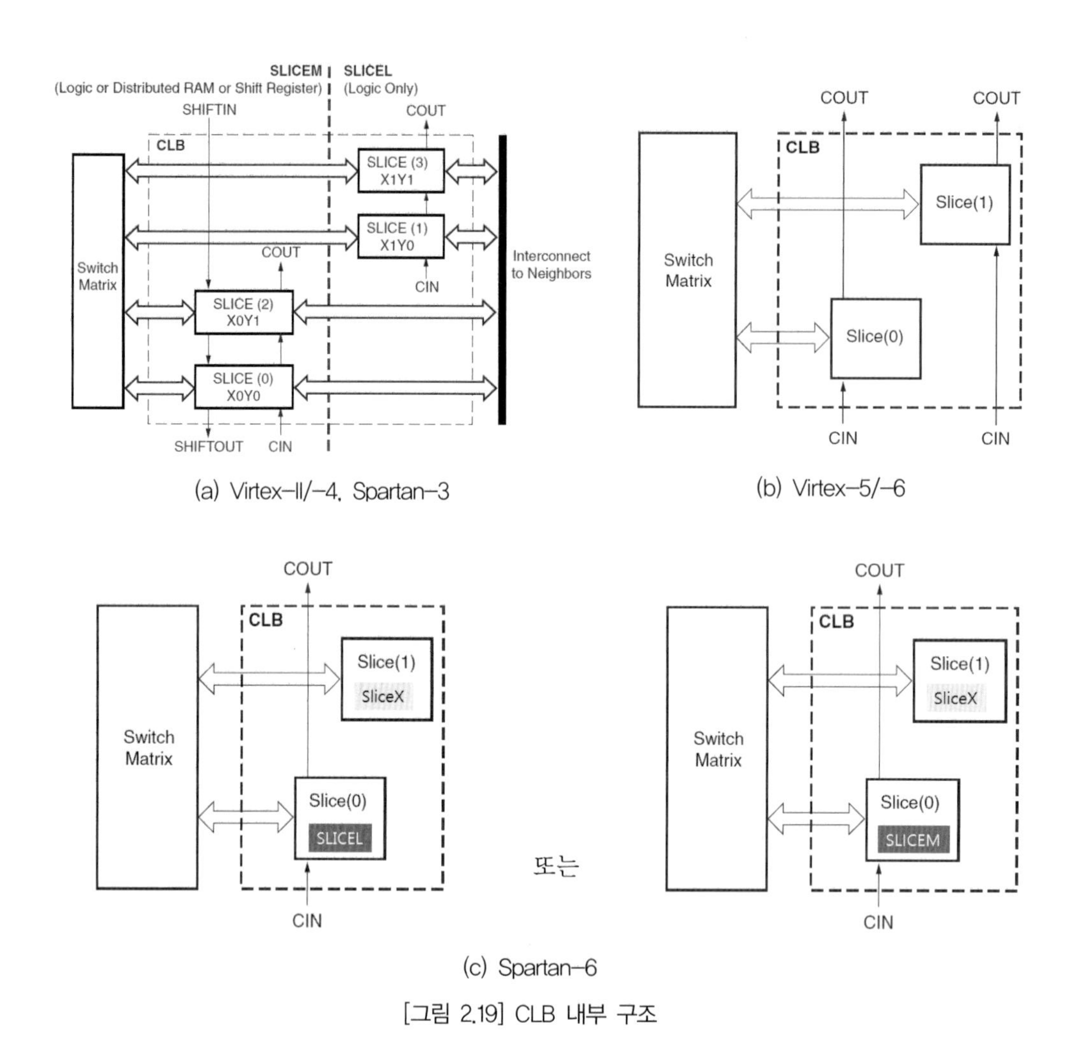

[그림 2.19] CLB 내부 구조

Spartan-6 계열 디바이스의 슬라이스 내부 상세구조는 [그림 2.20]과 같다. 기본적으로 LUT, 플립플롭 그리고 멀티플렉서들로 구성되며, SLICEM, SLICEL, SliceX에 공통으로 4개의 6-입력 LUT와 8개의 플립플롭이 포함되어 있다. [그림 2.20(a)]는 SLICEM의 블록도이며, LUT에 분산형 RAM/SRL(shift register)와 캐리 로직 그리고 범용 멀티플렉서가 포함되어 있다. [그림 2.20(b)]는 SLICEL의 블록도이며, SLICEM과 비교하여 LUT에 분산형 RAM/SRL이 포함되어 있지 않다. [그림 2.20(c)]는 SliceX의 블록도이며, RAM/SRL와 캐리 로직 없이 LUT와 플립플롭으로만 구성되어 속도와 면적 측면에서 최적화된 구조이다. [표 2.3]은 Spartan-6 FPGA의 슬라이스 구성을 비교한 것이다.

[표 2.3] Spartan-6 FPGA의 슬라이스 구성

구 분	SLICEM	SLICEL	SliceX
6-input LUTs	O	O	O
8 Flip-flops	O	O	O
Wide multiplexers	O	O	-
Carry logic	O	O	-
Distributed RAM	O	-	-
Shifter registers	O	-	-

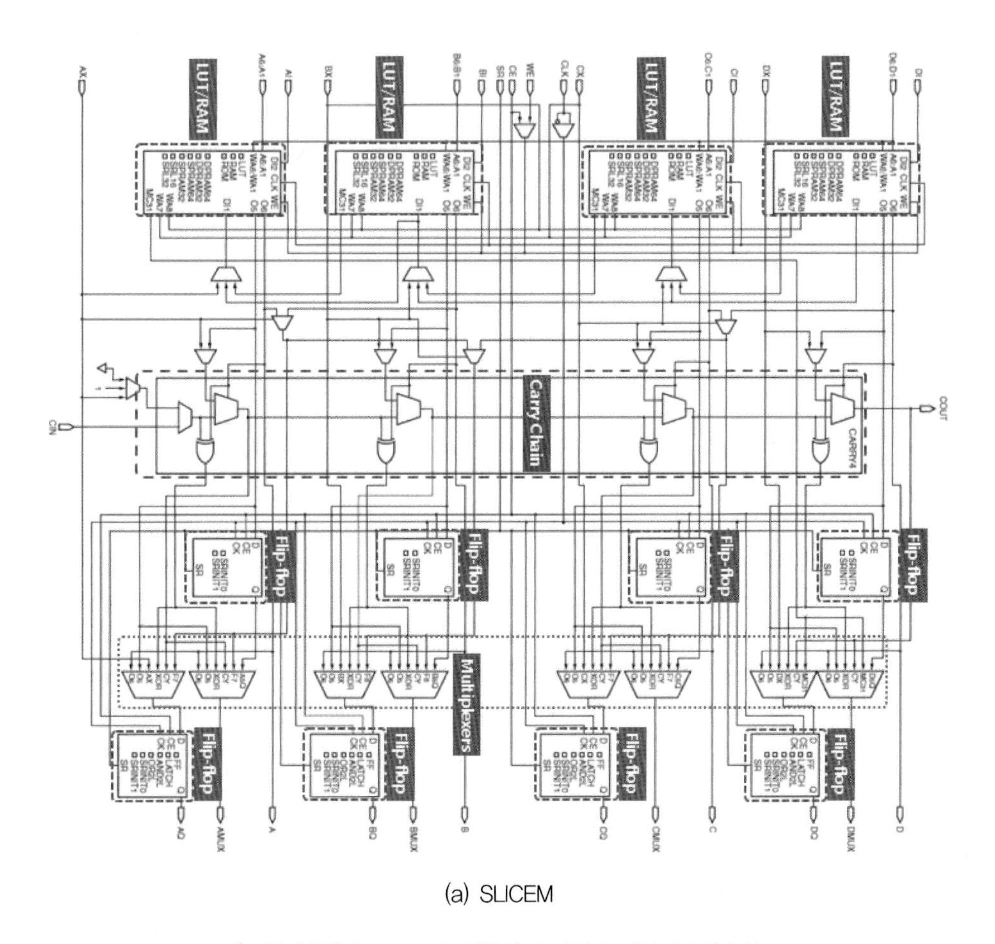

(a) SLICEM

[그림 2.20] Spartan-6 계열의 슬라이스 내부 구조(계속)

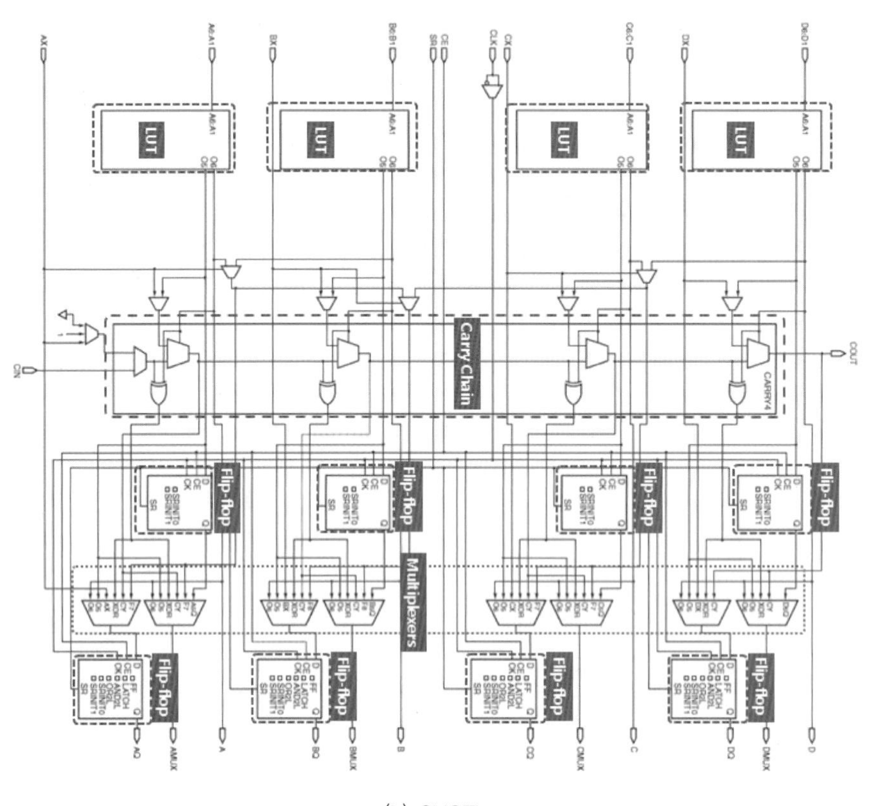

(b) SLICEL

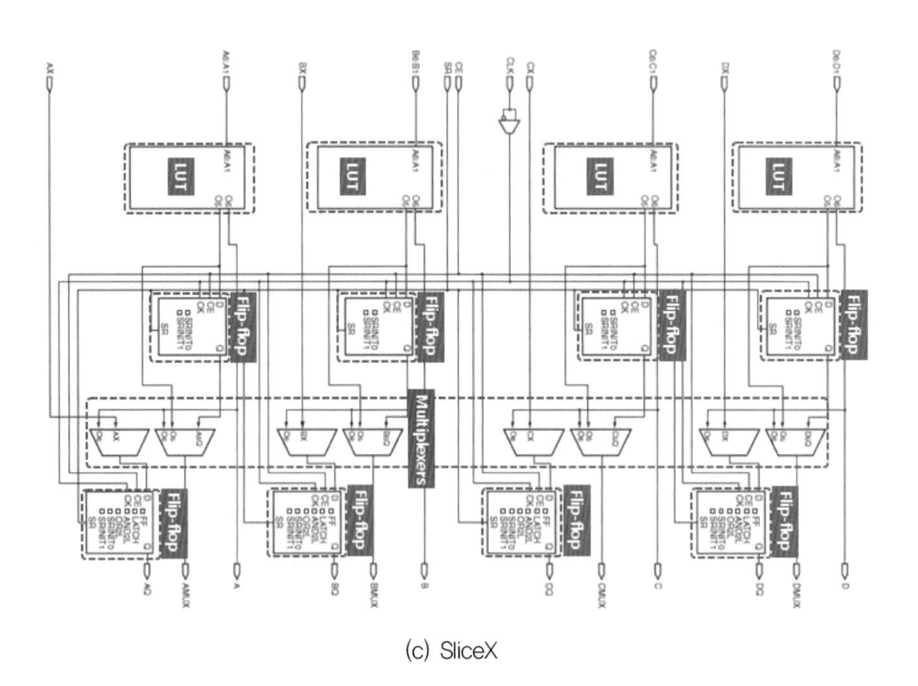

(c) SliceX

[그림 2.20] Spartan-6 계열의 슬라이스 내부 구조

슬라이스에 포함되어 있는 LUT는 부울 함수(Boolean function) 형태로 정의되는 논리기능을 구현하기 위해 사용되는 리소스이며, LUT를 거치면서 발생하는 전달지연(propagation delay)은 구현되는 기능에 무관하게 일정한 값을 갖는다. Virtex-4 계열의 FPGA에는 4-입력, 1-출력의 LUT가 사용되며, 임의의 4-입력 부울 함수를 구현할 수 있다. Virtex-5/-6 및 Spartan-6 계열의 FPGA에는 6-입력과 2-출력 LUT가 사용되며, INV, AND/NAND, OR/NOR, XOR/XNOR 등의 기본 논리 게이트에서부터 임의의 6-입력 부울 함수를 구현할 수 있다. 또한, 동일한 입력을 갖는 임의의 5-입력 부울 함수 두 개를 구현할 수도 있다. [그림 2.21]은 Virtex-5/-6 및 Spartan-6 계열의 FPGA에 사용되는 6-입력, 2-출력 LUT(LUT6)의 구조를 보이고 있다. 5-입력, 1-출력 LUT(LUT5) 두 개와 멀티플렉서로 구성되어 효율적인 로직 구현이 가능하다. 6-비트 입력 중, 하위 5비트 A[5:1]은 두 개의 LUT5에 공통으로 입력되며, LUT5의 출력이 멀티플렉서에 의해 선택되어 O6로 출력된다. 최상위 비트 입력 A6는 LUT5의 출력 중 하나를 선택하는 멀티플렉서 선택신호로 사용된다.

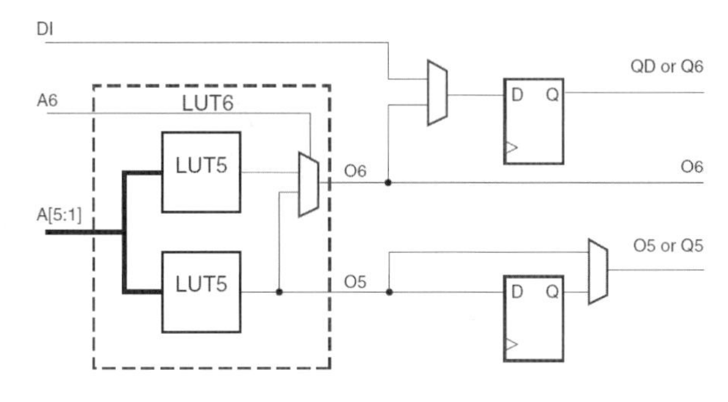

[그림 2.21] 6-입력 LUT(LUT6)의 내부 구조

슬라이스의 LUT는 ROM(read-only memory)으로 구현될 수도 있으며, 단위 ROM 블록들을 연결하면 ROM의 용량(저장되는 데이터 폭과 데이터 개수)을 크게 만들 수 있다. ROM에 저장되는 데이터는 디바이스 구성(configuration) 시에 로드된다. Virtex-4/-5/-6, Spartan-6 계열 FPGA에서 구현할 수 있는 ROM의 형태와 소요되는 LUT 개수는 [표 2.4]와 같다.

[표 2.4] ROM 구현을 위한 LUT 소요 개수

ROM	Number of LUTs	
	Virtex-4	Virtex-5/-6, Spartan-6
16×1	1	–
32×1	2	–
64×1	4	1
128×1	8	2
256×1	16 (2 CLBs)	4

슬라이스에는 에지 트리거(edge-triggered) D-플립플롭 또는 레벨 감지(level-sensitive) 래치(latch)로 구성될 수 있는 저장 소자가 포함되어 있다. Virtex-4 계열 FPGA의 레지스터/래치 저장소자 구성은 [그림 2.22]와 같으며, 슬라이스 내의 두 저장소자(FFX, FFY)는 클록(CLK), 클록 인에이블(CE), 셋/리셋(SR) 신호를 공통으로 인가받는다. 슬라이스 내부의 레지스터/래치는 동기식 셋, 동기식 리셋, 비동기식 셋(preset), 비동기식 리셋(clear) 등의 방식으로 초기값을 설정할 수 있다.

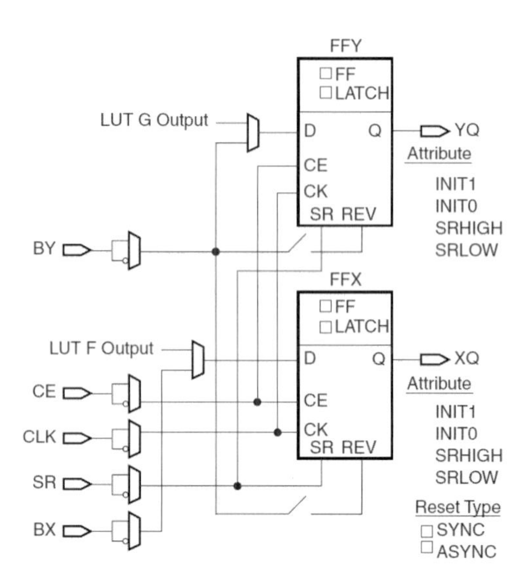

[그림 2.22] 슬라이스 내부의 레지스터/래치 저장소자 구성(Virtex-4 계열)

SLICEM 내부의 LUT는 데이터 저장을 위한 메모리로 구현될 수 있다. Virtex-4 계열 FPGA의 경우, 16×1-비트 동기식(synchronous) RAM(random access memory) 리소스로 구현될 수 있으며, CLB에 포함되어 있다는 의미로 분산형(distributed) RAM이라고 한다. 참고로, 칩 내부의 특정 위치에 정해진 크기로 존재하는 메모리를 블록(block) RAM이라고 한다. CLB 내의 분산형 RAM은 single-port 16×4-비트 RAM, single-port 32×2-비트 RAM, single- port 64×1-비트 RAM, dual-port 16×2-비트 RAM으로 구성해서 사용할 수 있다. [그림 2.23]은 하나의 슬라이스를 사용하여 구성된 분산형 RAM의 예를 보이고 있다. Virtex-4/-5/ -6 및 Spartan-6 계열 FPGA에서 구현할 수 있는 분산형 RAM의 형태와 소요되는 LUT 개수는 [표 2.5]와 같다.

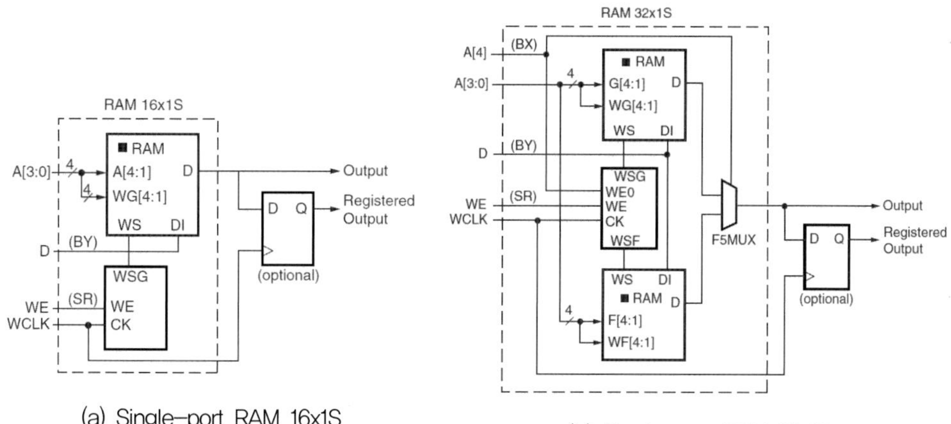

(a) Single-port RAM 16x1S

(b) Single-port RAM 32x1S

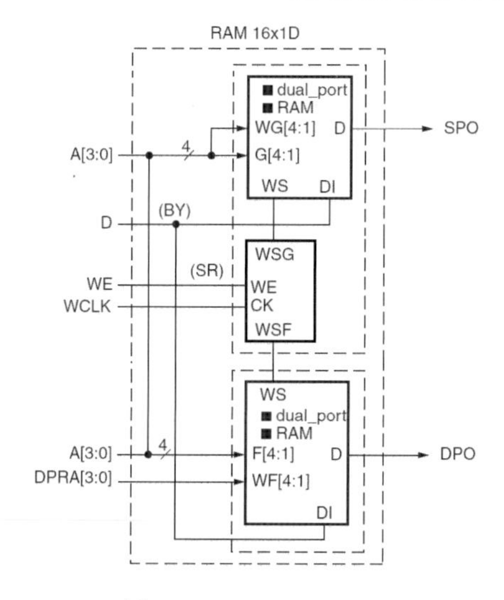

(c) Dual-port RAM 16x1D

[그림 2.23] SLICEM의 LUT를 이용한 분산형 RAM의 구현 예(Virtex-4 계열)

[표 2.5] 분산형 RAM 구현을 위한 LUT 소요 개수

RAM	Number of LUTs			구성
	Virtex-4	Virtex-5/-6	Spartan-6	
16×1S	1	-	-	Single-port 16×1-bit RAM
16×1D	2	-	-	Dual-port 16×1-bit RAM
32×1S	2	1	-	Single-port 32×1-bit RAM
32×1D	-	2	-	Dual-port 16×1-bit RAM
32×2Q	-	4	4	Quad-port 32×2-bit RAM
32×6SDP	-	4	4	Simple dual-port 32×6-bit RAM
64×1S	4	1	1	Single-port 64×1-bit RAM
64×1D	-	2	2	Dual-port 64×1-bit RAM
64×1Q	-	4	4	Quad-port 64×1-bit RAM
64×3SDP	-	4	4	Simple dual-port 64×3-bit RAM
128×1S	-	2	2	Single-port 128×1-bit RAM
128×1D	-	4	4	Dual-port 128×1-bit RAM
256×1S	-	4	4	Single-port 256×1-bit RAM

* S: Single-port 구성, D: Dual-port 구성, Q: Quad-port 구성, SDP: Simple Dual-port 구성

슬라이스에 있는 플립플롭을 사용하는 대신에 SLICEM의 LUT를 이용하여 시프트 레지스터(SRL)를 구현할 수 있다. Virtex-4 FPGA의 경우에 16-비트 시프트 레지스터를 구현할 수 있고, Virtex-5/-6, Spartan-6 FPGA의 경우에는 32-비트 시프트 레지스터를 구현할 수 있으며, SRL로 구성된 LUT는 1~16(Virtex-4의 경우) 또는 1~32(Virtex-5/-6, Spartan-6의 경우) 클록 주기 범위의 프로그램 가능 지연 요소(programmable delay element)로 동작한다.

[그림 2.24]는 LUT가 32-비트 SRL로 구성된 예이다. 직렬 입력된 데이터가 매 클록마다 시프트되어 일정 클록 사이클 후에 직렬로 출력된다. 최대 32 클록 사이클의 지연을 만들 수 있으며, [그림 2.25]의 예와 같이 5-비트의 주소 A[4:0]를 통해 32-비트 중 특정 비트에 대한 비동기식 읽기가 가능하다. 비동기 방식으로 SRL 길이를 변경할 수 있어 SRL로 구현되는 지연의 크기를 동적으로 변경시킬 수 있다. 다른 LUT나 CLB와 연결하면 더 긴 SRL을 구현할 수 있으며, [그림 2.26]은 두 개의 LUT를 이용하여 64-비트 SRL을 구현한 예이다. SRL은 병렬 입력과 병렬 출력이 허용되지 않고 셋/리셋 기능은 없다.

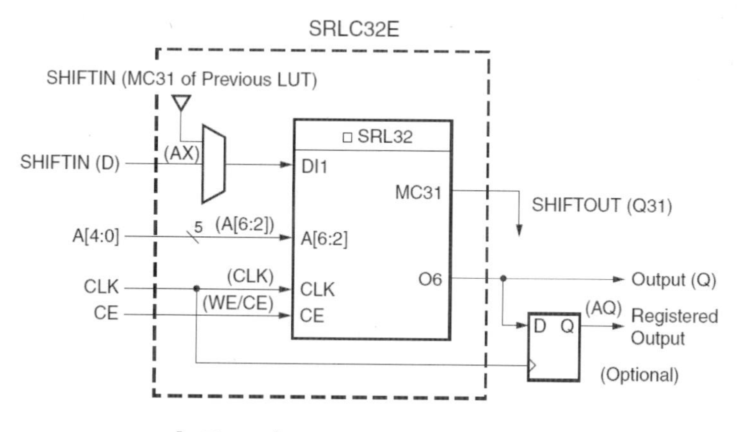

[그림 2.24] LUT를 이용한 SRL 구성 예

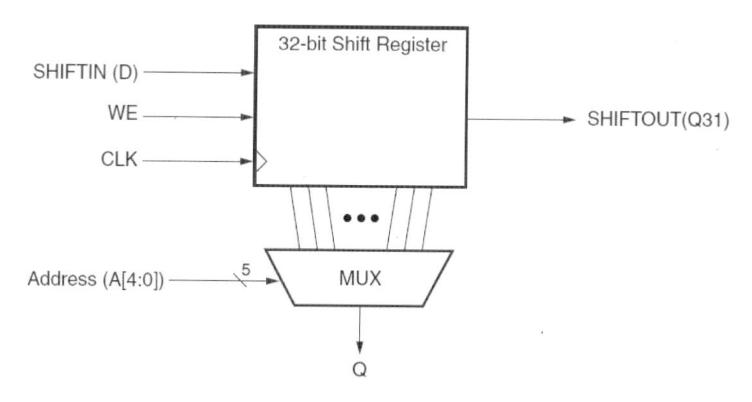

[그림 2.25] 주소 A[4:0]를 이용한 SRL 구성 예

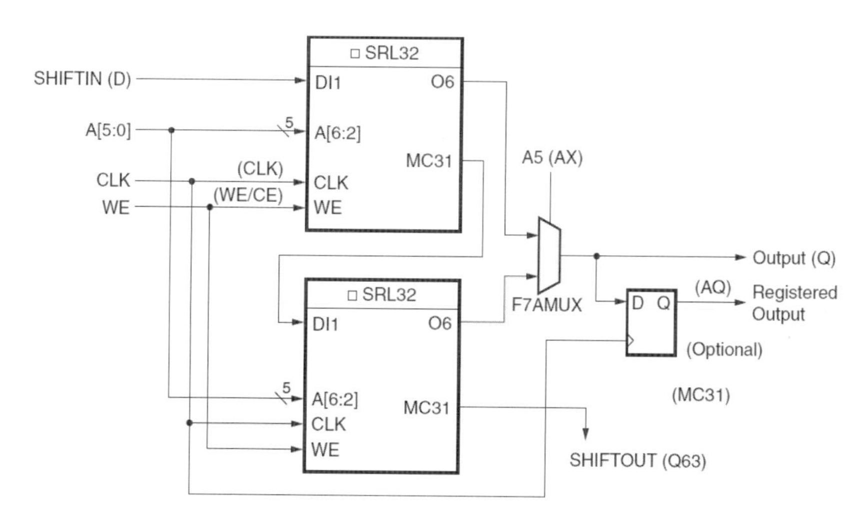

[그림 2.26] 두 개의 LUT를 이용한 64-비트 SRL 구현 예

[그림 2.27]은 SRL을 이용하여 가변 지연(variable delay)을 구현한 예이다. operation-A, B, C는 각각 8, 12, 3 클록 사이클을 소요하며, operation-A → operation-B의 결과와 operation-C의 결과가 멀티플렉서를 거쳐 64-비트 버스로 전달된다. operation-A → operation-B 경로와 operation-C 경로의 클록 사이클 수가 일치하지 않으므로, 동작 타이밍을 맞추기 위해서는 operation-C 뒤에 17 사이클의 지연이 추가되어야 하며, [그림 2.27]과 같이 단순 지연으로만 구성되는 operation-D(NOP)가 operation-C 뒤에 추가되었다. 이를 위해 플립플롭을 사용하는 경우, 1,088(=64-비트×17)개의 플립플롭이 필요하여 136(=1,088÷8)개의 슬라이스가 소요된다. 반면에 LUT 내부의 SRL을 이용하면 17 사이클의 지연을 위해 64개의 LUT가 필요하다. 이와 같이 가변 지연이 필요한 경우에 SRL을 사용하면 FPGA 내부의 하드웨어 자원을 절약할 수 있다. 마찬가지로, 회로의 동작 주파수를 높이기 위해 삽입되는 파이프라이닝(pipelining)도 신호경로들 사이에 타이밍 불일치를 유발할 수 있으며, 이 경우에도 SRL을 이용하면 최소의 하드웨어 자원을 사용하여 효율적인 구현이 가능하다.

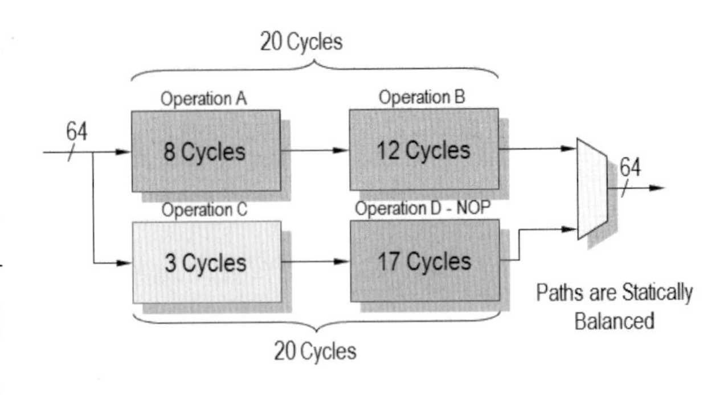

[그림 2.27] SRL의 가변 지연을 이용한 타이밍 조정의 예

SLICEM, SLICEL에는 가산, 감산과 같은 산술연산을 고속으로 처리할 수 있도록 캐리 로직이 포함되어 있다. [그림 2.28]은 Virtex-5/-6와 Spartan-6 계열 FPGA의 슬라이스 내부에 구성되는 캐리 체인(carry chain)과 관련 로직 요소들을 보이고 있다. 슬라이스 하나의 캐리 체인은 4비트로 구성되며, 각 비트별 회로는 캐

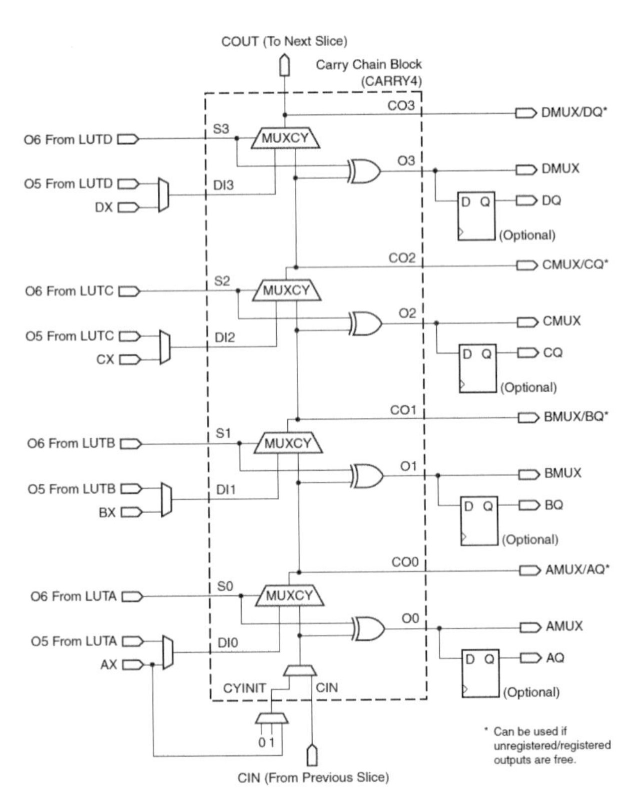

[그림 2.28] 캐리 로직을 통한 고속 캐리 체인 구성

리 멀티플렉서(MUXCY), 캐리 비트와의 가산/감산을 위한 전용 XOR 게이트로 구성된다. 발생된 캐리는 캐리 체인의 위쪽 방향으로 이동하여 다음 슬라이스로 전달된다.

2.3.3 곱셈기 및 DSP 블록

Spartan-3 계열 FPGA의 간략화된 내부 구조는 [그림 2.29]와 같으며, 전용 곱셈기(dedicated multiplier)가 내장되어 있다. Spartan-3와 Virtex-II 계열의 FPGA에는 18-비트의 두 입력(A[17:0], B[17:0])에 대해 36-비트의 곱셈 결과(P[35:0])를 출력하는 전용 곱셈기가 디바이스 모델에 따라 최소 4개(XC3S50)에서 최대 104개(XC3S5000)까지 내장되어 있다. 전용 곱셈기의 내부 구조는 [그림 2.30]과 같으며, 입력과 출력에 레지스터를 갖는 동기식(synchronous) 또는 레지스터를 갖지 않는 비동기식(asynchronous)으로 구현될 수 있다. 2의 보수(2's complement) 수체계가 적용되며, 17-비트의 무부호(unsigned) 수체계도 지원한다. 곱셈기를 연속으로 연결하면, 3개 이상의 피연산자를 갖는 곱셈기 또는 18-비트 이상의 곱셈기를 구현할 수 있다. CORE Generator를 이용하여 다양한 비트의 곱셈기(예를 들면, 4-b×4-b, 8-b×8-b, 12-b×12-b, 18-b×18-b 등)를 생성하여 사용할 수 있다.

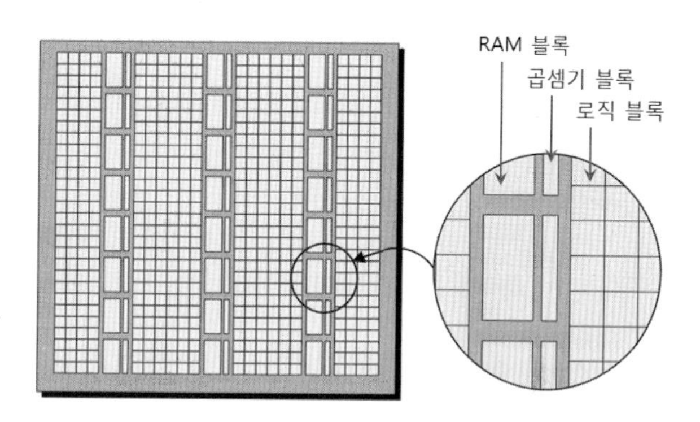

[그림 2.29] Spartan-3 계열 FPGA의 간략화 내부 구조

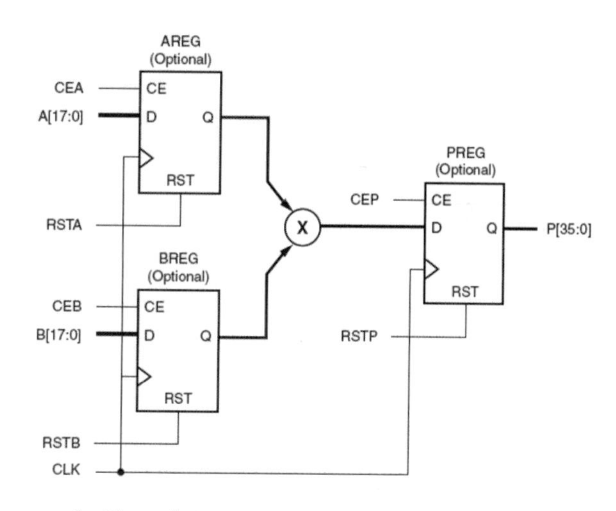

[그림 2.30] Spartan-3 계열 FPGA의 내장 곱셈기

Virtex-4 계열 FPGA부터는 고속 디지털 신호처리(DSP) 기능을 효율적으로 구현할 수 있도록 DSP48 블록이 내장되기 시작했으며, Virtex-4/5/6 및 Spartan-6 디바이스 계열에 따라 기능이 일부 차별화된 XtremeDSP, DSP48, DSP48E, DSP48E1, DSP48A1의 DSP 슬라이스가 내장되어

있다. DSP 슬라이스에는 2의 보수 곱셈기, 가산기(adder)/감산기(subtractor)/누적기(accumulator) 등이 포함되어 있다.

[그림 2.31]은 Virtex-4/-5 계열 FPGA의 DSP 슬라이스 구조를 보이고 있다. DSP48 슬라이스에는 18-b×18-b 곱셈기가 내장되어 있으며, DSP48E 슬라이스에는 25-b×18-b 곱셈기가 내장되어 있다. 이들 DSP 슬라이스는 가산/감산, 누적, 곱셈, 곱셈-누적, 배럴 시프터(Barrel shifter), 계수기(counter), 나눗셈(다중 사이클), 제곱근(다중 사이클) 등의 연산을 처리할 수 있으며, 직렬 FIR 필터, 병렬 FIR 필터, mulit-rate FIR 필터 등도 구현할 수 있다. [표 2.6]은 DSP48 슬라이스의 특징을 비교한 것이다.

[표 2.6] DSP48 슬라이스의 특징 비교

Function	Spartan™-3A DSP DSP48A	Virtex™-4 FPGA DSP48	Virtex-5 FPGA DSP48E
Multiplier	18 X 18	18 X 18	25 X 18
Pre-adder	Yes	No	No
Cascade inputs	One	One	Two
Cascade output	Yes	Yes	Yes
Dedicated C input	Yes	No	Yes
Adder	2 input 48-bit	3 input 48-bit	3 input 48-bit
ALU logic functions	No	No	Yes
Pattern detect	No	No	Yes
SIMD ALU support	No	No	Yes
Carry signals	Carry in	Carry in	Carry in and out
RTL support	Main functions + pre-add	Main functions	Main functions

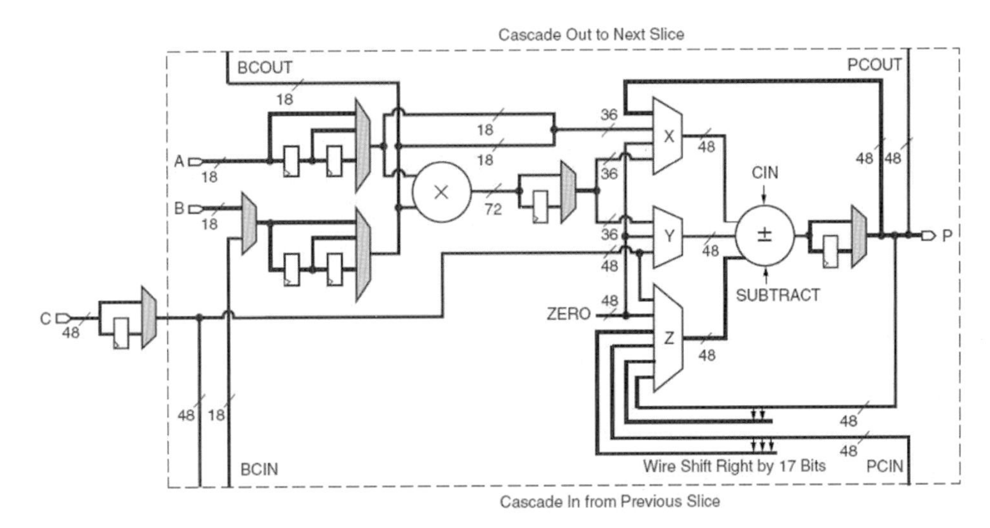

(a) DSP48 슬라이스(Virtex-4 계열 FPGA)

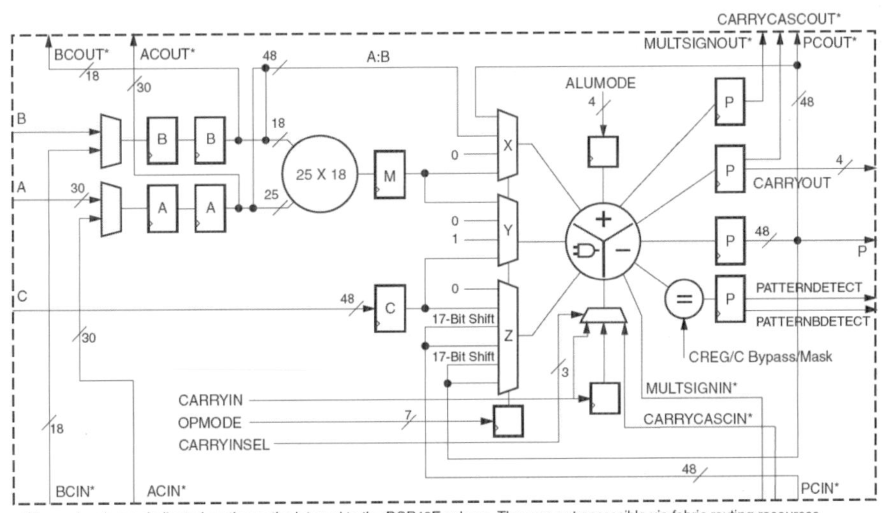

(b) DSP48E 슬라이스(Virtex-5 계열 FPGA)

[그림 2.31] Virtex-4/-5 계열 FPGA의 DSP 슬라이스 구조

2.4 메모리 리소스

Xilinx FPGA는 내부에 분산형 RAM과 블록 RAM의 두 가지 메모리 리소스를 가지며, IP Core Generator를 이용하여 원하는 크기로 생성해서 사용할 수 있다. 분산형 RAM은 SLICEM 내부의 LUT로 구현되는 메모리이며, 디바이스 계열과 모델에 따라 다양한 크기를 갖는다. Virtex-4/-5/-6, Spartan-6 FPGA의 분산형 RAM은 [표 2.7]과 같은 다양한 형태로 구성될 수 있으며, 이에 대해서는 2.3.2절의 설명을 참조한다.

블록 RAM은 FPGA 디바이스 내부의 특정 위치에 정해진 크기로 내장되어 있는 메모리이다. Virtex-II/-4, Spartan-3/-6 계열 FPGA의 블록 RAM 기본 크기는 18Kb(킬로 비트)이며, Virtex-5/-6 계열은 36Kb이다. 디바이스에 따라 메모리 블록의 개수가 달라 전체 메모리 용량이 다르다. Virtex-4 계열 FPGA의 경우, 최대 블록 RAM 크기는 LX 제품군은 6Mb(메가 비트), SX 제품군은 5Mb, FX 제품군은 9Mb 정도이다. 18Kb 이상의 메모리가 필요한 경우에는 여러 개의 블록 RAM을 연결해서 사용하며, 이때 CASCADE 포트를 이용하여 블록 RAM을 연결한다. FPGA에 내장된 총 메모리보다 더 큰 메모리가 필요한 경우에는 외부에 SDRAM이나 DDR RAM을 사용해야 하며, Core Generator라는 툴을 사용하여 외부 메모리 제어 회로를 생성할 수 있다.

블록 RAM은 생성과정의 구성에 따라 단일 포트(single-port) RAM, 듀얼 포트(dual-port) RAM 또는 FIFO(first-in first-out) 메모리로 구성할 수 있다. 참고로, FIFO는 클록 주파수가 다른 두 블록이 서로 데이터를 주고받으며 동작할 때, 두 블록 간의 동기화(synchronization)를 위해 사용되는 일종의 버퍼이며, 기본적으로 쓰기(write)와 읽기(read) 클록 주파수가 다르게 설정된 RAM으로 만들어진다. 듀얼 포트로 사용하는 경우에는 두 포트에 대해 주소 버스와 데이터 버스의 크기를 독립적으로 설정할 수 있다. 한편, 블록 RAM의 쓰기 인에이블(write enable) 포트를 접지에 연결시키면 ROM으로 사용할 수도 있다. [그림 2.32]는 true dual-port로 구성된 블록 RAM의 데이터 흐름을 보이고 있으며, 두 입출력 포트(A, B)는 서로 완전히 독립적으로 엑세스된다.

[표 2.7] FPGA 디바이스 계열에 따른 블록 RAM의 크기와 구성 형태

Device Family	Block RAM Size	구 성
Virtex-II/-4, Spartan-3	18 Kbits	▪16K×1, 8K×2, 512×36 per port
Virtex-5	36 Kbits	▪One 36Kb RAM · 64K×1, 32K×1, 16K×2, 8K×4, 4K×9, 2K×18, 1K×36 ▪Two independent 18 Kb RAMs · 16K×1, 8K×2, 4K×4, 2K×9, 1K×18
Virtex-6	36 Kbits	▪One 36Kb RAM · 64K×1, 32K×1, 16K×2, 8K×4, 4K×9, 2K×18, 1K×36, 512×72 ▪Two independent 18Kb RAMs · 16K×1, 8K×2, 4K×4, 2K×9, 1K×18, 512×36
Spartan-6	18 Kbits	▪One 18Kb RAM ▪Two independent 9 Kb RAMs

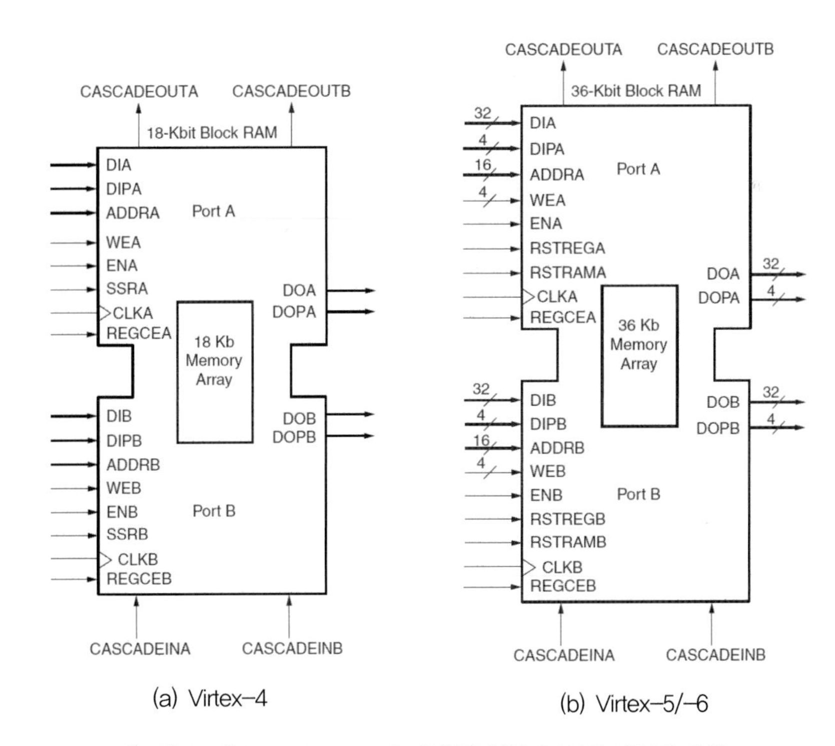

(a) Virtex-4

(b) Virtex-5/-6

[그림 2.32] True dual-port로 구성된 블록 RAM의 데이터 흐름

2.5 내장 마이크로프로세서 리소스

Virtex–II Pro, Virtex–4/–5/–6 FX, Zynq 계열의 FPGA에는 프로세서 코어가 내장되어 있다. Virtex–II Pro 계열 FPGA에는 [그림 2.33]과 같이 32–비트 RISC CPU인 PowerPC 405 프로세서가 1개 또는 2개 내장되어 있다. PowerPC 405 프로세서는 400MHz 클록에서 600MIPS(Mega Instruction Per Second)의 성능을 가지며, 16KB의 명령어 캐시와 데이터 캐시가 내장되어 있다. Virtex–4 FX FPGA에도 PowerPC 405 코어가 1개 또는 2개 내장되어 있으며, 450MHz 클록에서 680MIPS의 성능을 갖는다. 한편, Zynq–7000 계열의 프로그래머블 SoC에는 ARM Cortex–A9 코어 2개가 내장되어 있다.

Xilinx에서는 자체 개발한 소프트 코어(soft core) 프로세서인 MicroBlaze와 PicoBlaze를 제공한다. 이들 소프트 코어 프로세서는 일종의 반도체 설계자산(silicon intellectual property; SIP)이며, Xilinx의 모든 FPGA에서 사용이 가능하다. 성능면에서는 PicoBlaze 〈 MicroBlaze 〈 PowerPC로 PowerPC가 가장 높은 성능을 갖는다.

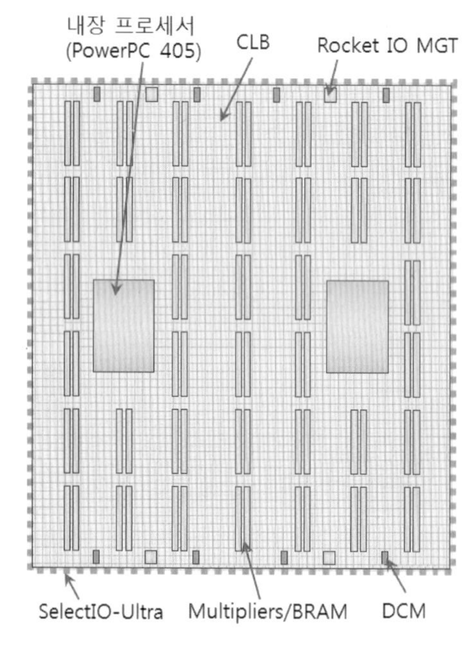

[그림 2.33] Virtex–II Pro 계열 FPGA의 간략화 내부 구조

2.6 클록 관련 리소스

FPGA 디바이스는 적게는 수천 개에서 많게는 수십만 개의 로직 셀(LUT와 플립플롭의 조합)로 구성되며, 이들은 클록신호를 받아 동작한다. 예를 들어, Virtex-6 XC6VLX760 디바이스는 118,560개의 슬라이스로 구성되고, 하나의 슬라이스는 4개의 LUT와 8개의 플립플롭으로 구성되므로, 총 474,240개의 LUT와 948,480개의 플립플롭이 존재한다. 140만 개에 달하는 LUT와 플립플롭에 공급되는 클록신호는 매우 큰 기생 정전용량(parasitic capacitance)을 가지며, 따라서 LUT, 플립플롭 등의 말단 리소스에 클록신호가 도달하기까지 매우 큰 지연(delay)과 스큐(skew)를 갖게 된다. 클록신호의 주파수가 클수록 허용 가능한 클록 지연과 스큐가 작아져 회로의 오동작 가능성이 높아지므로, 적절한 클록버퍼와 공급망을 사용해서 지연과 스큐가 최소화되도록 해야 한다. 참고로, 클록 스큐는 칩 내부의 여러 곳에 분산해 있는 말단 리소스들에 클록신호가 도달하는 시간 차이를 말한다.

Xilinx FPGA의 클록 리소스는 CLB, 블록 RAM, DSP 슬라이스, 내장 마이크로프로세서 등에 클록을 분배해서 공급하는 역할을 하며, 광역 클록(global clock) 리소스와 국부 클록(regional clock) 리소스로 구분된다. 광역 클록 리소스는 칩 전체의 클록영역들에 대한 클록 공급을 담당하고, 국부 클록 리소스는 클록영역(clock region) 내의 국부 리소스들에 대한 클록 공급을 담당한다. 효율적인 클록신호 분배를 위해 디바이스 집적도에 때라 8~24개의 클록영역으로 분할하여 클록신호가 공급된다.

Virtex-4/-5/-6 FPGA의 광역 클록 리소스와 공급망은 Global Clock Inputs, Global Clock Buffers, Clock Tree and Nets-GCLK, Clock Regions 등으로 구성된다. 디바이스 계열에 따라 8 ~ 32개의 광역 클록 입력 핀을 가지며, 클록 핀은 차동(differential) I/O 표준을 포함한 어떤 I/O 표준에도 맞게 구성될 수 있다. 광역 클록 핀이 출력으로 사용되는 경우에는 LVDS와 HT 출력 차동 표준을 제외한 어떤 출력 표준에도 맞게 구성될 수 있다.

광역 클록 핀으로 인가된 클록신호는 광역 클록 입력버퍼 프리미티브 IBUFG, IBUFGDS를 거친 후, 광역 클록버퍼를 통해 공급된다. IBUFG는 단일종단(single-ended) I/O를 위한 클록 입력버퍼이고, IBUFGDS는 차동 I/O를 위한 클록 입력버퍼이다. 클록버퍼는 클록신호의 구동능력을 크게 만들어 지연을 줄이고 스큐를 최소화하는 역할을 한다. Virtex-4/-5/-6 FPGA는 32개의 광역 클록버퍼를 가지며, 칩의 위·아래 절반에 각각 16개씩의 광역 클록버퍼가 존재한다. 광역 클록버퍼를 통해 광역 클록입력, DCM 출력, PMCD(phase-matched clock divider), MGT(multi-gigabit transceiver), 다른 광역 클록버퍼 출력 등 다양한 클록/신호가 광역 클록 트리와 네트에 접근할 수 있다. 광역 클록버퍼 프리미티브로 BUFGCTRL, BUFG, BUFGCE, BUFGCE_1, BUFGMUX, BUFGMUX_1, BUFGMUX_CTRL 등이 제공된다.

2.6.1 Virtex-4 FPGA 계열

Virtex-4 계열 FPGA는 [그림 2.34]와 같은 클록영역을 갖는다. XC4VLX15 디바이스는 8개의 클록영역을 가지며, 각 클록영역은 CLB 16개의 높이와 칩 다이(die)의 반쪽에 해당하는 폭을 갖는다. Virtex-4/-5/-6 FPGA는 스큐가 제거된(matched-skew) 32개의 광역 클록라인을 통해 모든 리소스(CLB, 블록 RAM, DCM, I/O 등)들에 클록을 공급한다. 32개의 광역 클록라인 중 8개가 한 클록 영역에서 사용될 수 있다. 광역 클록라인은 반드시 광역 클록버퍼를 통해서만 구동되며, 클록분배로 인한 지연을 제거하기 위해 DCM을 거쳐 광역 클록버퍼로 공급될 수도 있다. 클록영역 내의 국부 클록은 국부 클록버퍼와 클록 트리를 통해 공급되며, 국부 클록버퍼는 입력 클록을 1~8의 범위에서 분주하도록 프로그램될 수 있다.

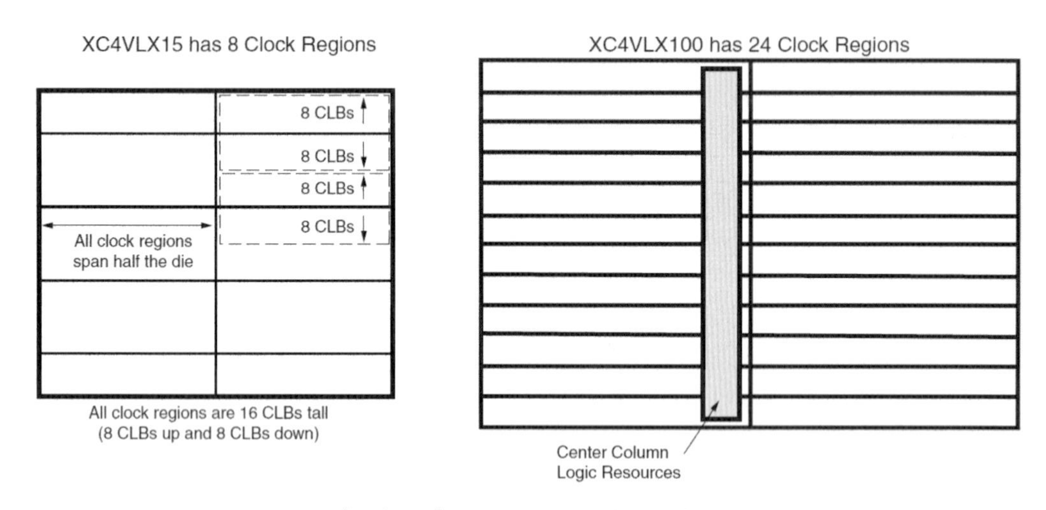

[그림 2.34] Virtex-4 FPGA의 클록영역

DCM은 FPGA 내부의 클록을 관리하는 리소스이며, 앞에서 설명된 클록 리소스들과 함께 사용된다. DCM은 사용자가 원하는 주파수의 클록을 생성시켜 주는 디지털 주파수 합성기(digital frequency synthesizer; DFS) 기능과 클록신호의 위상을 변환시켜주는 디지털 위상 이동기(digital phase shifter; DPS) 기능을 갖는다. DCM에서 생성되는 클록 주파수는 $f_{out} = f_{in} \times (M/D)$로 표현되며, 체배율 M은 $2 \sim 32$ 범위, 분주율 D는 $1 \sim 32$ 범위의 값을 지정할 수 있다. 예를 들어, 입력 클록의 주파수가 $f_{in} = 50\,MHz$이고 $M = 2$, $D = 1$이면, DCM 출력의 주파수는 $f_{out} = 50MHz \times (2/1) = 100\,MHz$가 되어 입력 클록의 2배 주파수의 클록을 생성할 수 있다. DCM의 DPS 기능에 의해 0°(CLK0), 90°(CLK90), 180°(CLK180), 270°(CLK270)로 위상이 변환된 클록 신호를 생성할 수 있다. 또한 DCM은 클록신호의 지연을 ps(pico-second) 단위로 조절할 수 있는 DLL 기능도 가지며, 이에 의해 클록 공급에 따른 지연과 스큐를 제거할 수 있다.

FPGA 디바이스 내에 포함되어 있는 DCM 개수와 기능 및 특성은 디바이스 계열에 따라 다를 수 있으며, 상세한 내용은 데이터 시트를 참조한다. Virtex-4 FPGA에는 집적도에 따라 4 ~ 20개의 DCM 리소스가 포함되어 있으며, 칩의 중앙 열에 포함된 DCM과 PMCD 클록 리소스의 배치는 [그림 2.35]와 같다.

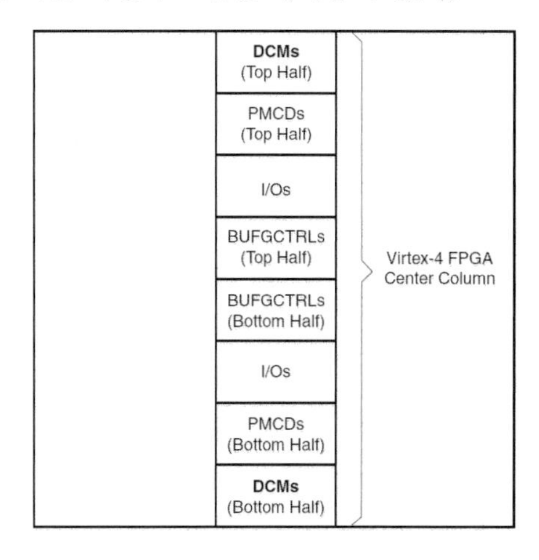

[그림 2.35] Virtex-4 FPGA의 클록 리소스 배치

DCM은 [그림 2.36]과 같이 세 가지 구성으로 사용될 수 있다. DCM_BASE 프리미티브는 클록 디스큐(deskew), 주파수 합성, 고정(fixed) 위상이동 등 DCM의 기본적인 기능을 갖는다. DCM_PS 프리미티브는 DCM_BASE 기능 외에 가변 위상이동 기능과 입출력 단자를 추가로 갖는다. DCM_ADV 프리미티브는 DCM의 모든 기능과 함께 칩이 동작하고 있는 중에 DCM의 설정을 변경하여 클록신호에 변화를 줄 수 있는 동적(dynamic) 재구성 기능을 갖는다. DCM 프리미티브의 입출력 포트와 기능은 [표 2.8]과 같다.

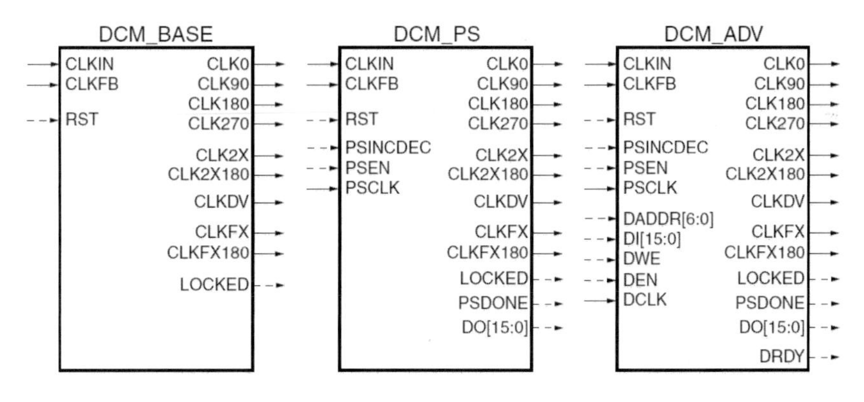

[그림 2.36] Virtex-4 FPGA의 DCM 프리미티브

[표 2.8] DCM 프리미티브의 포트와 기능

구분	포트 이름	기 능
클록 입력	CLKIN	DCM에 공급되는 소스 클록 입력
	CLKFB	DCM에 공급되는 기준/피드백 클록 입력
	PSCLK	DCM의 위상이동(phase shift)을 위한 소스 클록 입력
	DCLK	DCM의 동적 재구성을 위한 소스 클록 입력
제어/데이터 입력	RST	DCM을 리셋시키는 리셋 입력
	PSINCDEC	클록신호의 위상이동 증가/감소 입력
	PSEN	클록신호의 위상이동 enable 입력
	DI[15:0]	클록신호의 동적 재구성을 위한 데이터 입력
	DADDR[6:0]	클록신호의 동적 재구성을 위한 주소 입력
	DWE	클록신호의 동적 재구성을 위한 write enable 입력
	DEN	클록신호의 동적 재구성을 위한 재구성 enable 입력
클록 출력	CLK0	CLKIN과 동일한 주파수의 클록 출력
	CLK90	CLK0과 동일한 주파수, 위상이 90도 이동된 클록 출력
	CLK180	CLK0과 동일한 주파수, 위상이 180도 이동된 클록 출력
	CLK270	CLK0과 동일한 주파수, 위상이 270도 이동된 클록 출력
	CLK2X	CLK0의 2배 주파수인 출력 클록
	CLK2X180	CLK0의 2배 주파수, 위상이 180도 이동된 출력 클록
	CLKDV	CLK0과 동일한 위상이며, 분주된 클록 출력
	CLKFX	설정된 주파수로 변환된 출력 클록 $f_{CLKFX} = f_{CLKIN} \times (M/D)$
	CLKFX180	CLKFX와 동일한 주파수, 위상이 180도 이동된 출력 클록
상태/데이터 출력	LOCKED	DCM 출력이 정상상태인지를 알려주는 출력. 리셋에 의해 DCM이 초기화된 후 정상상태로 복귀하기까지 수천 클록주기 동안 0이 출력되고, 정상상태에서는 1이 출력됨
	PSDONE	위상이동이 완료되었음을 알려주는 출력
	DO[15:0]	동적 재구성 시에 DCM 상태를 알려주는 출력
	DRDY	DCM의 동적 재구성 준비를 알려주는 출력

Virtex-4 계열 FPGA에는 클록 관련 리소스 중 하나인 PMCD가 내장되어 있다. [그림 2.35]에서 볼 수 있듯이 PMCD는 칩 중앙 열의 위쪽과 아래쪽으로 나뉘어 타일(tile)당 2개씩 배치되어 있으며, 디바이스 집적도에 따라 0 ~ 8개가 내장되어 있다. PMCD 프리미티브는 [그림 2.37]과 같은 입출력 포트를 가지며, 위상 매칭 분주 클록(phase-matched divided clocks)과 위상 매칭 지연 클록(phase-matched delay clocks)을 생성한다. 위상 매칭 분주 클록은 입력 클록(CLKA)과 위상이 매칭된 4가지 분주(divided-by-1, -2, -4, -8) 클록(CLKA1, CLKA1D2, CLKA1D4, CLKA1D8) 출력이며, 분주 클록들은 상승에지(rising-edge)에서 서로 위상이 정렬된다. 위상 매칭 지연 클록은 입력되는 4개의 클록(CLKA, CLKB, CLKC, CLKD)들 사이에 동일한 지연을 삽입하여 에지 정렬, 위상 관계, 스큐 등이 보존(유지)된 클록(CLKA1, CLKB1, CLKC1, CLKD1) 출력이다. 출력 클록 CLKB1은 입력 클록 CLKB와 동일한 주파수를 가지며 단지 CLKB에 지연이 삽입된 출력 클록이고, 출력 클록 CLKA1과 CLKB1 사이의 스큐는 입력 클록 CLKA와 CLKB 사이의 스큐와 동일하게 유지된다. CLKC, CLKD와 CLKC1, CLKD1 사이에도 각각 동일한 관계가 성립한다.

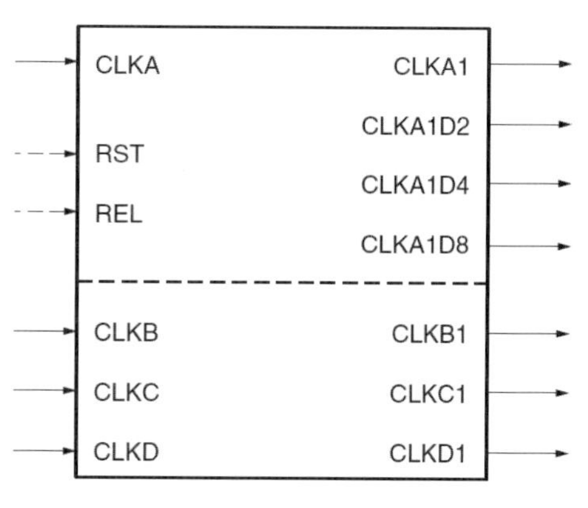

[그림 2.37] Virtex-4 FPGA의 PMCD 프리미티브

2.6.2 Virtex-5 FPGA 계열

Virtex-5 계열의 FPGA에서는 효율적인 클록신호 분배를 위해 집적도에 따라 [그림 2.38]과 같이 8 ~ 24개의 클록영역으로 나누어 클록신호가 공급된다. 클록영역은 20 CLBs(또는 40 IOBs)의 높이와 칩의 반쪽 영역에 해당하는 폭으로 고정되어 있다. 32개의 광역 클록라인에 의해 디바이스 내의 모든 리소스(CLB, 블록 RAM, CMTs, I/O)들에 클록신호가 공급되며, 임의의 클록영역에는 10개의 광역 클록라인이 사용될 수 있다. 광역 클록라인은 광역 클록버퍼에 의해 구동되며, 클록 관리 타일(clock management tile; CMT)에 의해 광역 클록버퍼를 구동하면 클록 지연을 제거하거나 다른 클록과의 상대적인 지연을 조정할 수 있다. 각 클록영역은 2개의 국부 클록버퍼와 4개의 국부 클록트리를 갖는다. 국부 클록버퍼는 입력 클록 주파수를 1 ~ 8의 범위에서 분주하도록 프로그램될 수 있다.

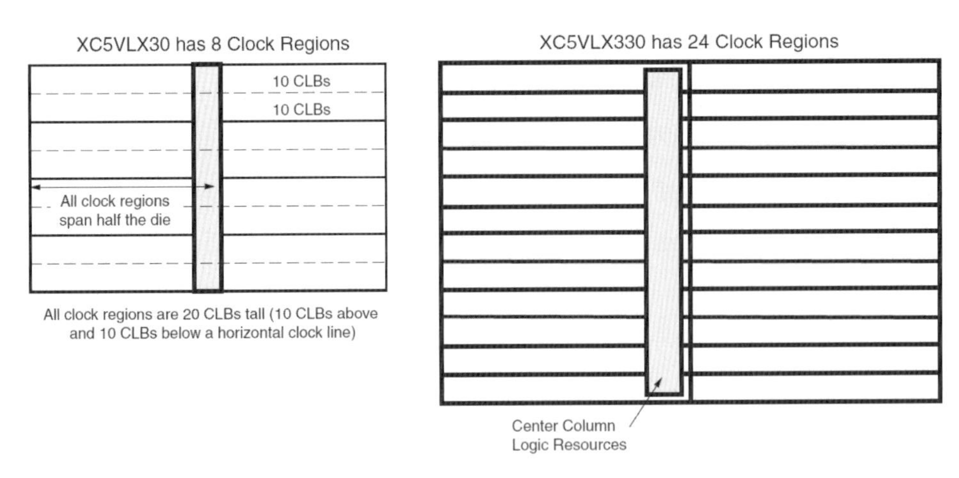

[그림 2.38] Virtex-5 FPGA의 클록영역

Virtex-5 계열의 FPGA는 고성능 클록 공급과 관리를 위해 CMT를 이용한다. Virtex-5 FPGA의 CMT 리소스는 [그림 2.39]와 같이 칩 중앙 열의 위쪽과 아래쪽으로 나뉘어 배치되어 있으며, 집적도에 따라 1 ~ 6개가 내장되어 있다. 각 CMT는 DCM 두 개와 PLL 한 개가 [그림 2.40]과 같이 연결되어 구성된다. 6개의 PLL 출력 클록은 멀티플렉서를 거쳐 단일 클록 신호로 선택되어 DCM의 기준 클록으로 사용된다. 두 DCM을 구동하는 PLL 출력 클록은 서로 100% 독립적이다. 두 DCM 출력 클록은 멀티플렉서를 거쳐 단일 클록 신호로 선택되어 PLL의 기준 클록으로 사용되며, 따라서 특정 시점에 두 DCM 출력 클록 중 하나만이 PLL의 기준 클록으로 사용될 수 있다. CMT 내의 DCM과 PLL은 서로 독립적으로 사용될 수도 있다.

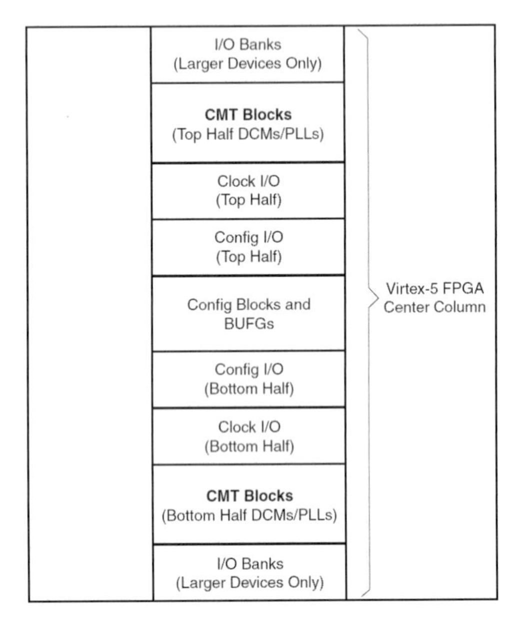

[그림 2.39]은 Virtex-5 FPGA의 CMT 리소스 배치도

DCM 프리미티브는 DCM_BASE와 DCM_ADV로 구현되며, 입출력 포트와 기능은 [그림 2.36]과 동일하다. PLL은 넓은 주파수 영역에 대해 주파수 합성기 기능과 내부 또는 외부 클록의 지터(jitter) 제거를 위해 사용된다. PLL은 [그림 2.41]과 같이 위상-주파수 검출기(phase-frequency detector; PFD), 전하 펌프(charge pump; CP), 루프 필터(loop filter; LF), 전압제어 발진기(voltage controlled oscillator; VCO), 계수기(counter; M) 등으로 구성되며, O0 ~ O5의 6개 클

록을 출력한다. PLL은 PLL_BASE와 PLL_ADV 두 가지 프리미티브로 구성하여 사용할 수 있다. PLL_BASE 프리미티브는 PLL가 단독으로 사용되는 경우이고, PLL_ADV 프리미티브는 출력 클록이 DCM으로 연결되는 경우에 사용된다.

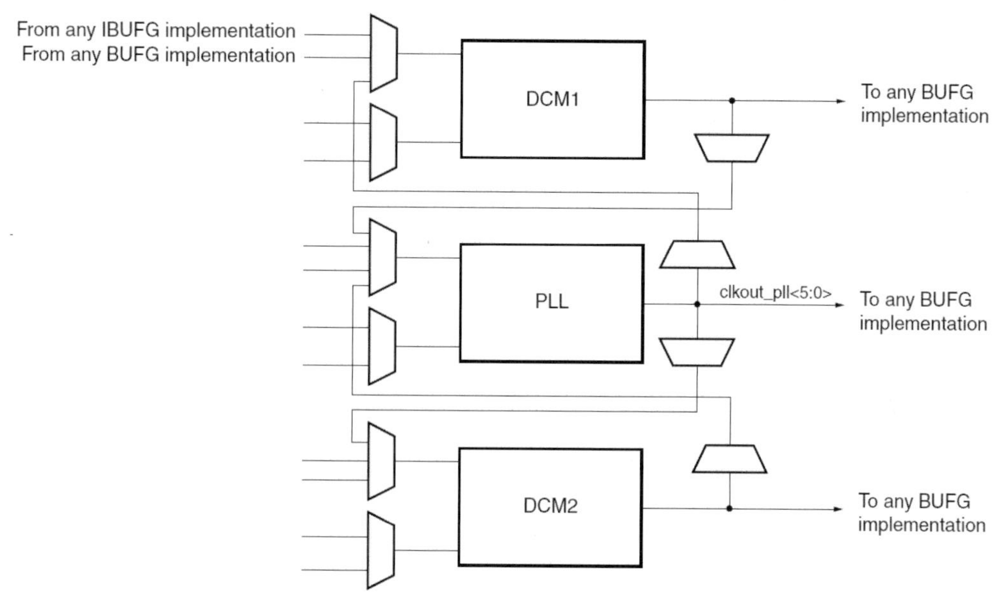

[그림 2.40] Virtex-5 FPGA CMT의 블록도

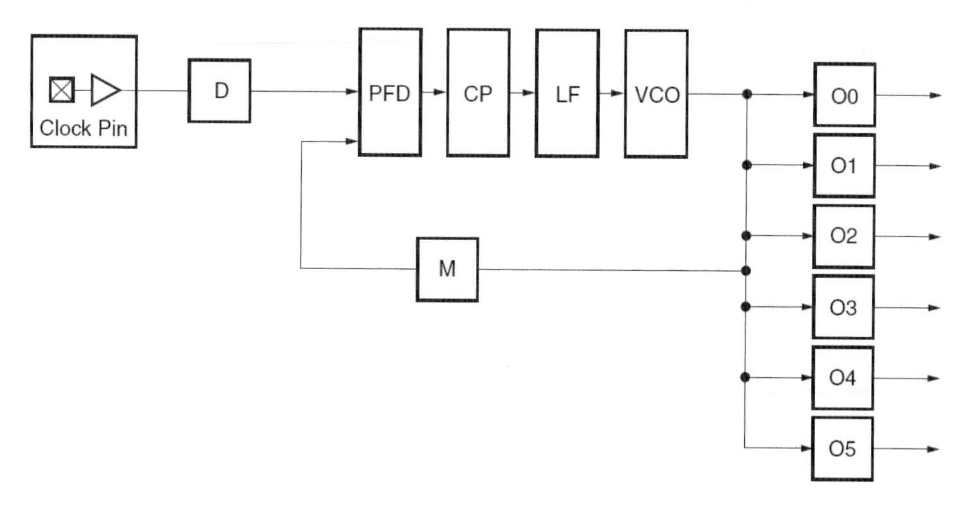

[그림 2.41] Virtex-5 FPGA PLL의 블록도

2.6.3 Virtex-6 FPGA 계열

Virtex-6 FPGA에서는 효율적인 클록신호 분배를 위해 집적도에 따라 6 ~ 18개의 클록영역으로 나누어 클록신호가 공급된다. 클록영역은 40 CLBs의 높이와 칩의 반쪽에 해당하는 폭으로 고정되어 있다. 32개의 광역 클록라인을 통해 디바이스 내의 모든 리소스(CLB, 블록 RAM, DSPs, I/O)들에 클록신호가 공급되며, 임의의 클록영역에는 12개의 광역 클록라인이 사용될 수 있다. 광역 클록라인은 광역 클록버퍼에 의해 구동되며, 클록 관리 타일(clock management tile; CMT)에 의해 광역 클록버퍼를 구동하면 클록 지연을 제거하거나 다른 클록과의 상대적인 지연을 조정할 수 있다. 각 클록영역은 8개의 국부 클록버퍼와 6개의 국부 클록트리를 갖는다. 국부 클록버퍼는 입력 클록 주파수를 1 ~ 8의 범위에서 분주하도록 프로그램될 수 있다.

Virtex-6 FPGA는 [그림 2.42]와 같이 칩 중앙 뱅크에 CMT 열이 배치되어 있으며, 클록영역당 한 개씩의 CMT를 갖는다. 각 CMT는 두 개의 혼합모드 클록 관리자(mixed-mode clock manager; MMCM)로 구성된다. 중앙 뱅크의 CMT 열 왼쪽에는 중앙 열 구성 리소스(center column configuration resource; CFG) 블록이 배치되어 있으며, CFG의 위쪽과 아래쪽 영역에는 로직으로만 구성된 CLB가 배치되어 있다. 각 CMT는 두 개의 MMCM 블록이 [그림 2.43]과 같이 연결되어 구성되며, 각 MMCM은 독립적으로 사용될 수도 있다. MMCM은 Virtex-5의 PLL과 유사한 구조를 기반으로 하여 [그림 2.44]과 같이 구성된다.

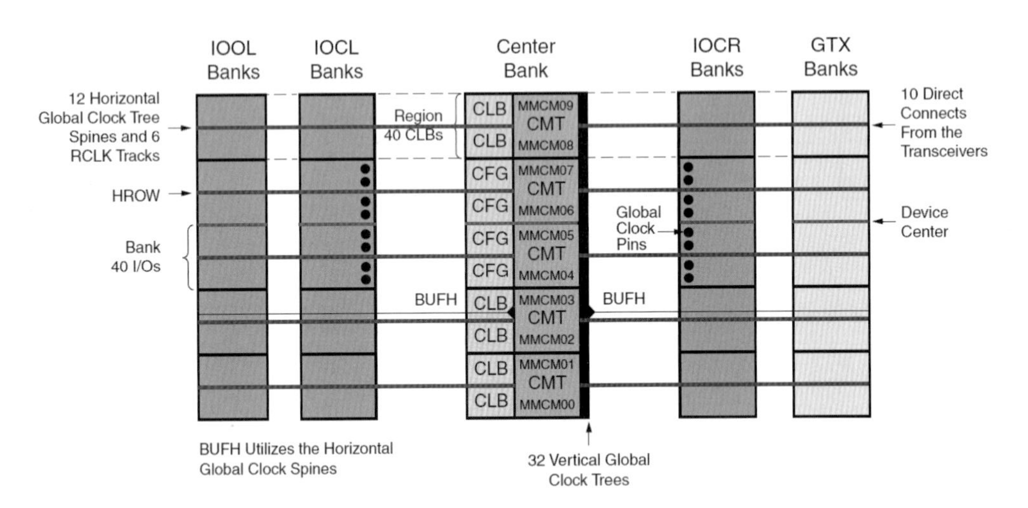

[그림 2.42] Virtex-6 FPGA의 블록레벨 뱅크 및 광역 클록 구조

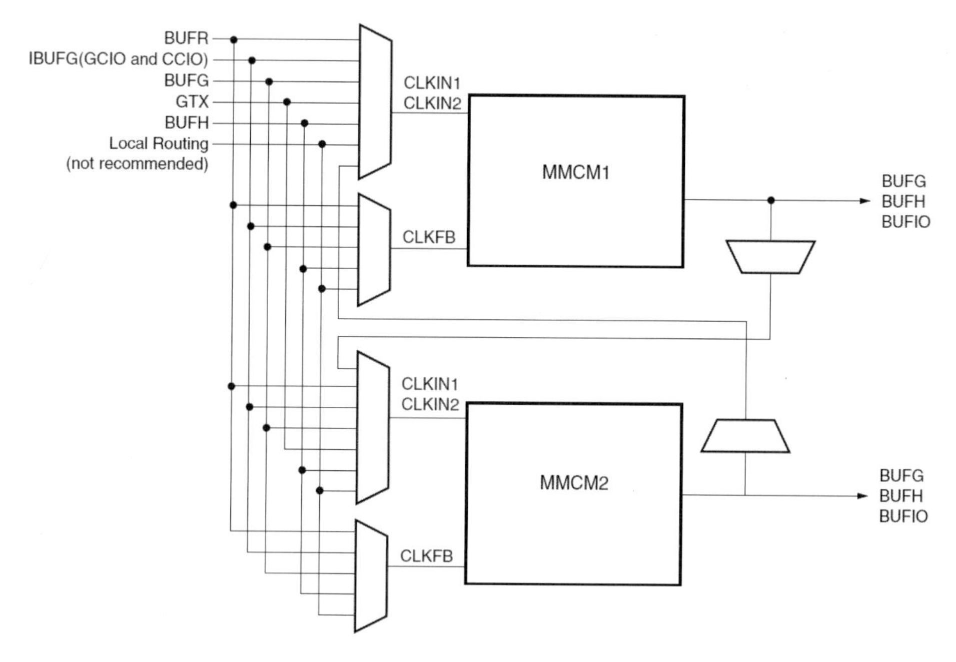

[그림 2.43] Virtex-6 FPGA CMT의 블록도

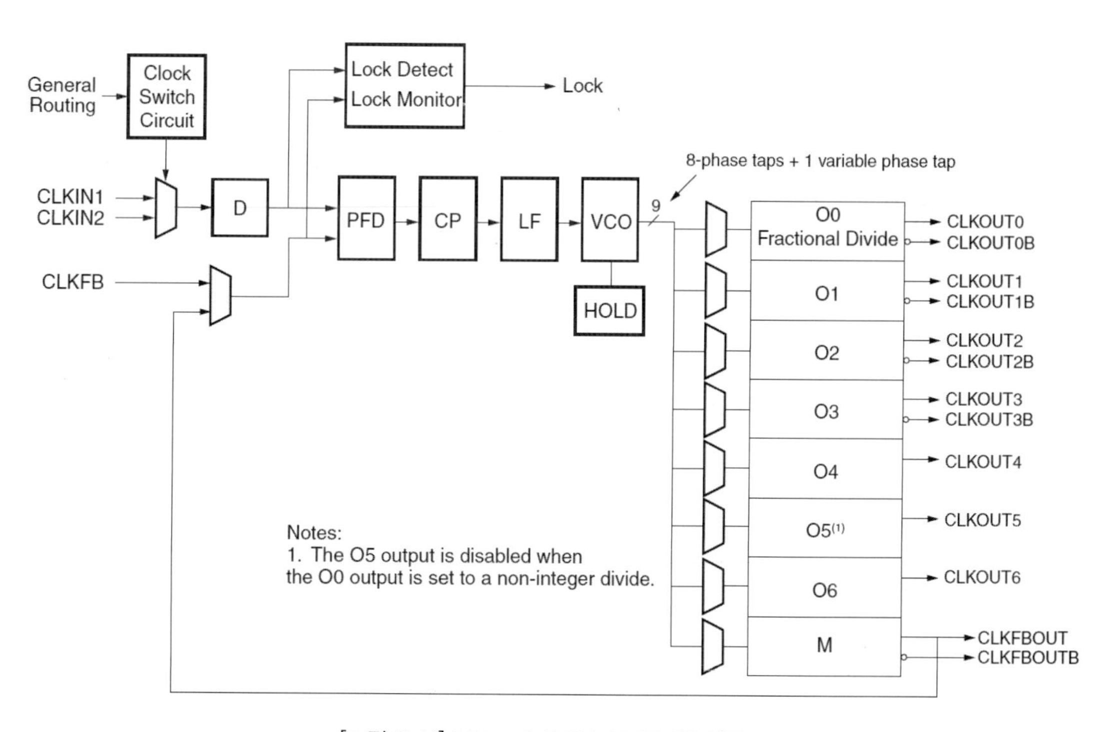

[그림 2.44] Virtex-6 FPGA MMCM의 블록도

2.6.4 Spartan-3 FPGA 계열

Spartan-3 계열의 FPGA는 5만 ~ 5백만 개의 시스템 게이트를 갖는 25종류의 다양한 제품으로 구성되며, 집적도와 제품군에 따라 클록 리소스 구성에 다소 차이가 있다. Spartan-3E와 확장형 Spartan-3A(Spartan-3A, Spartan-3AN, Spartan-3A DSP) FPGA 제품군은 [그림 2.45]와 같이 4분면 분할을 기반으로 하여 클록 리소스를 갖는다. 디바이스 위쪽과 아래쪽에 각각 8개씩의 광역 클록 입력(GCLK0 ~ GCLK15)과 각각 두 개씩의 광역 DCM을 가지며, 하나의 DCM은 4개의 광역 클록 입력을 담당한다. 또한, 왼쪽과 오른쪽에 각각 8개의 클록 입력(RHCLK0 ~ RHCLK7, LHCLK0 ~ LHCLK7)을 추가로 갖는다. 기본 Spartan-3 제품군의 디바이스는 8개의 광역 클록 입력만 갖는다.

Spartan-3 계열 FPGA는 집적도에 따라 2 ~ 8개의 DCM이 내장되어 있으며, DCM 개수와 위치는 [그림 2.46]과 같다. XC3S50/50A/100E FPGA 디바이스들은 두 개의 광역 DCM을 가지며, 중간 집적도의 디바이스인 XC3S200A/400A와 XC3S250E/500E 그리고 XC3S50을 제외한 Spartan-3 제품군은 칩의 위쪽과 아래쪽에 각각 두 개씩 모두 4개의 광역 DCM을 갖는다. Spartan-3A와 Spartan-3E 제품군의 나머지 디바이스들은 칩의 왼쪽과 오른쪽에 각각 두 개씩 모두 4개의 DCM을 추가로 가지며, 이들은 각각 해당 영역의 클록 네트워크에 연결된다.

Spartan-3 계열 FPGA의 광역 클록 리소스는 GCLK 패드, DCM, 광역 클록버퍼인 BUFGMUX 그리고 광역 클록 배선으로 [그림 2.47]과 같이 구성된다. [그림 2.47]에서 굵은 선으로 표시된 경로는 주 클록경로를 나타내며, 전용(dedicated) 클록 패트(GCLK)로 입력된 클록은 광역 클록버퍼 BUFGMUX를 거쳐 버퍼링된 후, 광역 클록 배선을 거쳐 클록신호에 의해 동작하는 말단 리소스(플립플롭 등)에 인가된다. 클록 패드와 클록버퍼 사이에 DCM을 삽입하여 클록을 관리할 수 있다. 클록 버퍼 BUFGMUX는 클록신호 버퍼로 사용되거나 또는 두 개의 클록 소스 중 하나를 선택하는 멀티플렉서로 동작할 수 있다.

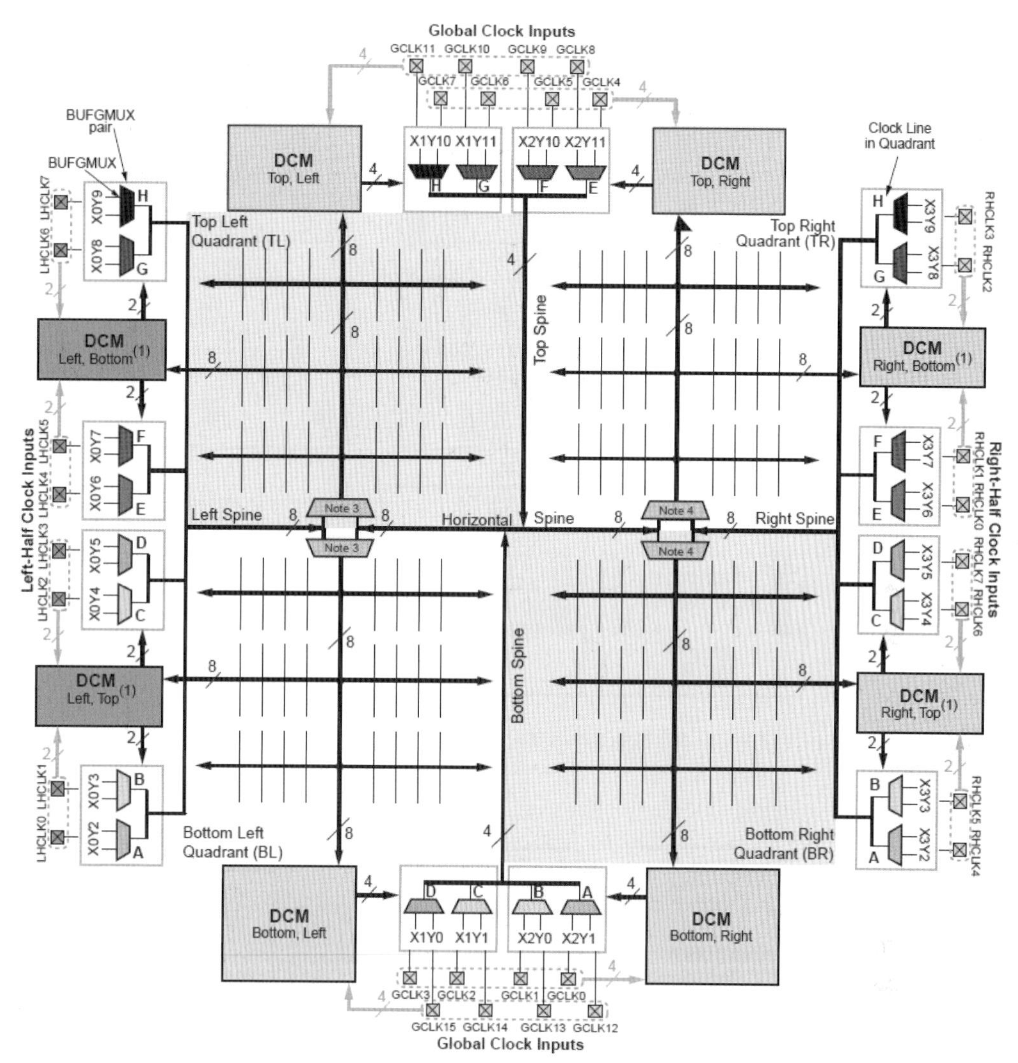

[그림 2.45] Spartan-3E/-3A 계열 FPGA의 4분면 클록 배분 구조

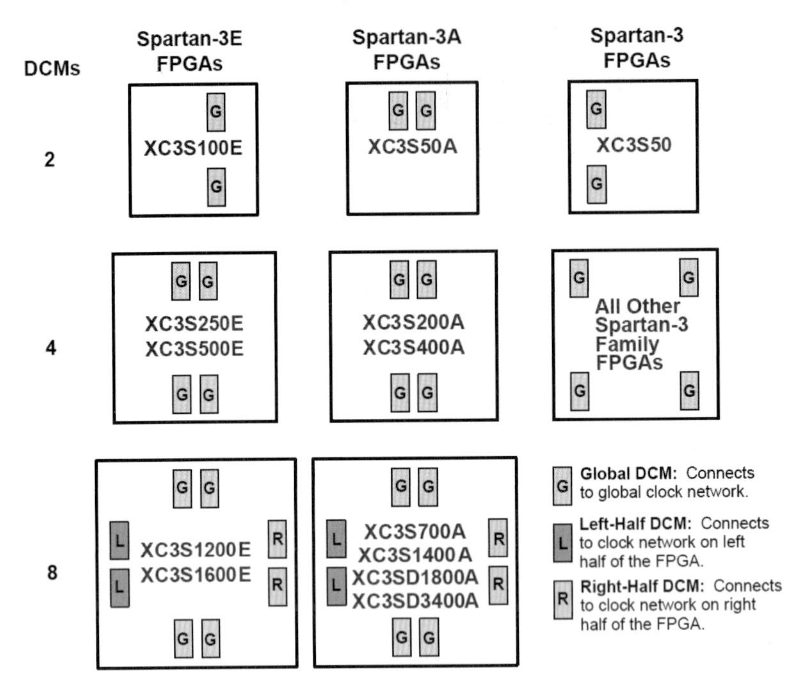

[그림 2.46] Spartan-3 계열 FPGA의 DCM 개수 및 위치

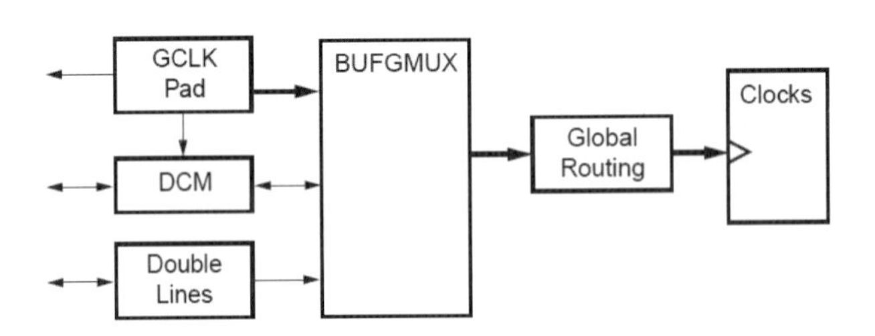

[그림 2.47] Spartan-3 계열 FPGA의 광역 클록 리소스 구성

클록 관리 리소스인 DCM은 클록 스큐를 제거하여 전체적인 성능을 개선하는 기본적인 기능 이외에 입력 클록의 위상을 이동시키는 디지털 위상 이동기(DPS) 또는 입력 클록의 주파수를 변화시키는 디지털 주파수 합성기(DFS)로 동작한다. DCM은 [그림 2.48]과 같이 위상 이동기(phase shifter; PS), DFS, DLL 그리고 상태로직으로 구성된다. PS, DFS, DLL은 서로 독립적으로 동작할 수도 있으며, [그림 2.48]과 같이 서로 연결되어 동작할 수도 있다. DCM에 관해서는 2.6.1절에서 설명된 내용을 참조한다.

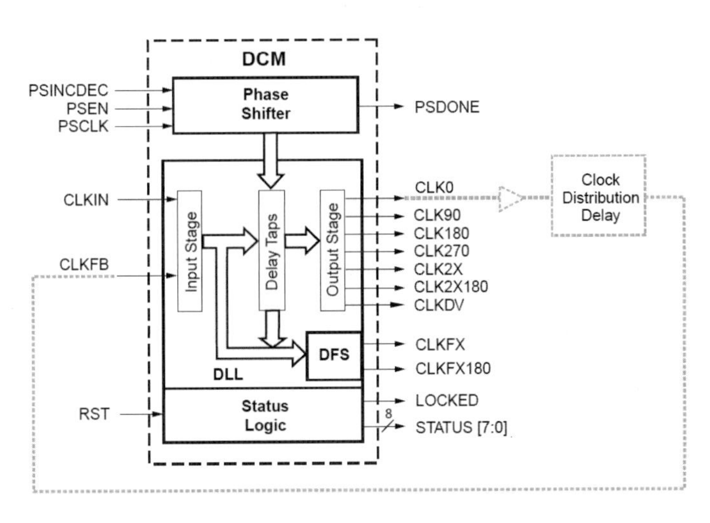

[그림 2.48] DCM의 내부 구조

2.6.5 Spartan-6 FPGA 계열

Spartan-6 계열 FPGA의 광역 클록 공급망 구조는 [그림 2.49]와 같다. 16개의 광역 클록버퍼(BUFGMUX)가 칩의 중앙에 배치되어 있으며, 이들은 8개씩 그룹핑되어 칩의 상·하 영역을 담당한다. 광역 클록버퍼는 칩의 상·하 뱅크로부터의 클록 입력, 좌·우 뱅크로부터의 클록 입력, 그리고 PLL/DCM 등으로부터의 클록 등 세 가지 소스로부터 클록을 입력받는다. 광역 클록버퍼의 출력은 칩의 상·하 방향으로 공급되어, CMT 또는 행 방향 클록 버퍼(BUFH)로 입력된다. 이로부터 행 방향 클록 HCLK이 생성되어 해당 영역의 리소스에 공급되며, HCLK는 광역 클록버퍼의 출력 또는 CMT의 PLL, DCM 출력으로부터 생성된다. 하나의 HCLK 행은 32개의 행 방향 클록 버퍼(BUFH)로 구성되며, 이들은 16개씩 그룹핑되어 각각 칩의 왼쪽과 오른쪽 영역을 담당한다. Spartan-6 FPGA에는 32개의 광역 클록 입력 GCLK와 16개의 광역 클록 버퍼를 가지며, 따라서 하나의 광역 클록버퍼는 두 개의 GCLK 핀 중 하나에 의해 구동될 수 있다.

Spartan-6 FPGA 계열은 [그림 2.50]과 같이 칩의 중앙 열에 수직방향 광역 클록 트리를 따라 배치되어 있으며, 집적도에 따라 2 ~ 6개의 CMT가 상·하로 나뉘어 배치되어 있다. 각 CMT는 두 개의 DCM와 한 개의 PLL로 구성된다. 클록 스큐를 최소화하기 위해서는 CMT 클록 출력을 광역 클록 버퍼를 거쳐 사용한다. 클록 버퍼의 사용에 제약이 있는 경우에는 광역 클록 버퍼를 거치지 않고 CMT 클록 출력을 직접 사용할 수도 있으나, 이 경우에는 클록을 받는 모든 리소스가 동일한 클록 영역에 있도록 해야 한다. 클록영역의 높이는 CLB 16개, 18Kb 블록 RAM 4개 또는 DSP48A1 슬라이스 4개에 해당한다.

클록 관리 리소스인 DCM은 Spartan-3 계열의 [그림 2.48]과 유사하게 구성되며, 2.6.1절에서 설명된 내용을 참조한다.

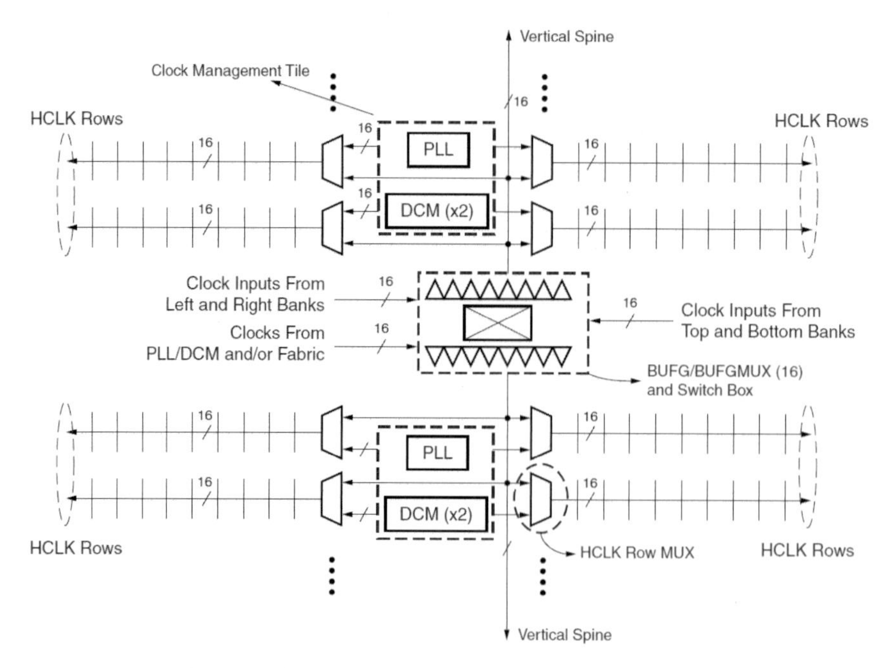

[그림 2.49] Spartan-6 FPGA의 광역 클록 공급망 구조

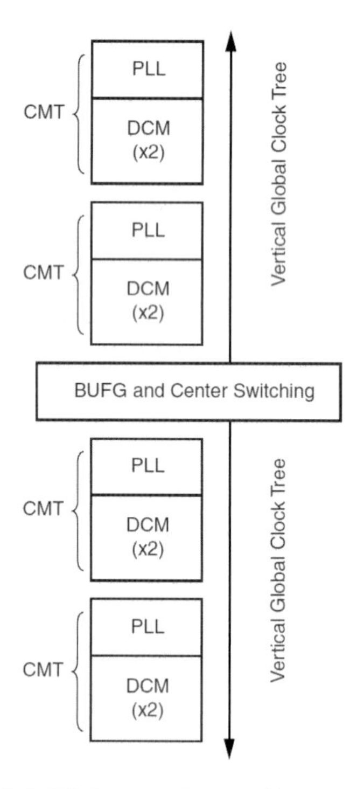

[그림 2.50] Spartan-6 FPGA의 CMT 배치

제3장 Xilinx ISE 사용법

3.1 Xilinx ISE 소프트웨어 개요

3.2 프로젝트 생성

3.3 설계 입력

3.4 Behavioral 시뮬레이션

3.5 설계 합성

3.6 설계 구현

3.7 타이밍 시뮬레이션

3.8 프로그래밍 데이터 생성 및
디바이스 프로그래밍

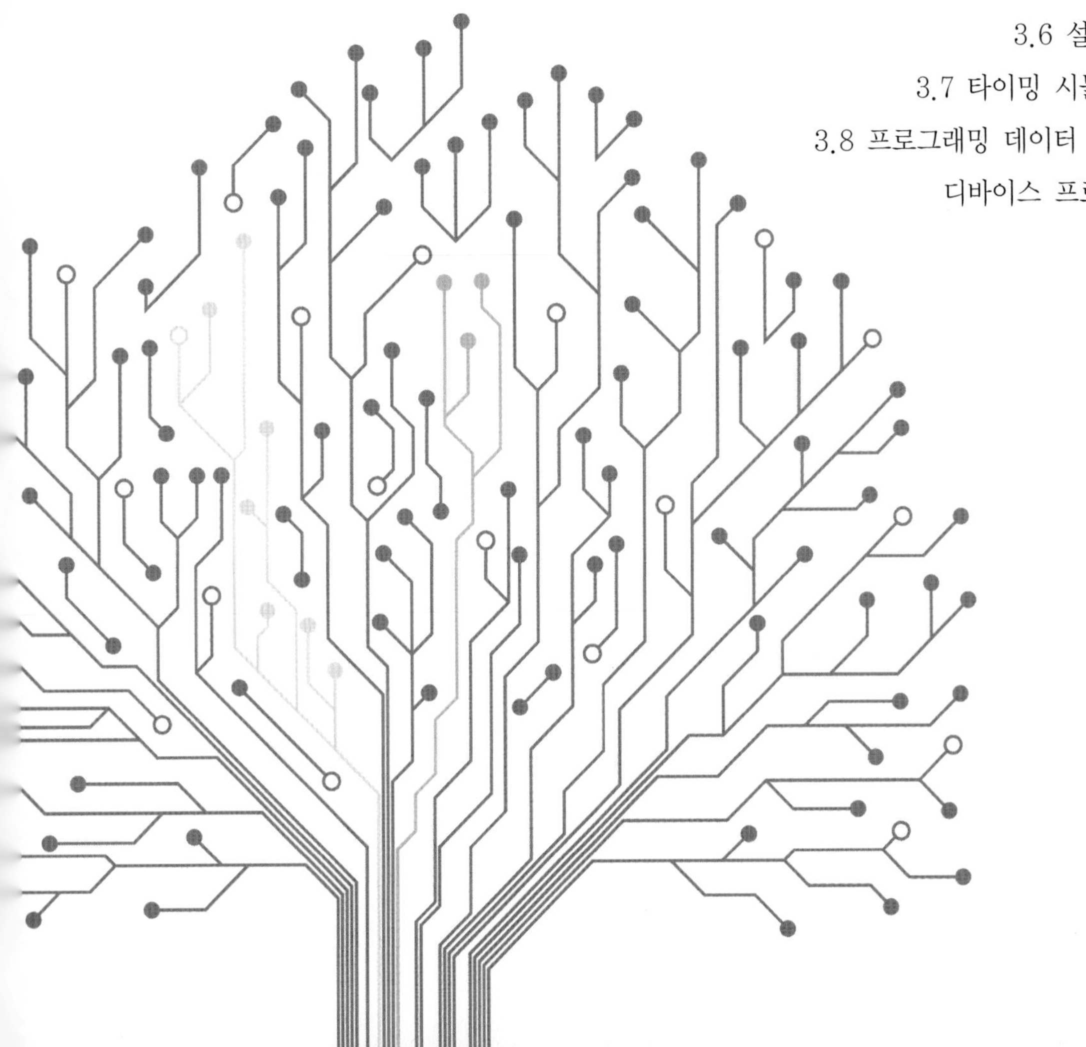

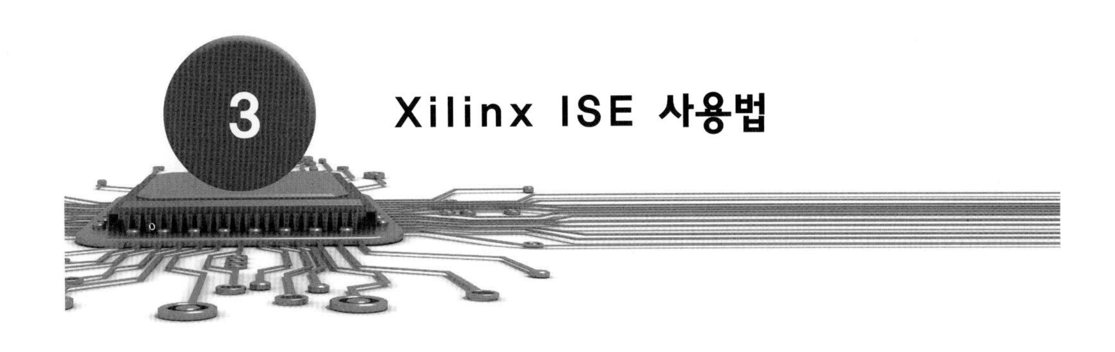

Xilinx ISE 사용법

Xilinx ISE는 Xilinx FPGA 디바이스를 이용한 디지털 회로의 설계, 검증 및 구현 등 제반 설계 과정에 사용되는 전용 소프트웨어이다. ISE는 Project Navigator 인터페이스를 통해 다양한 설계 입력과 설계 툴들에 접근할 수 있으며, 프로젝트와 연관된 파일과 문서들도 관리할 수 있다. ISE는 프로젝트에 속한 설계 파일, 컴파일 관련 파일, 시뮬레이션 파일, 핀 정보, 프로그래밍 파일 등 설계 관련 제반 정보를 하나의 프로젝트로 관리한다. 프로젝트 파일을 오픈하면 프로젝트에 관련된 모든 파일을 불러와서 정보를 확인하고 사용할 수 있도록 구성된다.

본 장에서는 Xilinx ISE를 이용한 설계 방법을 개략적으로 소개한다. 프로젝트 생성에서부터 설계 입력, 시뮬레이션, 설계 합성, 디바이스 프로그래밍에 이르기까지 설계 과정 전체를 설계 흐름을 중심으로 설명한다. ISE 소프트웨어의 상세한 사용법에 관해서는 관련 사용설명서를 참조하기 바란다.

3.1 Xilinx ISE 소프트웨어 개요

3.1.1 ISE 설계 흐름

ISE의 설계 흐름은 [그림 3.1]과 같이 프로젝트 생성, 설계 입력, 설계 합성, 설계 구현, 디바이스 프로그래밍 등의 과정으로 진행되며, 각각의 단계마다 설계 검증이 함께 진행된다. 설계된 회로에 대한 검증은 설계 단계에 따라 동작적 시뮬레이션(Behavioral Simulation), 기능 시뮬레이션(Functional Simulation), 타이밍 시뮬레이션 등이 수행되며, 정적 타이밍 분석(Static Timing Analysis; STA)은 회로의 타이밍 특성을 분석하기 위해 사용된다. 또한 디바이스 프로그래밍에 대한 검증은 In-Circuit Verification에 의해 이루어진다.

ISE에서는 설계 입력을 위해 [그림 3.2]와 같이 New Source Wizard와 Language Template을 사용할 수 있다. New Source Wizard에서는 소스 파일의 형태에 따라 회로도 편집, State Diagram 편집, HDL 모듈 생성, Test Bench Waveform 생성, CoreGen IP, MEM 파일 등을 입력할 수 있다. Language Template를 이용한 설계 입력은 HDL 기반의 설계에 사용되는 HDL의 구성 요소 템플릿을 제공한다.

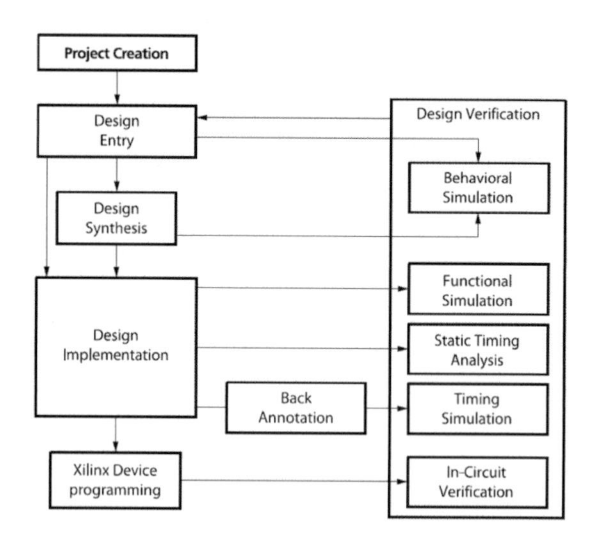

[그림 3.1] ISE의 설계 흐름

ISE의 설계 합성은 Xilinx Synthesis Technology(XST) 엔진에 의해 수행된다. 설계 파일을 분석하여 오류를 검사하고, HDL 설계를 회로로 합성하여 Xilinx netlist 파일인 NGC 파일을 생성한다.

XST에 의한 설계 합성 과정에서 [그림 3.3]과 같은 Check Syntax, View RTL Schematic, Technology Mapping 등의 프로세스를 실행시킬 수 있다.

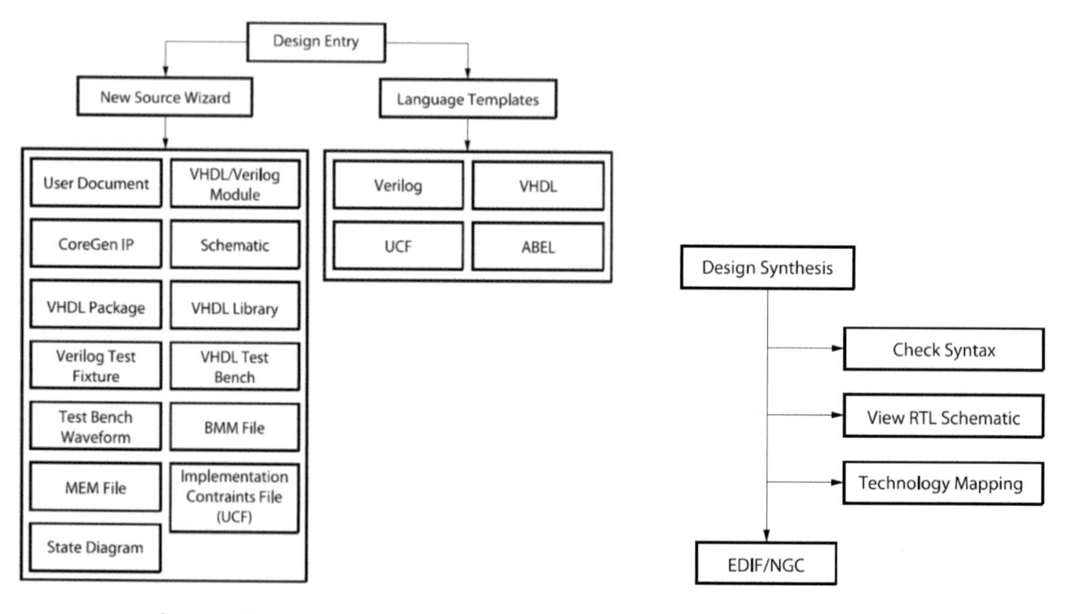

[그림 3.2] ISE의 설계 입력 흐름

[그림 3.3] ISE의 설계 합성 흐름

ISE의 설계 구현(Design Implementation)은 [그림 3.4]와 같이 Translate 프로세스, Map 프로세스, Place & Route(PAR) 프로세스의 3단계 과정으로 진행된다.

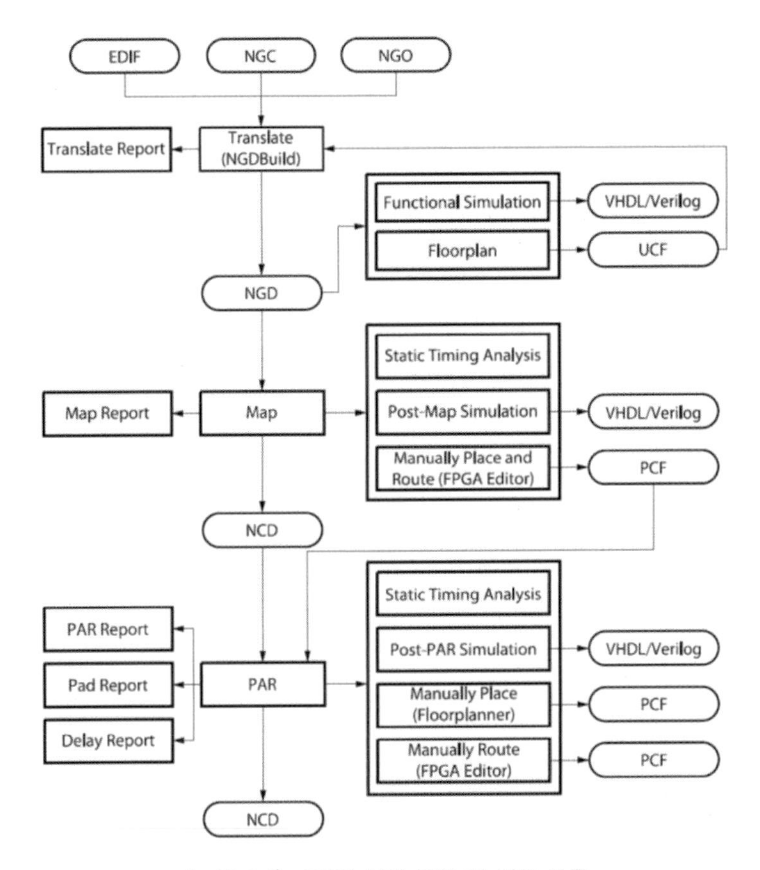

[그림 3.4] ISE의 설계 구현 및 검증 흐름

Translate 프로세스(NGDBuild)는 설계 합성 과정에서 생성된 모든 Netlist 데이터와 Constraint를 통합하여 Xilinx 설계 파일인 NGD(Native Generic Database) 파일로 변환한다. NGD 파일은 Xilinx 프리미티브로 표현된 논리회로로 구성된다.

Map 프로세스는 NGD 파일에 정의된 논리회로를 타깃 FPGA 디바이스 내부의 CLB (Configurable Logic Block)와 IOB(Input/Output Block)로 매핑하여 NCD(Native Circuit Description) 파일을 생성한다. NCD 파일은 Xilinx FPGA의 로직 셀로 매핑된 물리적 설계 정보로 구성된다.

Place & Route(PAR) 프로세스는 매핑된 NCD 파일을 받아 배치·배선 작업을 수행하여 Bitstream 생성을 위한 NCD 파일을 생성한다. 배치·배선 작업은 매핑된 회로를 타깃 FPGA 디바이스에 구현함에 있어서 로직 셀 간의 배선 용이성, 주어진 타이밍 조건 및 핀 위치 등을 만족하도록 최적의 위치를 찾아 회로를 배치하고 배선하는 과정이다.

3.1.2 SE Project Navigator

Xilinx ISE 소프트웨어를 실행시키면 [그림 3.5]와 같이 Project Navigator 메인 창이 활성화되며, Design 창, Transcript 창, Workspace 등으로 구성된다. Design 창은 Hierarchy 영역과 Processes 영역으로 구성되며, Hierarchy 영역은 프로젝트에 포함되어 있는 설계 요소들의 계층적인 구조를 보여주며, Processes 영역은 프로젝트의 설계 요소에 적용될 수 있는 프로세스들을 보여준다. Project Navigator의 하단부에 있는 Transcript 창은 프로젝트에서 이루어진 작업의 결과들을 보여주는 Console 탭, 에러 메시지를 보여주는 Errors 탭, 경고 메시지를 보여주는 Warnings 탭, 그리고 Find in Files 탭 등으로 구성된다. Project Navigator의 오른쪽의 Workspace는 Multi-Document Interface(MDI) 영역으로서 Design Summary, ASCII 문자 파일, 합성된 회로도 등의 창이 열리는 곳이다.

각 창들은 크기 조정이 가능하며, 더블클릭하면 독립된 창으로 Undocking시켜 Project Navigator 내의 새로운 위치로 이동될 수도 있고, 독립된 창을 더블클릭하면 원래의 위치로 Docking시킬 수 있다. View → Restore Default Layout을 선택하면 원래의 화면구성으로 초기화된다.

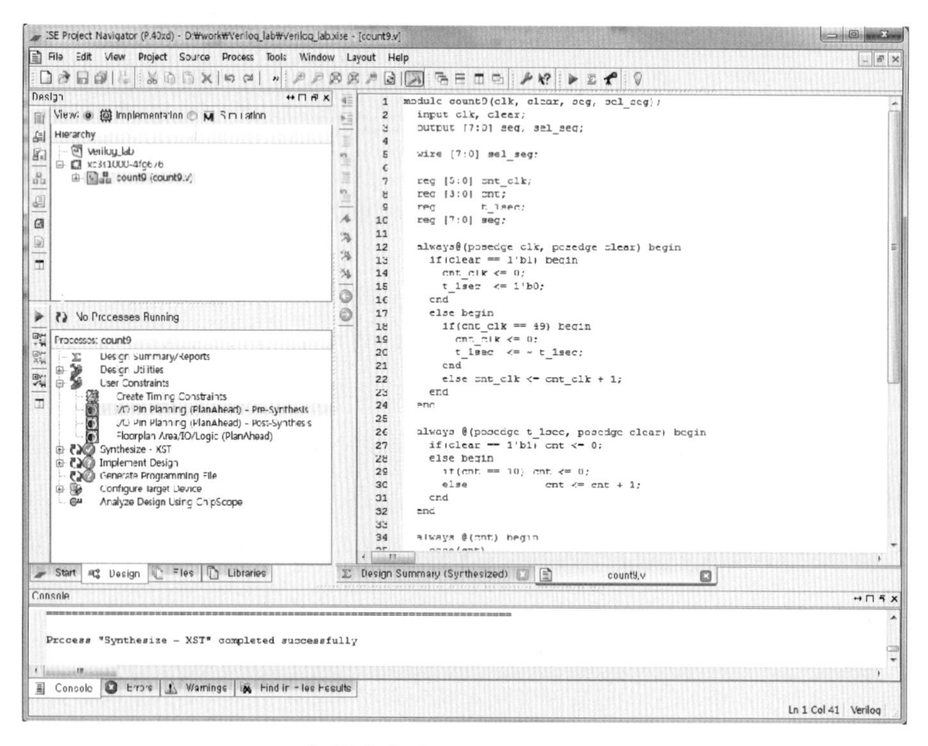

[그림 3.5] ISE Project Navigator

3.1.3 Design 창

Design 창은 [그림 3.6]과 같이 Hierarchy 영역과 Processes 영역으로 구분되며, Design 탭, Files 탭, Libraries 탭으로 구성된다. Hierarchy 영역은 프로젝트에 포함되어 있는 설계요소들의 정보를 보여주며, View 옵션에 따라 설계요소들이 Implementation 또는 Simulation 용으로 구분된다. Processes 영역은 설계요소에 적용할 수 있는 프로세스들을 보여주며, View 옵션에 따라 달라진다.

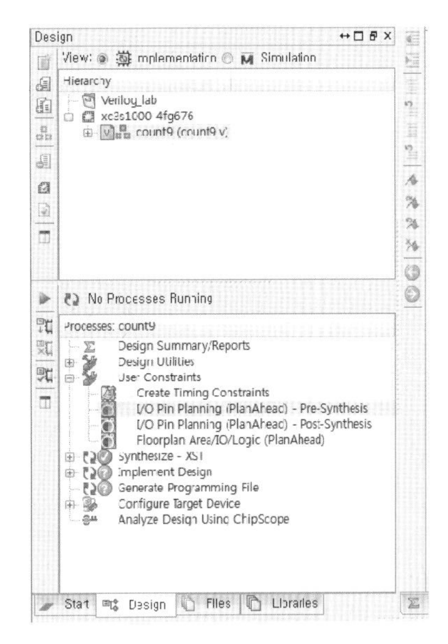

[그림 3.6] Design 창

Design 탭

Design 탭에서는 프로젝트 이름, 지정된 디바이스, 소스 파일 등의 계층구조를 보여준다. Hierarchy 영역에서 파일 좌측의 아이콘은 파일의 형태(HDL 파일, 스키매틱 파일, 문서 파일 등)를 나타낸다. 프로젝트의 top module로 설정된 파일에는 아이콘 옆에 品 표시가 나타난다. 파일이 하위레벨을 포함하고 있는 경우에는 파일이름 왼쪽에 '+' 기호가 표시된다. HDL 파일에서 '+' 기호는 파일 내에 하위 module(Verilog) 또는 entity(VHDL)가 포함되어 있음을 나타낸다. '+' 기호를 클릭하여 하위구조를 열어 볼 수 있으며, 파일이름을 더블클릭하면 파일을 열고 수정할 수 있다.

Files 탭

Files 탭은 Project Navigator에 열려 있는 파일의 정보를 표시한다.

Libraries 탭

Libraries 탭에서는 Project Navigator에 열려 있는 프로젝트와 관련된 모든 라이브러리 정보를 표시한다.

3.1.4 Processes 영역

Processes 영역은 Hierarchy 영역에서 선택된 소스 파일에 적용될 수 있는 프로세스들을 보여준다. [그림 3.7]과 같이 Design Utilities, User Constraints, Synthesize-XST, Implement Design, Generate Programming File, Configure Target Device 등 ISE에서 사용되는 툴들이 표시되며, 자신의 설계에 필요한 기능을 실행시키거나, 실행 결과를 확인할 수 있다. Processes 영역에 보이는 툴들은 Hierarchy 영역의 View 옵션과 선택된 파일의 형태에 따라 달라진다. Processes

영역에는 자동실행 기능이 포함되어 있으며, 사용자가 설계 과정에서 원하는 프로세스를 선택하면 관련된 프로세스들이 자동적으로 실행된다. 예를 들어 Implement Design 프로세스를 실행하면, Synthesize-XST 프로세스도 함께 실행된다. 이는 합성 결과에 따라 구현이 영향을 받기 때문이다.

Processes 영역에서 다음과 같은 기능들을 실행할 수 있다.

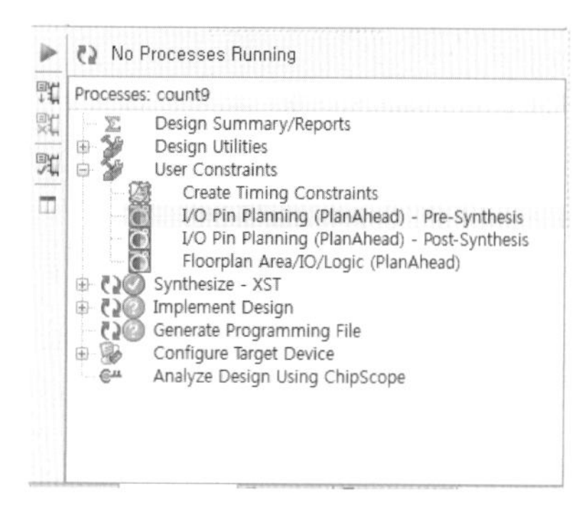

[그림 3.7] Processes 영역

Design Utilities

심볼 만들기, 템플릿 불러오기, HDL 변환, View Command Line Log File, 시뮬레이터 실행, 그리고 시뮬레이션 라이브러리 컴파일 등을 할 수 있다.

User Constraints

패키지 핀을 할당하거나 타이밍 constrains를 편집할 수 있다.

Synthesize-XST

소스 파일의 구문 검사, XST를 이용한 논리합성, 합성된 회로의 RTL 회로도 보기, 합성 리포트 보기 등을 할 수 있다.

Implement Design

Translate, Map, Place & Route 등 합성된 회로를 FPGA 디바이스로 매핑 작업을 실행한다.

Generate Programming File

FPGA 디바이스 내부의 RAM 또는 외부의 PROM에 프로그래밍될 파일을 생성한다.

Configure Target Device

생성된 프로그래밍 파일을 타깃 디바이스로 다운로드하는 작업을 수행한다.

3.1.5 Transcript 창

Transcript 창은 [그림 3.8]과 같이 Console 탭, Errors 탭, Warnings 탭으로 구성된다. Console 탭은 프로젝트에서 실행된 작업의 결과를 보여주며, 에러, 경고, 정보 메시지 등을 표시한다. 에러는 적색으로 표시되고, 경고는 노란색으로 표시된다. 에러나 경고 메시지를 더블클릭하면, HDL 파일의 에러 위치로 이동한다.

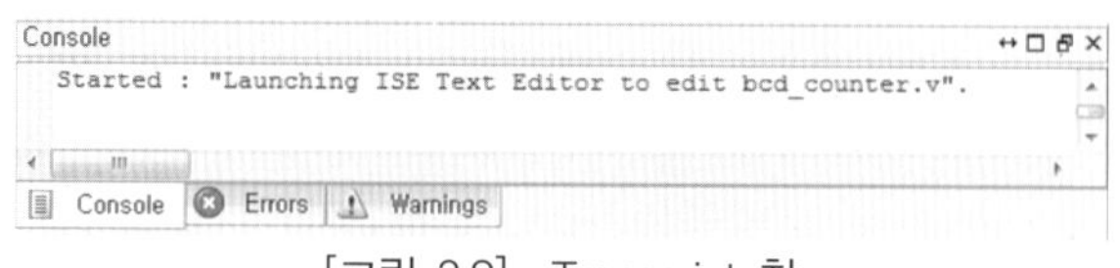

[그림 3.8] Transcript 창

3.2 프로젝트 생성

ISE로 설계 작업을 시작하기 위해서는 먼저 프로젝트를 생성해야 한다. ISE 프로그램을 실행시킨 후, ISE 메뉴에서 File → New Project를 실행하여 새로운 프로젝트를 생성할 수 있다. 프로젝트 생성은 프로젝트 이름 지정, 디바이스 선택, 프로젝트 요약의 3단계로 이루어지며, 이 과정을 거쳐야 실제 HDL을 입력할 수 있는 프로젝트 생성이 완료된다.

① File → New Project를 실행하면 [그림 3.9]와 같은 Create New Project 대화창이 활성화되며, 프로젝트에 관련된 Name, Location, Working Directory, Top-Level Source Type을 설정해 준다. Name 필드에 프로젝트 이름을 지정하면 Location과 Directory에 동일한 이름의 폴더가 자동으로 생성된다. Top-Level Source Type은 프로젝트의 최상위(top) 파일의 형태를 설정해 주는 것이며, HDL, Schematic, EDIF, NGC/NGO의 파일 형태 중 하나를 선택한다. [그림 3.9]의 예에서는 프로젝트의 이름을 prj_bcd_counter로 하였고, 이에 관련된 파일들이 D:₩Xilinx 폴더에 저장되도록 설정했다. 또한 Verilog HDL 파일로 설계를 할 것이기 때문에 Top-Level Source Type을 HDL로 설정하였다. 우측 하단의 Next 버튼을 클릭하면, [그림 3.10]과 같은 Project Settings 대화창이 나타난다.

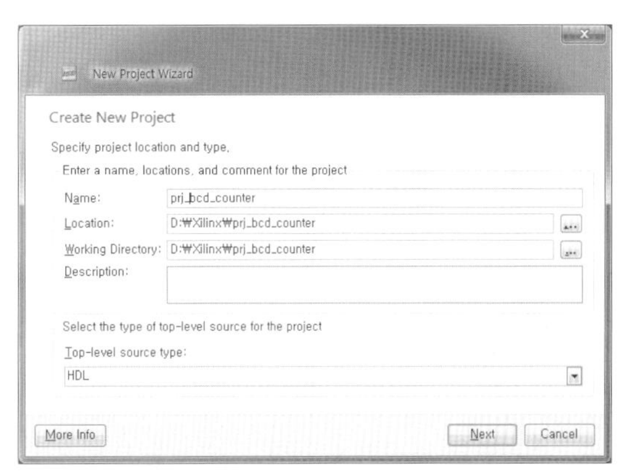

[그림 3.9] Create New Project 대화창

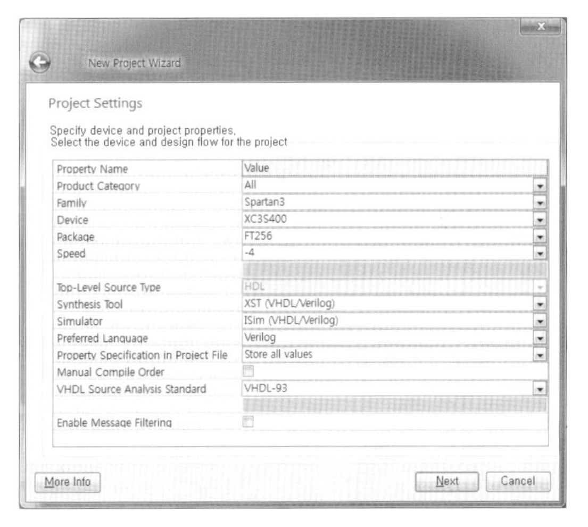

[그림 3.10] Project Settings 대화창

② Project Settings 대화창은 [그림 3.10]과 같으며, 프로젝트에서 사용될 디바이스와 EDA 툴을 설정한다. 실습장비에 장착된 FPGA 디바이스를 선택하고 합성과 시뮬레이션 툴을 설정해 준다. [그림 3.10]에서는 Family는 Spartan3, Device는 XC3S400, Package는 FT256, Speed는 -4를 선택하였다. Synthesis Tool은 XST를 선택하였

고, Simulator는 ISim으로 설정하였다. 우측 하단의 Next 버튼을 클릭하면, [그림 3.11]과 같은 Project Summary 대화창이 나타난다.

③ 이상의 과정이 완료되면 [그림 3.11]과 같이 생성된 프로젝트에 대한 요약을 보여주는 Project Summary 대화창이 활성화된다. 생성된 프로젝트 정보를 검토하여 잘못된 부분이 있는지 확인할 수 있다. 프로젝트 생성과정에서 잘못된 부분이 있으면 왼쪽 상단의 화살표 버튼에 의해 이전 단계로 이동하여 수정할 수 있으며, 이상이 없으면 Finish 버튼을 눌러 프로젝트 생성을 마치면 된다.

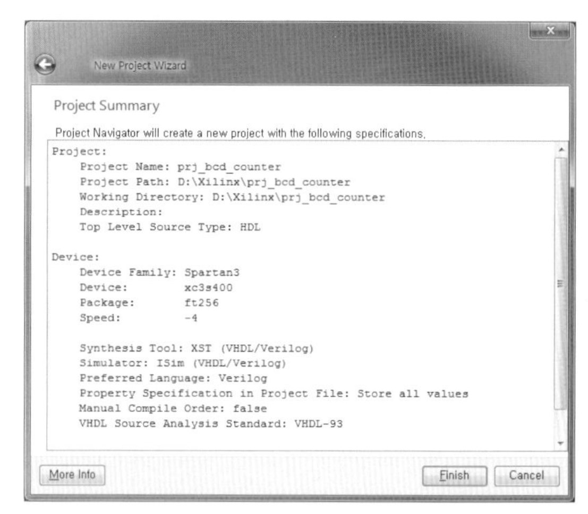

[그림 3.11] Project Summary 대화창

프로젝트 생성이 완료된 상태의 ISE 창은 [그림 3.12]와 같으며, 이후에 만들어지는 모든 파일들은 현재의 프로젝트 폴더에서 관리된다. Design 창을 통해서 프로젝트 prj_bcd_counter와 Spartan3 계열의 xc3s400-4ft256 디바이스가 설정되었음을 확인할 수 있다.

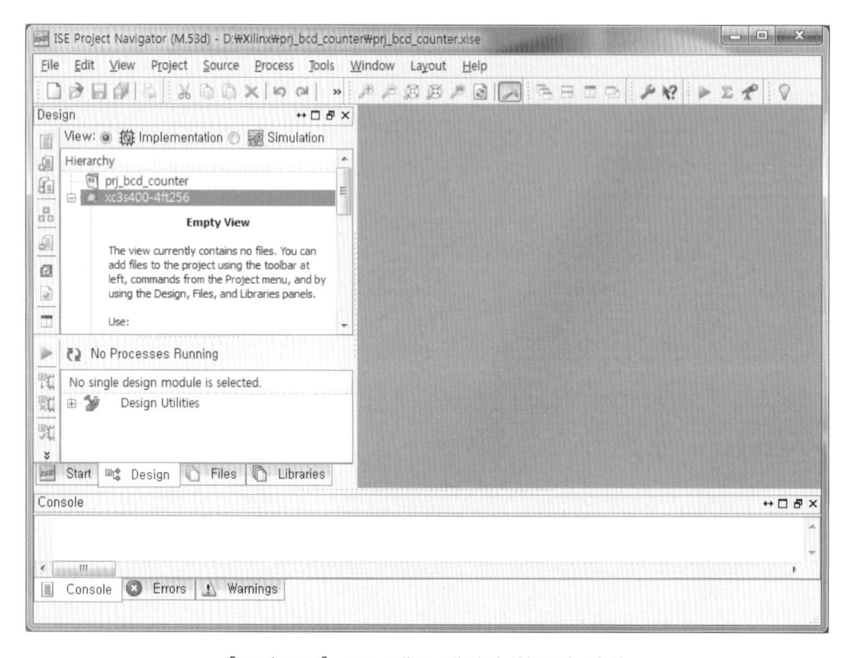

[그림 3.12] 프로젝트 생성이 완료된 상태

3.3 설계 입력

HDL 기반 설계를 위한 설계 입력은 다음의 방법들 중 하나를 이용할 수 있다.

3.3.1 새로운 파일 생성

Text Editor 사용

File → New 메뉴를 선택하면 [그림 3.13]의 New 대화창이 활성화되며, 설계될 파일의 형태를 선택한다. Text File을 선택하면 HDL 소스를 편집할 수 있는 창이 활성화되고, 여기에 설계될 회로의 HDL 소스코드를 입력하고 저장한다.

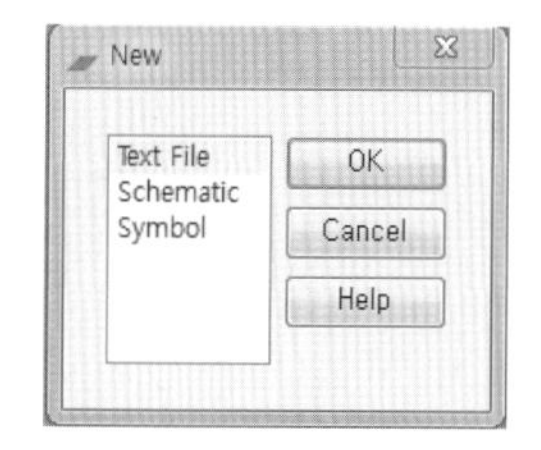

[그림 3.13] New 대화창

New Source Wizard와 ISE 문서 편집기 사용

New Source Wizard에서 HDL 파일을 만들고 모듈 이름과 포트를 지정할 수 있다. 생성되는 파일은 ISE Text Editor에서 편집된다. ISE 메뉴에서 Project → New Source를 실행하면 [그림 3.14]와 같은 New Source Wizard 창이 활성화된다. Verilog Module을 선택하고 파일 저장경로와 파일이름을 입력한 후, Next를 클릭한다.

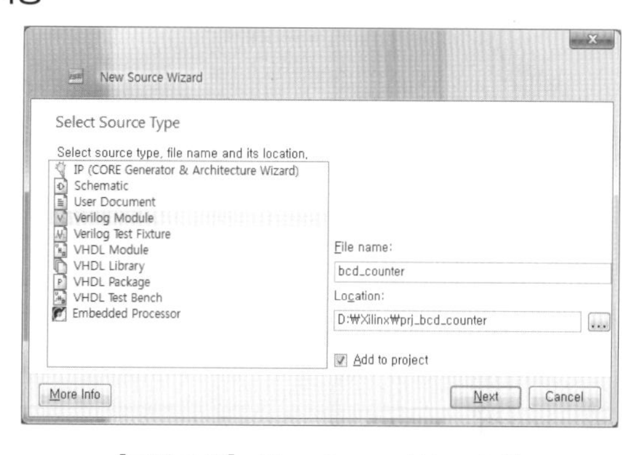

[그림 3.14] New Source Wizard 창

[그림 3.15]의 Define Module 대화창에서 설계될 회로의 입·출력 포트를 지정한다. Port Name 필드에 포트 이름을 입력하고, Direction을 설정한다. 포트의 신호가 Bus 형태이면, Bus 필드를 체크하고, MSB 필드와 LSB 필드에 원하는 값을 입력한다. 이와 같은 방법으로 회로의 입·출력 포트를 지정한다.

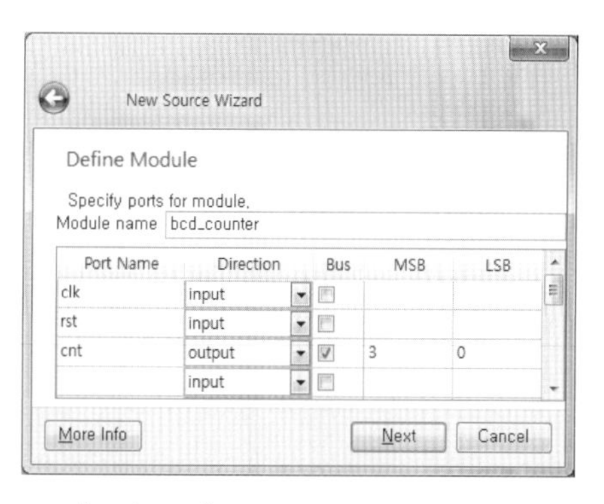

[그림 3.15] Define Module 대화창

Next를 클릭하면 생성된 모듈에 대한 정보가 표시된다. Finish를 클릭하면, ISE Text Editor에 [그림 3.16]과 같이 HDL 파일이 열리며, 여기에 소스코드를 편집하면 된다. ISE Text Editor에 열린 HDL 파일에는 [그림 3.15]의 Define Module 대화창에서 입력된

입·출력 포트들이 정의되어 있으며, Verilog 모듈의 기본적인 구조가 만들어져 있다. 키워드는 파란색, 자료형은 빨간색, 주석은 녹색, 값은 검은색으로 표시되며, 이와 같은 color-coding은 가독성을 좋게 하고 입력과정에서 오탈자의 인식을 용이하게 한다.

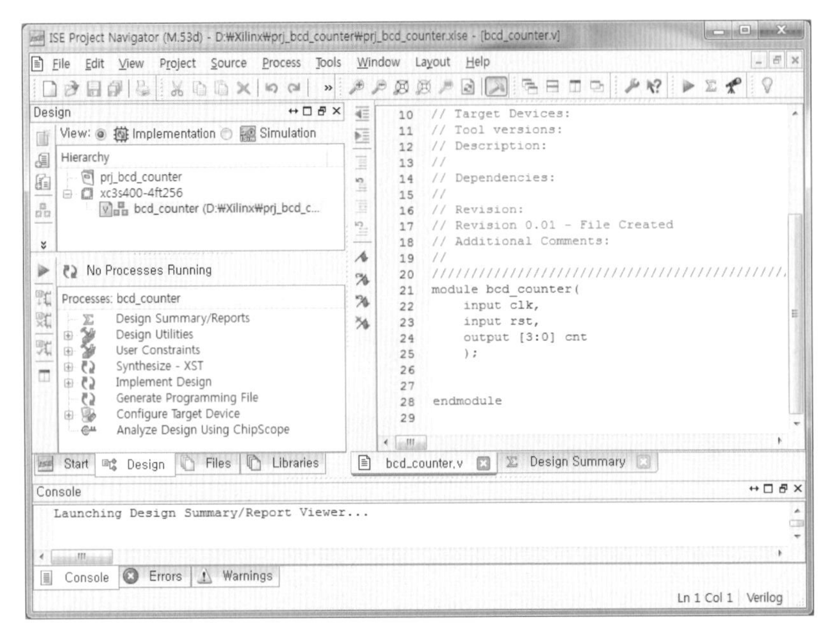

[그림 3.16] ISE Text Editor에 생성된 Verilog 파일

Language Templates 사용

ISE Language Templates는 HDL 구조와 합성 템플릿을 포함하고 있으며, 이들 템플릿에는 계수기, D 플립플롭, 멀티플렉서, 프리미티브 등 회로설계에 공통적으로 사용되는 논리회로 컴포넌트들이 포함되어 있다. ISE Language Templates을 New Source Wizard와 함께 사용하면 HDL 소스 파일을 쉽게 편집할 수 있다.

Project Navigator에서 Edit→Language Templates을 실행하면, [그림 3.17]과 같은 Language Templates 창이 활성화된다. 각 부분을 자세히 보기 위해서는 제목 옆의 '+' 기호를 클릭한다. 나열된 템플릿 중의 하나를 클릭하면 오른쪽 창에 내용이 표시된다. 원하는 템플릿을 선택한 후, 마우스의 오른쪽 버튼을 눌러 팝업 메뉴 Use in file을 실행하면 선택된 HDL 템플릿이 편집중인 파일에 삽입된다. 템플릿을 소스 파일에 삽입하기 위해서는 소스 파일이 Text Editor에 Open되어 있어야 한다.

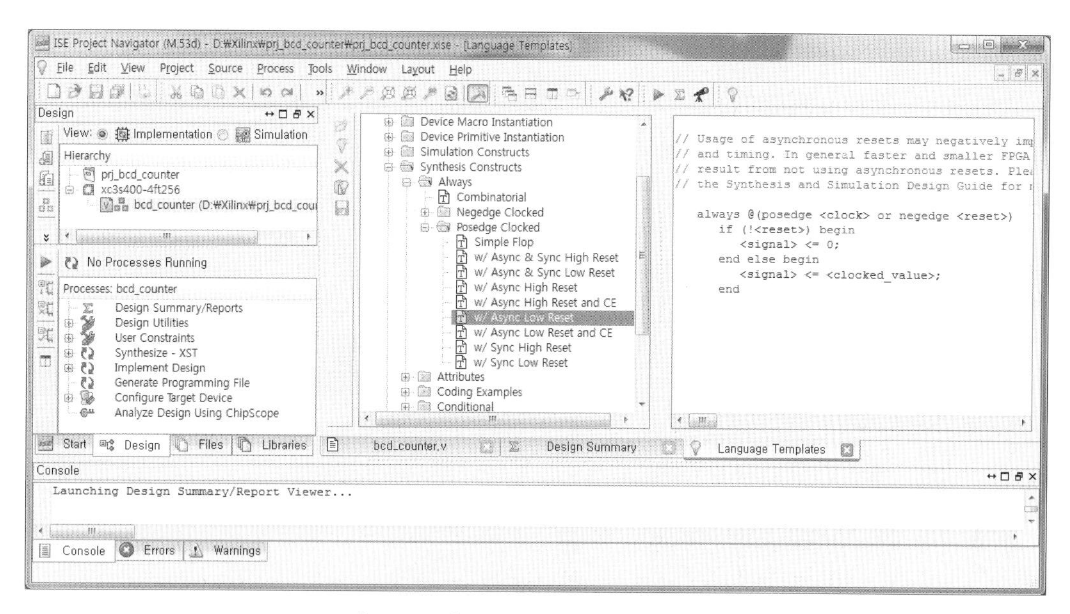

[그림 3.17] Language Templates 창

3.3.2 소스 파일 추가

이미 만들어진 소스 파일을 프로젝트에 추가하려면 ISE 메뉴에서 Project → Add Source를 실행한다. 소스 파일이 있는 폴더에서 추가될 파일을 선택하면 [그림 3.18]과 같은 Adding Source Files 대화창이 활성화되며, Association 필드를 원하는 형태로 지정한 후 OK 버튼을 누르면, 해당 파일이 현재의 프로젝트에 추가된다. Association 필드는 Verilog 설계 파일의 경우 All로 설정하고, 테스트벤치 파일의 경우에는 Simulation으로 설정한다.

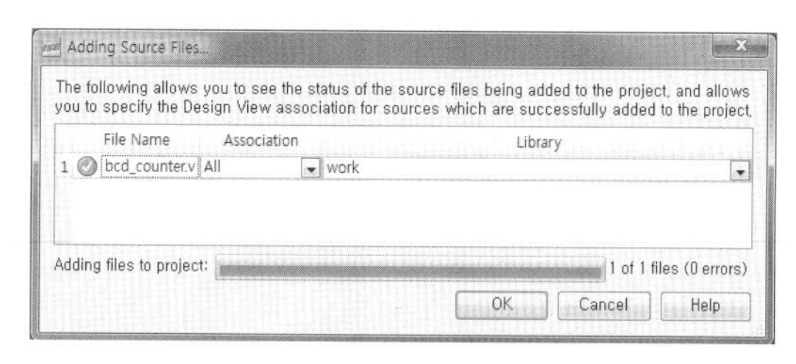

[그림 3.18] Adding Source Files 대화창

3.4 Behavioral 시뮬레이션

Behavioral 시뮬레이션은 설계된 회로가 올바로 동작하는지를 검증하는 과정이며, 통상 회로 합성 이전에 수행된다. 이를 통해 설계자는 설계의 오류를 찾아 수정할 수 있다. Xilinx ISE는 ISim 시뮬레이터를 사용하는 통합된 설계 및 검증 과정을 제공하며, Project Navigator의 Processes 영역의 명령어를 이용하여 시뮬레이션을 실행할 수 있다.

3.4.1 HDL 테스트벤치 파일 생성

Design 창에서 테스트벤치가 적용될 top 모듈을 선택한 후, Project Navigator 메뉴에서 Project → New Source를 실행한다. [그림 3.19]의 Select Source Type 대화상자에서 Veriog Test Fixture를 선택하고, File name 필드에 생성할 테스트벤치 파일의 이름을 입력한다. Next를 클릭하면, Associate Source 대화창이 나타나며, Sources 창에서 선택한 top 모듈의 이름이 표시된다. Next를 클릭하면 Summary 창이 나타나고, 내용을 확인한 후 Finish를 클릭하면 [그림 3.20]과 같이 Project Navigator의 Design 창에서 View 옵션을 Simulation으로 선택하면 테스트벤치 파일이 프로젝트에 생성된 것을 확인할 수 있다.

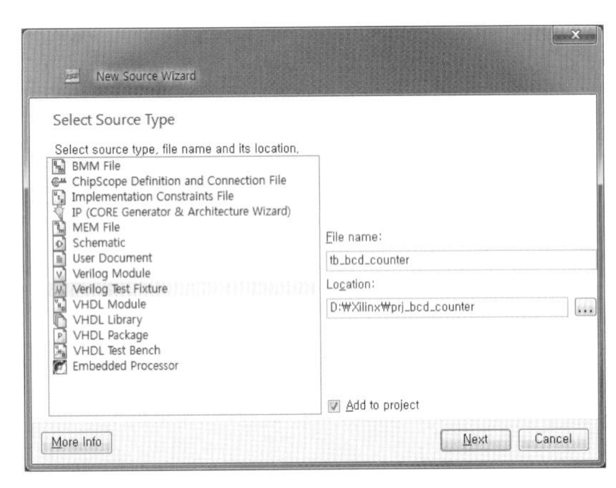

[그림 3.19] Select Source Type 대화창

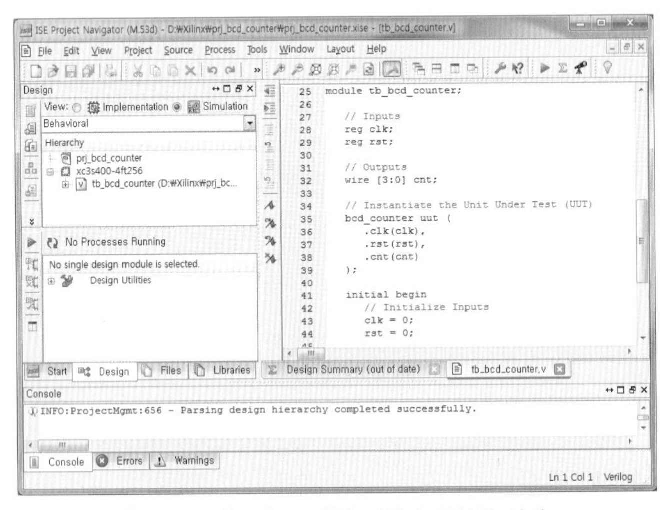

[그림 3.20] 테스트벤치 파일이 생성된 상태

3.4.2 테스트벤치 파일 추가

이미 만들어져 있는 시뮬레이션 테스트벤치 파일을 프로젝트에 추가하는 과정은 다음과 같다. Xilinx 메뉴에서 Project → Add Source를 실행하면 파일을 탐색하는 Add Existing Sources 창이 활성화된다. 테스트벤치 파일을 찾아 선택하고 Open을 클릭하면 [그림 3.21]과 같은 Adding Source Files 대화창이 나타난다. File Name 필드에는 선택된 테스트벤치 파일(tb_bcd_counter.v)이 표시되고, Association 필드에 Simulation을 선택한다. 테스트벤치 파일은 합성이나 구현을 할 수 없으므로, 반드시 Simulation으로 선택해야 한다. OK 버튼을 클릭하면, 선택된 테스트벤치 파일이 ISE 프로젝트에 추가된다.

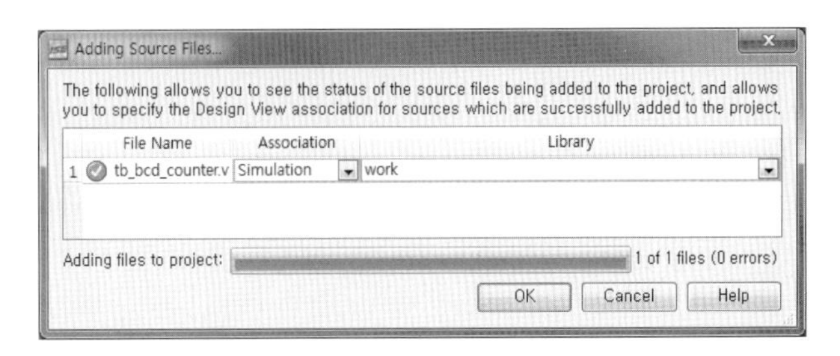

[그림 3.21] Adding Source Files 대화창 (테스트벤치 파일 추가)

3.4.3 ISim을 이용한 Behavioral 시뮬레이션

3.4.1절 또는 3.4.2절의 방법에 의해 프로젝트에 테스트벤치가 추가되었으며, 이제 설계된 회로에 대해 behavioral 시뮬레이션을 실행할 수 있다. ISE는 ISim 시뮬레이터와 연동하여 설정된 시뮬레이션 속성을 기반으로 시뮬레이션을 실행한다.

시뮬레이션 프로세스 불러오기

Project Navigator의 Design 창에서 View 옵션을 Simulation으로 지정하고 시뮬레이션 형태를 Behavioral로 설정한 후에 Hierarchy 영역에서 테스트벤치 파일을 선택하면, [그림 3.22]와 같이 Processes 창에 ISim Simulator 프로세스가 표시된다.

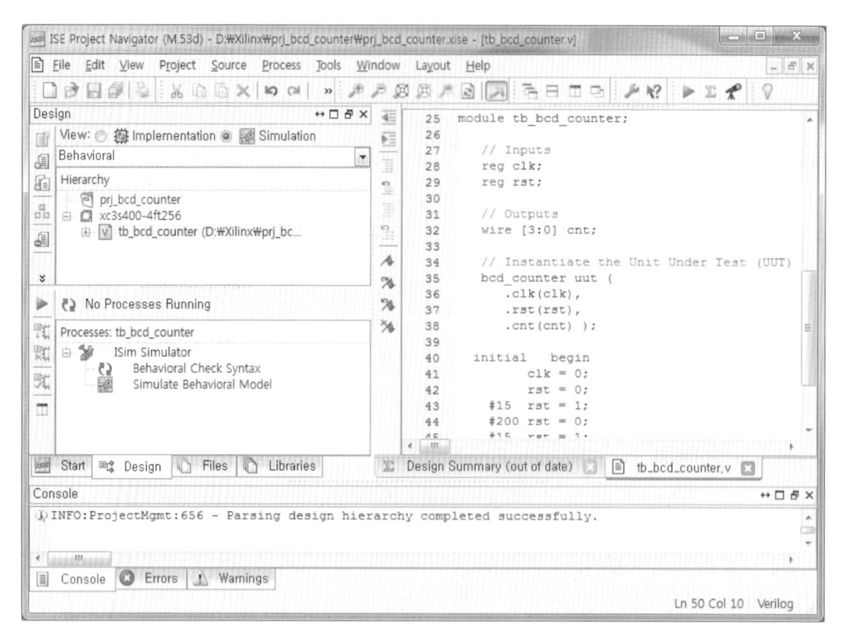
[그림 3.22] ISim Simulator 프로세스가 활성화된 상태

시뮬레이션 실행하기

ISE Project Navigator의 Processes 영역에서 Simulate Behavioral Model을 더블클릭하면, ISim 프로그램이 실행된다. [그림 3.23]은 Waveform 창에 시뮬레이션 결과가 표시된 상태를 보이고 있다.

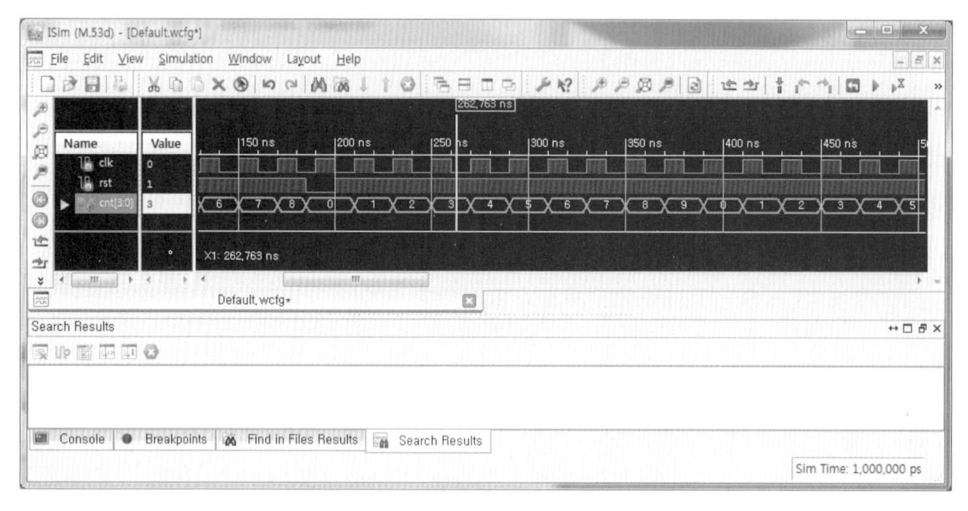
[그림 3.23] Behavioral 시뮬레이션 결과

3.5 설계 합성

ISE는 Synthesize-XST 프로세스에 의한 논리합성을 통해 HDL 소스를 RTL netlist로 변환하는 전반부 설계과정을 수행하며, XST에서 생성된 netlist는 후반부 설계과정인 Implement Design 프로세스에서 사용된다. XST를 이용한 전반부 설계는 소스코드의 구문 검사, 합성옵션 입력, 합성 실행 등의 과정으로 진행된다.

3.5.1 구문 검사

ISE Navigator의 Design 창의 Hierarchy 영역에서 구문검사할 파일을 선택하면, Processes 영역에 해당 파일에 적용할 수 있는 프로세스들이 표시된다. [그림 3.24]와 같이 Processes 영역에서 Synthesize - XST 프로세스의 '+' 기호를 클릭하여 계층구조를 확장한 후, Check Syntax를 더블클릭하면 선택된 파일에 대한 구문검사 과정이 실행된다. 구문검사가 완료된 후, Check Syntax 프로세스 옆에 빨간색의 'x' 표시가 나타나면 구문분석 과정에서 오류가 발견된 것을 나타내며, 경고(warning)는 노란색으로 표시된다. 구문에 오류가 없으면 Check Syntax 옆에 초록색 체크가 표시된다.

소스 파일에 구문 오류가 발견되었으면, 다음과 같은 과정으로 수정한다. Console 창에서 에러 메시지를 더블클릭하면, HDL 소스 파일의 오류발생 위치로 이동된다. 에러 옆의 주석을 참고하여 HDL 소스 파일의 에러를 수정한 후, File → Save를 선택하여 파일을 저장한다. Check Syntax를 더블클릭하여 다시 분석한다. 구문 검사 과정은 XST 합성 프로세스를 통해 자동으로 실행시킬 수도 있다.

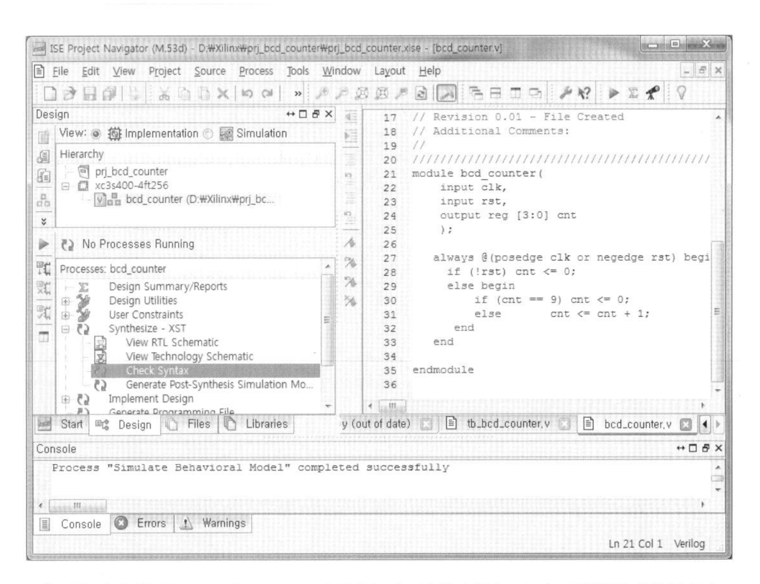

[그림 3.24] Check Syntax 프로세스를 통한 HDL 소스 파일의 구문분석

3.5.2 XST를 이용한 설계 합성

ISE의 Xilinx Synthesis Technology(XST)는 [그림 3.25]에서 보는 것과 같이 HDL 소스를 받아 netlist와 constraint 정보가 포함된 NGC netlist 파일, RTL 회로도인 NGR 파일, 합성 리포트 파일 등을 생성한다. 생성된 NGC 파일은 Implement Design 프로세스의 Translate 단계에 입력으로 사용된다. XST에 의해 생성된 회로도는 View RTL Schematic으로 볼 수 있다. XST는 일반적으로 3단계 과정을 통해 합성을 수행한다.

① Analyze/Check Syntax : HDL 소스 파일의 구문을 검사한다.

② Compile : HDL 코드를 합성 툴이 인식할 수 있는 컴포넌트들의 집합으로 변환하고 최적화시킨다.

③ Map : 컴파일 단계에서 생성된 컴포넌트들을 FPGA의 프리미티브 컴포넌트들로 변환한다.

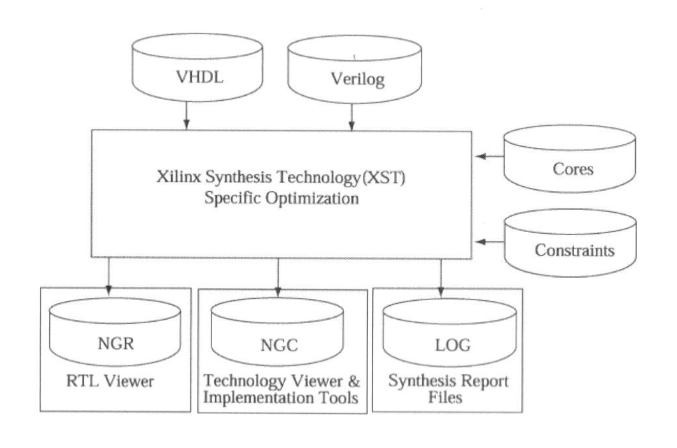

[그림 3.25] XST에 의한 합성

XST를 사용한 설계 합성 과정에서 이용할 수 있는 프로세스들은 다음과 같다.

① View RTL Schematic : RTL 회로도를 볼 수 있다.

② View Technology Schematic : 타깃 FPGA 디바이스의 컴포넌트로 구성된 회로도를 볼 수 있다.

③ Check Syntax : HDL 코드의 구문적 오류를 검사한다.

합성 옵션 지정

합성 옵션을 사용하여 합성 툴의 동작을 제어할 수 있으며, 이를 통해 설계 최적화를 얻을 수 있다. 일반적으로, 면적 또는 속도를 기반으로 최적화하도록 합성 옵션을 지정한다. 또는 플립플롭 출력신호의 최대 fanout이나 회로의 목표 동작주파수 등의 합성 옵션을 지정할 수도 있다. 합성 옵션은 다음과 같이 설정한다.

① Design 창의 Hierarchy 영역에서 top 모듈을 선택한다.

② Processes 영역의 Synthesize - XST 프로세스에서 마우스 오른쪽 버튼을 클릭하고 Properties를 선택하면 [그림 3.26]과 같은 대화창이 활성화된다.

③ Category에서 Synthesis Options를 선택하고, Property Name의 각 항목을 원하는 값으로 설정한다([그림 3.26]).

④ Category에서 Xilinx Specific Options를 선택하고, Property Name의 각 항목을 원하는 값으로 설정한다([그림 3.27]).

⑤ OK를 클릭한다.

설계 합성

이제, 설계를 합성할 준비가 완료되었다. HDL 코드로부터 netlist를 생성하기 위한 합성을 다음과 같은 과정으로 진행한다.

① Design 창의 Hierarchy 영역에서 top 모듈을 선택한다.

② Processes 영역에서 Synthesize - XST 프로세스를 더블클릭한다.

RTL 회로도 보기

XST에 의한 합성 결과로 NGR 파일이 생성되며, 생성된 회로도는 Synthesize-XST → View RTL Schematic을 더블클릭하여 볼 수 있다. 합성된 회로의 컴포넌트 사이의 연결 관계를 블록도 형태로 볼 수 있으며, 설계분석에 유용하게 사용될 수 있다. [그림 3.28]은 생성된 RTL 회로도이며, 심볼을 더블클릭하면 하위 레벨의 회로를 볼 수 있다.

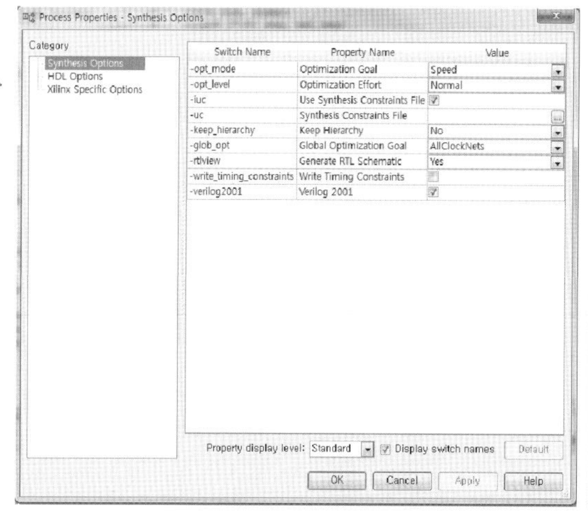

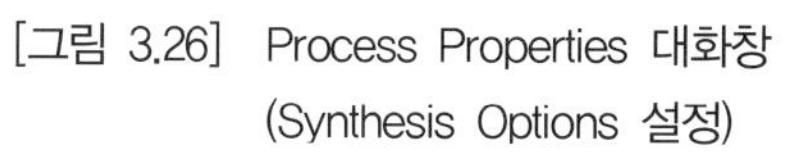
[그림 3.26] Process Properties 대화창 (Synthesis Options 설정)

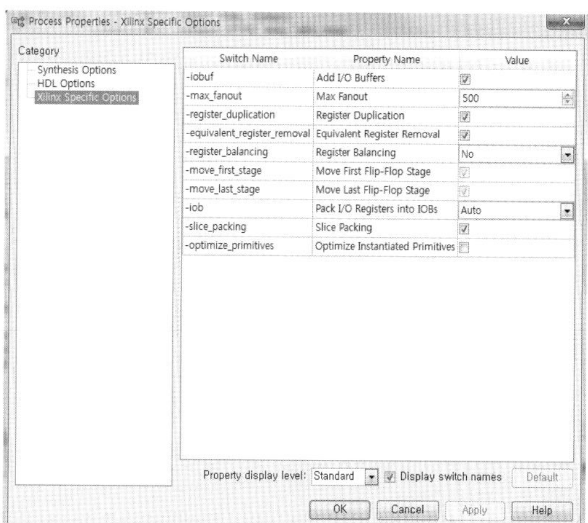

[그림 3.27] Process Properties 대화창 (Xilinx Specific Options 설정)

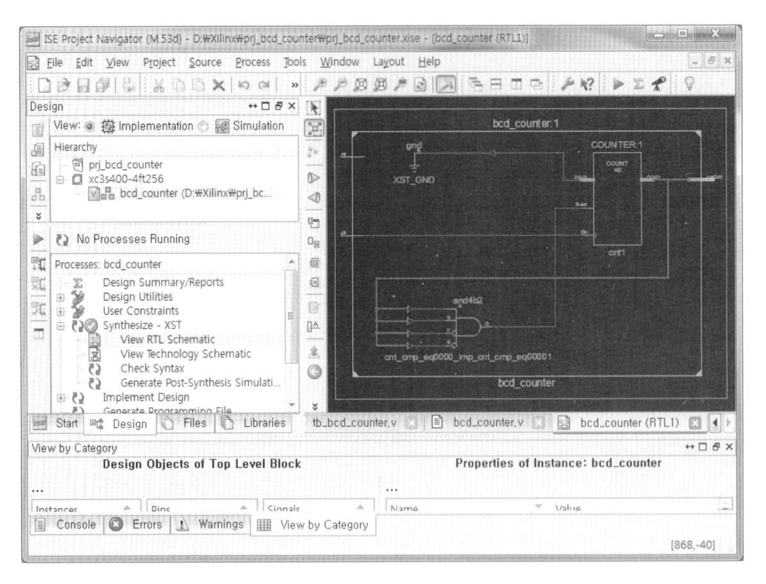

[그림 3.28] XST에 의해 생성된 RTL 회로도(NGR 파일)

Technology 회로도 보기

Synthesize-XST → View Technology Schematic을 더블클릭하면, XST에 의해 생성된 NGC 파일의 회로도를 볼 수 있다. NGC 파일은 Implement Design 프로세스의 Translate 단계에 입력으로 사용된다. [그림 3.29]는 생성된 NGC 파일의 회로도이다.

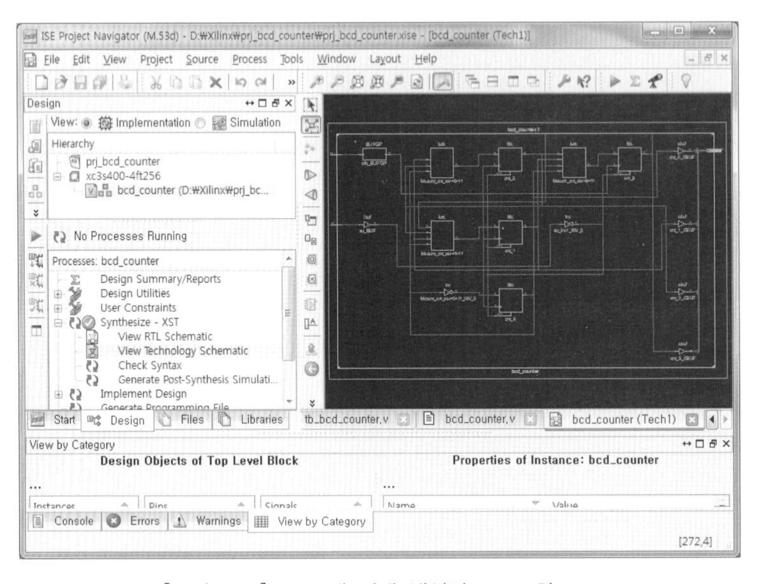

[그림 3.29] XST에 의해 생성된 NGC 회로도

3.6 설계 구현

설계 구현(Design Implementation)은 전반부 설계 과정인 Synthesize 프로세스에서 생성된 netlist를 이용하여 변환(translation), 매핑(mapping), 배치·배선(placing and routing), BIT 파일 생성 등을 수행하는 후반부 설계 과정이다. ISE에서는 Implement Design 프로세스를 통해 이루어지며, 전반부 설계에서 생성된 NGC netlist 파일, user constraints file(UCF), 타이밍 제약조건 등이 사용된다.

3.6.1 Implement Design 옵션 설정

Implement Design 프로세스에서 수행되는 매핑, 배치·배선 및 최적화 등을 위한 옵션을 설정할 수 있다. Implement Design 프로세스에서 마우스 오른쪽 버튼을 클릭하고 팝업 메뉴에서 Properties를 선택하면 [그림 3.30]과 같이 Process Properties 대화창에 옵션 목록이 나타나며, Category에서 Translate, Map, Place & Route, Simulation Model 등을 선택하여 옵션을 설정할 수 있다. 예를 들어, Place & Route Properties에서 Place & Route Effort Level(overall)을 High로 설정하면, 배치·배선의 effort level을 증가시킨다.

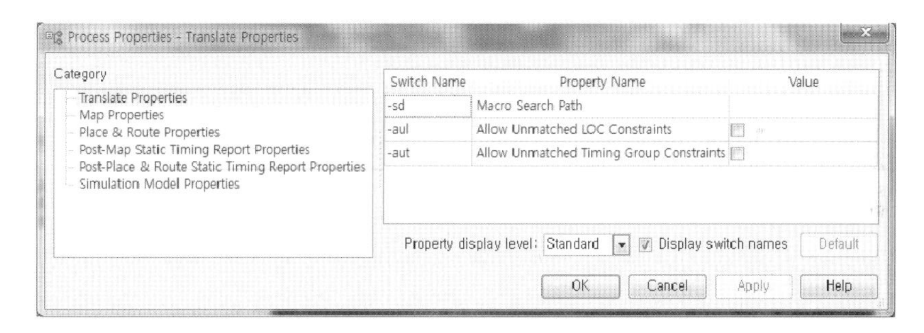

[그림 3.30] Implement Design 프로세스의 Properties 대화창

3.6.2 타이밍 제약조건 생성 및 수정

User Constraints File(UCF)을 사용하면 설계입력 툴을 다시 불러내지 않고 설계에 대한 설정을 생성하거나 수정할 수 있다. UCF를 사용하여 제약조건을 설정하기 위해서는 제약조건을 정의하는 구문에 대한 이해가 필요하다. Constraints Editor와 Pinout Area Constraints Editor(PACE)는 타이밍과 핀 위치에 관한 제약조건을 설정할 수 있는 툴이다. Constraints Editor를 실행하기 위해 Project Navigator의 Processes 영역에서 User Constraints 프로세스의 '+'를 클릭하여 계층구조를 확장한다. Create Timing Constraints를 더블클릭하면 Translate 프로세스가 실행되고,

Constraints Editor 창이 [그림 3.31]과 같이 활성화된다. Constraints Editor에서 UCF 파일에 정의된 제약조건을 수정하거나, 새로운 제약조건을 생성할 수 있다.

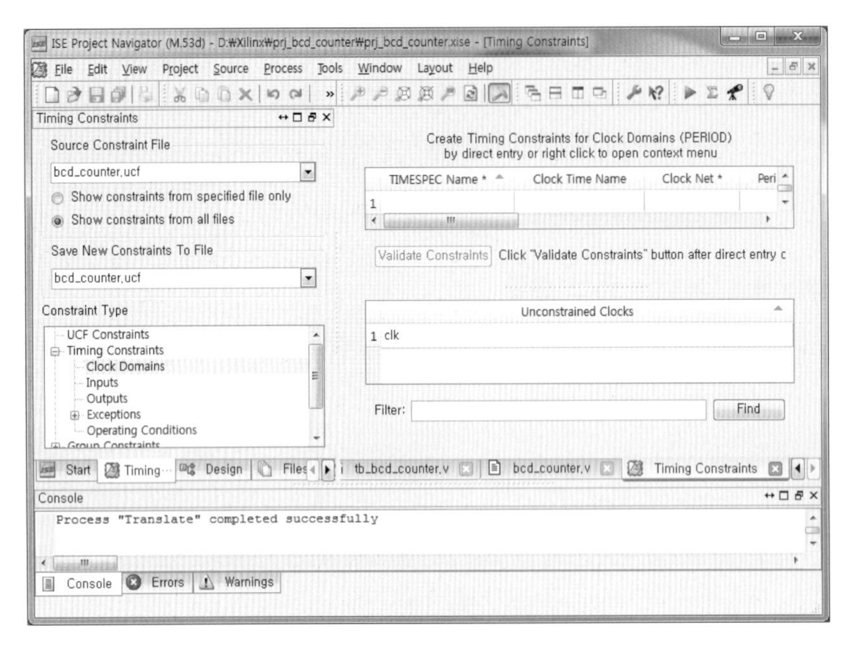

[그림 3.31] Constraints Editor 창

3.6.3 디바이스 핀 할당

프로젝트 생성단계에서 디바이스 설정을 미리 해두었기 때문에 여기에서는 핀에 대한 설정만 해주면 된다. 컴파일 과정에서 I/O 포트에 대한 정보가 사용되므로, 타깃 FPGA 디바이스에 핀을 할당해야 한다. PlanAhead를 이용하여 핀 위치와 NGD 파일에서 정의된 constraints를 추가하고 편집한다. PlanAhead에서 생성된 UCF 파일은 Translate 단계에서 netlist에 적용되어 새로운 NGD 파일이 생성된다.

ISE Project Navigator의 Processes 영역에서 User Constraints → I/O Pin Planning을 실행시키면 [그림 3.32]와 같은 PlanAhead 창이 활성화되며, 여기에서 핀을 할당할 수 있다. 이 창의 I/O Ports 영역에는 합성된 회로의 I/O Name이 미리 등록되어 있으며, 따라서 사용자는 I/O Name에 핀을 할당하면 된다. PlanAhead 창 상단 우측의 Package 탭과 Device 탭을 통해 타깃 디바이스의 핀 위치와 내부 아키텍처를 볼 수 있다. [그림 3.32]는 PlanAhead 창에서 핀이 할당된 모습을 보이고 있으며, PlanAhead 창에서 설정된 내용은 .ucf 파일로 저장된다.

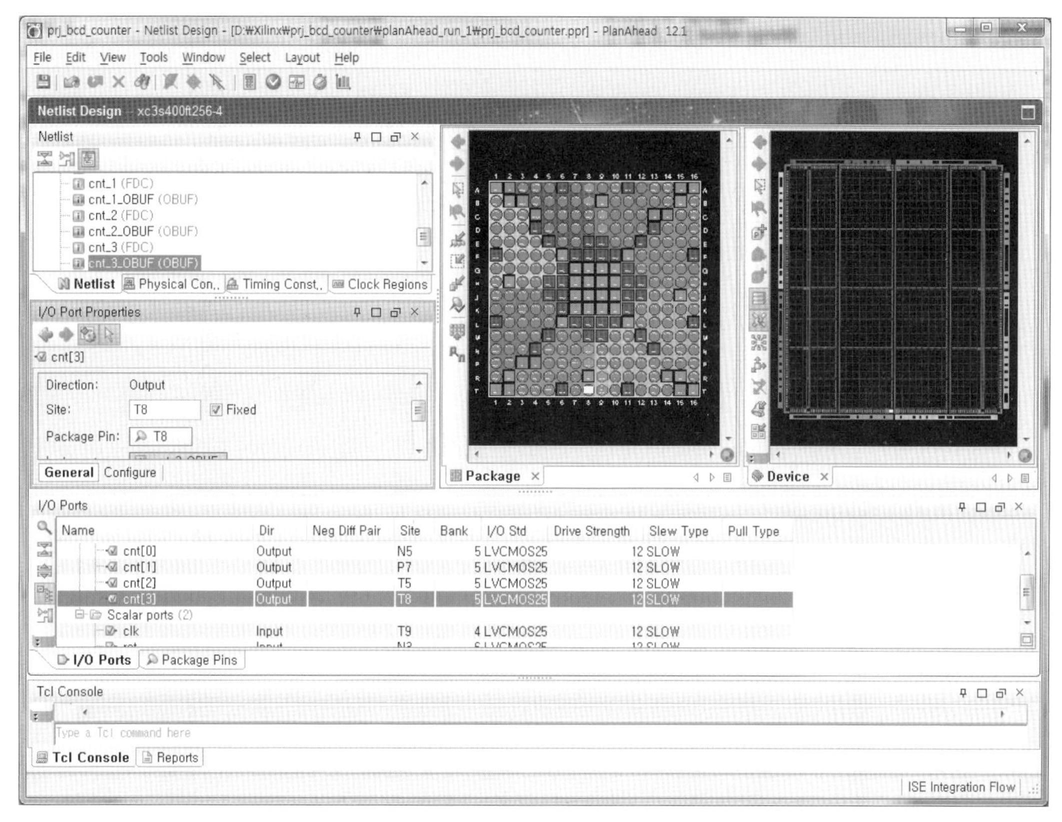

[그림 3.32] PlanAhead 창에서 핀 할당이 완료된 상태

3.6.4 Translate

Translate 단계(NGDBuild)는 UCF 파일과 NGC netlist 파일을 사용하여 새로운 NGD 파일을 생성하며, 생성된 NGD는 Map 단계에서 사용된다. Translate 단계의 NGDBuild 프로그램은 다음과 같은 기능을 실행한다.

① 입력 netlist들을 변환하고, 하나의 통합된 NGD netlist를 만든다. 통합된 netlist는 회로 로직과 함께 핀 위치와 타이밍 제약조건을 포함한다.

② 타이밍 특성과 설계규칙 검사를 한다.

③ 통합된 netlist에 user constraints file(UCF)을 추가한다.

3.6.5 Map

앞의 과정을 통해 구현에 관련된 모든 설정(옵션과 constraint)이 정의되었으며, Processes 영역에서 Implement Design → Map을 더블클릭하여 매핑과정을 실행한다. Map 단계는 Translate 단계에서 생성된 NGD 파일을 입력받아 FPGA 디바이스 내부의 CLB와 IOB로 매핑한다. Map 단계는 다음과 같은 기능을 수행하며, Map Report를 더블클릭하여 확인할 수 있다.

① 설계 합성으로 생성된 논리회로들에 대해 타깃 디바이스의 CLB와 IOB 자원을 할당한다.

② 핀 할당과 타이밍 설정을 처리하고, 타깃 디바이스의 최적화를 수행하며, 매핑된 netlist 결과에 대해서 설계 규칙을 검사한다.

3.6.6 Place & Route

매핑이 완료되면, 후반부 설계인 배치·배선 작업을 수행한다. 배치·배선 작업을 위한 옵션을 설정할 수 있다. Processes 영역의 Implement Design 프로세스의 '+'를 클릭하여 계층구조를 확장한 후, Place & Route에서 마우스 오른쪽 버튼을 이용하여 Properties를 선택하면 [그림 3.33]과 같은 대화창이 나타난다. Property Name 필드에서 Place And Route Mode, Place & Route Effort Level 등의 옵션을 설정할 수 있다.

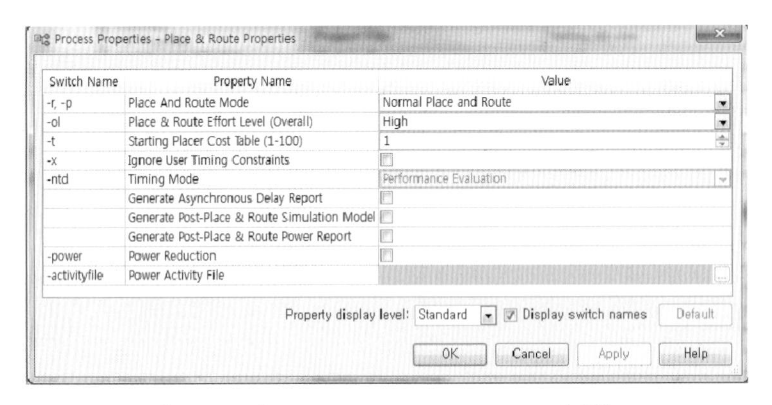

[그림 3.33] Place & Route Properties 대화창

배치·배선은 다음의 방법 중 하나에 의해 실행된다.

① Timing Driven : 입력 netlist에 의해 설정되거나 또는 constraint 파일에 의해 설정된 타이밍 제약조건을 기반으로 배치·배선을 실행한다.

② Non-Timing Driven : 타이밍 제약조건을 무시하고 배치·배선을 실행한다.

타이밍 제약조건은 이전의 설계과정에서 정의되었으며, 그 결과에 의해 Place & Route 프로세스가 timing driven placement와 timing driven routing을 실행시킨다. 배치·배선 작업이 오류 없이 완료되었는지 확인하기 위해 Place & Route Report를 더블클릭하여 생성된 리포트를 검사한다.

3.7 타이밍 시뮬레이션

타이밍 시뮬레이션은 회로합성 이후의 단계별로 지연이 고려된 상태에서 회로가 올바로 동작하는지를 검증하는 과정이며, 이를 통해 타이밍 동작의 오류를 찾아 수정할 수 있다. Post- Synthesis 시뮬레이션, Post-Translate 시뮬레이션, Post-Map 시뮬레이션, Post-Place & Route 시뮬레이션 등 설계 과정별로 타이밍 시뮬레이션을 실행할 수 있으며, 이를 위해서는 해당 Simulation Model을 생성해야 한다.

여기서는 Post-Place & Route 시뮬레이션을 예로 들어 과정을 알아본다. Processes 영역에서 Place & Route 프로세스의 '+'를 눌러 계층구조를 확장한 후, [그림 3.34]와 같이 Generate Post-Place & Route Simulation Model을 더블클릭해서 시뮬레이션 모델을 생성한다. 시뮬레이션을 실행하기 위해서는 [그림 3.35]와 같이 Design 영역에서 View를 Simulation으로 설정한 후, 시뮬레이션 범주를 Post-Route로 선택한다. Hierarchy 영역에서 테스트 벤치 모듈을 선택한 후, Processes 영역에서 Simulate Post-Place & Route Model을 더블클릭하면, ISim 시뮬레이터가 활성화되고 [그림 3.36]과 같이 Waveform 창에 타이밍 시뮬레이션 결과가 나타난다. [그림 3.23]의 Behavioral 시뮬레이션 결과와 비교해 보면, 회로합성 이후 Place & Route 과정까지 진행되면서 회로의 지연특성이 반영되었음을 확인할 수 있다.

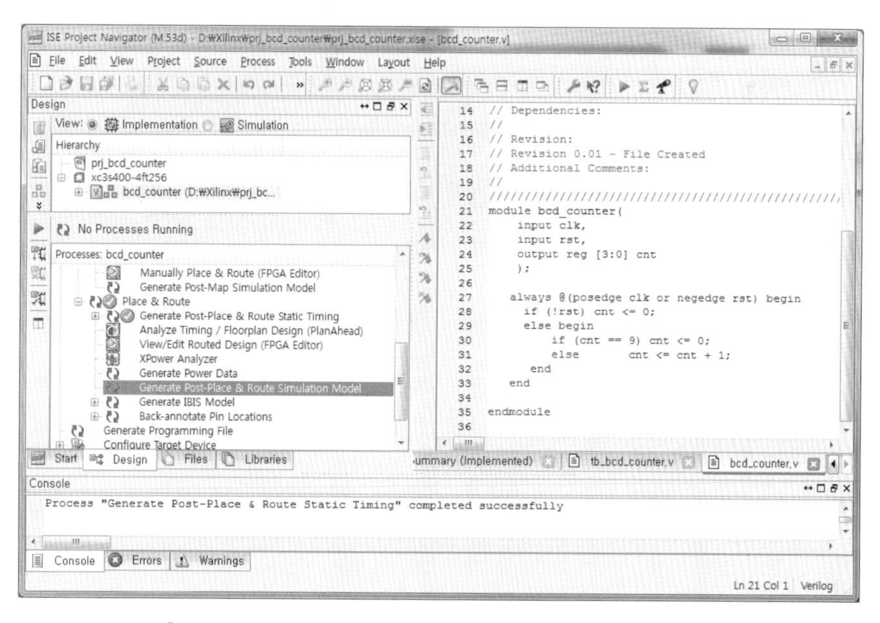

[그림 3.34] Post-Place & Route Simulation Model 생성

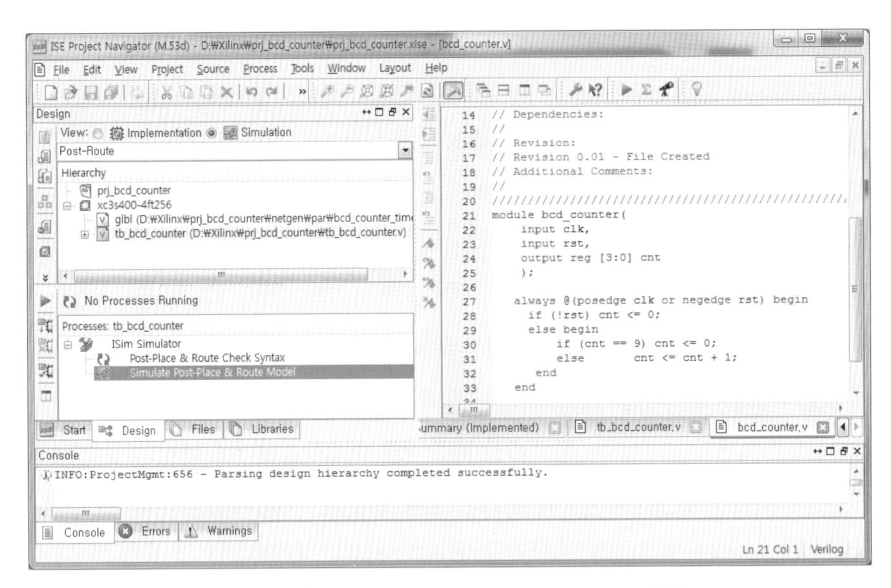

[그림 3.35] Post-Place & Route Simulation 실행

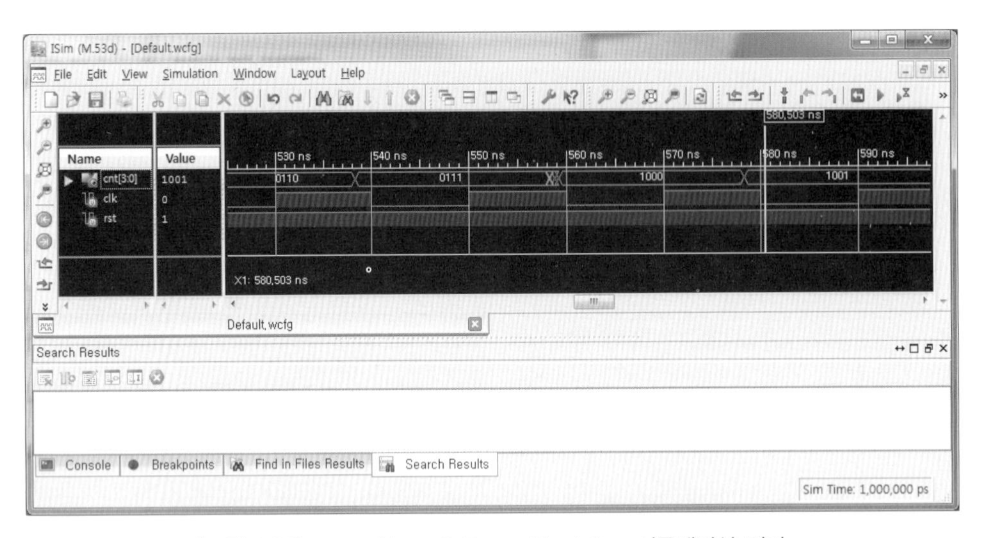

[그림 3.36] Post-Place & Route Simulation 시뮬레이션 결과

3.8 프로그래밍 데이터 생성 및 디바이스 프로그래밍

설계 구현 과정이 성공적으로 완료되었으면, 설계된 회로를 FPGA 디바이스에 구성하기 위한 프로그래밍 데이터 생성과 프로그래밍 과정을 진행해야 한다. 디바이스 프로그래밍은 FPGA 디바이스에 직접 다운로드하는 방법과 PROM에 프로그래밍하는 방법이 있다. Xilinx FPGA는 프로그래밍 데이터를 내부의 SRAM에 저장하므로, FPGA에 직접 다운로드하는 경우 실습장비의 전원을 OFF시키면 프로그래밍된 데이터가 지워진다. 반면에 PROM에 프로그램하면 실습장비의 전원을 껐다 켜도 이전에 프로그래밍된 데이터가 유지되어 하드웨어를 동작시킬 수 있다.

3.8.1 FPGA 디바이스에 직접 프로그래밍

비트 파일 생성

디바이스 프로그래밍 데이터의 생성은 설계과정의 마지막 단계이다. Processes 영역에서 Generate Programming File을 실행하여 프로그래밍에 사용될 비트 파일을 생성한다. 생성된 비트 파일은 타깃 FPGA 디바이스로 다운로드되거나 또는 PROM 프로그래밍 파일로 변환된다. 타깃 FPGA 디바이스용 비트 파일은 다음과 같은 과정으로 생성된다.

① Processes에서 Generate Programming File을 선택하고 마우스 오른쪽 버튼을 클릭한다.

② 팝업 메뉴에서 Properties를 선택하면 Process Properties 대화창이 열린다.

③ [그림 3.37]과 같이 Category 필드에서 Startup Options을 선택하고, FPGA Start-Up Clock을 JTAG Clock으로 설정한다.

④ 나머지 옵션들은 기본 설정으로 유지한다.

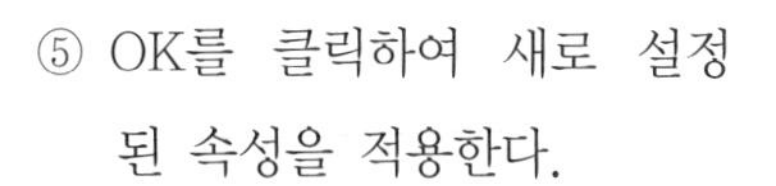

⑤ OK를 클릭하여 새로 설정된 속성을 적용한다.

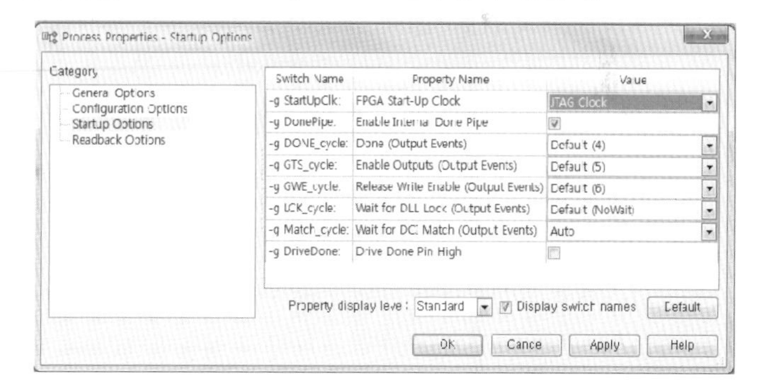

[그림 3.37] Generate Programming File의 Startup Options 설정

⑥ Generate Programming File(또는 Generate PROM, ACE, or JTAG File)을 더블클릭하면 프로그램 데이터 파일인 비트 파일이 xxx.bit 파일로 생성된다.

⑦ 프로젝트 폴더에 비트 파일이 생성되었는지 확인한다.

디바이스 프로그래밍

비트 파일의 생성이 완료되었다면, 프로그래밍 데이터를 FPGA 디바이스에 다운로드하여 하드웨어를 동작시킬 수 있다. ISE에서는 Manage Configuration Project(iMPACT)를 통해서 디바이스 프로그래밍 작업이 수행된다. Processes 영역에서 Configure Target Device의 '+'를 클릭한 후, iMPACT를 더블클릭하면 [그림 3.38]과 같이 iMPACT 창이 활성화 된다.

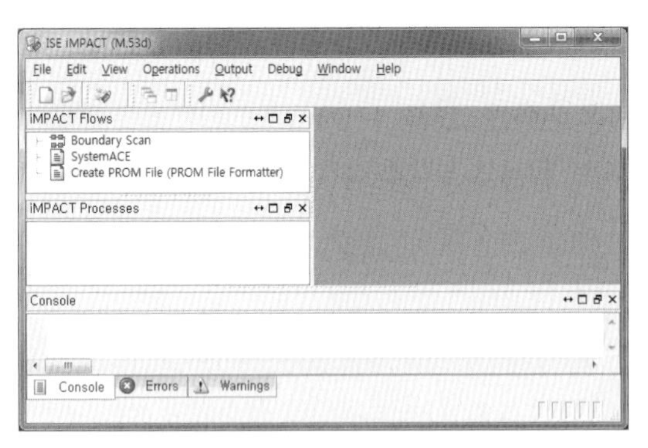

[그림 3.38] iMPACT 창

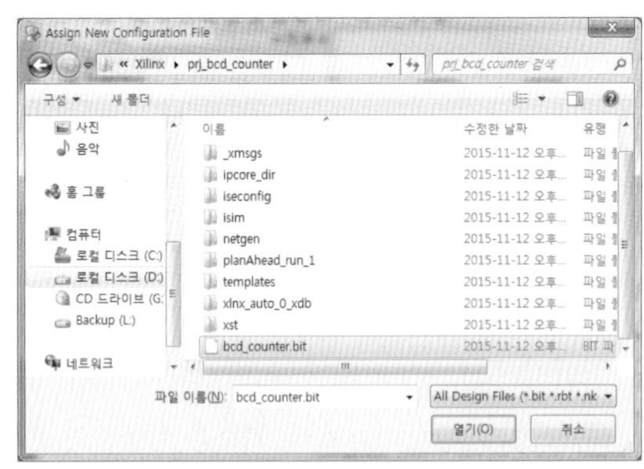

[그림 3.39] Assign New Configuration File 창

실습장비가 컴퓨터에 연결되어 있다면, 실습장비에 탑재된 FPGA 디바이스와 PROM의 모델이 iMPACT 창에 표시된다. 이 교재에서는 Spartan3 Family의 xc3s400ft256 디바이스와 xcf04s PROM이 사용된다고 가정한다. 따라서 iMPACT 창의 Boundary Scan 탭에는 검색된 FPGA 디바이스와 PROM이 표시되고, 각 디바이스에 어떤 프로그램 파일을 다운로드할지 선택하는 Assign New Configuration File 창이 활성화된다.

FPGA 디바이스에 직접 프로그래밍하는 경우에는 첫 번째 창에서 FPGA 디바이스에 다운로드할 비트 파일을 [그림 3.39]와 같이 선택하고 열기를 클릭한다. PROM 파일을 지정하는 두 번째 창에서 Bypass를 클릭한다. 이상의 과정으로 FPGA 디바이스에 비트 파일을 다운로드할 준비가 완료되었으며, [그림 3.40]과 같이 FPGA 디바이스에 비트 파일이 설정되어 있다.

한편, 이전에 만들어진 비트 스트림 파일을 FPGA로 다운로드하기 위해서는 iMPACT 창에서 FPGA 디바이스를 선택하고, 마우스 오른쪽 버튼을 눌러 팝업 메뉴에서 Assign New Configuration File을 실행하여 다운로드 파일을 지정하면 된다. 마지막 단계로, iMPACT Processes에서 Program을 더블클릭하면(또는 FPGA 디바이스를 선택하고 마우스의 오른쪽 버튼을 눌러 팝업 메뉴에서 Program을 선택해도 된다) FPGA 디바이스로 다운로드가 진행된다. 다운로드가 성공적으로 완료되면 [그림 3.41]과 같은 메시지가 나타나고, 구현된 회로가 실습장비에서 동작한다.

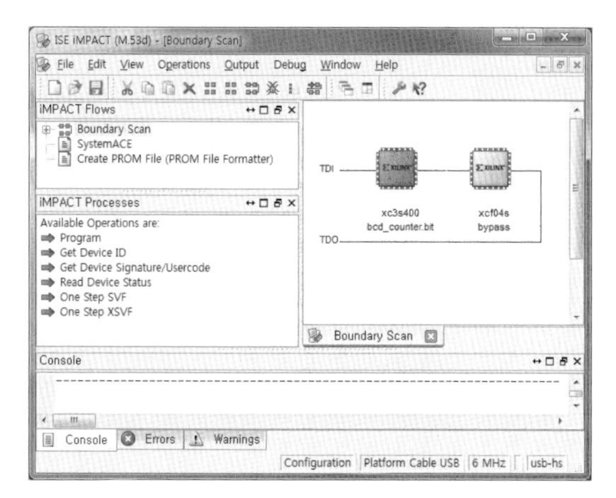

[그림 3.40] 디바이스 프로그래밍 준비가 완료된 상태

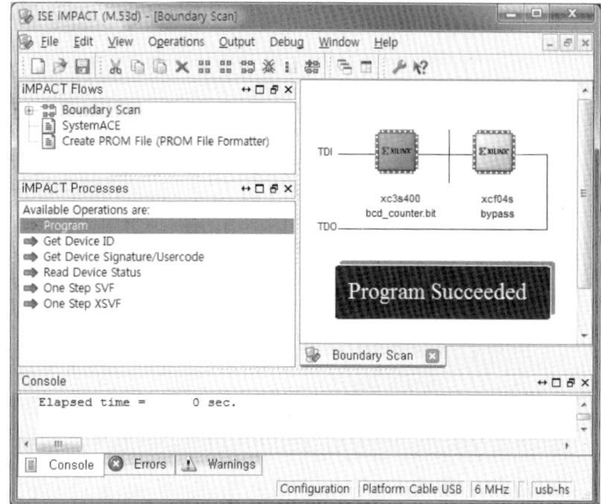

[그림 3.41] FPGA 디바이스 프로그래밍이 완료된 상태

3.8.2 PROM을 이용한 프로그래밍

FPGA 디바이스에 직접 다운로드하는 방식 대신에, 별도의 PROM 디바이스에 프로그램 데이터를 저장할 수도 있다. 실습장비에는 Xilinx FPGA 디바이스 전용 PROM인 xcf04s 칩이 탑재되어 있다. PROM에 프로그래밍을 위해서는 비트 파일을 PROM에 저장할 수 있는 .mcs 파일로 변환해야 한다.

PROM 파일 생성

PROM 파일은 daisy chain configuration에서 다수의 디바이스를 프로그램하거나 또는 PROM을 사용할 때 필요하다. iMPACT는 비트 파일을 받아서 하나 또는 그 이상의 daisy chain 구성을 포함하는 PROM 파일을 생성한다.

여기서 주의할 점은 Generate Programming File의 Properties에서 FPGA Start-Up Clock을 CCLK로 해주어야 한다. 이 설정을 위해 Properties를 활성화시킨 후, Category를 Startup Options로 선택한다. 그리고 나타나는 하위메뉴에서 FPGA Start-UP Clock을 CCLK로 설정한다. Generate PROM, ACE, or JTAG File을 실행하기 전에 이 설정이 완료되어 있어야 한다. 이 과정은 다운로드 방식에 따라 어떤 다운로드 클록을 사용하여 FPGA 디바이스에 프로그램할 것인지를 결정해 주는 작업이다. PROM으로 다운로드할 경우 이 작업이 완료되어 있어야만 PROM에 의한 동작이 이루어질 수 있다. 만약 PROM 다운로드 과정에서 이러한 클록의 설정 없이 프로그램하면 PROM에 의한 동작이 이루어지지 않을 수도 있다.

iMPACT를 사용하여 PROM 파일을 생성하는 과정은 다음과 같다.

① Project Navigator의 Processes 영역에서 Configure Target Device의 '+'를 클릭하여 계층구조를 확장한 후, iMPACT를 더블클릭하면 앞의 [그림 3.38]과 같이 iMPACT 창이 활성화된다.

② iMPACT 창에서 Create PROM Files을 선택하면 [그림 3.42]와 같이 PROM File Formatter 대화창이 활성화된다.

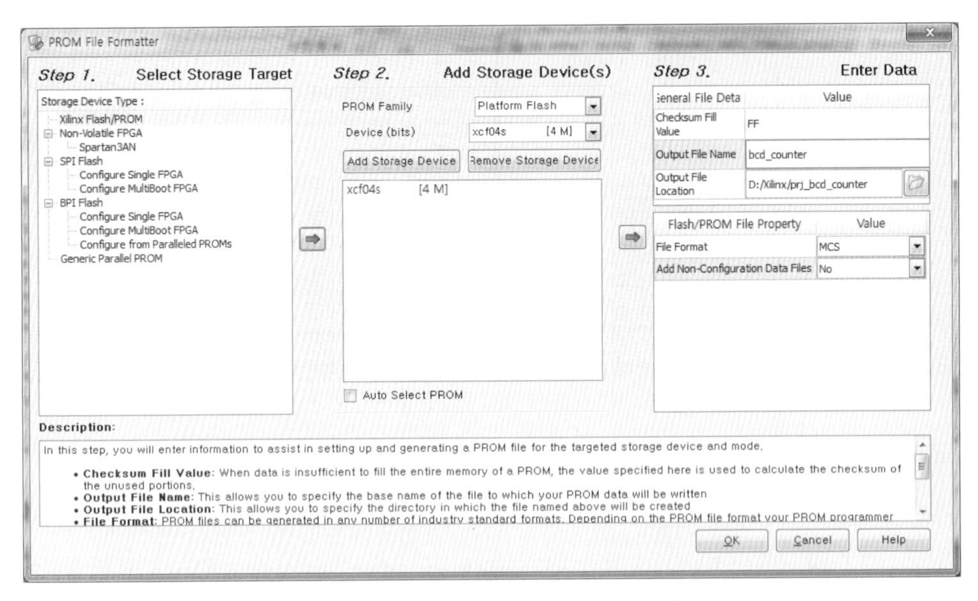

[그림 3.42] PROM File Formatter 대화창

③ Step1 필드에서 Xilinx Flash/ PROM을 선택하고 화살표 버튼을 누른다.

④ Step2 필드에서 실습장비에 장착된 PROM의 디바이스를 찾아 설정하고, Add 버튼을 클릭한 후 화살표를 클릭한다. 만약, 실습장비에 여러 개의 PROM이 장착된 경우에는 필요한 만큼 추가한다.

⑤ Step3 필드에서 File Format과 Output File Name 등을 설정한 후 OK 버튼을 클릭한다.

⑥ Add Device File 대화창에서 [그림 3.43]과 같이 비트 파일을 선택한다.

⑦ 또 다른 설계파일을 추가할 것이냐는 질문에 No를 클릭한다.

⑧ OK를 클릭하면, ④의 설정에서 선택된 PROM이 iMPACT 창에 표시된다.

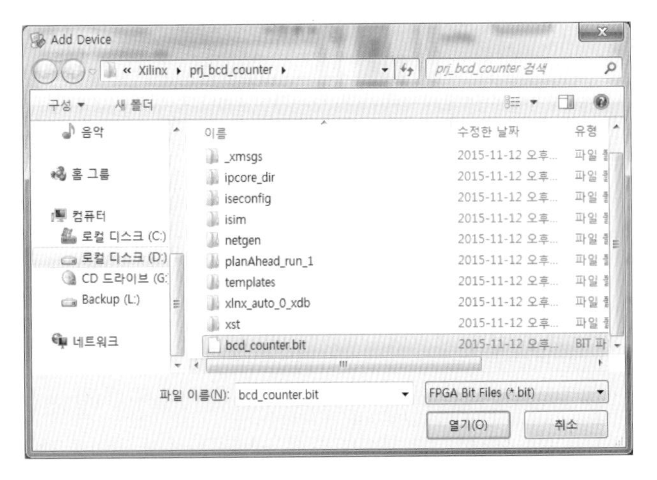

[그림 3.43] 비트 파일 지정

⑨ [그림 3.44]와 같이 iMPACT Processes에서 Generate File을 더블클릭한다.

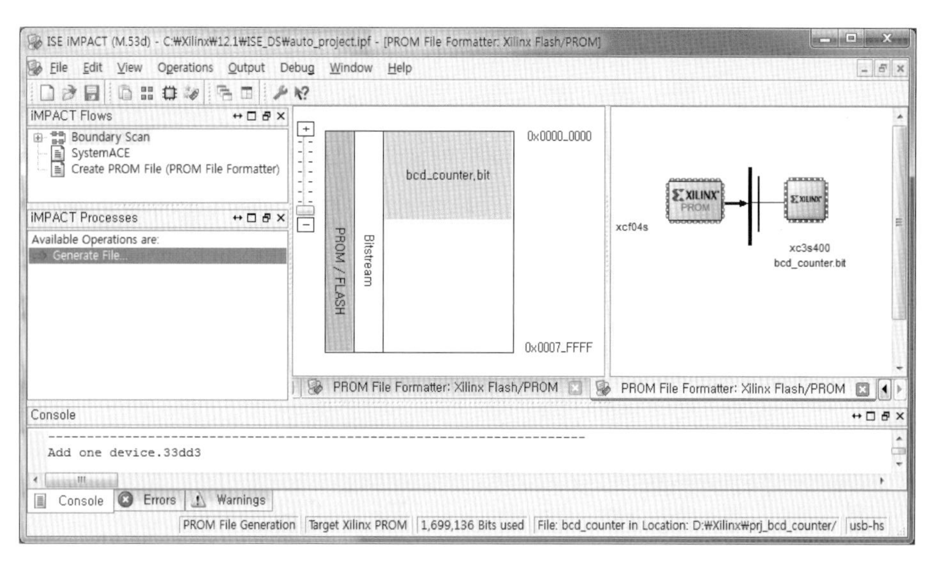

[그림 3.44] iMPACT 창 (PROM File Formatter 탭)

⑩ PROM 파일이 성공적으로 생성되면 [그림 3.45]와 같은 상태가 된다.

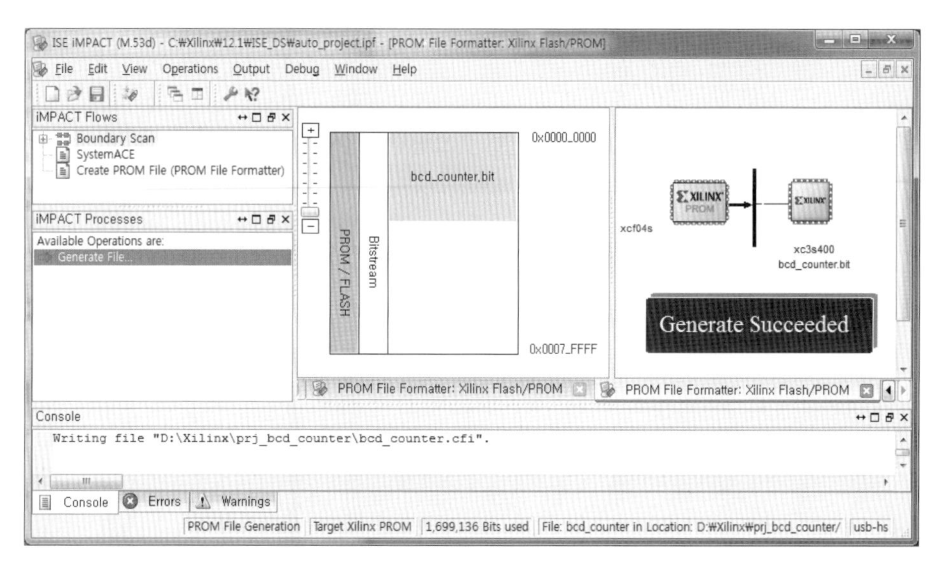

[그림 3.45] PROM 파일 생성의 완료

PROM 프로그래밍

PROM 프로그래밍 파일이 성공적으로 생성되었다면, xxx.mcs 파일을 PROM에 할당한다. PROM 디바이스가 선택된 상태에서 iMPACT Processes에서 Program을 더블클릭하여(또는 PROM 디바이스를 선택하고 마우스의 오른쪽 버튼을 눌러 팝업 메뉴 Program을 선택해도 된다) PROM에 프로그래밍한다. PROM 프로그래밍이 성공적으로 완료되면 [그림 3.46]과 같은 메시지가 나타나고, FPGA 모듈의 리셋버튼을 누르면 구현된 회로가 실습장비에서 동작한다. PROM에 프로그래밍하였으므로, 실습장비의 전원을 껐다 켜거나 FPGA 모듈의 리셋 버튼을 누르면 PROM에 저장된 데이터가 FPGA로 다시 다운로드되어 회로가 동작하게 된다.

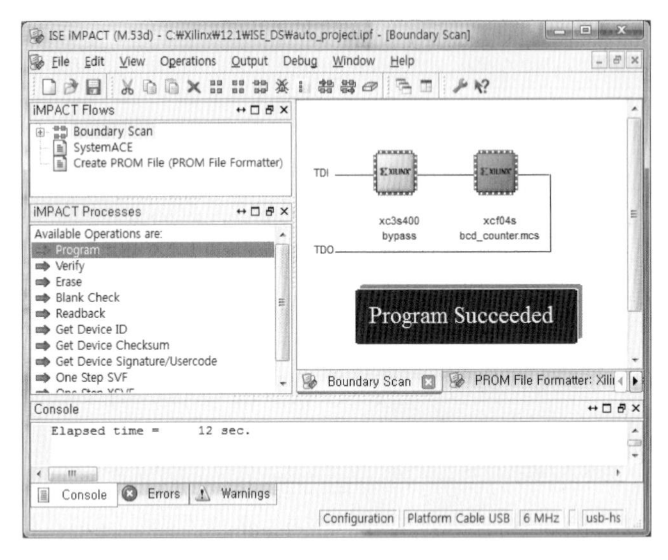

[그림 3.46] PROM 프로그래밍이 완료된 상태

제4장 타이밍 클로저

4.1 디지털 회로의 동작 타이밍

4.2 Xilinx FPGA의 타이밍 클로저 과정

4.3 로직 지연을 줄이기 위한 HDL 코딩 가이드

4.4 합성 옵션

4.5 타이밍 제약조건

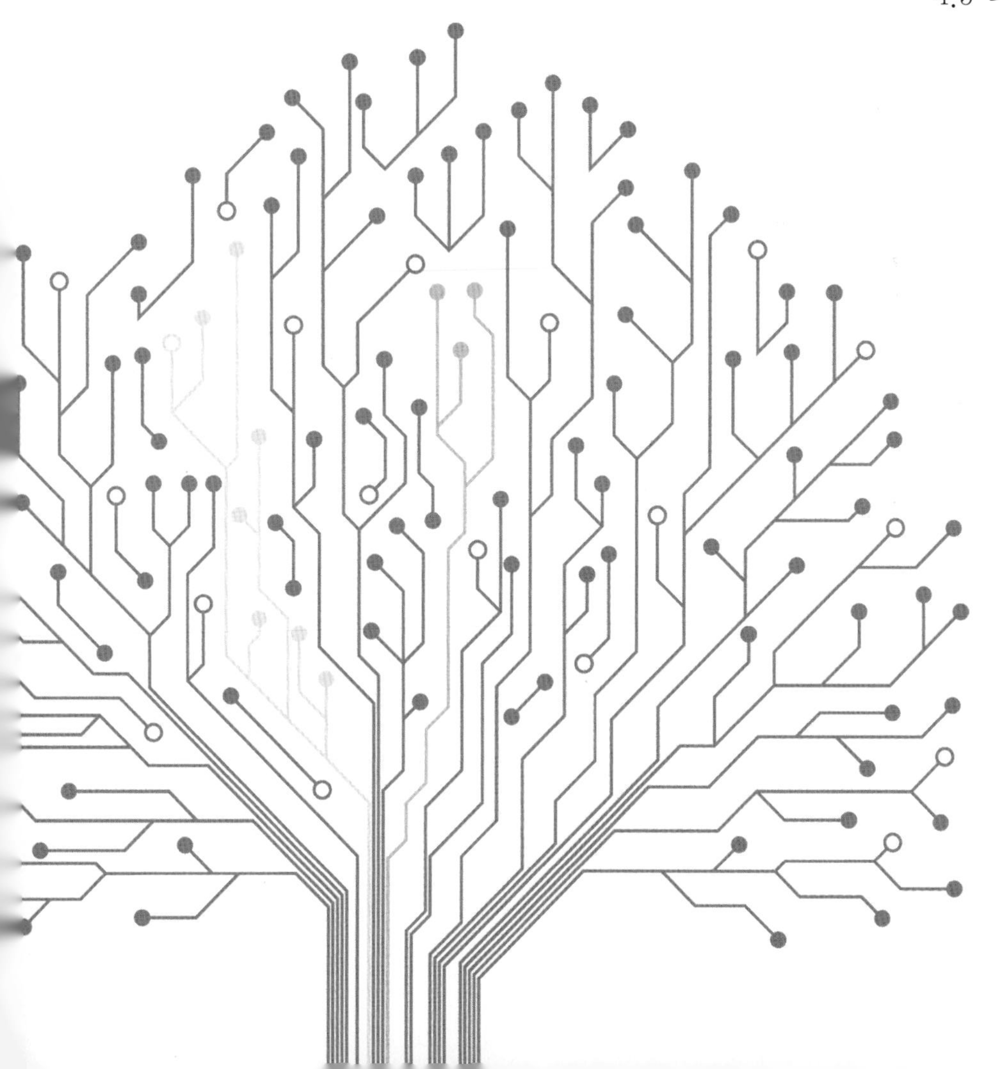

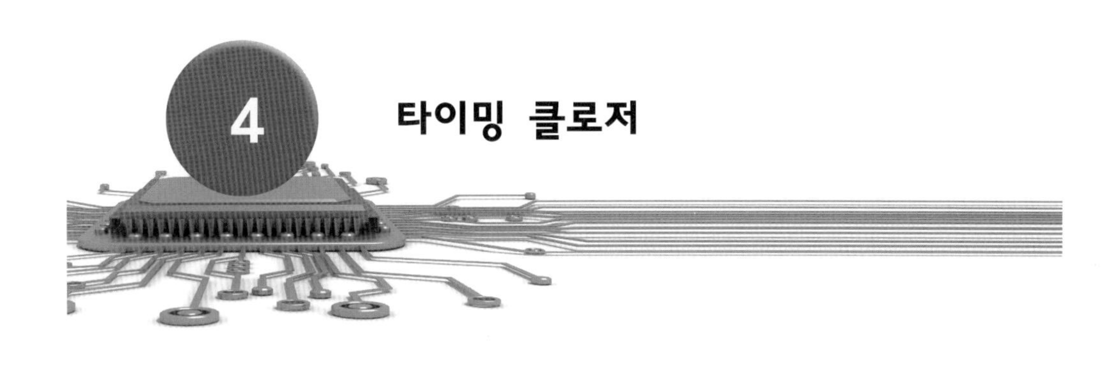

4 타이밍 클로저

디지털 회로의 검증은 크게 나누어 기능 검증(functional verification)과 타이밍 검증(timing verification)으로 구분될 수 있다. 기능 검증은 회로의 지연 특성에 대한 고려 없이 논리기능이 올바로 동작하는지를 확인하는 과정이다. 타이밍 검증은 타이밍 시뮬레이션(timing simulation)과 정적 타이밍 분석(static timing analysis; STA)으로 구분된다. 타이밍 시뮬레이션은 입력 데이터를 인가하여 회로의 지연 특성이 반영된 출력을 관찰함으로써 기능의 정상동작 여부를 확인하는 방법이다. 정적 타이밍 분석은 신호가 통과하는 경로의 총 지연(로직지연과 배선지연의 합)을 구하여 정상동작에 영향을 미치는 타이밍 오류를 확인하는 방법이다. 정적 타이밍 분석은 회로의 논리기능에 대해서는 검증하지 않으므로 시뮬레이션 입력 벡터가 사용되지 않는 점이 타이밍 시뮬레이션과 다르다.

설계된 회로가 정해진 클록 주파수로 동작하지 못하면 타이밍 오류가 발생한다. 플립플롭 기반 회로에서 플립플롭과 플립플롭 사이의 지연이 클록신호의 주기보다 큰 경우에 타이밍 오류가 발생한다. 정적 타이밍 분석이나 타이밍 시뮬레이션을 통해서 타이밍 오류의 발생 여부와 발생 이유 그리고 발생 위치를 추정할 수 있으며, 타이밍 오류 해결을 위한 실마리를 찾을 수 있다. 타이밍 오류가 발생한 경우에는 합성(synthesis)과 구현(implementation) 과정에서 타이밍 제약조건(constraint)과 옵션을 적절히 적용하거나 HDL 소스 코드를 수정하여 타이밍 오류를 제거할 수 있다. 회로의 타이밍 조건이 만족되도록 합성과 구현 과정의 제약조건과 옵션 설정을 조정하는 과정을 타이밍 클로저(timing closure)라고 한다. 타이밍 클로저는 설계된 회로의 타이밍 오류를 해결하여 타이밍 조건이 만족되도록 설계를 마무리한다는 의미이다. 타이밍 클로저는 HDL 코딩 스타일, 논리합성, 로직 셀의 배치 및 배선 등 여러 단계의 설계과정에 관계되며, 사용되는 EDA 툴의 특성 및 성능, 설계자의 경험 및 숙련도 등도 영향을 미친다.

이 장에서는 ISE 툴의 합성과 구현 과정의 제약조건과 옵션 설정을 통해 타이밍 오류를 해결하는 타이밍 클로저 과정을 소개한다. 제약조건과 옵션 설정에 관한 상세한 내용은 Xilinx에서 제공하는 사용자 설명서를 참고하기 바란다.

4.1 디지털 회로의 동작 타이밍

디지털 회로(시스템)는 조합회로(combinational logic)와 플립플롭(flip-flop) 또는 래치(latch)가 혼합된 구조를 가지며, [그림 4.1]과 같이 유한상태머신(finite state machine; FSM)과 파이프라인(pipeline) 시스템으로 구분된다. 클록신호에 의해 동기화되어 동작하는 동기식(synchronous) 디지털 회로가 정해진 클록 주파수에서 올바로 동작하지 못하면 타이밍 오류가 발생한다. 예를 들어, 100MHz의 클록 주파수에서는 올바로 동작하나 200MHz의 클록 주파수에서는 오동작하여 타이밍 오류가 발생할 수 있다. 일반적으로 타이밍 오류는 회로의 지연 특성과 밀접한 관계가 있다. 타이밍 오류는 ISE 툴의 합성과 구현 과정의 제한조건과 옵션 설정을 통해 해결할 수 있으며, 경우에 따라서는 회로의 임계경로에 파이프라인 레지스터를 삽입하거나 회로 구조를 바꾸는 등 HDL 소스 코드를 수정해야 한다.

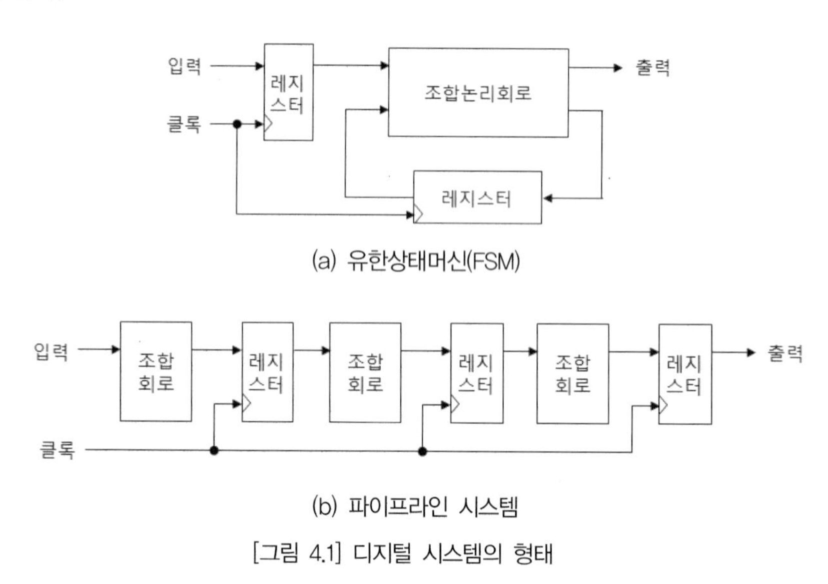

(a) 유한상태머신(FSM)

(b) 파이프라인 시스템

[그림 4.1] 디지털 시스템의 형태

디지털 회로의 지연은 크게 두 가지 성분으로 구분된다. 데이터(신호)가 논리 게이트나 로직 블록을 지나면서 생기는 지연을 로직 지연(logic delay)이라고 하며, 논리 게이트 또는 로직 블록 사이의 연결 도선(wire)을 지나면서 생기는 지연을 배선 지연(routing delay)이라고 한다. 플립플롭 기반 회로는 플립플롭 사이의 총 지연시간(로직 지연과 배선 지연의 합)이 클록의 한 주기보다 작아야 올바로 동작할 수 있다. 이는 플립플롭의 출력신호가 논리 게이트(또는 로직 블록)와 배선을 거쳐 다음 플립플롭의 입력까지 클록의 한 주기 내에 도달해야 함을 의미하며, 만약 그렇지 못하면 수신 플립플롭에 잘못된 데이터가 저장되는 타이밍 오류가 발생한다.

[그림 4.2]는 상승에지 트리거(rising edge-triggered) 플립플롭 기반 순차회로의 최대 지연에 의한 동작 타이밍 조건을 보이고 있다. 클록신호의 상승 모서리로부터 플립플롭 $FF1$의 출력 Q_1까지 최대 전달지연 $T_{cq,\max}$, Q_1의 출력이 조합회로를 지나면서 갖는 최대 전달지연 $T_{comb,\max}$, 그리고 플립플롭 $FF2$의 준비시간 T_{setup}이 최대 동작 주파수에 영향을 미친다. 이 회로가 정상적으로 동작하기 위해서는 클록신호의 주기 T_{clk}가 식 (4.1)의 조건을 만족해야 한다.

$$T_{clk} \geq T_{cq,\max} + T_{comb,\max} + T_{setup} \tag{4.1}$$

클록신호의 주기 T_{clk}와 동작주파수 f_{clk}는 서로 역수 관계(즉, $f_{clk} = 1/T_{clk}$)이므로, 식 (4.1)은 [그림 4.2]의 회로가 동작할 수 있는 최대 주파수와 관련된다. 식 (4.1)로부터 회로의 타이밍 여유(margin) T_M을 식 (4.2)와 같이 정의할 수 있으며, 타이밍 여유가 $T_M > 0$을 만족해야 회로가 올바로 동작할 수 있다.

$$T_M \equiv T_{clk} - (T_{cq,\max} + T_{comb,\max} + T_{setup}) \tag{4.2}$$

식 (4.1)과 식 (4.2)에서 볼 수 있듯이, 순차회로의 최대 동작 주파수는 플립플롭과 조합회로의 최대 전달지연에 관계되며, 조합회로의 최대 지연(worst case delay)이 가장 큰 영향을 미친다. 따라서 순차회로의 최대 동작 주파수를 확인하기 위해서는 조합회로의 최대 지연경로의 지연을 분석해야 한다. 회로의 타이밍 여유가 음수($T_M < 0$)이면 플립플롭 $FF2$의 준비시간 조건을 위반하여 플립플롭 $FF2$에 잘못된 데이터가 저장될 수 있다. 준비시간 조건이 위반된 경우($T_M < 0$)에는 클록신호의 주기 T_{clk}를 크게 늘리면 되지만, 회로의 동작 주파수가 낮아진다. 또 다른 방법으로는 플립플롭의 최대 전달지연 $T_{cq,\max}$와 조합회로의 최대 전달지연 $T_{comb,\max}$이 작아지도록 설계하는 것이며, 조합회로 내부에 파이프라인 레지스터를 삽입하여 조합회로의 최대 지연을 줄이는 방법이 사용되기도 한다.

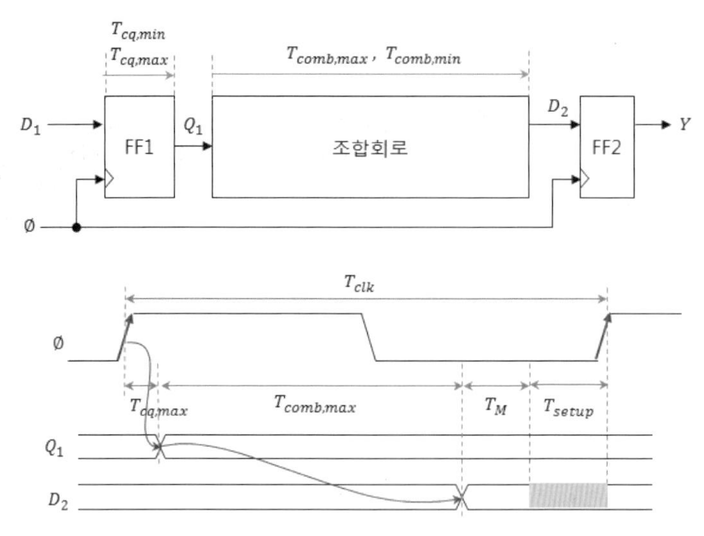

[그림 4.2] 플립플롭 기반 순차회로의 최대 지연에 의한 동작 타이밍 조건

4.2 Xilinx FPGA의 타이밍 클로저 과정

[그림 4.3]은 Xilinx FPGA의 전체적인 설계 흐름과 함께 설계 단계별로 타이밍 조건의 만족 여부를 확인하고 오류를 해결하는 타이밍 클로저 과정을 보이고 있다. 첫 번째 타이밍 검증은 합성 후에 이루어지며, 타이밍 조건이 만족되지 못한 경우에는 HDL 소스 코드를 수정하거나 합성 툴의 설정을 변경하고 다시 합성과 타이밍 검증을 진행한다. 합성 후에 타이밍 조건이 만족되었다면, 구현 과정을 진행하고 타이밍 조건의 만족 여부를 확인한다. 타이밍 조건이 만족되지 못한 경우에는 성능 목표의 타당성을 검토하여(⑥) 동작 속도가 향상되도록 소스 코드를 수정하고 합성 과정부터 다시 수행한다. Xilinx에서는 로직 지연과 배선 지연의 비율을 나타내는 60/40 규칙을 적용해서 성능 목표의 적절성을 판단하도록 권고하고 있다. 성능 목표가 타당하게 설정된 경우에는 place & route effort level를 증가(⑦)시킨 후 다시 구현 과정을 수행한다. 과정-⑦을 거친 구현 결과가 다시 타이밍 조건을 만족하지 못하면, multi-cycle & false path constraints를 설정(⑧)한 후 다시 구현 과정을 수행한다. 과정-⑧을 거친 구현 결과가 다시 타이밍 조건이 만족되지 못하면, 확인되지 않은 모든 multi-cycle & false path를 찾아 설정하고 구현 과정을 반복한다. multi-cycle & false path가 더 이상 없음에도 불구하고 타이밍 조건이 만족되지 못하면, 임계경로(critical path)를 유발하는 소스 코드 부분을 확인(⑨)하여 critical path constraints를 적용(⑩)하고 합성 과정부터 다시 수행한다. 과정-⑩을

거친 구현 결과가 다시 타이밍 조건을 만족하지 못하면, 확인되지 않은 모든 임계경로를 찾아 과정-⑩을 반복한다. 그래도 타이밍 조건이 만족되지 못하면, MAP-timing options를 적용하여 구현 과정을 수행하거나 또는 multi-pass place & route를 실행(⑪)시킨다. 다시 타이밍을 체크하여 타이밍 조건이 만족되지 못하면, floorplan 옵션을 설정(⑫)한 후 구현 과정을 수행한다. 그래도 타이밍 조건이 만족되지 못하면, 동작 타이밍을 방해하는 floorplan을 개선하여 구현 과정부터 다시 수행한다. floorplan에 의해 동작 속도가 일부 개선되었으나 그래도 타이밍 조건이 만족되지 못한 경우에는 과정-⑪부터 다시 수행한다. 만약, 위의 모든 과정을 거쳤음에도 불구하고 타이밍 조건이 만족되지 못한 경우에는 회로 구조를 변경하거나 알고리듬을 수정하는 근본적인 해결방법을 찾아야 한다.

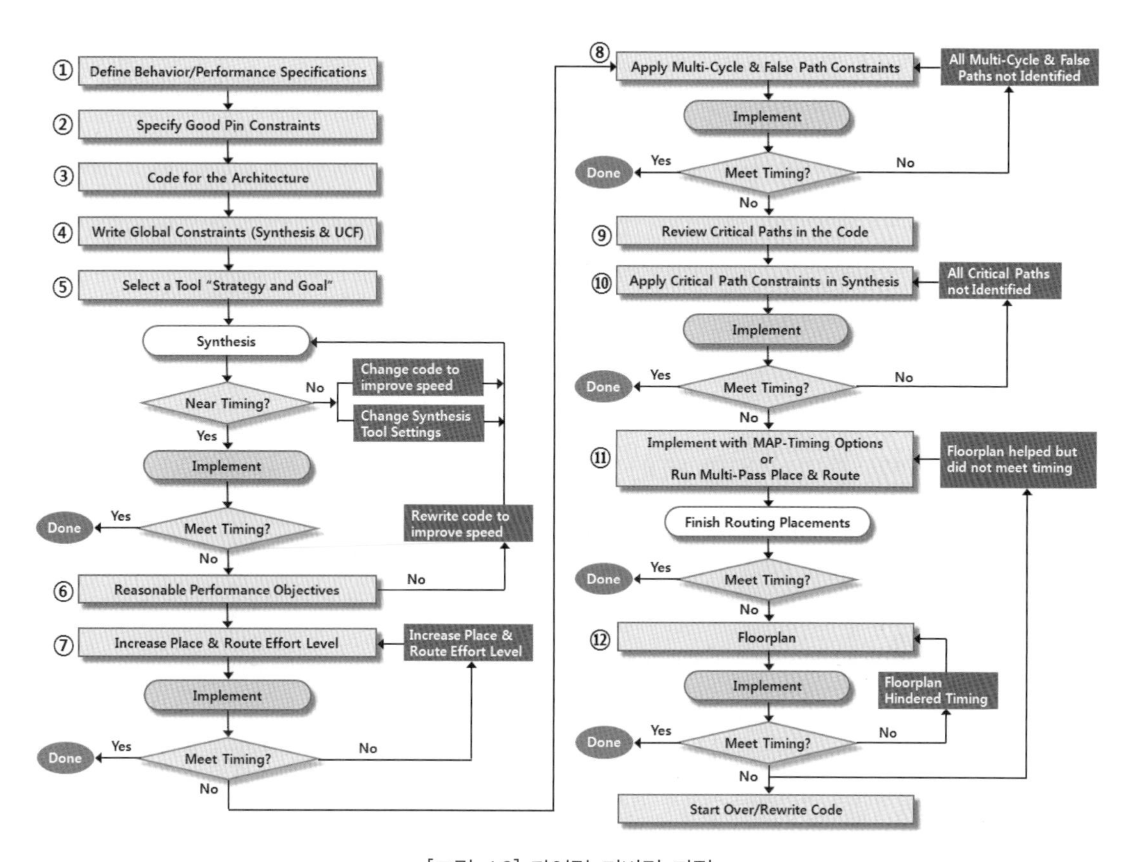

[그림 4.3] 타이밍 디버깅 과정

[그림 4.3]의 과정-⑥에서 성능 목표의 타당성 검토는 설계자가 설정한 동작 클록 주파수의 적절성에 대한 검토를 의미한다. 합성 또는 구현 과정 후에 타이밍 분석기(timing analyzer)에 의해 타이밍 리포트가 생성되며, 이를 분석하면 설정된 성능 목표의 적절성을 판단할 수 있다. Xilinx에서는 다음과 같은 60/40 규칙을 적용해서 설정된 성능 목표의 적절성을 판단하도록 권고하고 있으며, 총

지연(로직 지연과 배선 지연의 합)에서 로직 지연이 차지하는 비율을 이용하여 판단할 수 있다.

- 로직 지연이 총 지연의 60% 이하이면, 타이밍 오류가 거의 발생하지 않는다.
- 로직 지연이 총 지연의 60 ~ 80% 범위이면 타이밍 오류가 발생할 수 있지만, 여러 가지 옵션을 적용해서 타이밍 오류를 해결할 수 있다.
- 로직 지연이 총 지연의 80% 이상이면 타이밍 오류 발생 가능성이 매우 높으며, 옵션 설정을 통해 타이밍 오류를 해결하는 것이 어렵다.

로직 지연은 플립플롭 사이의 논리 게이트를 지나면서 발생하는 지연이며, 신호가 지나가는 로직 깊이(logic depth)가 클수록 지연이 커지게 된다. 로직 레벨은 HDL 소스 코드의 형태에 의해 영향을 받으며 합성이 완료되면 로직 레벨을 줄이는 것이 불가능하므로, 로직 지연이 과도하게 큰 경우에는 HDL 소스 코드를 수정해야 한다. 배선 지연은 신호가 도선(wire)을 통과하면서 발생하는 지연이며, 배선의 길이에 영향을 받는다. 배선의 길이는 구현 과정의 PAR(Place & Route) 결과에 따라 달라지므로, PAR 툴의 Effort Level 옵션 설정을 통해 배선 지연을 최소화할 수 있다.

4.3 로직 지연을 줄이기 위한 HDL 코딩 가이드

타이밍 분석 결과로부터 총 지연 중 로직 지연이 차지하는 비중이 크다고 판단된 경우에는 로직 지연이 작아지도록 HDL 소스 코드를 수정해야 한다. 타이밍 리포트를 분석하여 큰 지연을 갖는 경로를 찾고, HDL 소스 코드의 해당 부분을 수정한 후 합성과 구현 과정을 반복한다. 설계된 회로가 궁극적으로 FPGA 디바이스에 구현되는 경우라면, FPGA 구현에 적합하도록 HDL 소스 코드를 최적화하는 것이 바람직하다. 잘못된 코딩 스타일로 설계된 회로는 지연시간이 큰 회로로 합성되거나 또는 기능 검증에는 문제가 없더라도 타이밍 오류 해결에 어려움이 초래될 수 있으므로, 올바른 스타일로 코딩하는 것이 중요하다. 타이밍 오류에 대한 분석과 HDL 소스 코드의 수정 작업에는 설계자의 경험과 지식이 요구된다. 이 절에서 설명되는 HDL 코딩 스타일은 Xilinx FPGA 디바이스에 구현하는 경우에 대한 것이며, 따라서 일부 내용은 ASIC 구현과 같은 일반적인 경우에 적용되지 않을 수도 있다.

일반적으로 특정 회로를 FPGA에 구현하는 방법은 크게 나누어 두 가지로 구분된다. 원하는 기능을 HDL 소스 코드로 모델링하고 합성 툴에 의해 회로를 추론(inference)해서 생성하는 방법과

FPGA 디바이스에 내장되어 있는 전용 리소스를 인스턴스해서 구현하는 방법이다. 소스 코드 모델링과 합성 툴의 추론에 의한 회로 생성 방법은 FPGA 구현뿐만 아니라 ASIC과 같은 전용 IC의 개발에 동일한 소스 코드를 사용할 수 있다는 장점이 있다. FPGA 구현만을 목표로 하는 설계에서는 가능하면 전용 리소스를 사용해서 구현하는 것이 성능 최적화에 유리하다. FPGA 디바이스에 내장되어 있는 전용 리소스(예를 들면, DSP48E, FIFO, 블록 RAM, EMAC, MGT 등)를 사용하면 LUT/flip-flop 리소스를 사용하여 구현하는 경우보다 더 빠르고 전력소모가 작은 회로를 구현할 수 있다. Xilinx에서는 ALU(arithmetic logic unit), 고속 곱셈기, FIR(finite impulse response) 필터 등은 CORE Generator 툴을 이용하여 생성한 후, 인스턴스(instance)해서 사용할 것을 권장한다. 또한, DCM, PLL, 클록 버퍼 인스턴스 등을 생성하기 위해서는 Architecture Wizard를 사용할 것을 권장한다.

통상, 시프트 레지스터, 멀티플렉서, 캐리 로직, DSP48E를 이용한 곱셈기와 계수기, 광역 클록버퍼(BUFG), 단일 종단(single ended) SelectIO, 단일 데이터 율(single data rate)의 I/O 레지스터, 그리고 입력 DDR 레지스터 등의 리소스들은 모든 합성 툴에 의해 추론될 수 있으며, 메모리, 광역 클록 버퍼(BUFGCE, BUFGMUX), 일부 DSP 기능 등은 일부 합성 툴에 의해서만 추론될 수 있다. 한편, 차동(differential) SelectIO 인터페이스, 출력 DDR 레지스터, DCM/PLL, 지역 클록 버퍼(BUFIO, BUFR) 등은 어떤 합성 툴에 의해서도 추론될 수 없으며, 따라서 인스턴스해서 사용해야 한다.

HDL을 이용한 회로설계에서 소스 코드의 간소화를 위해 `for` 반복문과 같은 루프(loop) 구문을 사용할 수 있으나, 루프 안에 또 다른 루프가 있는 중첩(nest) 루프 구조는 사용하지 않는 것이 좋다. 그 이유는 HDL 소스 코드를 컴파일하여 회로를 생성하는 합성 과정에서 중첩된 루프가 하드웨어적으로 최적화되지 못할 수 있기 때문이다.

`if` 조건문 안에 또 다른 `if` 조건문이 있는 중첩된 `if` 조건문을 사용하면 논리 게이트가 다단으로 연결된 회로가 생성되어 로직 깊이(logic depth)가 커지고, 따라서 지연시간이 커지게 된다. 꼭 필요한 경우를 제외하고 가능하면 중첩된 `if` 조건문 구조의 코딩 스타일은 피하는 것이 바람직하다. 중첩된 `if` 조건문은 다단 멀티플렉서로 합성되며, 첫 번째 `if` 조건문에 해당하는 멀티플렉서가 출력 쪽에 생성된다. 따라서 가장 큰 지연을 갖는(가장 늦게 도착하는) 조건신호(멀티플렉서의 선택신호)를 첫 번째 `if` 조건문의 조건으로 사용하면 지연시간을 최소화할 수 있다. 예를 들어, 우선순위 인코더(priority encoder)에서 `sel_a`, `sel_b`, `sel_c`에 비해 sel_crit가 가장 늦게 도착한다면, [그림 4.4(a)]와 같이 첫 번째 `if` 조건문의 조건으로 `sel_crit`를 사용하면 [그림 4.4(b)]와 같이 `sel_crit`가 선택신호로 사용되는 멀티플렉서가 출력 쪽에 생성된다.

```
always @(*) begin
  if (sel_crit)   pe_put = mx_e;
  else if (sel_a) pe_out = mx_a;
  else if (sel_b) pe_out = mx_b;
  else if (sel_c) pe_out = mx_c;
  else pe_out = mx_d;
end
```

(a) Verilog 소스 코드

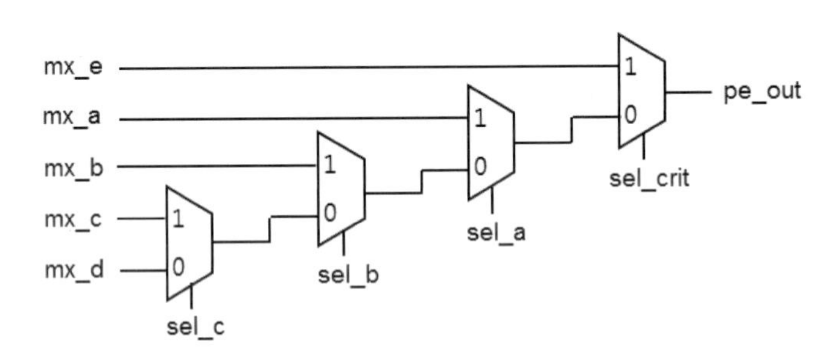

(b) 합성 결과

[그림 4.4] 중첩된 if 조건문의 예(우선순위 인코더)

else 블록이 없는 if 조건문에서 출력이 정의되지 않은 브랜치(branch)가 있으면 래치(latch)가 생성될 수 있으므로 주의해야 한다. [그림 4.5(a)]에서 마지막 if 조건문인 if (sel == 2'b10)는 else 블록이 없으며, 이 소스 코드를 합성하면 [그림 4.5(b)]와 같이 출력 쪽에 래치가 생성되며 alu_out은 래치의 출력이 된다. 한편, [그림 4.5(c)]와 같이 모든 if 조건문이 else 블록과 짝을 이루면 [그림 4.5(d)]와 같이 래치가 생성되지 않는다.

```
always @(sel or a_in or b_in) begin
   if      (sel == 2'b00) alu_out <= a_in ^ b_in;
   else if (sel == 2'b01) alu_out <= a_in & b_in;
   else if (sel == 2'b10) alu_out <= a_in | b_in;
end
```

(a) else 블록이 없는 if 조건문의 예

[그림 4.5] else 블록의 유무에 따른 합성 결과의 예(계속)

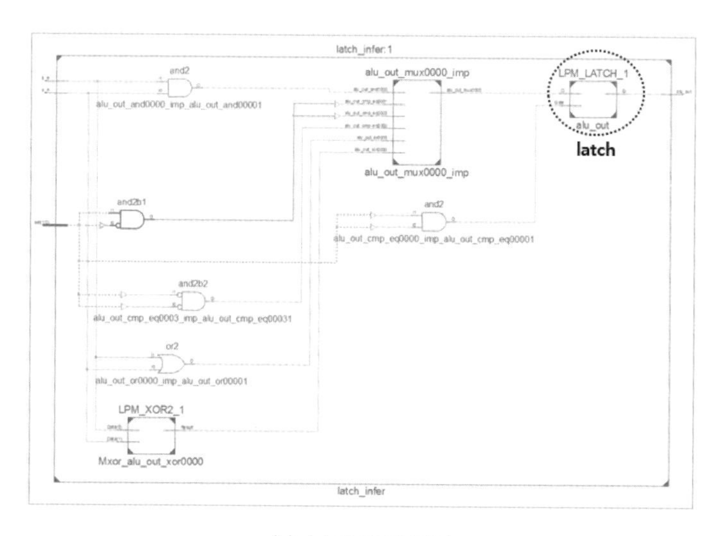

(b) (a)의 합성 결과

```
always @(sel or a_in or b_in) begin
  if      (sel == 2'b00) alu_out = a_in ^ b_in;
  else if (sel == 2'b01) alu_out = a_in & b_in;
  else if (sel == 2'b10) alu_out = a_in | b_in;
  else                   alu_out = x;
end
```

(c) else 블록이 있는 if 조건문의 예

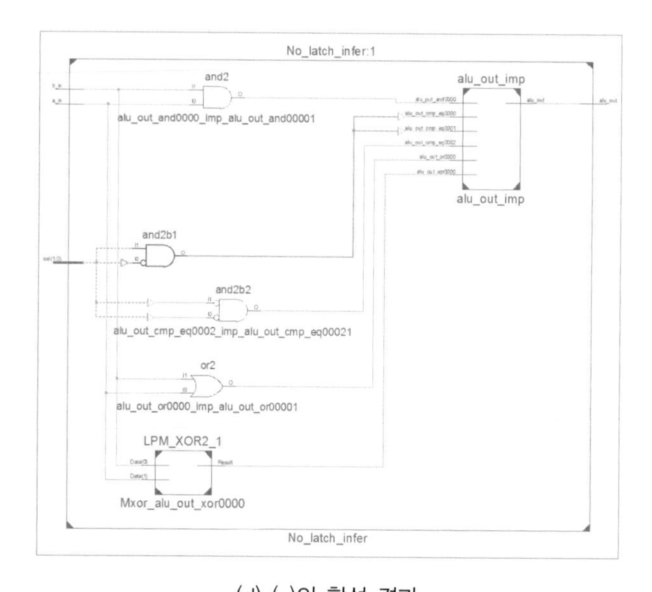

(d) (c)의 합성 결과

[그림 4.5] else 블록의 유무에 따른 합성 결과의 예

case 문은 회로로 합성될 때 우선순위를 갖지 않으며, 동일한 기능을 구현함에 있어서 if 조건문 대신에 case 문을 사용하면 로직 깊이가 작은 회로로 합성된다. if 조건문과 유사하게 case 문에서도 모든 브랜치에 대해 출력이 정의되지 않으면, 래치가 합성된다. 모든 브랜치에 대해 출력이 정의되지 않는 case 문에서 default 문을 사용하면 래치가 생성되지 않는다. case 문에 의해 합성되는 회로의 지연시간을 최소화하기 위해 고려할 사항들은 다음과 같다. 첫째, 가능하다면 case 문의 선택신호가 레지스터에서 출력되도록 하면 플립플롭 사이의 로직 레벨을 줄일 수 있다. 둘째, case 문의 선택신호를 one-hot 형태로 만들면 선택신호의 디코딩 과정이 필요 없어 지연시간을 최소화할 수 있다.

[그림 4.6]은 case 문을 이용하여 6:1 멀티플렉서를 구현한 예이다. case 문은 6개의 브랜치와 default 문으로 구성되어 있다. default 문에 "don't care"가 사용되면 합성과정의 최적화에 도움이 되어 면적과 지연이 더 작은 회로로 합성될 수 있다. [그림 4.6(a)]에서는 case 문의 선택신호 sel이 이진 인코딩(binary encoded) 3-비트이며, [그림 4.6(b)]에서는 선택신호 sel이 6-비트의 one-hot 코드 형태이다. 두 소스 코드의 합성결과는 각각 [그림 4.6(c),(d)]와 같다. 선택신호가 one-hot 코드 형태인 case 문의 합성결과([그림 4.6(d)])가 LUT를 더 많이 사용하지만 타이밍 임계경로에 대한 로직 깊이가 작아져 동작속도가 빨라지는 장점을 갖는다. 이와 같은 특성은 멀티플렉서의 입력이 클수록 더욱 심화되어 나타나므로, 고속 동작이 중요한 회로에서 case 문의 선택신호는 one-hot 코드 형태로 사용하는 것이 바람직하다. 참고로, 상태값 1, 2, 3, 4를 각각 001, 010, 011, 100와 같이 인코딩하는 방식을 이진 인코딩이라고 하며, 0001, 0010, 0100, 1000과 같이 인코딩하는 방식을 one-hot 인코딩이라고 한다.

```
always @(posedge clk) begin
  case (sel)
   3'b000 : mux_out <= a;
   3'b001 : mux_out <= b;
   3'b010 : mux_out <= c;
   3'b011 : mux_out <= d;
   3'b100 : mux_out <= e;
   3'b101 : mux_out <= f;
   default : mux_out <= 1'bx;
  endcase
end
```

(a) 선택신호 sel이 이진 코드인 경우

```
always @(posedge clk) begin
  case (sel)
     6'b000001 : mux_out <= a;
     6'b000010 : mux_out <= b;
     6'b000100 : mux_out <= c;
     6'b001000 : mux_out <= d;
     6'b010000 : mux_out <= e;
     6'b100000 : mux_out <= f;
     default   : mux_out <= 1'bx;
  endcase
end
```

(b) 선택신호 sel이 one-hot 코드인 경우

[그림 4.6] case 문을 이용한 6:1 멀티플렉서의 예(계속)

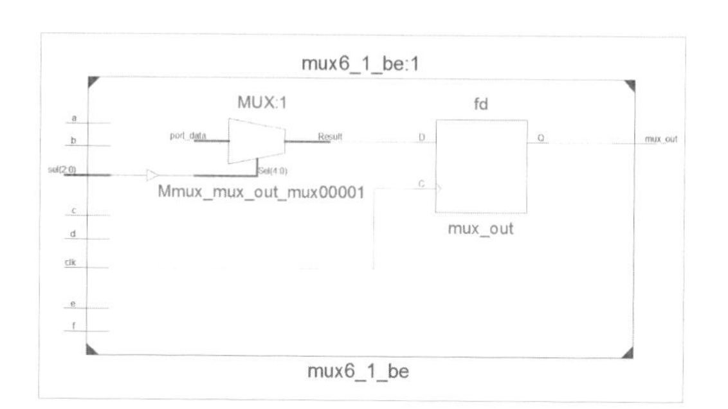

(c) (a)의 합성결과(2 Slice LUTs, 11 IOBs)

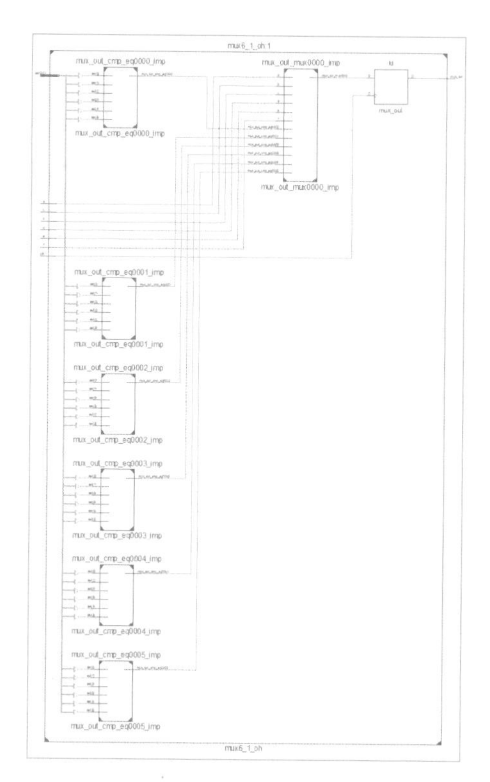

(d) (b)의 합성결과(4 Slice LUTs, 14 IOBs)

[그림 4.6] case 문을 이용한 6:1 멀티플렉서의 예

FPGA에 구현되는 회로는 동기식(synchronous) 회로가 되어야 하며, 전체 회로가 단일 클록에 의해 동작하도록 설계하는 것이 바람직하다. 동기식 회로는 설계 툴이 회로의 성능을 최적화하는 데 도움이 되며, 속도 등급이 낮은 저가의 FPGA 디바이스에 고성능 회로를 구현하는 데 유리하다. FPGA에 구현되는 회로에 비동기 블록이 포함되어 있으면, 디바이스 리소스가 낭비되는 비효율성이 있고, 동작 타이밍 조건을 만족시키는 데 어려움이 있으며, 장기적인 신뢰성 문제가 발생할 수 있다. 불가피하게 다수의 클록을 사용해야 하는 경우에도 클록신호의 개수를 최소화하는 것이 바람직하다. 설계된 회로 내의 모든 플립플롭은 클록신호의 상승에지(rising edge) 또는 하강에지(falling edge) 하나에 의해 동작하는 것이 바람직하다. 래치가 사용되는 경우에도 포지티브(positive) 방식과 네거티브(negative) 방식을 혼합해서 사용하지 말아야 한다. 플립플롭이나 래치가 리셋(reset) 기능을 갖는 경우에는 비동기식(asynchronous)보다는 동기식(synchronous) 리셋을 사용하는 것이 바람직하다. 동기식 리셋을 사용하면 안정된 시스템 제어가 가능하다.

서로 다른 클록신호로 동작하는 블록(회로) 사이의 인터페이스를 위해서는 동기화(synchronization)를 맞추어야 한다. 두 블록(회로) 사이에 동기가 맞지 않으면 데이터가 소실되어 오동작이 유발된다. 인쇄회로기판(PCB) 상에서 서로 다른 클록신호를 사용하는 FPGA 디바이스 사이에서도 마찬가지이다. 현재 설계되는 회로가 외부 칩의 클록에 맞추어 동작해야 하는 경우에, 두 칩 간의 동기화를 위해 FIFO(first-in first-out) 회로가 사용될 수 있다. FIFO는 처음 들어온 데이터부터 순차적으로 출력되는 일종의 버퍼(buffer)이다. FIFO에는 쓰기 클록(write clock)과 읽기 클록(read clock) 두 개의 클록신호가 사용되며, 이들 두 클록신호는 서로 다른 주파수를 갖는다. 따라서 FIFO는 데이터 쓰기 속도와 읽기 속도가 다르다. 읽기 속도에 비해 쓰기 속도가 빠른 경우에는 동작 중에 FIFO가 데이터로 다 채워져서 더 이상 데이터를 써넣을 수 없는 상태가 발생할 수 있으며, 이를 외부로 알려주기 위한 제어신호(FULL)가 사용된다. 반대로, 쓰기 속도에 비해 읽기 속도가 빠른 경우에는 FIFO가 비워져서 더 이상 데이터를 읽을 수 없는 상태가 발생할 수 있으며, 이를 외부로 알려주기 위한 제어신호(EMPTY)가 사용된다. Xilinx FPGA에서는 CoreGenerator를 이용해서 FIFO 모듈을 생성할 수 있다. FIFO 모듈의 생성과 사용에 관해서는 뒤에 나오는 7.4절을 참고한다.

일반적으로 제어회로 설계에 유한상태머신(finite state machine; FSM)이 많이 사용된다. FSM은 [그림 4.7]과 같이 상태값을 저장하는 상태 레지스터(state register)와 다음상태를 결정하는 다음상태 로직(next state logic) 그리고 출력을 결정하는 출력 로직(output logic)으로 구성된다. FSM 구성 블록은 각각 독립적인 always 구문으로 코딩하는 것이 바람직하며, FSM 내부에는 산술 로직(arithmetic logic), 데이터 패스(data-path), 조합 함수 등을 포함시키지 않는다. 다음상태 로직은 단일 case 문으로 모델링하는 것이 좋으며, 상태 레지스터는 다음상태 로직과 동일한 always 문에 포함시키거나 또는 별도의 always 문으로 모델링한다. FSM의 출력 로직을 별도의 always 문으로 모델링하면 리소스 공유에 의한 성능 저하를 방지할 수 있으며, 출력 신호가 레지스터를 거치면 고성능 동작에 유리하다.

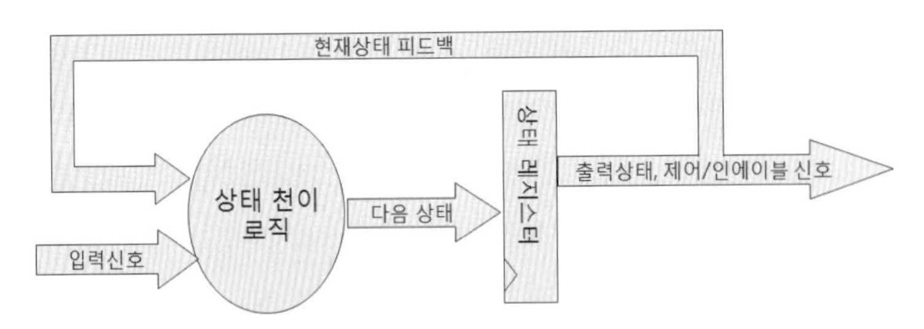

[그림 4.7] 유한상태 머신의 일반적인 구조

FSM의 상태 인코딩을 위해서 이진 인코딩(binary encoding), one-hot 인코딩, Gray 인코딩, Johnson 인코딩 등 다양한 방법이 사용될 수 있다. 이진 인코딩 방식은 상태값 저장 레지스터가 최소화되는 장점은 있으나 복잡한 FSM의 경우에는 다단 로직으로 합성되어 동작 속도가 느려지는 단점을 갖는다. 일반적으로 상태 값이 8개 이하인 FSM에 대해서만 이진 인코딩 방식을 적용하는 합성 툴들이 많이 있다. one-hot 인코딩 방식은 이진 인코딩에 비해 더 많은 레지스터를 필요로 하지만, 다음상태 디코딩 로직이 6 입력 이하의 부울 식으로 간소화되어 하나의 LUT로 구현될 수 있으며, 따라서 FSM의 성능 향상에 유리하다. 일반적으로 상태 값이 8 ~ 16인 FSM은 one-hot 인코딩 방식이 적용되어 합성된다. one-hot 인코딩 방식을 적용하는 경우에는 정의되지 않은 상태(undefined states)에 대해 고려해야 한다. Gray와 Johnson 인코딩은 면적이 작으면서 동작속도도 우수한 방식이다. 설계자 입장에서 어떤 상태 인코딩 방식을 선택하는 것이 가장 좋은지는 FSM의 상태 개수와 입력 개수 그리고 상태 천이의 복잡도에 따라 달라지므로, 합성을 통해 면적과 속도를 비교한 후 선택하는 것이 바람직하다. 고성능 FSM을 구현해야 하는 경우에는 이진 인코딩보다는 one-hot 인코딩을 사용하는 것이 바람직하다. 일부 합성 툴들에서는 Xilinx FPGA가 타깃 디바이스로 설정되면 one-hot 인코딩 방식을 기본으로 적용하여 합성하는 경우도 있으며, 사용하는 합성 툴의 설명서를 참조한다. [그림 4.8]은 FSM의 상태 인코딩 방식의 예를 보이고 있다.

```
reg [3:0] current_state, next_state;
parameter state1 = 2'b00, state2 = 2'b01,
          state3 = 2'b10, state4 = 2'b11;

always @ (current_state)
 case (current_state)
   state1 : next_state = state2;
   state2 : next_state = state3;
   state3 : next_state = state4;
   state4 : next_state = state1;
 endcase

always @ (posedge clock)
  current_state = next_state;
```

(a) 이진 인코딩을 적용한 경우

```
reg [3:0] current_state, next_state;
parameter  state1 = 4'b0001, state2 = 4'b0010,
```

[그림 4.8] FSM의 상태 인코딩 예(계속)

```
            state3 = 4'b0100, state4 = 4'b1000;

 always @ (current_state)
  case (current_state)
    state1 : next_state = state2;
    state2 : next_state = state3;
    state3 : next_state = state4;
    state4 : next_state = state1;
  endcase

 always @ (posedge clock)
   current_state = next_state;
```

(b) one-hot 인코딩을 적용한 경우

[그림 4.8] FSM의 상태 인코딩 예

[그림 4.9]는 타이밍 리포트의 한 예를 보이고 있다. source에서 destination까지의 경로를 구성하는 리소스들과 각 리소스에서 발생한 지연을 보여준다. Tcko, Tilo, Tdick는 FPGA 디바이스 내부의 리소스들을 거치면서 발생하는 지연이다. 경로의 처음과 마지막은 플립플롭이고, 경로의 중간은 LUT 리소스와 net로 표시된 배선으로 구성된다. [그림 4.9]에서 눈에 띄는 부분은 중앙 부분의 net_2 지연이 1.5 ns이며, 전체 지연의 약 절반 정도로 크다는 것이다. 이는 net_2의 앞과 뒤에 연결되어 있는 lut_1과 lut_2 리소스가 물리적으로 멀리 떨어져 있다고 추정된다. 로직 지연이 전체 지연의 25.3%로 비중이 그리 크지 않은 편이므로 HDL 소스 코드를 수정할 필요는 없으며, ISE의 PAR 툴 옵션을 조정하여 배선 지연을 줄일 수 있다.

```
Data Path: source to dest
    Delay type              Delay(ns)  Logical Resource(s)
    ----------------------------  -------------------
    Tcko                      0.290    source
    net (fanout=7)            0.325    net_1
    Tilo                      0.060    lut_1
    net (fanout=1)            1.500    net_2
    Tilo                      0.060    lut_2
    net (fanout=1)            0.245    net_3
    Tilo                      0.060    lut_3
    net (fanout=1)            0.204    net_4
    Tdick                     0.300    dest
    ----------------------------  ------------------------------
    Total                     3.044ns (0.770ns logic, 2.274ns route)
                                      (25.3% logic, 74.7% route)
```

[그림 4.9] 타이밍 리포트의 예

[그림 4.10]은 경로 중간의 net_2 지연이 2.5ns로 전체 지연의 절반보다 훨씬 큰 경우이다. net_2의 팬 아웃(fanout)이 187로 매우 큰 것이 앞에서 살펴본 [그림 4.9]와 다른 점이다. fanout=187은

net_2에 187개의 리소스가 연결된 것을 의미하며, 부하용량이 매우 커서 큰 지연을 갖게 된 것이다. 이와 같은 경우에는 리소스를 복제해서 여러 개로 만들어 주면 팬 아웃이 작아져 지연을 줄일 수 있다.

```
Data Path: source to dest
    Delay type              Delay(ns)  Logical Resource(s)
    ----------------------------  -------------------
    Tcko                       0.272   source
    net (fanout=7)             0.125   net_1
    Tilo                       0.146   lut_1
    net (fanout=187)           2.500   net_2
    Tilo                       0.146   lut_2
    net (fanout=1)             0.174   net_3
    Tilo                       0.146   lut_3
    net (fanout=1)             0.204   net_4
    Tdick                      0.159   dest
    ----------------------------  ------------------------------
    Total                      3.872ns (0.869ns logic, 3.003ns route)
                                       (22.4% logic, 77.6% route)
```

[그림 4.10] 타이밍 리포트의 예

[그림 4.11(a)]와 같이 플립플롭 사이의 지연이 커서 회로의 성능에 제약이 되는 경우에는 [그림 4.11(b)]와 같이 로직 중간에 파이프라인 레지스터를 삽입하면 레지스터 사이의 지연이 반으로 줄어 이론적으로는 2배의 성능 향상을 얻을 수 있다. 그러나 실제의 성능 향상은 그보다 작아진다. FPGA 디바이스는 많은 레지스터를 가지고 있으므로, 파이프라인 레지스터를 적절하게 삽입하고 동작 타이밍을 보정하는 재타이밍(re-timing) 방법을 적용하면 회로의 동작성능을 크게 향상시킬 수 있다.

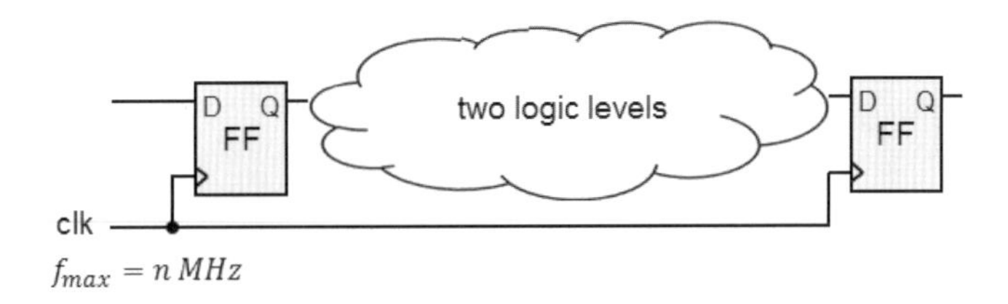

(a) 파이프라인 레지스터 삽입 전

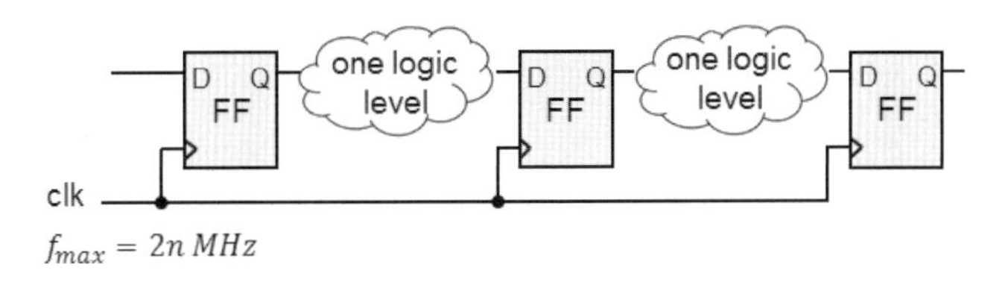

(b) 파이프라인 레지스터 삽입 후

[그림 4.11] 파이프라인 레지스터 삽입에 의한 성능 개선

로직 중간에 파이프라인 레지스터를 삽입하면, 리소스 사용량과 레이턴시(latency)가 증가한다. 레이턴시란 데이터가 입력된 시점에서부터 출력이 얻어지기까지 소요되는 클록 수로 정의된다. [그림 4.11(a)]의 경우는 데이터 입력 후 2 사이클이 지나 출력으로 나오며, 반면에 [그림 4.11(b)]의 경우

는 3 사이클 후에 출력으로 나온다. 파이프라인 레지스터를 삽입하면, 클록 주파수는 높일 수 있지만 레이턴시가 증가하게 된다. 레이턴시 기간이 경과한 후에는 매 클록마다 연속적으로 데이터가 출력되므로, 데이터가 연속적으로 입력되고 출력되는 경우에는 레이턴시가 커도 문제되지 않는다. 그러나 임베디드 시스템과 같이 데이터가 불연속적으로 처리되는 경우에는 동작이 재개될 때마다 출력이 나오는 시간이 늦어져 시스템 성능에 영향을 미치게 된다. 레이턴시가 시스템 성능에 영향을 미치는 경우에는 플립플롭을 삽입하여 클록 주파수를 높이는 방법은 바람직하지 않다.

파이프라인 레지스터의 삽입은 2차 제어신호(set, reset, clock enable 등)가 매우 큰 팬-아웃을 갖는 경우에 동작속도 향상을 위해 유용하게 적용될 수 있다. [그림 4.12(a)]에서 레지스터 D_Reg의 클록 인에이블(CE) 신호를 생성하는 AND 게이트가 매우 큰 팬-아웃을 갖는 경우에, 동작 타이밍에 심각한 영향을 미치는 요인이 될 수 있다. 이 경우에 [그림 4.12(b)]와 같이 디코딩된 제어신호(AND 게이트 출력)에 파이프라인 레지스터 P_Reg를 삽입하면 배선과 net 지연이 파이프라인 레지스터에 의해 분할되어 큰 팬-아웃 net의 배선지연을 허용할 수 있으며, 따라서 성능 향상에 도움이 된다. 이 경우에 파이프라인 레지스터 P_Reg에 의해 D_Reg의 CE 신호 reg_en이 한 클록 주기 늦게 인가되므로, 전체적인 동작 타이밍을 맞추기 위해 재타이밍 레지스터 RT_Reg가 data_in의 입력 경로에 추가되어야 한다.

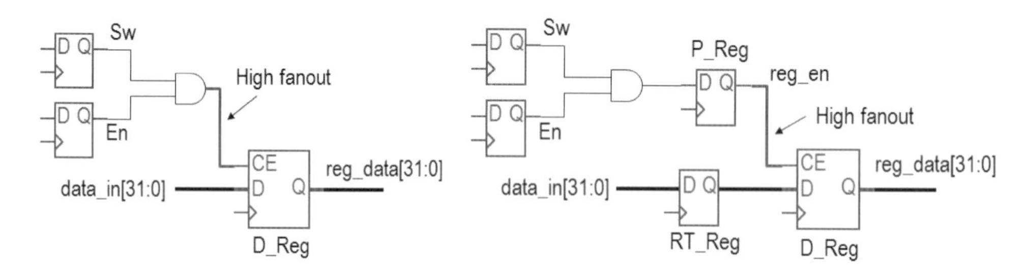

(a) AND 게이트 팬-아웃이 매우 큰 경우　　(b) 파이프라인 레지스터가 삽입된 경우

[그림 4.12] 제어신호가 매우 큰 팬-아웃을 갖는 경우의 파이프라인 레지스터 삽입 예

4.4 합성 옵션

FPGA 디바이스는 모델별로 동작할 수 있는 최대 주파수가 정해져 있다. 예를 들어, 1 로직 깊이로 구현된 회로의 최대 동작 주파수는 Virtex-5 FPGA의 경우 550MHz, Virtex-6 FPGA는 650MHz, 그리고 Spartan-6 FPGA는 400MHz이다. 최대 동작 주파수는 가장 짧은 배선 리소스가 사용되는 경우이며, 그렇지 않은 경우에는 동작 주파수가 낮아지게 된다. CLB 레지스터의 clock-to-out 지연 T_{cq}, LUT의 지연 T_{lut}, CLB 레지스터의 준비시간(setup time) T_{setup}에 대해 로직 지연(logic delay)은 $T_{\text{logic}} = T_{cq} + T_{lut} + T_{setup}$가 된다. 일반적으로 FPGA 디바이스에 구현되는 회로의 지연시간은 로직 깊이에 영향을 받으며, 고속 동작이 중요한 경우에는 최대 타이밍 경로(critical timing path)의 로직 깊이를 최소화해야 한다.

FPGA에 구현되는 회로의 동작속도는 로직 지연 외에 네트 지연(net delay)에 의해서도 여향을 받는다. 네트 지연은 배선 리소스에 따라 달라지므로 정확한 값을 추정하는 것이 어려우며, 따라서 FPGA 설계자들은 50/50 규칙을 적용하여 최대 동작속도를 예측한다. 50/50 규칙이란 회로의 총 지연이 로직 지연 50%와 네트 지연 50%로 구성된다고 추정하는 것이다. 예를 들어 Virtex-6 속도등급-3 FPGA는 $T_{cq} = 0.3ns$, $T_{lut} = 0.18ns$, $T_{setup} = 0.29$이며, 로직 지연은 $T_{\text{logic}} = 0.3 + 0.18 + 0.29 = 0.77ns$이다. 따라서 50/50 규칙을 적용하면 네트 지연은 $T_{route} \simeq 0.77ns$이 되어 1 로직 깊이의 지연은 1.54ns가 되고 최대 동작 주파수는 650MHz가 된다. 2 로직 깊이로 구현되는 회로의 총 지연은 약 3.08ns(324MHz)가 되고, 3 로직 깊이로 구현되는 회로의 총 지연은 약 4.62ns(216MHz)가 된다. 경험이 많은 설계자는 2 ~ 3 로직 깊이로 구현하는 경우가 많으나, 이는 HDL 코딩 스타일과 FPGA 아키텍처로의 매핑 최적화에 따라 달라진다. 로직 깊이를 줄이기 위해 파이프라인 레지스터 삽입, 큰 팬 아웃(fanout) 노드의 지연을 줄이기 위한 복제 로직(replicating logic) 사용, 합성 옵션 설정, 배치·배선(place & route) 최적화를 위한 옵션 설정 등 다양한 방법이 사용될 수 있다.

HDL로 설계된 소스 코드를 회로로 변환하는 과정을 논리합성(logic synthesis) 또는 간단히 합성이라고 한다. Xilinx FPGA 디바이스에 회로를 구현하기 위해서는 ISE 툴에 기본적으로 포함되어 있는 XST라는 합성 툴을 사용할 수 있다. 제3자가 개발한 합성 툴(Synplify, Synopsys, Precision 등)을 사용할 수도 있으며, 합성 툴에 따라 합성 결과가 달라질 수 있다. 회로의 기능이 복잡하지 않은 경우에는 어떤 툴을 사용하든 유사한 결과가 얻어지지만, 회로가 복잡하거나 고성능이 요구되는 설계에서는 합성 툴의 영향을 많이 받는 것으로 알려져 있다. 일반적으로 합성 툴은 합성 과정에 적용될 수 있는 여러 가지 옵션들 가지고 있다. 옵션 설정에 따라 합성 결과가 달라질 수 있으므로 옵션에 대해 잘 이해하고 있어야 한다.

[그림 4.13]은 합성 옵션 설정이 합성에 미치는 영향을 보인 예이다. 타이밍 제약조건을 설정하지 않으면 하드웨어 리소스가 최소화되도록 합성하여 [그림 4.13(a)]와 같이 총 5개의 LUT가 사용되고 423.7MHz의 동작 주파수를 갖는다. 반면에 타이밍 제약조건이 설정된 경우의 합성결과는 [그림 4.13(b)]와 같으며, 총 6개의 LUT가 사용되어 리소스 사용량은 증가하지만 591.7MHz의 동작 주파수를 가져 약 40% 빠른 회로로 합성되었다. 이와 같이 합성 옵션의 설정에 따라 리소스 사용량과 동작 속도가 영향을 받는다. 타이밍 제약조건을 설정하지 않으면 면적(하드웨어 리소스)을 최소화하기 위한 최적화가 이루어진다.

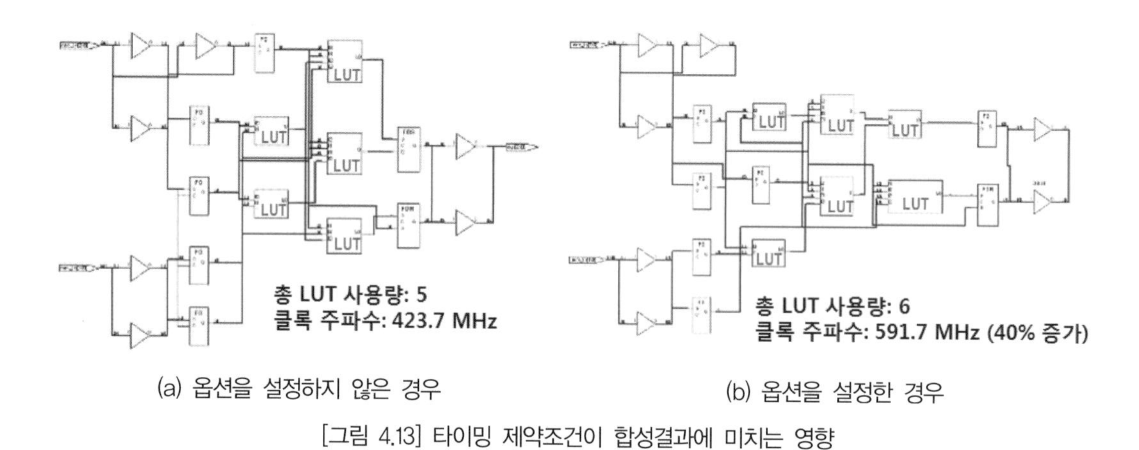

(a) 옵션을 설정하지 않은 경우 (b) 옵션을 설정한 경우

[그림 4.13] 타이밍 제약조건이 합성결과에 미치는 영향

XST에서는 합성 또는 구현에 적용되는 타이밍 제약조건(timing constraints)들이 .XCF(Xilinx Constraints File)에 저장된다. 타이밍 관련 옵션으로 Timing-Driven Synthesis, FSM Extraction, Register Balancing, Register Duplication 등이 있다. Timing-Driven Synthesis 옵션은 회로의 지연시간이 최소화되도록 합성을 진행한다. FSM Extraction 옵션은 FSM 합성 과정에서 상태 인코딩 방식(Auto, One-hot, Compact, Gray, Johnson 등)을 결정하기 위해 사용된다. Register Balancing 또는 Register Retiming 옵션은 로직 레벨이 최소화되도록 레지스터의 위치를 조정하기 위해 사용된다. [그림 4.14]는 Register Balancing 옵션을 적용하기 전과 후의 결과를 보이고 있다. 옵션을 적용하지 않은 경우에는 3 로직 깊이를 갖는 경로가 존재하지만, Register Balancing 옵션 적용을 통해 전체적으로 2 로직 깊이로 감소되었음을 알 수 있다. Register Balancing 옵션의 영향은 회로 형태에 따라 달라지며, 파이프라인 레지스터가 많이 사용된 회로에서는 동작 속도 향상이 나타나지 않을 수도 있다.

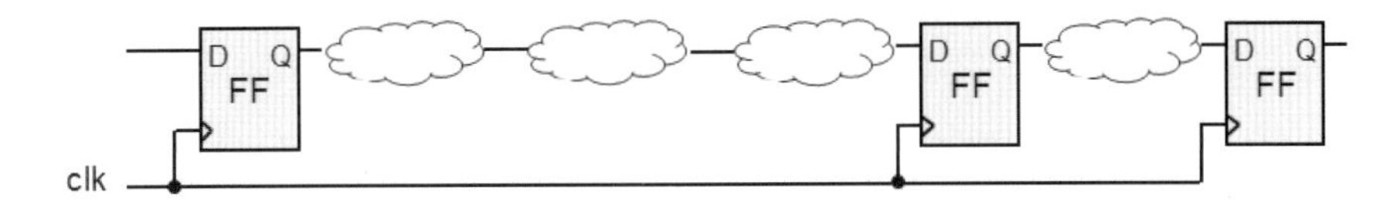

(a) re-timing 옵션을 적용하지 않은 경우

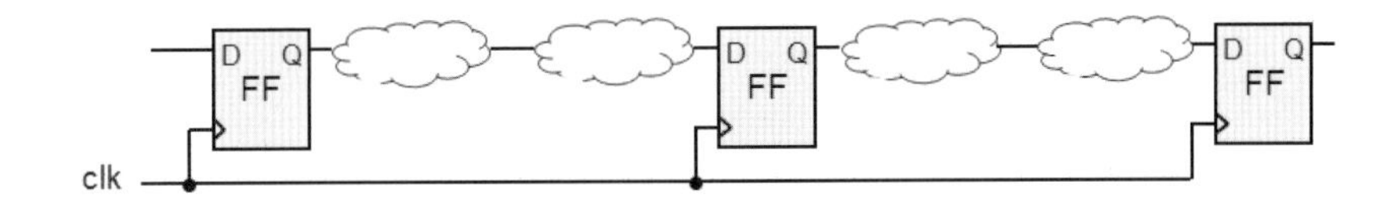

(b) re-timing 옵션을 적용한 경우

[그림 4.14] Register Balancing 옵션의 적용 결과

Register Duplication 옵션은 레지스터가 큰 팬 아웃을 갖는 경우에 레지스터를 복제하여 팬 아웃을 작게 만들어 동작 속도를 개선하기 위해 사용된다. 팬 아웃이란 레지스터의 출력에 연결된 다른 리소스의 개수를 의미하며, 팬 아웃이 클수록 부하용량이 커져서 지연시간이 커진다. Hierarchy Management 옵션은 회로의 계층구조(hierarchy)를 유지하면서 합성하기 위해 사용된다. 계층구조를 유지하지 않으면 사용된 리소스들이 단일 목록 형태로 나열되어 특정 리소스가 어느 모듈(블록)에 사용되는지 확인하기가 매우 어렵게 된다. 반면에 계층구조를 유지하면 각 모듈별로 리소스 목록이 출력되며, 따라서 합성 결과를 이용한 추가적인 작업과 분석이 용이하다.

한편, 합성 옵션 중 Resource Sharing 옵션은 합성 과정에서 산술 연산자 리소스가 서로 공유되도록 하여 면적을 최소화한다. 따라서 산술 연산이 많이 포함되어 있는 회로의 경우에 Resource Sharing 옵션을 설정하면 하드웨어 크기를 감소시킬 수 있다. 그러나 Resource Sharing의 결과로 팬-아웃이 커지는 net는 지연이 증가하여 동작 속도가 느려질 수 있다.

합성 관련 옵션은 ISE 툴의 XST 속성 창을 통해 설정할 수 있다. XST 속성 창은 Synthesis Options, HDL Options, Xilinx Specific Options의 세 가지 범주로 구성되며, [그림 4.15]는 Xilinx Specific Options 범주에서 Register Duplication과 Register Balancing 옵션 설정의 예를 보이고 있다.

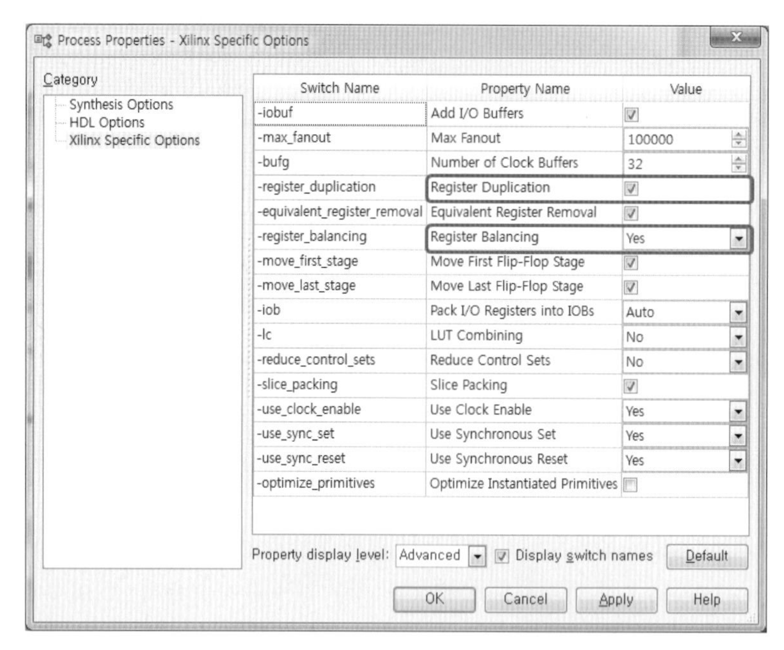

[그림 4.15] Register Duplication 및 Register Balancing 옵션 설정 예

4.5 타이밍 제약조건

합성된 회로를 FPGA 디바이스 내부의 리소스에 배치·배선(Place & Route; PAR)하는 과정에서 적절한 타이밍 제약조건(timing constraints)을 적용하면 회로의 성능을 최적화시킬 수 있다. 타이밍 제약조건이란 구현되는 회로에 동작 타이밍 목표를 설정하는 것을 의미한다. 타이밍 제약조건이 너무 과도하게 설정되면 성능개선 없이 PAR 시간만 길어지게 되고, 또한 타이밍 제약조건이 비현실적인 값으로 설정되면 PAR 툴이 정상적으로 실행되지 않을 수도 있으므로 적절하게 적용하는 것이 필요하다. 타이밍 제약조건을 적용하여 회로의 구현과정이 완료되면, Post-Place & Route Static Timing Report를 분석하여 설정된 타이밍 제약조건들이 충족되었는지를 확인한다.

타이밍 제약조건은 회로 내의 신호 경로에 대해 적용되며, 신호 경로의 종점(endpoint)은 플립플롭, 래치, RAM, DSP48 슬라이스의 입력단자가 되며, LUT, net, 비동기식 구성요소 등은 신호 경로의 종점이 될 수 없다. 타이밍 제약조건 설정은 경로 종점들의 그룹을 생성하고, 그룹들 사이에 타이밍 조건을 설정하는 두 단계 과정으로 이루어진다. 글로벌 타이밍 제약조건을 설정하면 Xilinx 툴은 동기식 구성요소(플립플롭, 래치, RAM), 클록 도메인, 입력 핀 등 경로 종점들의 기본 그룹을 자동으로 생성한다. 글로벌 타이밍 제약조건은 PERIOD, OFFSET IN, OFFSET OUT, PAD TO PAD Constraints 등을 통해 설정될 수 있다. '글로벌(global)'은 현재 작업의 대상인 회로(디자인이라고도 함)의 전체 경로에 타이밍 제약조건이 적용된다는 의미이다.

PERIOD 제약조건은 플립플롭, 래치, RAM 등 동기식 구성요소를 구동하는 클록신호의 주기를 설정하기 위해 사용되며, 플립플롭 간의 클록 스큐, 클록의 하강에지(negative edge)에서 동작하는 동기식 구성요소, 클록 듀티 사이클(clock duty cycle) 비대칭 특성, 클록 지터(jitter) 등의 타이밍 관련 정보를 포함하며, 이들 타이밍 관련 정보는 배치·배선 과정에서 타이밍 최적화를 위해 사용된다. DCM이 사용되는 경우에는 DCM으로 들어가는 입력 클록신호에 PERIOD 제약조건이 적용된다. 예를 들어, [그림 4.16]의 회로에서 클록신호 CLK는 50%의 듀티비(duty cycle)를 가지며 PERIOD가 10 ns로 설정되었다면, 플립플롭 FF2가 CLK의 하강에지에서 동작하므로 두 플립플롭 사이의 경로는 클록주기의 50%인 5ns로 타이밍이 제약된다. PERIOD 제약조건이 설정되면 이와 같은 상승에지 트리거와 하강에지 트리거 플립플롭 사이의 동작 타이밍이 구현 과정에서 자동으로 고려된다. 그러나 [그림 4.16]과 같이 클록신호의 상승에지 트리거와 하강에지 트리거가 혼재된 동작방식은 사용하지 않는 것이 바람직하다.

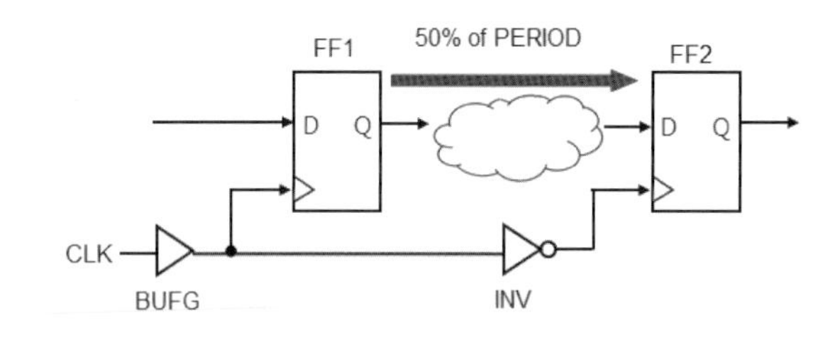

[그림 4.16] PERIOD 제약조건

[그림 4.17]은 지터(jitter)가 포함된 클록신호의 예를 보이고 있다. 지터는 클록신호의 주기가 시간에 따라 변하는 결과를 초래하며, 클록 스큐(skew)와 함께 클록신호의 불확실성(uncertainty)을 유발하는 요인이 된다. 입력 클록에 과도한 지터가 포함된 경우에는 PLL(phase-locked loop)을 추가해서 사용하는 것이 바람직하다. 클록 불확실성은 준비시간(setup time) 경로와 유지시간(hold time) 경로에 대해 부정적인 영향을 미치는 것으로 구현 과정에서 고려된다. 준비시간 경로에 대해서는 클록 지터 크기만큼 PERIOD, OFFSET IN가 감소되고, 유지시간 경로에 대해서는 PERIOD, OFFSET IN가 증가되는 것으로 적용되어 구현 과정에서는 클록 지터가 허용 가능한 범위에 있도록 배치·배선이 최적화된다.

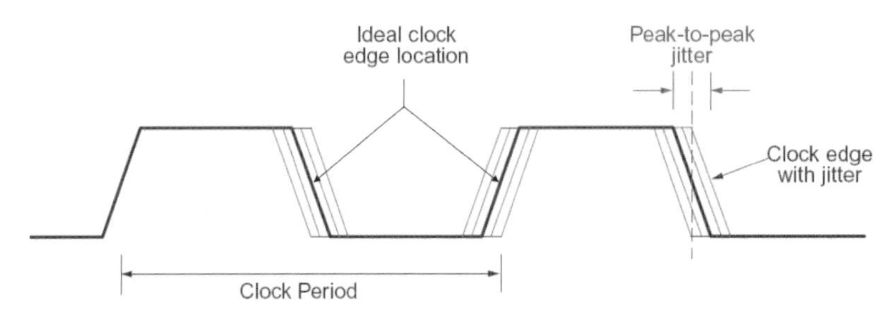

[그림 4.17] 클록 지터

[그림 4.18]은 OFFSET IN, OFFSET OUT 제약조건이 적용되는 신호경로의 예를 보이고 있다. OFFSET IN 제약조건은 입력 핀에서부터 동기식 구성요소(플립플롭, 래치, RAM)까지의 경로에 대한 타이밍 조건을 설정하며, OFFSET OUT 제약조건은 동기식 구성요소에서부터 출력 핀까지의 경로에 대한 타이밍 조건을 설정한다. OFFSET IN/OUT 제약조건에는 클록신호의 지연과 지터도 함께 고려된다. [그림 4.18]과 같이 클록신호가 데이터 흐름과 동일한 방향으로 공급되는 경우에 양(positive)의 클록지연을 가지게 된다. 입력경로에서는 신호경로와 클록경로가 병렬형태이므로 OFFSET IN이 클록지연(T_{CLKin})만큼 감소되어 $OFFSET_IN = T_{Din} - T_{CLKin}$이 되며, 출력경로에서는 신호경로와 클록경로가 직렬형태이므로 OFFSET OUT이 클록지연(T_{CLKout})만큼 증가되어 $OFFSET_OUT = T_{Dout} + T_{CLKout}$가 된다. 결국, 양의 클록지연은 입력경로의 동작 타이밍에 긍정적인 영향을 미치며, 출력경로의 동작 타이밍에 부정적인 영향을 미친다.

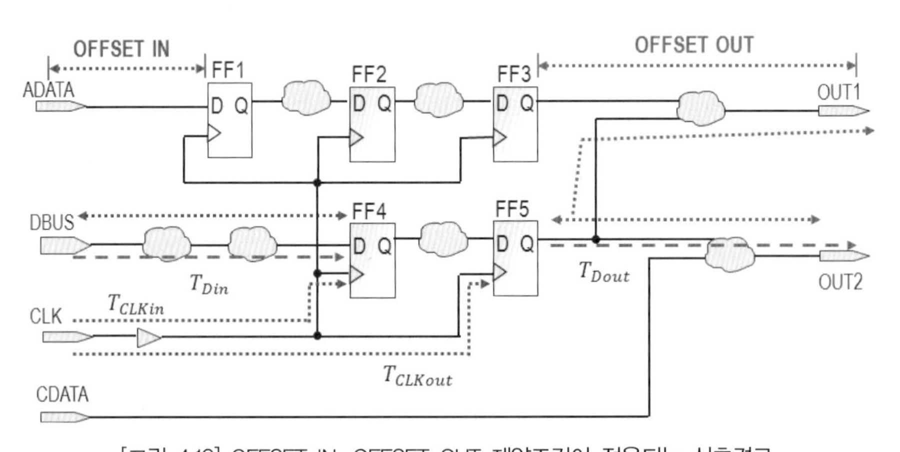

[그림 4.18] OFFSET IN, OFFSET OUT 제약조건이 적용되는 신호경로

[그림 4.19]는 OFFSET OUT 제약조건 설정에 따른 타이밍 리포트의 예를 보이고 있다. OFFSET OUT이 15ns로 설정되었으며, Data Path Delay 10.0ns, Clock Path Delay 3.974ns, Clock Uncertainty 0.025ns로 최소 허용 가능한 오프셋은 13.999ns이다.

```
================================================================================
Timing constraint: OFFSET = OUT 15 ns AFTER COMP "clk_pin" "RISING";
 8 paths analyzed, 8 endpoints analyzed, 0 failing endpoints
 0 timing errors detected.
 Minimum allowable offset is 13.999ns.
--------------------------------------------------------------------------------

Paths for end point led_pins<5> (H6.PAD), 1 path
--------------------------------------------------------------------------------
Slack (slowest paths):  1.001ns (requirement - (clock arrival + clock path + data path + uncertainty))
  Source:               led_ctl_i0/led_o_5 (FF)
  Destination:          led_pins<5> (PAD)
  Source Clock:         clk_rx rising at 0.000ns
  Requirement:          15.000ns
  Data Path Delay:      10.000ns (Levels of Logic = 1)
  Clock Path Delay:     3.974ns (Levels of Logic = 2)
  Clock Uncertainty:    0.025ns
```

[그림 4.19] 타이밍 제약조건 리포트 예

[그림 4.20]은 글로벌 타이밍 제약조건이 FPGA 내부의 리소스 배치에 미치는 영향을 비교한 예이다. 두 경우의 핀 배치는 거의 동일하지만 CLB의 배치에 차이가 있음을 볼 수 있다. 글로벌 타이밍 제약조건을 설정하지 않으면 I/O 타이밍에 손실이 있더라도 내부 지연과 클록 스큐가 최소화되도록 로직 셀들이 배치되며, 따라서 [그림 4.20(a)]와 같이 CLB가 I/O 핀에 멀리 떨어져 배치될 수 있다. 반면에 타이밍 제약조건인 OFFSET을 설정하면 모든 타이밍 경로에 대한 분석을 토대로 CLB 리소스가 IOB 셀에 가깝게 배치되어 I/O 경로의 지연이 최소화된다. [그림 4.20(b)]는 글로벌 타이밍 제약조건을 설정한 경우이며, [그림 4.20(a)]에 비해 I/O 핀 근처에 CLB가 많이 배치되었음을 확인할 수 있다.

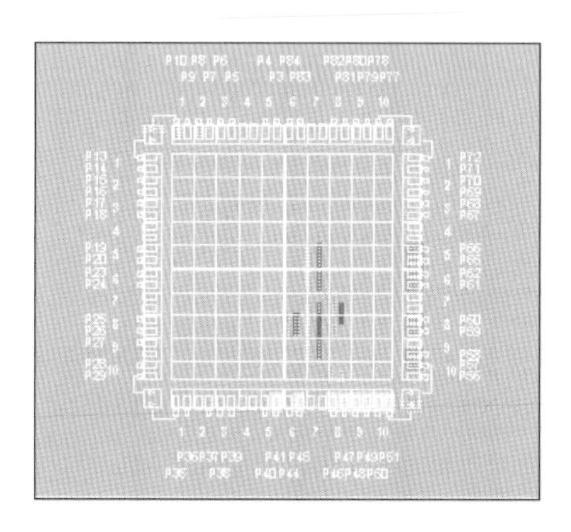

(a) 제약조건을 설정하지 않은 경우

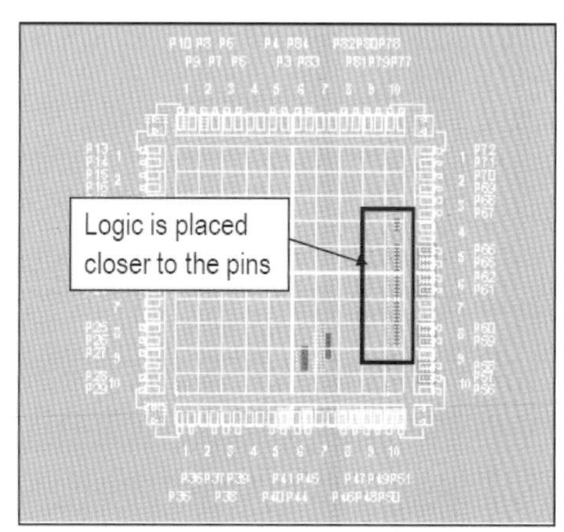

(b) 제약조건 OFFSET을 설정한 경우

[그림 4.20] 글로벌 타이밍 제약조건 설정이 리소스 배치에 미치는 영향

타이밍 제약조건을 설정하는 과정을 간략히 살펴본다. 타이밍 제약조건을 설정하기 위해서는 Constraints Editor를 실행시켜야 하며, [그림 4.21]과 같이 Processes 창에서 User Constraints 메뉴를 확장한 후, Create Timing Constraints를 더블클릭하면, [그림 4.22]와 같은 ISE Project Navigator에 Timing Constraints 탭이 추가되고, 작업영역에 Constraints Editor 창이 활성화된다.

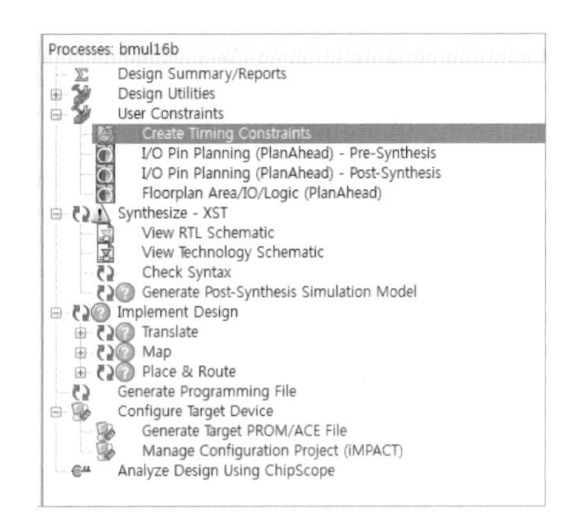

[그림 4.21] Constraints Editor 실행

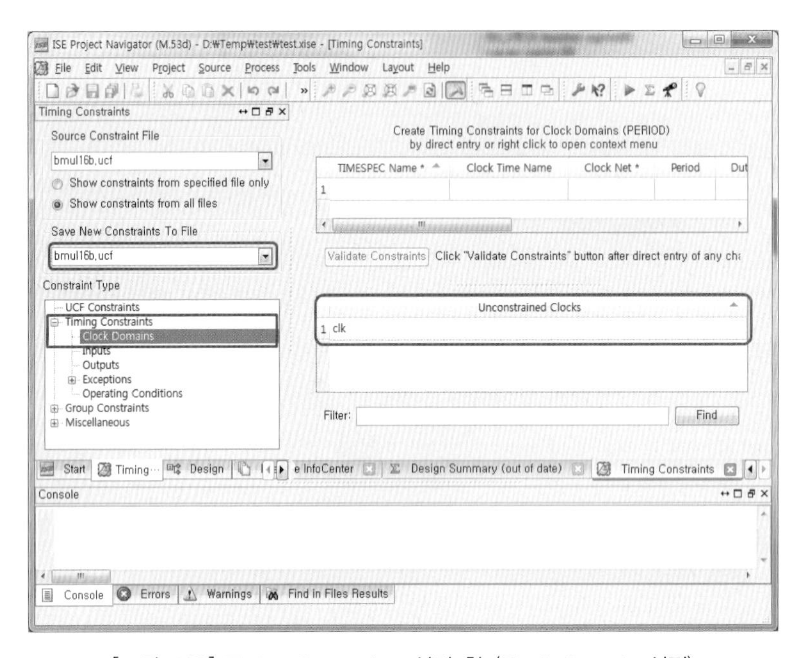

[그림 4.22] Timing Constraints 설정 창 (Clock Domain 설정)

설정되는 제약조건들은 확장자 .ucf(user constraints file)인 파일에 저장되며, [그림 4.22]와 같이 최상위 모듈 이름이 파일이름으로 사용된다. User Constraints File은 일반 문서편집기로 편집이 가능하며, 핀 할당 정보, 면적 제약조건, 배치 제약조건 등을 각각 별도의 파일에 저장할 수 있다. UCF 파일은 다른 소스 파일과 동일하게 프로젝트에 추가될 수 있으며, 프로젝트에 포함되어 있는 UCF 파일들은 Implement Design의 Translate 과정에서 하나로 통합된다. [그림 4.22]에서 Constraints Editor 창의 오른쪽 Unconstrained Clocks 영역에 clk가 포함되어 있으며, 이는 클록 신호 clk에 제약조건이 설정되지 않은 상태임을 나타낸다.

Timing Constraints 탭의 Constraint Type에서 Clock Domains를 선택한 상태에서 마우스 우측을 클릭하여 Create Constraint를 실행하면, [그림 4.23]과 같이 Clock Period 창이 활성화된다. [그림 4.23]은 TIMESPEC name을 TS_clk로 정하고, 클록신호 clk에 대해 주기 20ns, 듀티 비 50%, 입력 지터 20ps로 설정한 예를 보이고 있다. [그림 4.24]는 클록신호 clk에 대한 타이밍 제약조건 설정이 완료된 상태를 보이고 있으며, [그림 4.22]와 비교하여 Unconstrained Clock 영역에 클록신호 clk가 없음을 확인할 수 있다.

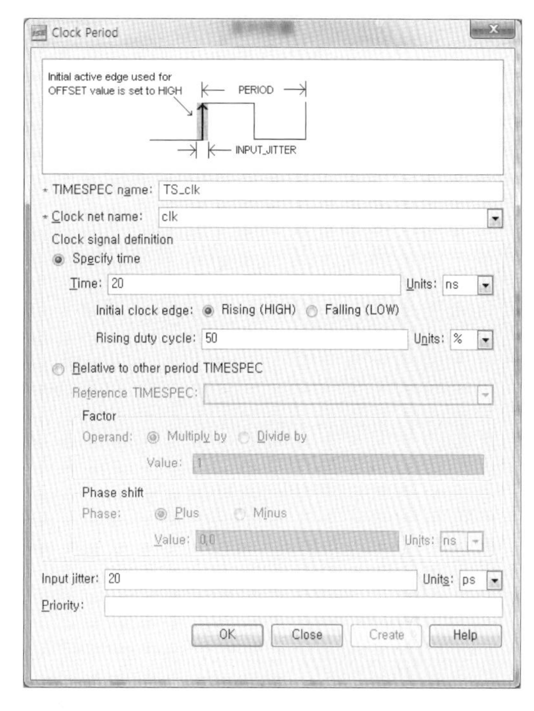

[그림 4.23] Clock Domain에 대한 타이밍 제약조건 설정

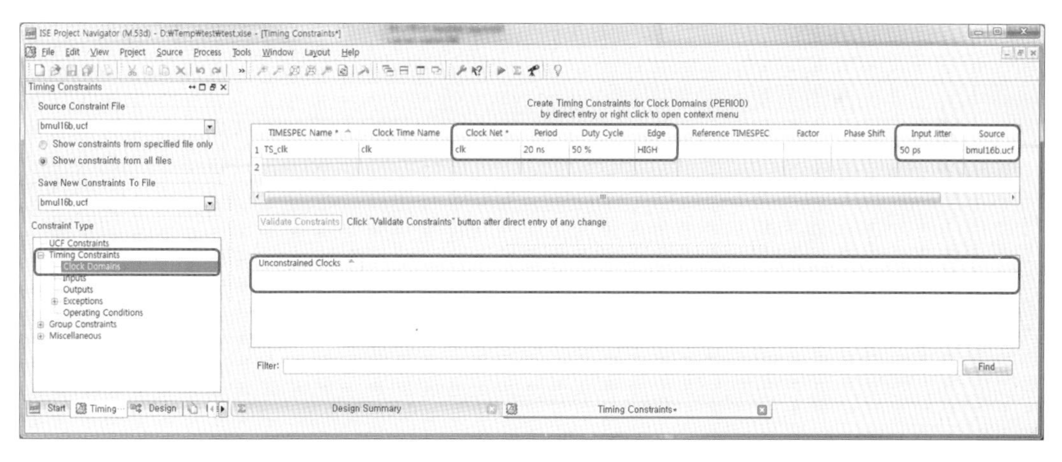

[그림 4.24] Clock Domain에 대한 타이밍 제약조건 설정이 완료된 상태

입력과 출력 경로에 대한 OFFSET 제약조건을 설정하기 위해서는 [그림 4.25]와 같이 Timing Constraints 탭의 Constraint Type에서 Inputs 또는 Outputs를 선택한 상태에서 마우스 우측을 클릭하여 Create Constraint를 실행하면 [그림 4.26]과 같이 Create Setup Time(OFFSET IN) 창이 활성화된다. Pad Group을 생성하고 External setup time, data valid duration 등의 제약조

건을 설정하면, xxx.ucf 파일에 저장된다. 설정된 제약조건을 수정하기 위해서는 Workspace 영역에서 Pad Group의 이름을 더블클릭하면 [그림 4.27]과 같은 Edit Setup Time (OFFSET IN) 창이 활성화되어 설정된 값을 수정할 수 있다. OFFSET OUT 제약조건도 유사하게 설정할 수 있다.

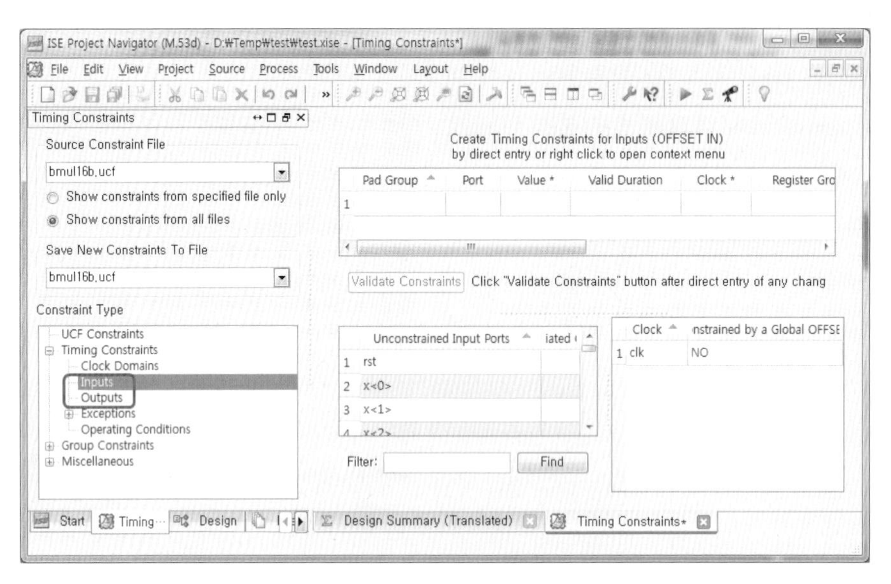

[그림 4.25] Timing Constraints 설정 창 (OFFSET 설정)

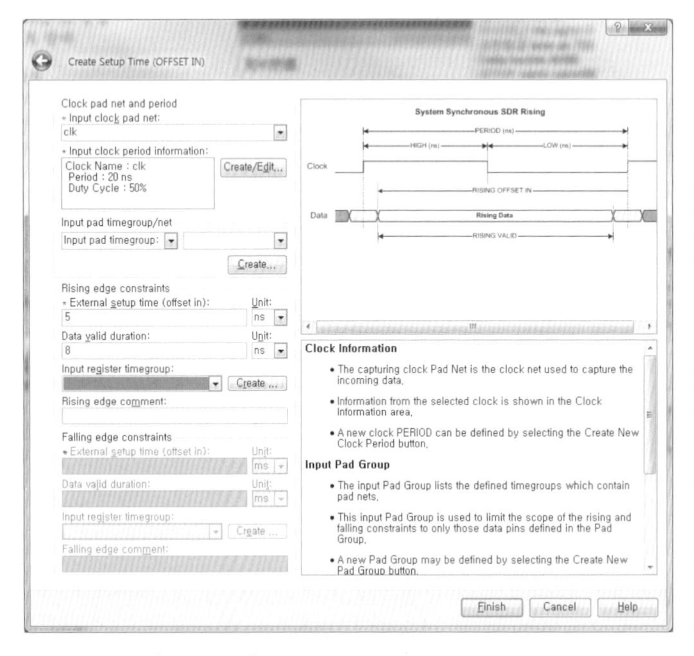

[그림 4.26] OFFSET IN 제약조건 설정 예

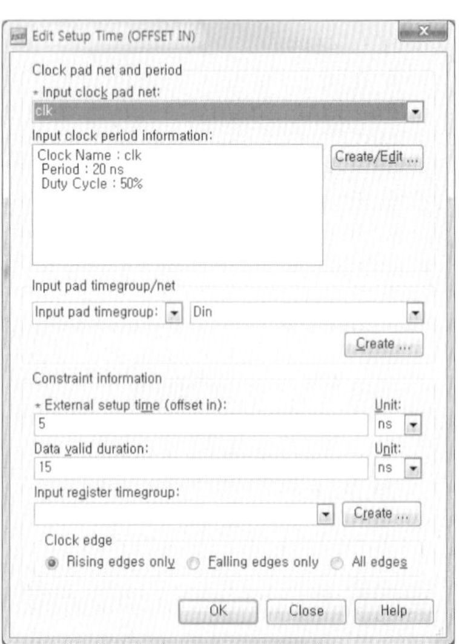

[그림 4.27] OFFSET IN 제약조건의 수정

회로의 실제 동작 중에는 발생할 수 없는 경로가 존재할 수 있으며, 이 경로에 의해 타이밍 오류가 발생될 수 있다. 이와 같이 타이밍 분석에서 제외되어야 하는 경로를 거짓 경로(false path)라고 한다. 예를 들어, [그림 4.28]에서 점선으로 표시된 [FF2 → Comb2 → MUX1 → Comb3 → MUX2 → FF3]로 구성되는 경로는 거짓 경로에 해당한다. Comb2의 출력은 MUX1의 선택신호 SEL=1인 경우에 MUX1을 통과하여 Comb3로 들어가고, Comb3의 출력은 MUX2의 선택신호 SEL=0인 경우에 MUX2를 통과하므로, 회로의 실제 동작에서 형성될 수 없는 경로이다. 이와 같은 거짓 경로에 의해 타이밍 오류가 발생한 경우에는 이 경로를 타이밍 분석에서 제외시켜야 하며, 그렇지 않으면 타이밍 오류가 제거되지 않아 다음 단계의 작업이 진행될 수 없다. 거짓 경로를 타이밍 분석에서 제외시키기 위해서는 Timing Constraints의 Exceptions가 사용되며, Path, Net, Instances and Pins 등에 거짓경로를 설정할 수 있다.

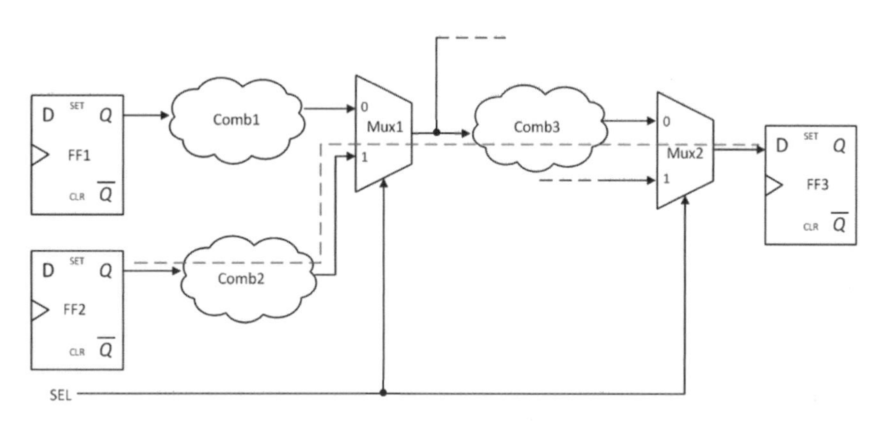

[그림 4.28] 거짓 경로의 예

다중 사이클 경로(multicycle path)는 클록신호의 한 주기 내에 데이터가 도착하지 않아도 되는 경로를 의미한다. [그림 4.29]의 예에서 볼 수 있듯이, [Q11 → Combo1 → D21, Q21 → Combo3 → D31, Q31 → Combo4 → D41]는 단일 클록 주기로 동작하는 경로이다. 반면에, 곱셈기를 포함하는 path1, path2는 출력이 나오기까지 2 클록 주기를 사용할 수 있으며, 출력 Q32는 2 클록 주기마다 출력이 변한다. 이와 같은 경로를 다중 사이클 경로 옵션으로 설정할 수 있다. 다중 사이클 경로로 설정되지 않으면, 합성 툴에서 단일 클록 주기로 동작시키고자 시도하여 결국 거짓 타이밍 오류가 발생될 수 있다.

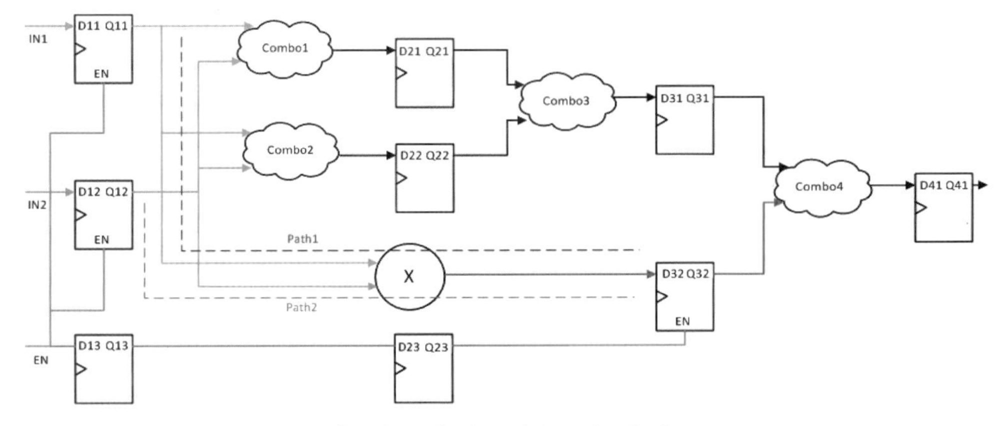

[그림 4.29] 다중 사이클 경로의 예

글로벌 타이밍 제약조건은 설계 전체에 일괄적으로 적용되므로, 다중 사이클 경로나 거짓 경로에도 동일한 타이밍 제약조건이 적용된다. 반면에, 특정 경로에 선택적으로 적용되는 타이밍 제약조건을 Path Specific Timing Constraints라고 한다. [그림 4.30]은 글로벌 타이밍 제약조건이 적용되는 경우와 특정 경로 타이밍 제약조건이 적용된 경우의 비교를 보이고 있다. 글로벌 타이밍 제약조건이 적용되면, [그림 4.30(a)]와 같이 7개의 경로에 대해 타이밍 조건이 적용되며, [그림 4.30(b)]와 같이 FLOP2와 FLOP3 사이의 경로에 대해 타이밍 제약조건이 설정되면 해당 경로에 대해서만 적용된다.

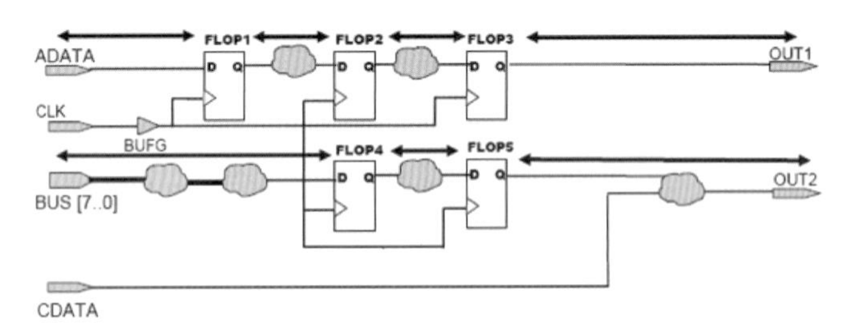

(a) 글로벌 타이밍 제약조건이 적용된 경우

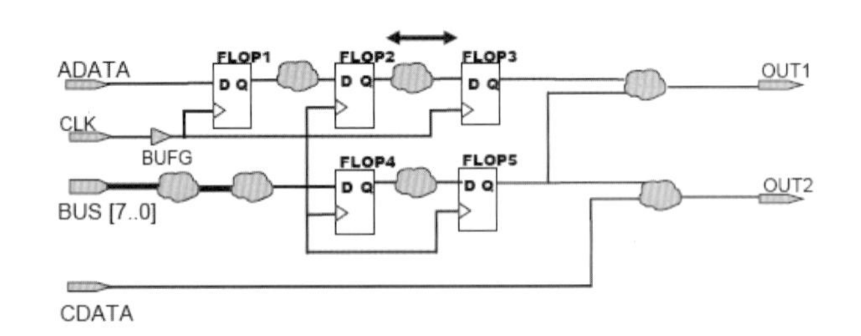

(b) 특정 경로 타이밍 제약조건이 적용된 경우

[그림 4.30] 타이밍 제약조건이 영향

제5장 iRoV-Lab 3000 실습장비

5.1 iRoV-Lab 3000 개요

5.2 FPGA 모듈

5.3 라인 트레이서용 적외선 센서 모듈

5.4 마이크로 마우스용 적외선 센서 모듈

5.5 모터 모듈

5.6 RF 모듈

5.7 RF Battle 모듈

5.8 베이스 보드

5.9 FPGA 디바이스 I/O 핀 매핑

5 iRoV-Lab 3000 실습장비

iRoV-Lab 3000은 FPGA 교육과정 및 회로 개발에 활용할 수 있는 회로설계 검증용 장비이며, 베이스 보드와 FPGA 모듈, 적외선 센서 모듈, 모터 모듈, RF 모듈, 카메라 모듈 등으로 구성되어 있다. 이 장에서는 iRoV-Lab 3000 실습장비의 개략적인 구성과 사용법에 대해 소개하며, 상세한 사용법은 ㈜리버트론에서 제공하는 사용자 설명서를 참조한다.

5.1 iRoV-Lab 3000 개요

iRoV-Lab 3000 실습장비는 [그림 5.1]과 같이 베이스 보드(①) 위에 FPGA 모듈(②), 모터 모듈(③), RF Battle 모듈(④), RF Main 모듈(⑤), 마이크로 마우스용 적외선 센서 모듈(⑥), 라인 트레이서용 적외선 센서 모듈(⑦) 등이 장착되어 있다. 각 모듈은 [그림 5.2]와 같이 분리될 수 있으며, 베이스 보드에 장착되거나 또는 모터 모듈에 장착되어 라인 트레이서, 마이크로 마우스, 무선 조종카 등 다양한 형태로 동작할 수 있다. iRoV-Lab 3000 실습장비를 구성하는 각 모듈들은 [그림 5.2]와 같다.

FPGA 모듈에는 FPGA 디바이스, AVR 마이크로프로세서, USB1.1 인터페이스 및 SRAM 등이 장착되어 있어 AVR과 FPGA를 서로 연동하여 실습할 수 있다. 또한, 카메라 확장 보드를 장착하면 AVR + FPGA + 카메라로 구성되는 영상처리 SoC 설계 실습이 가능하다.

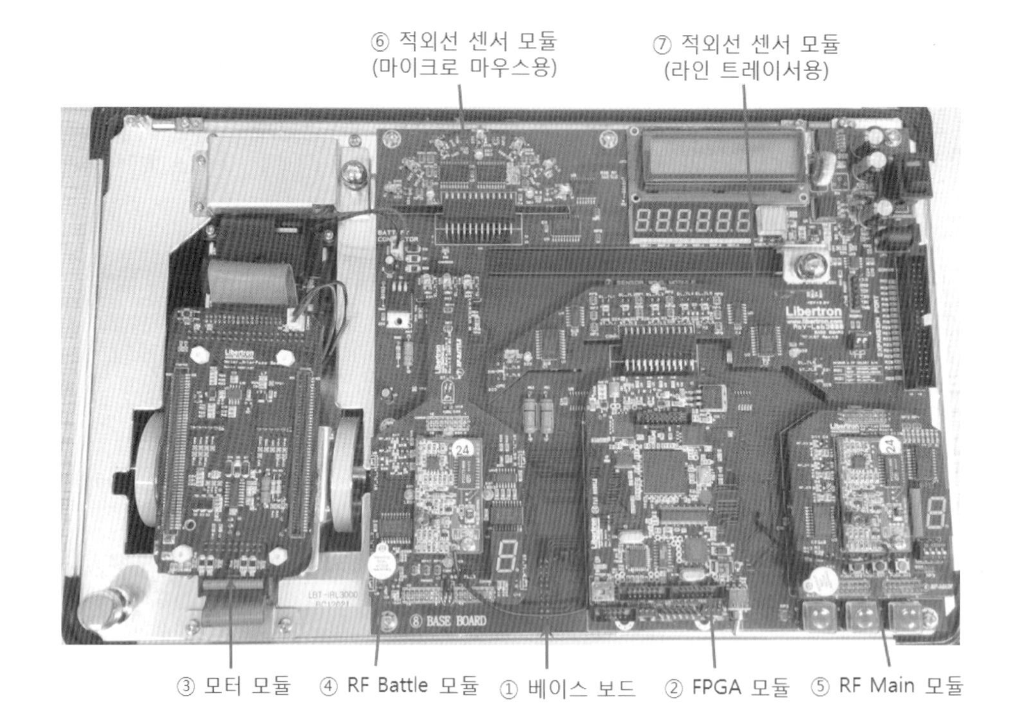

[그림 5.1] iRoV-Lab 3000 실습장비

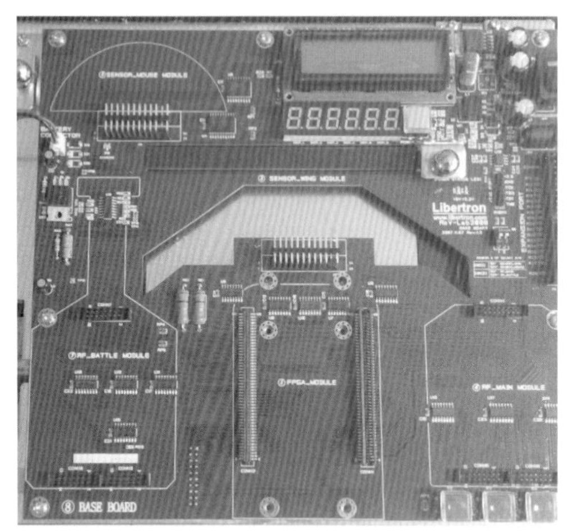

(a) 베이스 보드

(b) FPGA 모듈

[그림 5.2] iRoV-Lab 3000 실습장비를 구성하는 모듈(계속)

(c) 적외선 센서 모듈(라인 트레이서용)

(d) 적외선 센서 모듈(마이크로 마우스용)

(e) 모터 모듈

(f) RF Main(수신부) 모듈

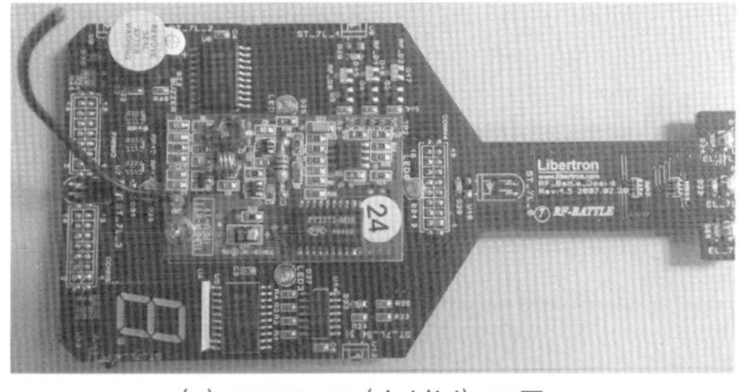

(g) RF Battle(수신부) 모듈

(h) RF 송신부 장치

[그림 5.2] iRoV-Lab 3000 실습장비를 구성하는 모듈

FPGA 디바이스는 Xilinx Spartan-3 계열의 XC3S400-FT256C 칩이 장착되어 있으며, 40만 시스템 게이트를 갖는다. FPGA 프로그래밍 메모리는 XCF04-SVO20C가 사용되고 있다. AVR은 ATmega128LMLF 소자가 장착되어 있고, SRAM은 16 Mb×2 Bank가 장착되어 있다. USB 포트는 최대 8Mbps의 mini-USB1.1이 지원된다. 모터 모듈은 두 개의 스텝핑 모터와 모터 드라이버가 장착되어 있으며, 배터리와 충전 회로가 내장되어 있다. 적외선 센서 모듈은 940nm의 최대 발광 파장과 800nm의 최대 감도 파장을 갖는다. RF 모듈은 311MHz AM 변조 방식의 무선 송·수신기로 사용된다. 문자 LCD, 7-Segment, LED 등의 디스플레이를 지원하며, mini-USB 포트를 이용하여 PC로 화면을 전송할 수 있으며, 입력 소자로는 PUSH 스위치, DIP 스위치, 리셋 스위치가 지원된

다. 각 모듈의 주요 사양은 [표 5.1]과 같다.

[표 5.1] iRoV-Lab 3000 실습장비의 사양

<table>
<tr><th>모듈</th><th>항목</th><th>사양</th><th>비고</th></tr>
<tr><td rowspan="7">FPGA 모듈
(FPGA+AVR)</td><td>FPGA</td><td>XC3S400-FT256C</td><td>40만 시스템 게이트</td></tr>
<tr><td>Configuration Memory</td><td>XCF04-SVO20C</td><td>4 Mbit</td></tr>
<tr><td>AVR</td><td>ATmega128LMLF</td><td>3.6864 MHz</td></tr>
<tr><td>SRAM</td><td>CYK001M16SCCA
(16 Mb x 2)</td><td>2 Bank</td></tr>
<tr><td>USB Controller</td><td>FT245BM</td><td></td></tr>
<tr><td>USB Port</td><td>Mini-USB1.1</td><td>Max. 8 Mbps</td></tr>
<tr><td>Oscillator</td><td>SCO-103 (50 MHz)</td><td></td></tr>
<tr><td rowspan="2">Camera 모듈</td><td>CMOS Camera</td><td>PO3130</td><td>130만 화소</td></tr>
<tr><td>LED</td><td>조명용 LED</td><td>Option</td></tr>
<tr><td>RF 모듈</td><td colspan="2">무선 송/수신기 각각 3Key (311 MHz AM 변조 방식)</td><td></td></tr>
<tr><td>적외선
센서 모듈</td><td colspan="2">적외선 센서
■ 발광부: 최대 발광파장 940 nm
■ 수광부: 최대 감도파장 800 nm
■ 라인 트레이서용 1개
■ 마이크로 마우스용 1개</td><td></td></tr>
<tr><td>Motor 모듈</td><td colspan="2">■ Stepping Motor 2개
■ Motor Driver 2개</td><td>충전회로내장</td></tr>
<tr><td>디스플레이</td><td colspan="2">■ 문자 LCD(16x2) ■ LED 8 bits
■ 7-Segment(6 digits)</td><td></td></tr>
<tr><td>스위치</td><td colspan="2">■ PUSH_SW 6개 ■ DIP_SW</td><td></td></tr>
</table>

5.2 FPGA 모듈

FPGA 모듈의 앞면과 뒷면은 각각 [그림 5.3(a),(b)]와 같이 구성된다. 앞면에 부착된 부품들은 다음과 같다.

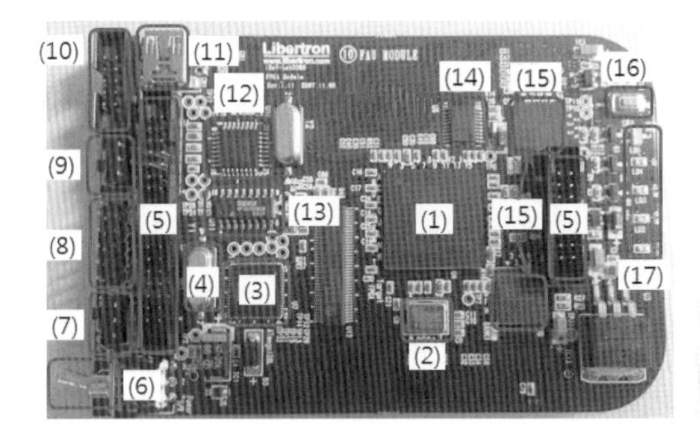

(a) 앞면

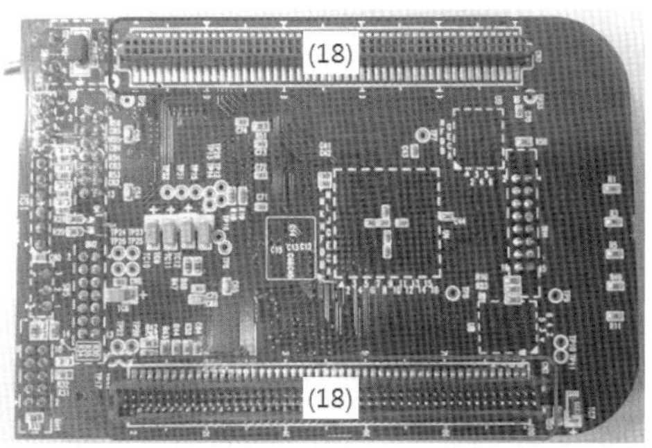

(b) 뒷면

1	FPGA device	10	SPI port(BH1)
2	OSC1	11	Mini-USB1.1
3	AVR	12	USB FIFO
4	X-TAL	13	SP3232
5	BH2, BH3, BH4	14	ISP PROM
6	Power SW	15	PSRAM
7	FPGA Config Mode SW	16	Reset SW
8	JTAG port	17	LED
9	ISP/UART SW	18	CONN1, 2

(c) 부분별 명칭

[그림 5.3] FPGA 모듈

(1) FPGA 디바이스: Xilinx Spartan-3 계열의 FPGA 디바이스이며, 40만 시스템 게이트 급의 XC3S400-FT256C 또는 20만 게이트 급의 XC3S200-PQ208이 장착된다.

(2) OSC1: FPGA 전용 오실레이터로서 50MHz의 클록신호 FPGA_CLK을 공급하며, FPGA 디바이스의 T9 핀에 연결되어 있다.

(3) AVR: ATMEL사의 마이크로 컨트롤러 ATmega128LMLF이 장착되어 있으며, AVR과 FPGA의 포트 연결은 다음과 같다.

AVR Port Name	Connection	I/O	Note
PA	FPGA Port	Output	AVR Address [7:0]
PB	SPI Port	-	AVR ISP Port
PC	FPGA Port	Output	AVR Address [15:8]
PD	FPGA Port	In-Out	AVR Data [7:0]
PE	SPI & FPGA Port	In-Out	AVR ISP Port & GPIO
PF	Motor & FPGA Port	In-Out	Expansion Port N-Channel

(4) X-TAL: AVR 전용 수정발진기로서 3.6864MHz의 클록을 공급한다.

(5) RF 모듈 인터페이스 커넥터(BH2, BH3, BH4): FPGA 모듈에 RF 모듈을 장착하기 위한 연결 커넥터이며, 각 커넥터의 핀 맵은 다음과 같다.

〈BH2 Connector Pin-Map〉

Pin NUM(BH2)	Signal Name	FPGA Pin	I/O	Note
1, 2	+3.3V_EXT			
13, 14	GND			
3	LED0	N5	Output	
4	LED1	P7	Output	
5	LED2	T5	Output	
6	LED3	T8	Output	
7	LED4	T3	Output	EL_7L0_B(Battle 기능시)
8	LED5	R3	Output	EL_7L1_B(Battle 기능시)
9	LED6	T4	Output	EL_7L2_B(Battle 기능시)
10	LED7	R3	Output	SEN_IN0_B(Battle 기능시)
11	DIP_SW0	M2	Input	SEN_IN1_B(Battle 기능시)
12	DIP_SW1	M1	Input	SEN_IN2_B(Battle 기능시)

〈BH3 Connector Pin-Map〉

Pin NUM(BH3)	Signal Name	FPGA Pin	I/O	Note
1, 2	+3.3V_EXT			
9~14	GND			
3	DIP_SW2	L5	Input	SEN_IN3_B(Battle 기능시)
4	DIP_SW3	L4	Input	SEN_IN4_B(Battle 기능시)
5	PUSH_SW0	P2	Input	SEN_IN5_B(Battle 기능시)
6	PUSH_SW1	N3	Input	
7	PUSH_SW2	N2	Input	
8	BUZZER	T10	Output	

〈BH4 Connector Pin-Map〉

Pin NUM(BH4)	Signal Name	FPGA Pin	I/O	Note
1, 2	+5V			
13, 15, 16	GND			
3	SEG_B	C1	Output	
4	SEG_A	G2	Output	
5	SEG_D	C2	Output	
6	SEG_C	B1	Output	
7	SEG_F	D1	Output	
8	SEG_E	C3	Output	
9	SEG_DP	E3	Output	
10	SEG_G	D2	Output	
11	RF_DATA1	K1	Input	
12	RF_DATA0	R1	Input	
14	RF_DATA2	P1	Input	

(6) 전원 스위치: FPGA 모듈에 전원을 공급하기 위한 스위치이다.

(7) FPGA Configuration 모드 스위치: 타깃 FPGA의 configuration 방식을 JTAG(Joint Test Action Group) 모드 또는 Master-Serial 모드로 설정해 주는 스위치이다. 스위치가 JTAG 모드로 선택되면 JTAG 포트를 통해 configuration 데이터를 FPGA 디바이스로 다운로드할 수 있다. Master-Serial 모드로 선택되면 전원인가 시에 PROM(14)에 프로그래밍되어 있는 회로 구성 정보가 FPGA 디바이스로 시리얼로 로드된다.

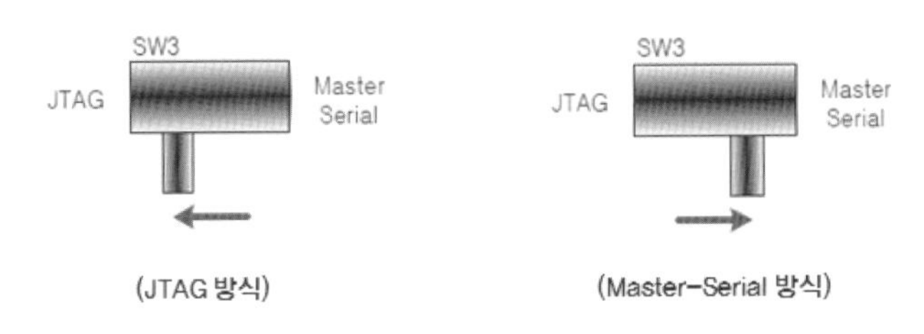

〈 FPGA Configuration 모드 스위치 동작 〉

(8) JTAG 포트: FPGA 디바이스에 회로 구성 정보를 다운로드하기 위한 포트

(9) ISP/UART 스위치: 직렬 포트의 모드를 설정하는 스위치이며, AVR의 ISP (In-System Programming) 모드 또는 UART 모드가 결정된다.

〈 ISP/UART 스위치 동작 〉

(10) SPI 포트(BH1): 직렬 인터페이스 포트이며, AVR을 SPI(Serial Peripheral Interface) 방식으로 프로그램할 때 또는 RS232C 통신을 실습할 때 사용된다.

(11) Mini USB1.1: 최대 8 Mbps를 지원하는 Mini-USB1.1 포트이다.

(12) USB FIFO: FTDI사의 USB FIFO 칩(FT245BM)으로서 USB와 Parallel FIFO 간의 양방향 데이터 전송 버퍼 기능을 제공한다.

(13) SP3232: RS-232C 직렬통신을 위해 MAX3232와 호환인 SIPEX사의 SP3232EBCN 칩이 장착되어 있으며, UART 실습을 지원한다. UART 실습 시에는 ISP/UART 스위치 (9)를 UART 모드로 선택해야 한다.

(14) PROM: 회로 구성 정보를 저장하는 PROM 디바이스로서 Xilinx사의 XCF04-SVO20C이 장착되어 있으며, 4Mbit의 용량을 지원한다. PROM에 저장된 정보는 Master- Serial 방식으로 FPGA 디바이스에 로딩되어 회로를 구성한다.

(15) PSRAM: Cypress사의 PSRAM(Pseudo SRAM) 디바이스(CY62167DV30LL-55BVXI)가 16Mb 용량의 2뱅크 구조로 실장되어 있다. PSRAM은 Pseudo SRAM(유사 SRAM)을 나타내며, DRAM의 고집적/저가격 특성과 SRAM의 안정된 동작과 사용 간편성의 장점을 결합한 메모리로서 DRAM의 단순한 메모리 셀 구조를 사용하되 리프래시(refresh) 회로를 내장하여 사용자 입장에서는 SRAM과 같이 사용하도록 만들어진 메모리이다.

(16) 리셋 스위치: FPGA와 AVR에 리셋 신호를 발생하는 푸시 스위치이다. 스위치를 누르면 FPGA 디바이스의 F4 핀으로 active 'L'의 리셋 신호가 인가된다.

(17) LED: FPGA 모듈의 전원 상태와 타깃 FPGA의 configuration 상태를 나타내는 LED이며, 각 LED는 다음과 같은 상태를 나타낸다.

Part Number	Name	Note
LD4	+5V	RF Module에 공급되는 +5V 전원 LED
LD3	+3.3V	Target FPGA VCCO[주1)] 전원 상태를 나타내는 LED AVR의 전원 상태를 나타내는 LED
LD2	+2.5V	Target FPGA VCCAUX[주2)] 전원 상태를 나타내는 LED
LD1	+1.2V	Target FPGA VCCINT[주3)] 전원 상태를 나타내는 LED
LD5	FPGA-DONE	Target FPGA Configuration 완료 상태를 나타내는 LED

주 1) VCCO : FPGA의 I/O Port에 공급되는 전원

2) VCCAUX : FPGA Configuration 관련 I/O Port에 공급되는 전원

3) VCCINT : FPGA 내부 Core에 공급되는 전원

(18) CONN1, CONN2: FPGA 모듈의 뒷면([그림 5.3(b)])에 외부 모듈들과의 인터페이스를 위해 총 200 핀의 커넥터 포트(CONN1 100 pins, CONN2 100 pins)가 제공된다. 두 커넥터 포트를 통해 마더 보드로 연결되어 적외선 센서 모듈, 모터 모듈, RF 모듈과의 인터페이스가 제공된다.

5.3 라인 트레이서용 적외선 센서 모듈

라인 트레이서용 적외선 센서 모듈의 앞면과 뒷면은 각각 [그림 5.4(a),(b)]와 같이 구성된다. [그림 5.4(b)]와 같이 적외선 발광 다이오드(EL-7L0 ~ EL-7L6)와 수광 센서(ST-7L0 ~ ST-7L6) 쌍 7개가 모듈의 뒷면에 바닥을 향해 장착되어 있다. 날개 모양의 적외선 센서 모듈 좌·우 끝부분과 중앙 그리고 중앙의 좌·우에 각각 2개씩 배치되어 있다. 적외선 센서 모듈의 앞면([그림 5.4(a)])에는 발광 확인 LED(D15 ~ D21)와 수광 확인 LED(D23 ~ D29), 그리고 3개의 사용자 LED(D22, D30, D31)가 배치되어 있다. 적외선 센서 모듈을 모터 모듈에 장착하기 위한 커넥터(Motor Mod IF CONN1)도 부착되어 있다.

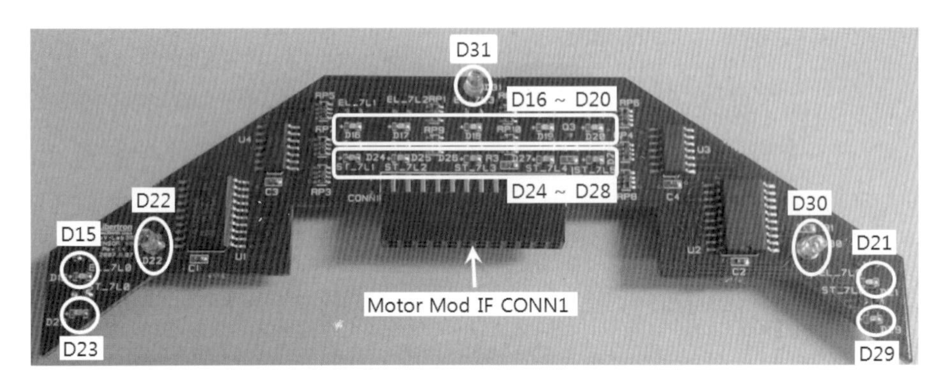

(a) 앞면

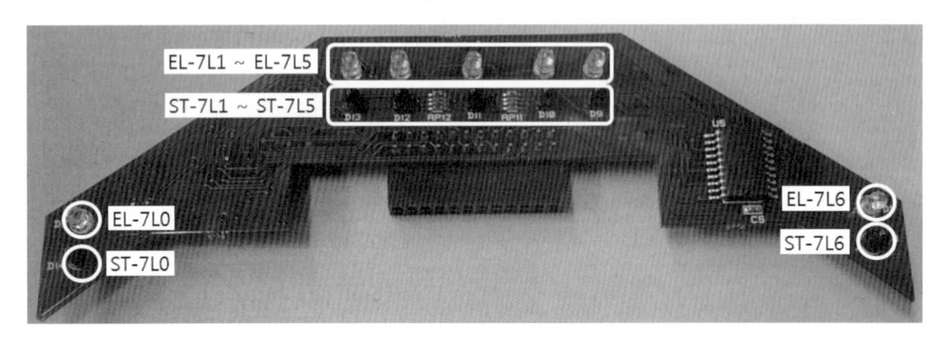

(b) 뒷면

[그림 5.4] 라인 트레이서용 적외선 센서 모듈

발광 다이오드와 수광 센서는 흰색 바닥과 검은색 선 또는 검은색 바닥과 흰색 선을 감지하여 FPGA 모듈에 감지된 신호를 전달하는 기능을 수행한다. 예를 들어 [그림 5.5]와 같이 검은색 선을 인식하는 수광 센서 ST-7L3에서는 'L'이 출력되고, ST-7L3에 대응되는 센서 확인 LED(D26)은 소등된다. 반면에 흰색 바닥을 인식하는 수광 센서 ST-7L0에서는 'H'가 출력되고, ST-7L0에 대응되는 센서 확인 LED(D23)는 점등된다.

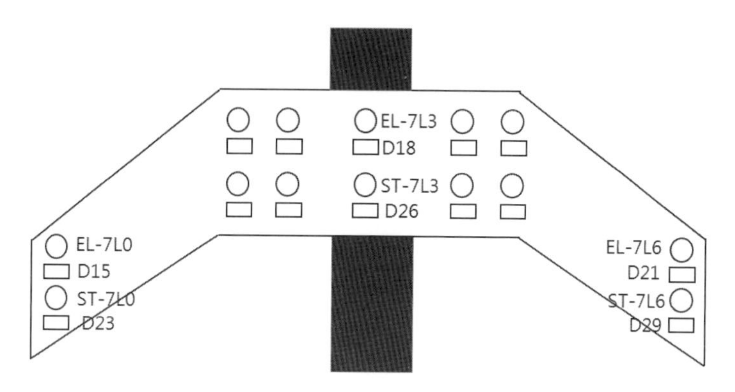

[그림 5.5] 라인 트레이서용 적외선 센서 모듈의 동작 예

(1) 적외선 발광 다이오드(EL-7L0 ~ EL-7L6): 시야각(viewing angle)이 ±17°로 고지향성이고, 중심 발광파장은 940nm인 근적외선 발광 LED이며, 'H' 신호가 인가되면 적외선 파장을 발생시킨다. 발광 LED의 출력은 레벨 값이 아닌 구형파 형태로 출력되어야 하며, 최대 효율 주파수는 500Hz 정도이다. 발광 다이오드의 출력신호 이름과 FPGA 핀 매핑은 다음과 같다.

Signal Name	FPGA Pin	I/O	Note
SEN_OUT〈0〉	R5	Output	Active 'H'
SEN_OUT〈1〉	P5	Output	Active 'H'
SEN_OUT〈2〉	N6	Output	Active 'H'
SEN_OUT〈3〉	M6	Output	Active 'H'
SEN_OUT〈4〉	R6	Output	Active 'H'
SEN_OUT〈5〉	P6	Output	Active 'H'
SEN_OUT〈6〉	N7	Output	Active 'H'

(2) 수광 센서(ST-7L0 ~ ST-7L6): 감도 파장은 480 ~ 1,000nm이고 중심 감도파장은 800nm인 적외선 수광 센서이다. 적외선 수신 시 'H'가 출력되며, 형광등과 같은 외광에 의해 간섭을 받아 오동작할 수 있으므로, 비교적 외광이 적은 곳에서 작동시키는 것이 좋다. 수광 센서의 출력신호 이름과 FPGA 핀 매핑은 다음과 같다.

Signal Name	FPGA Pin	I/O	Note
SEN_IN〈0〉	L3	Input	Active 'H'
SEN_IN〈1〉	L2	Input	Active 'H'
SEN_IN〈2〉	K5	Input	Active 'H'
SEN_IN〈3〉	K4	Input	Active 'H'
SEN_IN〈4〉	K3	Input	Active 'H'
SEN_IN〈5〉	K2	Input	Active 'H'
SEN_IN〈6〉	J4	Input	Active 'H'

(3) 발광 확인 LED(D15 ~ D21): 발광 다이오드의 출력신호가 정상적으로 나오는지를 확인하기 위한 LED이며, 적외선 발광 다이오드에서 'H'가 출력되면 확인 LED가 점등된다. 발광 다이오드와 발광 확인 LED는 다음과 같이 매칭된다.

발광 확인 LED	D15	D16	D17	D18	D19	D20	D21
발광 다이오드	EL-7L0	EL-7L1	EL-7L2	EL-7L3	EL-7L4	EL-7L5	EL-7L6

(4) 수광 확인 LED(D23 ~ D29): 수광 센서의 출력신호가 정상적으로 나오는지를 확인하기 위한 LED이며, 수광 센서에서 'H'가 출력되면 확인 LED가 점등된다. 수광 센서와 수광 확인 LED는 다음과 같이 매칭된다.

수광 확인 LED	D23	D24	D25	D26	D27	D28	D29
수광 센서	ST-7L0	ST-7L1	ST-7L2	ST-7L3	ST-7L4	ST-7L5	ST-7L6

(5) 사용자 LED(D22, D30, D31): 적외선 센서 모듈의 중앙, 좌측, 우측에 각각 한 개씩 배치되어 있으며, 'H' 입력 시에 점등된다. 이동 로봇 구현 시에 직진, 우회전, 좌회전 등의 진행 방향을 표시하는 용도로 응용할 수 있다. LED 입력신호 이름과 FPGA 핀 매핑은 다음과 같다.

Signal Name	FPGA Pin	I/O	Note
SL_LED	D3	Output	Active 'H'
SC_LED	E2	Output	Active 'H'
SR_LED	E1	Output	Active 'H'

(6) 모터 모듈 인터페이스 커넥터(CONN1): 적외선 센서 모듈을 모터 모듈에 장착하기 위해 사용되는 커넥터이며, 적외선 센서 모듈의 신호들은 모터 모듈을 통해 FPGA 모듈의 FPGA 디바이스와 신호를 주고받는다.

5.4 마이크로 마우스용 적외선 센서 모듈

마이크로 마우스용 적외선 센서 모듈은 수광 및 발광 센서가 전방을 향해 배치되어 있어 전방의 물체를 감지하여 FPGA 모듈에 감지된 신호를 전달하는 기능을 수행하며, 모듈의 앞면과 뒷면은 각각 [그림 5.6(a),(b)]와 같이 구성된다. 모듈의 앞면에는 [그림 5.6(a)]와 같이 적외선 발광 다이오드(EL-7L0 ~ EL-7L6)가 전면을 향해 장착되어 있고, 뒷면에는 [그림 5.6(b)]와 같이 수광 센서(ST-7L0 ~ ST-7L6)가 전면을 향해 장착되어 있다. 적외선 센서 모듈의 앞면([그림 5.6(a)])에는 발광 확인 LED(D46 ~ D52)와 수광 확인 LED(D54 ~ D60) 그리고 3개의 사용자 LED(D53, D61, D62)가 배치되어 있다. 적외선 센서 모듈을 모터 모듈에 장착하기 위한 커넥터(Motor Mod IF CONN1)도 부착되어 있다.

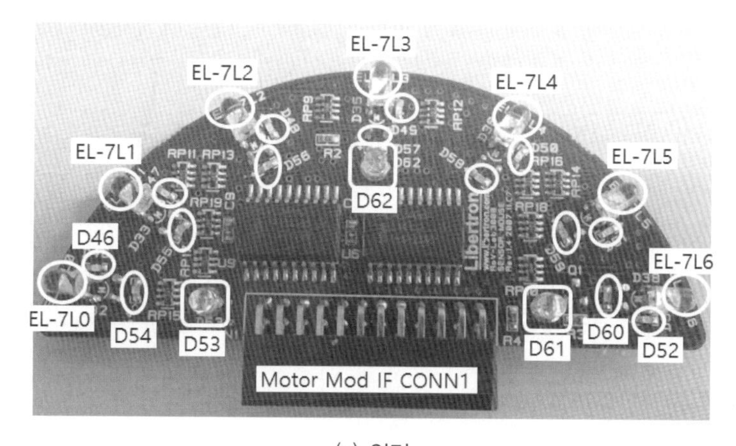

(a) 앞면

[그림 5.6] 마이크로 마우스용 적외선 센서 모듈(계속)

(b) 뒷면

[그림 5.6] 마이크로 마우스용 적외선 센서 모듈

발광 다이오드와 수광 센서는 전방의 물체를 감지하여 FPGA 모듈에 감지된 신호를 전달하는 기능을 수행한다. 예를 들어 [그림 5.7]과 같이 전방에 있는 물체를 인식하는 경우, 수광 센서 ST-7L3에서는 'H'가 출력되고, ST-7L3에 대응되는 센서 확인 LED(D57)가 점등된다. 반면에 물체가 인식되지 않은 수광 센서 ST-7L0에서는 'L'이 출력되고, ST-7L0에 대응되는 센서 확인 LED(D54)는 소등된다.

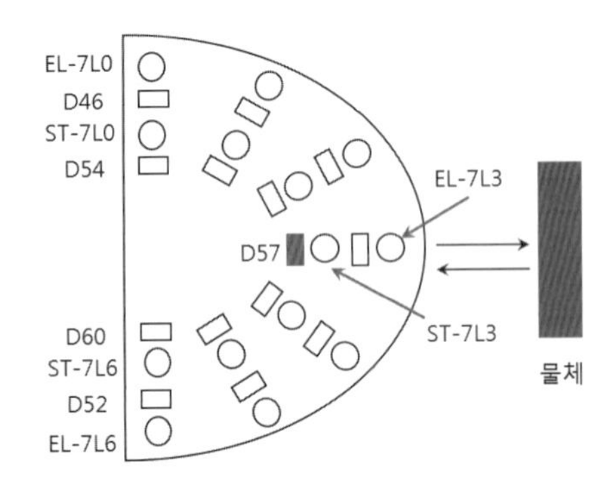

[그림 5.7] 마이크로 마우스용 적외선 센서 모듈의 동작 예

(1) 적외선 발광 다이오드(EL-7L0 ~ EL-7L6): 시야각(viewing angle)이 ±17°로 고지향성이고, 중심 발광파장은 940nm인 근적외선 발광 LED이며, 'H' 신호가 인가되면 적외선 파장을 발생시킨다. 발광 LED의 출력은 레벨 값이 아닌 구형파 형태로 출력되어야 하며, 최대 효율 주파수는 500Hz 정도이다. 발광 다이오드의 출력신호 이름과 FPGA 핀은 라인 트레이서용 적외선 센서 모듈과 동일하다.

(2) 수광 센서(ST-7L0 ~ ST-7L6): 감도 파장은 480 ~ 1,000nm이고 중심 감도파장은 800nm인 적외선 수광 센서이다. 적외선 수신 시 'H'가 출력되며, 형광등과 같은 외광에 의해 간섭을 받아 오동작할 수 있으므로, 비교적 외광이 적은 곳에서 작동시키는 것이 좋다. 수광 센서의 출력신호 이름과 FPGA 핀은 라인 트레이서용 적외선 센서 모듈과 동일하다.

(3) 발광 확인 LED(D46 ~ D52): 발광 다이오드의 출력신호가 정상적으로 나오는지를 확인하기 위한 LED이며, 적외선 발광 다이오드에서 'H'가 출력되면 확인 LED가 점등된다. 발광 다이오드와 발광 확인 LED는 다음과 같이 매칭된다.

발광 확인 LED	D46	D47	D48	D49	D50	D51	D52
발광 다이오드	EL-7L0	EL-7L1	EL-7L2	EL-7L3	EL-7L4	EL-7L5	EL-7L6

(4) 수광 확인 LED(D54 ~ D60): 수광 센서의 출력신호가 정상적으로 나오는지를 확인하기 위한 LED이며, 수광 센서에서 'H'가 출력되면 확인 LED가 점등된다. 수광 센서와 수광 확인 LED는 다음과 같이 매칭된다.

수광 확인 LED	D54	D55	D56	D57	D58	D59	D60
수광 센서	ST-7L0	ST-7L1	ST-7L2	ST-7L3	ST-7L4	ST-7L5	ST-7L6

(5) 사용자 LED(D53, D61, D62): 적외선 센서 모듈의 중앙, 좌측, 우측에 각각 한 개씩 배치되어 있으며, 'H' 입력 시에 점등된다. 이동 로봇 구현 시에 직진, 우회전, 좌회전 등의 진행 방향을 표시하는 용도로 응용할 수 있다. LED 입력 신호 이름과 FPGA 핀은 라인 트레이서용 적외선 센서 모듈과 동일하다.

(6) 모터 모듈 인터페이스 커넥터(CONN1): 적외선 센서 모듈을 모터 모듈에 장착하기 위해 사용되는 커넥터이며, 적외선 센서 모듈의 신호들은 모터 모듈을 통해 FPGA 모듈의 FPGA 디바이스와 신호를 주고받는다.

5.5 모터 모듈

모터 모듈은 모터와 바퀴로 구성되어 있어서 마이크로 마우스, 라인 트레이서, 무선 조종 로봇(자동차) 구현 시 주행 기능을 수행한다. 로봇의 전진, 후진, 좌회전, 우회전의 주행 방향과 가속/감속 등을 제어하는 기능을 제공한다. 모터 모듈에는 충전회로가 내장되어 있어서 Ni-MH 배터리의 충전 기능을 지원한다. 모터 모듈은 [그림 5.8]과 같이 구성된다.

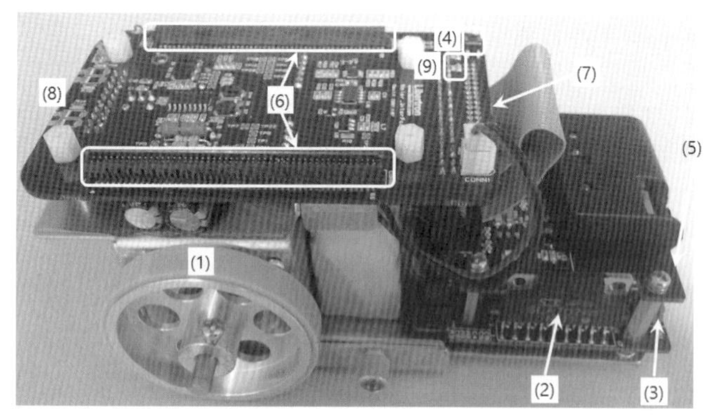

1	Stepping Motor
2	Motor Driver IC
3	Motor Torque Control VR
4	Power Enable SW
5	Sensor Module Connector
6	FPGA Module Connector
7	Expansion Port
8	Base Board Connector
9	Battery Status LED

[그림 5.8] 모터 모듈

(1) 스텝핑 모터: SHINAKO KENSHI사의 SST45D1100 모터가 장착되어 있으며, 펄스당 스텝 각은 1.8°이고, holding 토크는 1.9kg-cm이다. 최대 4,000pps(pulse per second)의 속도를 갖는다. 참고로 holding Torque는 모터의 회전자가 회전하지 않고 정지한 상태에서 최대로 출력할 수 있는 토크를 말한다. Holding 토크가 1.9kg-cm라는 의미는 1cm에 매달린 1.9kg의 물체를 지탱할 수 있음을 의미한다.

(2) 모터 드라이버(U1, U2): 스텝핑 모터를 구동시키기 위한 구동 IC로서 FPGA에서 공급되는 신호를 증폭하여 스텝핑 모터에 인가하는 역할을 한다.

(3) 모터 토크 조절 가변저항(VR1): 스텝핑 모터의 토크를 조절해 주는 가변저항으로 모터 드라이버에서 출력되는 전류를 제어하여 모터의 출력 토크를 조절해 준다. 가변저항(VR1)을 시계방향으로 돌리면 모터의 토크가 커지고 반시계 방향으로 돌리면 토크가 작아진다.

(4) 전원 스위치(SW1): 배터리의 전원공급을 ON/OFF시키는 스위치이며, 배터리로부터 전원이 공급되면 Power Ready LED(D15)가 점등되고 SW1를 누를 때마다 보드에 전원을 ON/OFF시킬 수 있다.

(5) 적외선 센서 모듈 인터페이스 커넥터(H2): 적외선 센서 모듈이 장착되는 커넥터이다.

(6) FPGA 모듈 인터페이스 커넥터(CONN2, CONN3): FPGA 모듈이 장착되는 커넥터이다.

(7) 확장 포트(CONN7): FPGA 모듈의 I/O 핀 16개와 연결되어 있는 커넥터로서 외부 회로와의 인터페이스 역할을 하며, 커넥터 핀 번호와 FPGA 핀은 다음과 같이 매핑되어 있다.

Pin NUM (CONN7)	Signal Name	FPGA Pin	I/O	Note
1,3,32,34	+3.3V_EXT			
2,4,31,33	+5V			
5~8,27~30	GND			
26	N.C			
9	ExpN_0	R13	In-Out	Expansion Port N-Channel
10	ExpN_1	T13	In-Out	
11	ExpN_2	P12	In-Out	
12	ExpN_3	R12	In-Out	
13	ExpN_4	N11	In-Out	
14	ExpN_5	P11	In-Out	
15	ExpN_6	R11	In-Out	
16	ExpN_7	M10	In-Out	
17	ExpN_8	N10	In-Out	
18	ExpN_9	P10	In-Out	
19	ExpN_10	R10	In-Out	
20	ExpN_11	P9	In-Out	
21	ExpN_12	R9	In-Out	
22	ExpN_13	G16	In-Out	
23	ExpN_14	G5	In-Out	
24	ExpN_15	F5	In-Out	
25	Exp_GCLKN	N8	Input	N-Channel Clock

(8) 베이스 보드 인터페이스 커넥터(CONN4): 베이스 보드에 연결하기 위한 커넥터이며, 커넥터 핀 번호와 FPGA 핀은 다음과 같이 매핑되어 있다.

Signal Name	FPGA Pin	I/O	Note
MTL_IN_A	M7	Output	Left Motor Phase_A
MTL_IN_B	T7	Output	Left Motor Phase_B
MTL_IN_nA	R7	Output	Left Motor Phase_not A
MTL_IN_nB	P8	Output	Left Motor Phase_not B

Signal Name	FPGA Pin	I/O	Note
MTR_IN_A	T12	Output	Right Motor Phase_A
MTR_IN_B	T14	Output	Right Motor Phase_B
MTR_IN_nA	N12	Output	Right Motor Phase_not A
MTR_IN_nB	P13	Output	Right Motor Phase_not B

(9) 배터리 상태 표시 LED(D16,D5): 배터리의 충전 상태와 충전 시기를 나타내는 LED이며, 각 LED가 나타내는 배터리 상태는 다음과 같다.

Part Number	Name	Note
D16	Battery Empty	Battery의 충전 시기를 알리는 LED(점등 → 충전시기)
D5	Fast Charge	Battery의 충전 상태를 나타내는 LED Battery 충전 중에 점등되고 충전이 완료되면 소등된다

5.6 RF 모듈

RF 모듈에는 RF 수신기가 장착되어 있어서 RF 송신부에서 전송되는 데이터를 디코딩하여 FPGA 모듈에 전달하는 기능을 수행한다. RF 모듈에는 입력부에 해당하는 PUSH 스위치 3개, DIP 스위치 1개가 장착되어 있으며, 출력부에 해당하는 buzzer 1개, LED 8개, 7-Segment 1개를 지원한다. 이와 같은 입출력 소자를 통해 설계된 회로의 정상동작 여부를 확인할 수 있는 기능을 제공한다. RF Battle 모듈은 PUSH 스위치와 DIP 스위치를 지원하지 않는다.

RF Battle 모듈에는 발광 다이오드(EL-7L) 3개와 수광 센서(ST-7L) 6개가 장착되어 있어 로봇 간에 battle을 할 수 있는 기능을 제공한다. RF 모듈은 [그림 5.9]와 같이 구성된다.

RF 송신 모듈과 수신 모듈은 동일한 번호(주소 값)를 갖는 송신 모듈과 수신 모듈이 한 쌍으로 동작하므로, 실습 전에 모듈의 번호를 확인해야 한다. 만약, 송신 모듈과 수신 모듈의 주소 값이 동일하지 않으면 모듈 간에 데이터 송·수신이 불가능하다. RF 송신부와 수신부의 번호는 [그림 5.9(b)]에서 보는 바와 같이 스티커로 표시되어 있다.

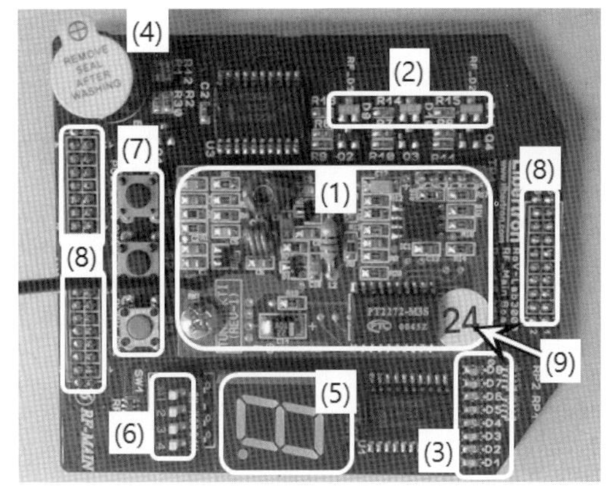

(a) RF 수신부

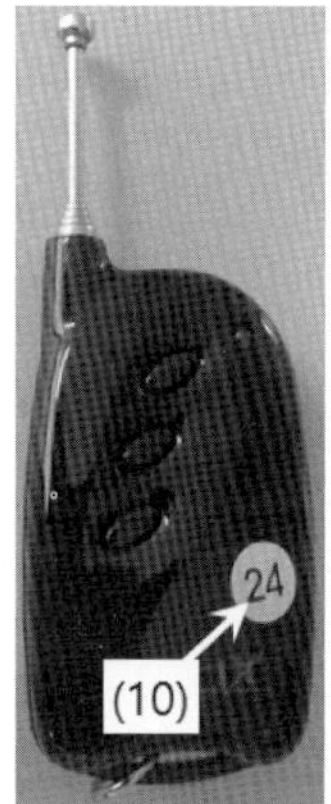

(b) RF 송신부

1	RF 수신부	6	DIP 스위치
2	RF 데이터 확인 LED	7	PUSH 스위치
3	사용자 LED	8	FPGA Module Connector
4	Buzzer	9	수신부 번호
5	7-Segment Display	10	송신부 번호

(c) 부분별 명칭

[그림 5.9] RF 모듈과 송신기

(1) RF 수신부: RF 송신부에서 보내는 정보를 수신하고 디코딩해서 3비트의 신호를 FPGA 모듈로 출력한다. 신호이름과 FPGA 입력 핀의 매핑관계는 다음과 같다.

Signal Name	FPGA Pin	I/O	Note
RF_DATA0	K1	Input	Active 'H'
RF_DATA1	R1	Input	Active 'H'
RF_DATA2	P1	Input	Active 'H'

(2) RF 데이터 확인 LED(D9~D11): RF 수신 모듈에서 디코딩되어 FPGA 모듈로 출력되는 데이터를 확인하기 위한 LED이며, 수신 데이터가 'H'이면 LED가 점등된다. RF 송신부의 키 번호와 수신 데이터 그리고 확인 LED는 다음과 같이 매칭된다. 예를 들어 송신부의 1번 키를 누르면 RF_DATA2에 'H'가 출력되고, 확인 LED D1이 점등된다.

송신부 키 번호	1	2	3
수신 데이터	RF_DATA2	RF_DATA1	RF_DATA0
확인 LED	D1	D10	D9

(3) 사용자 LED(D1 ~ D8): FPGA 모듈의 출력 데이터 확인을 위해 사용할 수 있는 8개의 LED이며, 'H'가 인가되면 점등된다. 신호이름과 LED 이름 그리고 FPGA 입력 핀의 매핑 관계는 다음과 같다.

Signal Name	LED	FPGA Pin	I/O	Note
LED0	D1	N5	Output	Active 'H'
LED1	D2	P7	Output	Active 'H'
LED2	D3	T5	Output	Active 'H'
LED3	D4	T8	Output	Active 'H'
LED4	D5	T3	Output	Active 'H'
LED5	D6	R3	Output	Active 'H'
LED6	D7	T4	Output	Active 'H'
LED7	D8	R4	Output	Active 'H'

(4) Buzzer(BZ1): 사용자 부저로서 'H'가 입력되면 "삐~"하는 부저 음을 발생하며, PUSH 스위치 또는 DIP 스위치 등 입력장치의 입력값을 확인하기 위해 사용할 수 있다. 신호이름과 FPGA 핀은 다음과 같이 매핑되어 있다.

Signal Name	FPGA Pin	I/O	Note
BUZZER	T10	Output	Active 'H'

(5) 7-Segment(U2): 1-digit의 사용자 7-Segment 표시장치이며, 도트(dot)를 포함하여 8-비트의 신호로 구동된다. 신호이름과 FPGA 핀은 다음과 같이 매핑되어 있다.

Signal Name	FPGA Pin	I/O	Note
SEG_A	G2	Output	Active 'H'
SEG_B	C1	Output	Active 'H'
SEG_C	B1	Output	Active 'H'

Signal Name	FPGA Pin	I/O	Note
SEG_D	C2	Output	Active 'H'
SEG_E	C3	Output	Active 'H'
SEG_F	D1	Output	Active 'H'
SEG_G	D2	Output	Active 'H'
SEG_DP	E3	Output	Active 'H'

(6) DIP 스위치(SW1): [그림 5.10]과 같은 사용자 입력용 4-입력 DIP(dual in-line) 스위치이며, 'ON'위치에서 'L'이 입력된다. 신호이름과 FPGA 핀은 다음과 같이 매핑되어 있다.

Signal Name	FPGA Pin	I/O	Note
DIP_SW0	M2	Input	Active 'L'
DIP_SW1	M1	Input	Active 'L'
DIP_SW2	L5	Input	Active 'L'
DIP_SW3	L4	Input	Active 'L'

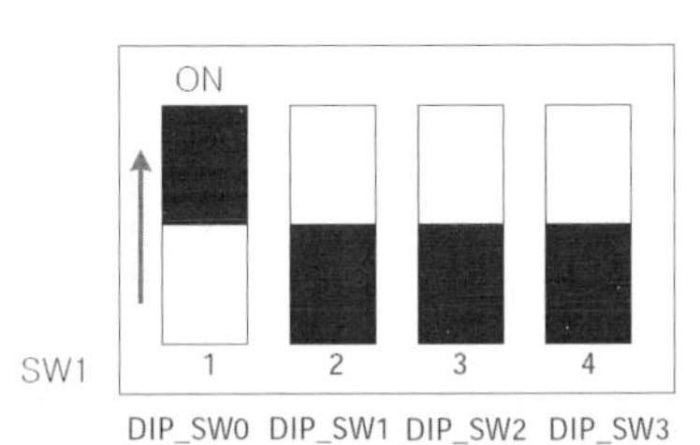

[그림 5.10] DIP 스위치

(7) PUSH 스위치(S1 ~ S3): 사용자 입력용 PUSH 스위치이며, 누르면 'L'이 입력된다. 신호이름과 FPGA 핀은 다음과 같이 매핑되어 있다.

Signal Name	FPGA Pin	I/O	Note
PUSH_SW0	P2	Input	Active 'L'
PUSH_SW1	N3	Input	Active 'L'
PUSH_SW2	N2	Input	Active 'L'

(8) FPGA 모듈 커넥터(CONN1 ~ CONN3): 베이스 보드 또는 FPGA 모듈에 장착시키기 위한 커넥터이며, 뒷면에 부착되어 있다.

5.7 RF Battle 모듈

RF Battle 모듈에는 RF 수신기가 장착되어 있어서 RF 송신부에서 전송되는 데이터를 디코딩하여 FPGA 모듈에 전달하는 기능을 수행하며, 또한 발광 다이오드(EL-7L) 3개와 수광 센서(ST-7L) 6개가 장착되어 있어 로봇 간에 battle을 할 수 있는 기능을 제공한다. RF Battle 모듈은 PUSH 스위치와 DIP 스위치를 지원하지 않으며, [그림 5.11]과 같이 구성된다.

RF 송신 모듈과 수신 모듈은 동일한 번호(주소 값)을 갖는 송신 모듈과 수신 모듈이 한 쌍으로 동작하므로, 실습 전에 모듈의 번호를 확인해야 한다. 만약, 송신 모듈과 수신 모듈의 주소 값이 동일하지 않으면 모듈 간에 데이터 송·수신이 불가능하다.

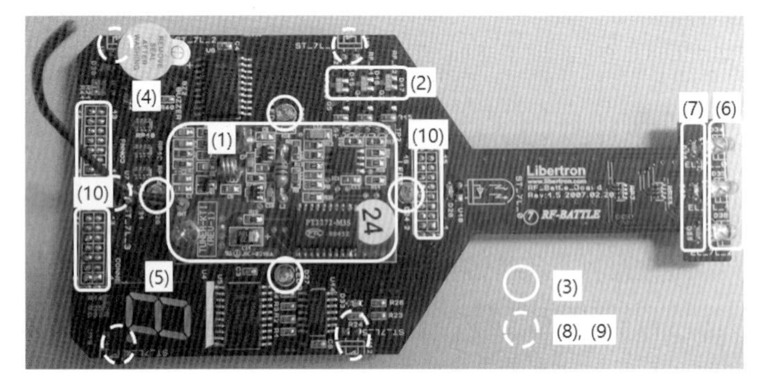

1	RF 수신부	6	적외선 발광 다이오드
2	RF 데이터 확인 LED	7	적외선 수광 센서
3	사용자 LED	8	발광 다이오드 확인 LED
4	Buzzer	9	수광 센서 확인 LED
5	7-Segment Display	10	FPGA Module Connector

[그림 5.11] RF Battle 모듈

(1) RF 수신부: RF 송신부에서 보내는 정보를 수신하고 디코딩해서 3비트의 신호를 FPGA 모듈로 출력한다. 신호이름과 FPGA 입력 핀의 매핑관계는 RF 모듈과 동일하다.

(2) RF 데이터 확인 LED(D15~D17): RF 수신 모듈에서 디코딩되어 FPGA 모듈로 출력되는 데이터를 확인하기 위한 LED이며, 수신 데이터가 'H'이면 LED가 점등된다. RF 송신부의 키 번호와 수신 데이터 그리고 확인 LED는 다음과 같이 매칭된다. 예를 들어 송신부의 1번 키를 누르면 RF_DATA2에 'H'가 출력되고, 확인 LED D15가 점등된다.

송신부 키 번호	1	2	3
수신 데이터	RF_DATA2	RF_DATA1	RF_DATA0
확인 LED	D15	D16	D17

(3) 사용자 LED(D24 ~ D27): FPGA 모듈의 출력 데이터 확인을 위해 사용할 수 있는 4개의 LED이며, 'H'가 인가되면 점등된다. 신호이름과 LED 이름 그리고 FPGA 입력 핀의 매핑 관계는 다음과 같다.

Signal Name	LED	FPGA Pin	I/O	Note
LED0	D24	N5	Output	Active 'H'
LED1	D25	P7	Output	Active 'H'
LED2	D26	T5	Output	Active 'H'
LED3	D27	T8	Output	Active 'H'

(4) Buzzer(BZ1): 사용자 부저로서 'H'가 입력되면 부저 음 "삐~"를 발생하며, PUSH 스위치 또는 DIP 스위치 등 입력장치의 입력값을 확인하기 위해 사용할 수 있다. 신호이름과 FPGA 입력 핀의 매핑관계는 RF 모듈과 동일하다.

(5) 7-Segment(U2): 1-digit의 사용자 7-Segment 표시장치이며, 도트(dot)를 포함하여 8-비트의 신호로 구동된다. 신호이름과 FPGA 입력 핀의 매핑관계는 RF 모듈과 동일하다.

(6) 적외선 발광 다이오드(D34 ~ D36): 범용 적외선 센서(EL-7L) 3개가 전방을 향해 실장되어 있으며, 최대 발광 파장은 940nm이다. 'H' 신호가 인가되면 적외선을 발생시킨다. 적외선 센서 모듈에서와 동일하게 발광 다이오드의 입력은 레벨 값이 아닌 클록 형식으로 인가되어야 한다. 신호이름과 FPGA 입력 핀의 매핑관계는 다음과 같다.

Signal Name	LED	FPGA Pin	I/O	Note
EL_7L〈0〉	D34	T3	Output	Active 'H'
EL_7L〈1〉	D35	R3	Output	Active 'H'
EL_7L〈2〉	D36	T4	Output	Active 'H'

(7) 적외선 수광 센서(D7 ~ D10, D12, D13): 적외선 센서 모듈에서와 동일한 범용 적외선 센서(ST-7L)가 앞면의 후방으로 1개, 뒷면에 5개가 실장되어 있으며, 감도 파장은 480 ~

1,000nm, 최대 감도 파장은 800nm이고, 적외선 수신시에 'H'가 출력된다. 신호이름과 FPGA 핀은 다음과 같이 매핑되어 있다.

Signal Name	FPGA Pin	I/O	Note
SEN_IN〈0〉	L3	Input	상, Active 'H'
SEN_IN〈1〉	L2	Input	좌상, Active 'H'
SEN_IN〈2〉	K5	Input	좌하, Active 'H'
SEN_IN〈3〉	K4	Input	하, Active 'H'
SEN_IN〈4〉	K3	Input	우하, Active 'H'
SEN_IN〈5〉	K2	Input	우상, Active 'H'
SEN_IN〈6〉	J4	Input	

(8) 발광 다이오드 확인 LED(D21 ~ D23): 발광 다이오드로 출력되는 신호가 정상적으로 동작하는지를 확인하는 LED이며, 적외선 발광 다이오드에 'H'가 출력되면 점등된다. 신호이름과 FPGA 핀은 다음과 같이 매핑되어 있다.

확인 LED	D21	D22	D23
발광 센서	EL-7L0	EL-7L1	EL-7L2

(9) 수광 센서 확인 LED(D28 ~ D33): 수광 센서에서 출력되는 신호가 정상적으로 동작하는지를 확인하는 LED이며, 적외선 수광 센서에서 'H'가 출력되면 점등된다. 신호이름과 FPGA 핀은 다음과 같이 매핑되어 있다.

확인 LED	D28	D29	D30	D31	D32	D33
수광 센서	ST-7L0	ST-7L1	ST-7L2	ST-7L3	ST-7L4	ST-7L5

(10) FPGA 모듈 커넥터(CONN4 ~ CONN6): FPGA 모듈에 장착시키기 위한 커넥터가 뒷면에 부착되어 있다.

5.8 베이스 보드

베이스 보드는 [그림 5.12]와 같이 구성되며, FPGA 모듈, 모터 모듈, 적외선 센서 모듈, RF 모듈을 장착할 수 있도록 커넥터가 배치되어 있어 모듈간의 인터페이스 기능을 지원한다. 또한 충전회로가 내장되어 있어서 Ni-MH 배터리의 충전 기능을 지원한다. 배터리 충전 시간은 최대 96분으로 설정되어 있다. 베이스 보드에는 입력부에 해당하는 푸시 스위치 3개와 출력부에 해당하는 7-세그먼트 1개, 문자 LCD 1개를 지원하며, 이와 같은 입출력 소자를 통해 설계된 회로의 정상동작 여부를 확인할 수 있는 기능을 제공한다. 베이스 보드에는 확장 포트가 존재하여 사용자가 설계한 외부 회로를 연결하는 인터페이스를 지원한다. 확장 포트는 34개의 I/O를 제공하며, LVDS(Low Voltage Differential Signaling)를 지원한다.

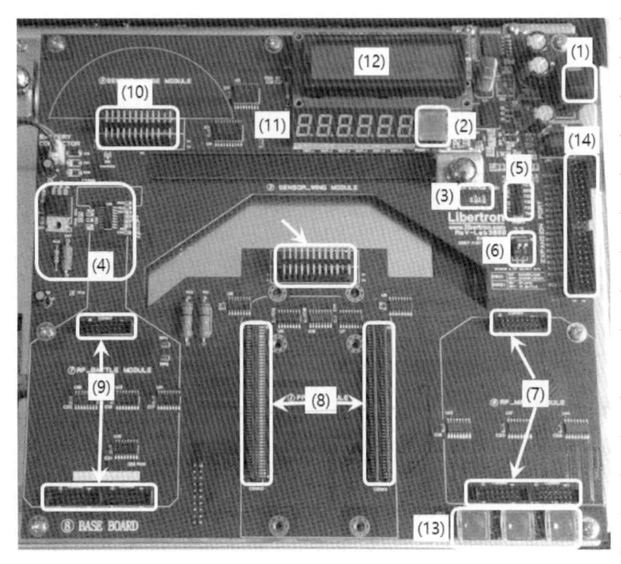

1	Power SW
2	Power Enable SW
3	Power Status LED
4	Charging Part
5	JTAG Port
6	Module Select SW
7	RF Module Connector
8	FPGA Module Connector
9	RF Battle Module Connector
10	Infrared Sensor Module Connector
11	7-Segment Display
12	Text LCD
13	Push SW
14	Expansion Port

[그림 5.12] 베이스 보드

(1) 전원 스위치(S1): FPGA 모듈에 전원을 공급하는 스위치이다.

(2) Power Enable 스위치(SW2): 배터리의 전원공급을 ON/OFF시키는 스위치이며, 배터리로부터 전원이 공급되면 Power Ready LED(D16)가 점등되고 SW2를 누를 때마다 보드에 전원을 ON/OFF시킬 수 있다.

(3) 전원 상태표시 LED(D4, D6): 베이스 보드의 전원상태를 나타내는 LED이며, LED D6는 +5V 전원 공급을 나타내며, LED D4는 +3.3V 전원 공급을 나타낸다.

(4) 배터리 충전부: iRoV-Lab 실습장비에 제공되는 Ni-MH 배터리를 충전시키는 기능을 담당하며, 충전시간은 최대 96분으로 설정되어 있다. LED D18은 충전 상태를 나타내는 LED이며, 배터리가 충전되고 있는 동안에는 점등되고 충전이 완료되면 소등된다.

(5) JTAG 포트(H2): 타깃 FPGA 디바이스에 회로 구성 정보를 다운로드하기 위한 포트이다.

(6) 모듈 선택 스위치(SW1, SW2): RF 모듈과 적외선 센서 모듈을 선택하기 위한 2-비트 DIP 스위치로서 SW1을 'ON'시키면 Sensor-Wing 모듈이 동작하고, 'OFF'시키면 Sensor-Mouse 모듈이 동작한다. SW2를 'ON'시키면 RF-Main 모듈이 동작하고 'OFF' 시키면 RF-Battle 모듈이 동작한다.

(7) RF 모듈 커넥터(CONN4 ~ CONN6): RF Main 모듈이 장착되는 커넥터이다.

(8) FPGA 모듈 커넥터(CONN1, CONN2): FPGA 모듈이 장착되는 커넥터이다.

(9) RF Battle 모듈 커넥터(CONN7 ~ CONN9): RF Battle 모듈이 장착되는 커넥터이다.

(10) 적외선 센서 모듈 커넥터(H3, H4): Sensor-Wing 모듈이 장착되는 커넥터(H3), Sensor-Mouse 모듈이 장착되는 커넥터(H4)이다.

(11) 7-Segment(U3): 사용자 출력 장치로 사용할 수 있는 7-Segment 표시장치이며, [그림 5.13]과 같이 6개의 7-Segment 배열로 구성된다. 7-Segment를 구성하는 8개 LED의 캐소드(cathode)는 공통으로 묶여있으며, DIGIT1 ~ DIGIT6의 신호이름을 갖는다. 7-Segment를 구성하는 8개 LED의 애노드(anode)는 SEG_A ~ SEG_G SEG_DP의 신호이름을 가지며, FPGA 디바이스와의 핀 매핑 관계는 다음과 같다.

Signal Name	FPGA Pin	I/O	Note
DIGIT1	G3	Output	Active 'H'
DIGIT2	G4	Output	Active 'H'
DIGIT3	H3	Output	Active 'H'
DIGIT4	H4	Output	Active 'H'
DIGIT5	H1	Output	Active 'H'
DIGIT6	G1	Output	Active 'H'
SEG_A	G2	Output	Active 'H'
SEG_B	C1	Output	Active 'H'
SEG_C	B1	Output	Active 'H'
SEG_D	C2	Output	Active 'H'
SEG_E	C3	Output	Active 'H'

Signal Name	FPGA Pin	I/O	Note
SEG_F	D1	Output	Active 'H'
SEG_G	D2	Output	Active 'H'
SEG_DP	E3	Output	Active 'H'

[그림 5.13] 7-Segment 배열

(12) 문자 LCD: 16 문자 x 2 행의 문자를 표시할 수 있는 사용자 LCD이다. 문자 LCD의 신호와 FPGA 모듈 사이의 핀 매핑 관계는 다음과 같다.

Signal Name	FPGA Pin	I/O	Note	Function
LCD_A0(RS)	J3	Output	Active 'H'	H:Data Input, L:Instruction Input
LCD_A1(R/W)	J2	Output	Active 'H'	H:Data Read, L:Data Write
LCD_EN	J1	Output	Active 'H'	Enable Signal, H, H → L
LCD_D0	E15	Output	Active 'H'	Data Bus Line
LCD_D1	E16	Output	Active 'H'	
LCD_D2	F12	Output	Active 'H'	
LCD_D3	F13	Output	Active 'H'	
LCD_D4	F14	Output	Active 'H'	
LCD_D5	F15	Output	Active 'H'	
LCD_D6	G12	Output	Active 'H'	
LCD_D7	G13	Output	Active 'H'	

(13) PUSH 스위치(S2 ~ S4): 사용자 입력 PUSH 스위치로서 누르면 'L'이 입력된다.

Signal Name	FPGA Pin	I/O	Note
BASE_PUSH_SW0	N1	Input	Active 'L'
BASE_PUSH_SW1	M4	Input	Active 'L'
BASE_PUSH_SW2	M3	Input	Active 'L'

(14) 확장 포트(CONN10): FPGA 모듈의 I/O 핀 34개와 연결되어 있는 케넥터이며, 외부 회로와의 인터페이스를 위해 사용될 수 있다. FPGA와의 핀 매핑 관계는 다음과 같다.

NUM	Signal Name	FPGA Pin NUM	I/O	Description	Note
75	Exp_GCLKN	N8	I/O	Global Clock Line(N-Channel)	CAMERA_PCLK
76	ExpN_0	R13	I/O	GPIO Expansion Port N (Base Board)	CAMERA_D0
77	ExpN_1	T13	I/O		CAMERA_D1
78	ExpN_2	P12	I/O		CAMERA_D2
79	ExpN_3	R12	I/O		CAMERA_D3
80	ExpN_4	N11	I/O		CAMERA_D4
81	ExpN_5	P11	I/O		CAMERA_D5
82	ExpN_6	R11	I/O		CAMERA_D6
83	ExpN_7	M10	I/O		CAMERA_D7
84	ExpN_8	N10	I/O		CAMERA_MCLK
85	ExpN_9	P10	I/O		CAMERA_HSYNC
86	ExpN_10	R10	I/O		CAMERA_VSYNC
87	ExpN_11	P9	I/O		CAMERA_SCL
88	ExpN_12	R9	I/O		CAMERA_SDA
89	ExpN_13	G16	I/O		-
90	ExpN_14	G5	I/O		-
91	ExpN_15	F5	I/O		-
92	Exp_GCLKP	D9	I/O	Global Clock Line(P-Channel)	LVDS 사용가능 P-Channel
93	ExpP_0	M14	I/O	GPIO Expansion Port P (Base Board)	
94	ExpP_1	N14	I/O		
95	ExpP_2	M16	I/O		
96	ExpP_3	M15	I/O		
97	ExpP_4	L13	I/O		
98	ExpP_5	M13	I/O		
99	ExpP_6	L15	I/O		
100	ExpP_7	L14	I/O		
101	ExpP_8	K12	I/O		
102	ExpP_9	L12	I/O		
103	ExpP_10	K14	I/O		
104	ExpP_11	K13	I/O		
105	ExpP_12	J14	I/O		
106	ExpP_13	J13	I/O		
107	ExpP_14	J16	I/O		
108	ExpP_15	K16	I/O		

5.9 FPGA 디바이스 I/O 핀 매핑

5.9.1 FPGA CLK/RSTB, LED, DIP 스위치, PUSH 스위치, 7-Segment(베이스 보드)

NUM	Signal Name	FPGA Pin NUM	I/O	Description	Note
1	FPGA_CLK	T9	I	Target FPGA Input Clock	50MHz
2	FPGA_RSTB	F4	I	FPGA Board Reset Signal	Active 'L'
3	LED0	N5	O	User Discrete LED (RF Main) Sensor Output Value (RF Battle)	LED [7:0] : Active 'H' EL_7l[2:0] : Active 'H' SEN_IN[0] : Active 'H'
4	LED1	P7	O		
5	LED2	T5	O		
6	LED3	T8	O		
7	LED4/EL_7L0(B)	T3	O		
8	LED5/EL_7L1(B)	R3	O		
9	LED6/EL_7L2(B)	T4	O		
10	LED7/SEN_IN0(B)	R4	I/O		
11	DIP_SW0/SEN_IN1(B)	M2	I	User DIP Switch (RF Main) Sensor Input Value (RF Battle)	DIP SW[3:0] : Active 'L'
12	DIP_SW1/SEN_IN2(B)	M1	I		
13	DIP_SW2/SEN_IN3(B)	L5	I		SEN_IN[4:1] : Active 'H'
14	DIP_SW3/SEN_IN4(B)	L4	I		
15	PUSH_SW0/SEN_IN5(B)	P2	I	User Push Switch (RF Main) Sensor Input Value (RF Battle)	PUSH_SW[2:1] : Active 'L'
16	PUSH_SW1	N3	I		SEN_IN[5] : Active 'H'
17	PUSH_SW2	N2	I		
18	BUZZER	T10	O	User Buzzer (RF Main & Battle)	Active 'H'
19	DIGIT1	G3	O	7-Segment Digit Value (Base Board)	Digit[6:1] Active 'H'
20	DIGIT2	G4	O		
21	DIGIT3	H3	O		
22	DIGIT4	H4	O		
23	DIGIT5	H1	O		
24	DIGIT6	G1	O		

5.9.2 7-Segment(RF 모듈), RF 디코딩 데이터, Sensor 모듈 I/O, Sensor LED

NUM	Signal Name	FPGA Pin NUM	I/O	Description	Note
25	SEG_A	G2	O	7-Segment Value (RF Main & Battle, Base Board)	SEG[A:G, DP] : Active 'H'
26	SEG_B	C1	O		
27	SEG_C	B1	O		
28	SEG_D	C2	O		
29	SEG_E	C3	O		
30	SEG_F	D1	O		
31	SEG_G	D2	O		
32	SEG_DP	E3	O		
33	RF_DATA0	K1	I	RF Decoding Data (RF Main & Battle Board)	RF Data[2:0] : Active 'H'
34	RF_DATA1	R1	I		
35	RF_DATA2	P1	I		
36	SEN_OUT0	R5	O	Sensor Output Value (Sensor Wing & Mouse)	SEN_OUT[6:0] : Active 'H'
37	SEN_OUT1	P5	O		
38	SEN_OUT2	N6	O		
39	SEN_OUT3	M6	O		
40	SEN_OUT4	R6	O		
41	SEN_OUT5	P6	O		
42	SEN_OUT6	N7	O		
43	SEN_IN0	L3	I	Sensor Input Value (Sensor Wing & mouse)	SEN_IN[6:0] : Active 'H'
44	SEN_IN1	L2	I		
45	SEN_IN2	K5	I		
46	SEN_IN3	K4	I		
47	SEN_IN4	K3	I		
48	SEN_IN5	K2	I		
49	SEN_IN6	J4	I		
50	SC_LED	E2	O	User Sensor Center LED (Sensor Wing & Mouse)	Active 'H'
51	SR_LED	E1	O	User Sensor Right LED (Sensor Wing & Mouse)	
52	SL_LED	D3	O	User Sensor Left LED (Sensor Wing & Mouse)	

5.9.3 모터, 사용자 PUSH 스위치, 문자 LCD

NUM	Signal Name	FPGA Pin NUM	I/O	Description	Note
53	MTL_IN_A	M7	O	Left Motor Phase A	Left Step Motor Active 'H'
54	MTL_IN_B	T7	O	Left Motor Phase B	
55	MTL_IN_nA	R7	O	Left Motor Phase /A	
56	MTL_IN_nB	P8	O	Left Motor Phase /B	
57	MTR_IN_A	T12	O	Right Motor Phase A	Right Step Motor Active 'H'
58	MTR_IN_B	T14	O	Right Motor Phase B	
59	MTR_IN_nA	N12	O	Right Motor Phase /A	
60	MTR_IN_nB	P13	O	Right Motor Phase /B	
61	BASE_PUSH_SW0	N1	I	User PUSH Switch (Base Board)	Base PUSH Switch [2:0] : Active 'L'
62	BASE_PUSH_SW1	M4	I		
63	BASE_PUSH_SW2	M3	I		
64	LCD_A0	J3	O	LCD RS Signal (H:Data Input, L:Instruction Input)	Active 'H'/'L'
65	LCD_A1	J2	O	LCD R/W Signal (H:Data Read, L:Data Write)	Active 'H'/'L'
66	LCD_EN	J1	O	LCD Enable Signal	Active 'H', 'H → L'
67	LCD_D0	E15	O	LCD Data Bus Line (Base Board)	–
68	LCD_D1	E16	O		
69	LCD_D2	F12	O		
70	LCD_D3	F13	O		
71	LCD_D4	F14	O		
72	LCD_D5	F15	O		
73	LCD_D6	G12	O		
74	LCD_D7	G13	O		

5.9.4 Global Clock, GPIO(Base Board)

NUM	Signal Name	FPGA Pin NUM	I/O	Description	Note
75	Exp_GCLKN	N8	I/O	Global Clock Line(N-Channel)	CAMERA_PCLK
76	ExpN_0	R13	I/O	GPIO Expansion Port N (Base Board)	CAMERA_D0
77	ExpN_1	T13	I/O		CAMERA_D1
78	ExpN_2	P12	I/O		CAMERA_D2
79	ExpN_3	R12	I/O		CAMERA_D3
80	ExpN_4	N11	I/O		CAMERA_D4
81	ExpN_5	P11	I/O		CAMERA_D5
82	ExpN_6	R11	I/O		CAMERA_D6
83	ExpN_7	M10	I/O		CAMERA_D7
84	ExpN_8	N10	I/O		CAMERA_MCLK
85	ExpN_9	P10	I/O		CAMERA_HSYNC
86	ExpN_10	R10	I/O		CAMERA_VSYNC
87	ExpN_11	P9	I/O		CAMERA_SCL
88	ExpN_12	R9	I/O		CAMERA_SDA
89	ExpN_13	G16	I/O		-
90	ExpN_14	G5	I/O		-
91	ExpN_15	F5	I/O		-
92	Exp_GCLKP	D9	I/O	Global Clock Line(P-Channel)	LVDS 사용 가능 P-Channel
93	ExpP_0	M14	I/O	GPIO Expansion Port P (Base Board)	
94	ExpP_1	N14	I/O		
95	ExpP_2	M16	I/O		
96	ExpP_3	M15	I/O		
97	ExpP_4	L13	I/O		
98	ExpP_5	M13	I/O		
99	ExpP_6	L15	I/O		
100	ExpP_7	L14	I/O		
101	ExpP_8	K12	I/O		
102	ExpP_9	L12	I/O		
103	ExpP_10	K14	I/O		
104	ExpP_11	K13	I/O		
105	ExpP_12	J14	I/O		
106	ExpP_13	J13	I/O		
107	ExpP_14	J16	I/O		
108	ExpP_15	K16	I/O		

5.9.5 USB Interface

NUM	Signal Name	FPGA Pin NUM	I/O	Description	Note
109	USB_RDB	G14	O	–	USB Interface
110	USB_WR	G15	O	–	
111	USB_TXEB	H13	I	–	
112	USB_RXFB	H14	I	–	
113	USB_D0	A5	I/O	USB DATA[7:0]	
114	USB_D1	A7	I/O		
115	USB_D2	A3	I/O		
116	USB_D3	D5	I/O		
117	USB_D4	B4	I/O		
118	USB_D5	A4	I/O		
119	USB_D6	C5	I/O		
120	USB_D7	B5	I/O		

5.9.6 PSRAM Bank0 Interface

NUM	Signal Name	FPGA Pin NUM	I/O	Description	Note
121	PS_B0_OEB	H15	O	PSRAM BANK0 Read Enable	-
122	PS_B0_WEB	H16	O	PSRAM BANK0 Write Enable	-
123	PS_B0_A0	E6	O	PSRAM BANK0 Address [20:0]	-
124	PS_B0_A1	D6	O		-
125	PS_B0_A2	C6	O		-
126	PS_B0_A3	B6	O		-
127	PS_B0_A4	E7	O		-
128	PS_B0_A5	D7	O		-
129	PS_B0_A6	C7	O		-
130	PS_B0_A7	B7	O		-
131	PS_B0_A8	D8	O		-
132	PS_B0_A9	C8	O		-
133	PS_B0_A10	B8	O		-
134	PS_B0_A11	A8	O		-
135	PS_B0_A12	A9	O		-
136	PS_B0_A13	A12	O		-
137	PS_B0_A14	C10	O		-
138	PS_B0_A15	D12	O		-
139	PS_B0_A16	A14	O		-
140	PS_B0_A17	B14	O		-
141	PS_B0_A18	A13	O		-
142	PS_B0_A19	B13	O		-
143	PS_B0_A20	B12	O		-
144	PS_B0_D0	C12	I/O	PSRAM BANK0 Data [7:0]	-
145	PS_B0_D1	D11	I/O		-
146	PS_B0_D2	E11	I/O		-
147	PS_B0_D3	B11	I/O		-
148	PS_B0_D4	C11	I/O		-
149	PS_B0_D5	D10	I/O		-
150	PS_B0_D6	E10	I/O		-
151	PS_B0_D7	A10	I/O		-

5.9.7 PSRAM Bank1 Interface

NUM	Signal Name	FPGA Pin NUM	I/O	Description	Note
152	PS_B1_OEB	K15	O	PSRAM BANK1 Read Enable	-
153	PS_B1_WEB	P16	O	PSRAM BANK1 Write Enable	-
154	PS_B1_A0	B10	O	PSRAM BANK1 Address [20:0]	-
155	PS_B1_A1	C9	O		-
156	PS_B1_A2	E15	O		LCD_D0
157	PS_B1_A3	E16	O		LCD_D1
158	PS_B1_A4	F12	O		LCD_D2
159	PS_B1_A5	F13	O		LCD_D3
160	PS_B1_A6	F14	O		LCD_D4
161	PS_B1_A7	F15	O		LCD_D5
162	PS_B1_A8	G12	O		LCD_D6
163	PS_B1_A9	G13	O		LCD_D7
164	PS_B1_A10	G2	O		SEG_A
165	PS_B1_A11	C1	O		SEG_B
166	PS_B1_A12	B1	O		SEG_C
167	PS_B1_A13	C2	O		SEG_D
168	PS_B1_A14	C3	O		SEG_E
169	PS_B1_A15	D1	O		SEG_F
170	PS_B1_A16	D2	O		SEG_G
171	PS_B1_A17	E3	O		SEG_DP
172	PS_B1_A18	D9	O		Exp_GCLKP
173	PS_B1_A19	G16	O		ExpN_13
174	PS_B1_A20	M11	O		FPGA_D0
175	PS_B1_D0	B16	I/O	PSRAM BANK1 Data [7:0]	-
176	PS_B1_D1	C16	I/O		-
177	PS_B1_D2	C15	I/O		-
178	PS_B1_D3	D14	I/O		-
179	PS_B1_D4	D15	I/O		-
180	PS_B1_D5	D16	I/O		-
181	PS_B1_D6	E13	I/O		-
182	PS_B1_D7	E14	I/O		-

5.9.8 AVR & FPGA Signal I/O

NUM	AVR Port Name	FPGA Signal Name	FPGA Pin NUM	I/O	Description	Note
1	XTAL1, 2	AVR_CLK	-	-	AVR Input Clock	3.6864Mhz
2	RESET	AVR_RSTB	-	-	AVR Board Reset Signal	Active 'L'
3	PA0	AT_AD0	M14	I/O	ExpP_0	AVR Address & Data [7:0] (AVR Port A)
4	PA1	AT_AD1	N14	I/O	ExpP_1	
5	PA2	AT_AD2	M16	I/O	ExpP_2	
6	PA3	AT_AD3	M15	I/O	ExpP_3	
7	PA4	AT_AD4	L13	I/O	ExpP_4	
8	PA5	AT_AD5	M13	I/O	ExpP_5	
9	PA6	AT_AD6	L15	I/O	ExpP_6	
10	PA7	AT_AD7	L14	I/O	ExpP_7	
11	Port-B Reserved					
12	PC0	AT_AD8	K12	O	ExpP_8	AVR Address [15:8] (AVR Port C)
13	PC1	AT_AD9	L12	O	ExpP_9	
14	PC2	AT_AD10	K14	O	ExpP_10	
15	PC3	AT_AD11	K13	O	ExpP_11	
16	PC4	AT_AD12	J14	O	ExpP_12	
17	PC5	AT_AD13	J13	O	ExpP_13	
18	PC6	AT_AD14	J16	O	ExpP_14	
19	PC7	AT_AD15	K16	O	ExpP_15	
20	PD0	AT_PD0	R16	I/O	AT_PD0	-
21	PD1	AT_PD1	P15	I/O	AT_PD1	-
22	PD2	AT_PD2	G5	I/O	ExpN_14	UART_RXD
23	PD3	AT_PD3	F5	I/O	ExpN_15	UART_TXD
24	Port-D [4, 5] Reserved					
25	PD6	AT_PD6	P14	I/O	AT_PD6	-
26	PD7	AT_PD7	N16	I/O	AT_PD7	-
27	Port-E Reserved					
28	Port-F Reserved					
29	PG0	AT_WRB	F2	O	AVR Write Enable	AVR Write Enable
30	PG1	AT_RDB	E4	O	AVR Read Enable	AVR Read Enable
31	PG2	AT_ALE	F3	O	AVR Address Latch Enable	AVR Address Latch Enable
32	Port-G [3, 4] Reserved					
33	BUF_ENB	BUF_ENB	N15	O	Buffer Control Signal	Active 'L'

제6장 기본 회로 설계 실습

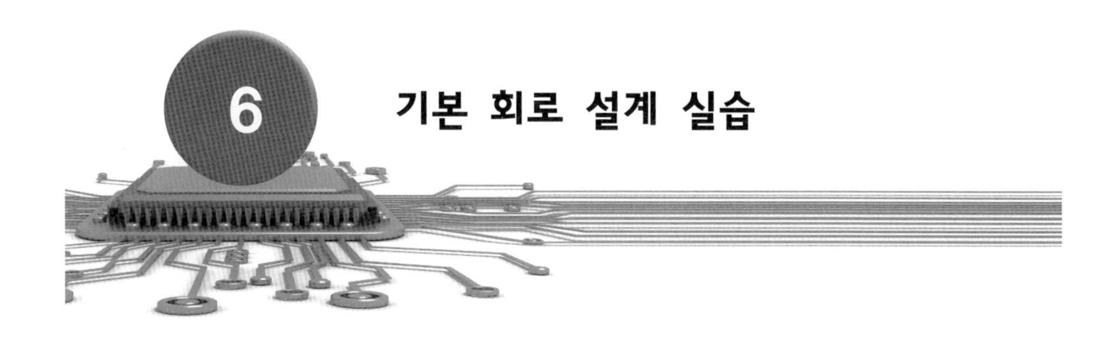

기본 회로 설계 실습

6.1 기본 논리 게이트

AND, NAND, OR, NOR, XOR, XNOR 등 기본 논리 게이트 회로를 설계하고, 시뮬레이션과 FPGA 구현을 통한 검증 과정을 실습한다.

- **실습 목적** : 2입력 XOR 게이트를 여러 가지 방법으로 설계하고 검증 과정을 익힌다.
- **실습 회로** : [그림 6.1]과 같이 2입력 XOR 게이트의 입력을 푸시 스위치로 인가하고, XOR 게이트의 출력을 LED와 부저에 연결하여 XOR 게이트의 동작을 확인한다.
- **실습 과정** : ① Project 생성 → ② Verilog 모듈 생성 → ③ Verilog 소스 코드 완성 → ④ 기능 검증 - Behavioral Model 시뮬레이션 → ⑤ I/O 핀 할당 및 Implement Design → ⑥ FPGA 구현 및 동작 확인
- **설계 결과 확인** : RF 모듈의 푸시 스위치(PUSH_SW0, PUSH_SW1)를 누름에 따라 XOR 게이트의 출력이 '1'인 경우에 부저 음이 울리고, 출력이 '0'인 경우에 LED가 점등되는 동작을 확인한다.

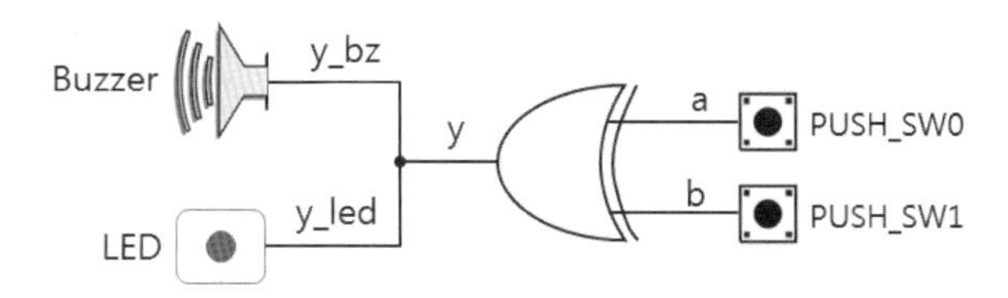

[그림 6.1] 2입력 XOR 게이트 실습회로

6.1.1 Project 생성

① ISE 메뉴에서 File → New Project를 실행하면 새로운 프로젝트를 생성할 수 있는 New Project Wizard 창이 [그림 6.2]와 같이 활성화된다.

② New Project Wizard 창의 Name 필드에 프로젝트 이름 xor2을 입력하고, Location 필드에 프로젝트가 저장될 폴더 위치를 입력하고, Top-level source type 필드를 HDL로 설정한 뒤 Next를 클릭한다.

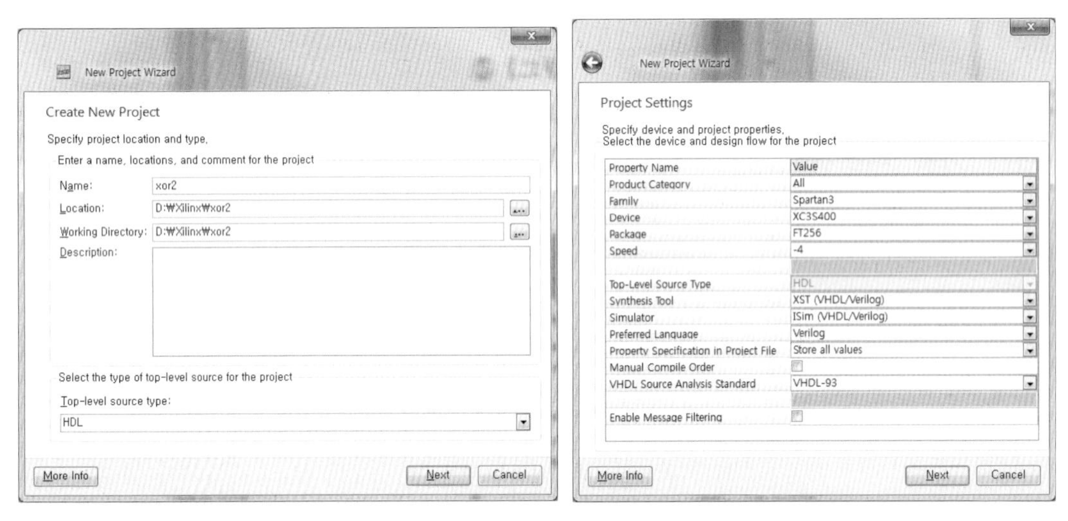

[그림 6.2] ISE 프로젝트 생성

③ Project Settings 창에서는 FPGA 디바이스 선택, 합성 및 시뮬레이션 툴 등을 설정한다. Family 필드에 Spartan3를 선택하고, Device 필드에는 XC3S400을 선택하고, Package 필드에는 FT256, Speed는 -4를 선택한다. Synthesis Tool은 XST(VHDL/Verilog)을 선택하고, Simulator와 Language 필드에 각각 ISim(VHDL/Verilog), Verilog를 선택한다.

④ Project Summary 창에서 프로젝트 설정 내용을 확인한다. 프로젝트 생성과정에서 잘못된 부분이 있으면 왼쪽 상단의 화살표 버튼에 의해 이전 단계로 이동하여 수정할 수 있다. Finish를 클릭하면 프로젝트 생성이 완료된다.

⑤ [그림 6.3]은 프로젝트 생성이 완료된 상태의 ISE Project Navigator이다. Design 창에 프로젝트 xor2가 생성되었으며 FPGA 디바이스 xc3s400-4ft256가 설정되었다.

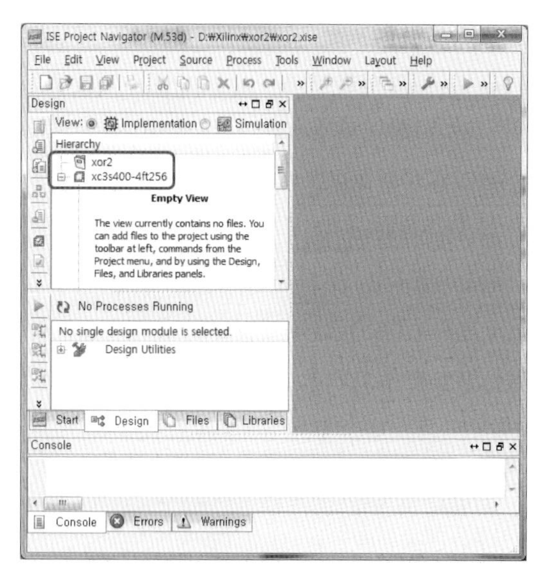

[그림 6.3] 프로젝트 생성이 완료된 상태

6.1.2 Verilog 모듈 생성

① 프로젝트에 새로운 소스 파일을 추가하기 위해서는 [그림 6.4(a)]와 같이 ISE Project Navigator 메뉴에서 Project → New Source를 실행하여 New Source Wizard 창을 활성화시킨다. 또는 [그림 6.4(b)]와 같이 FPGA 디바이스를 선택한 후, 마우스 오른쪽을 눌러 팝업에서 New Source를 실행해도 된다.

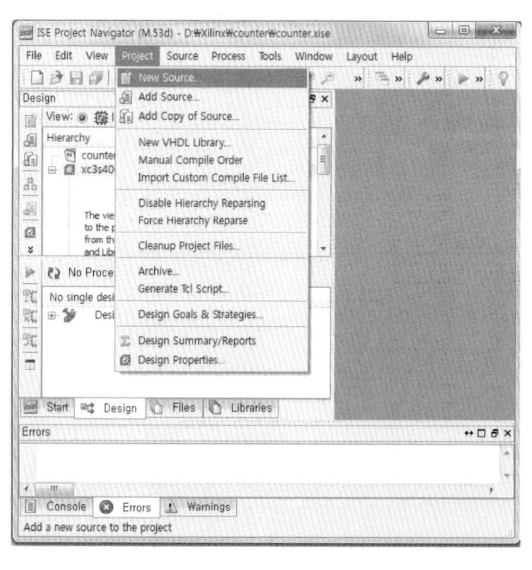

(a) Project → New Source

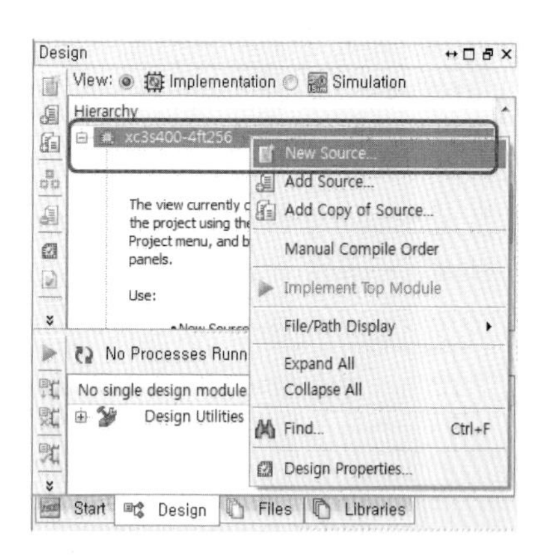

(b) Target Device → New Source

[그림 6.4] New Source 메뉴 실행

② New Source Wizard 창에서 [그림 6.5]와 같이 Verilog Module을 선택하고 File name 필드에 모듈이름 xor2_gate를 입력한 후, 소스 파일이 저장될 폴더 위치를 지정하고 Next를 클릭한다. Add to project 박스를 체크해서 생성되는 소스 파일이 프로젝트에 추가되도록 한다.

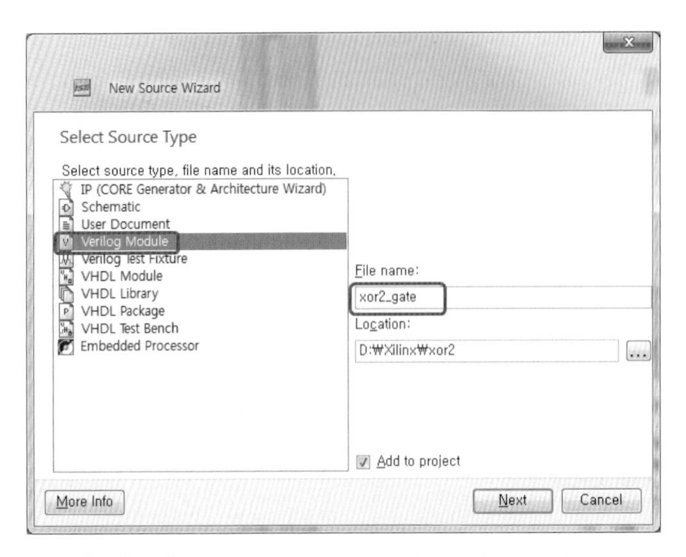

[그림 6.5] New Source Wizard - Select Source Type

③ 모듈 xor2_gate의 입력과 출력 포트를 [그림 6.6]과 같이 정의하고 Finish를 클릭하면, [그림 6.7]과 같이 모듈 xor2_gate의 소스코드 편집 창이 Workspace 영역에 나타난다. Project Navigator 좌측 상단의 Hierarchy 영역에서 모듈 xor2_gate가 프로젝트에 포함되어 있음을 확인할 수 있다.

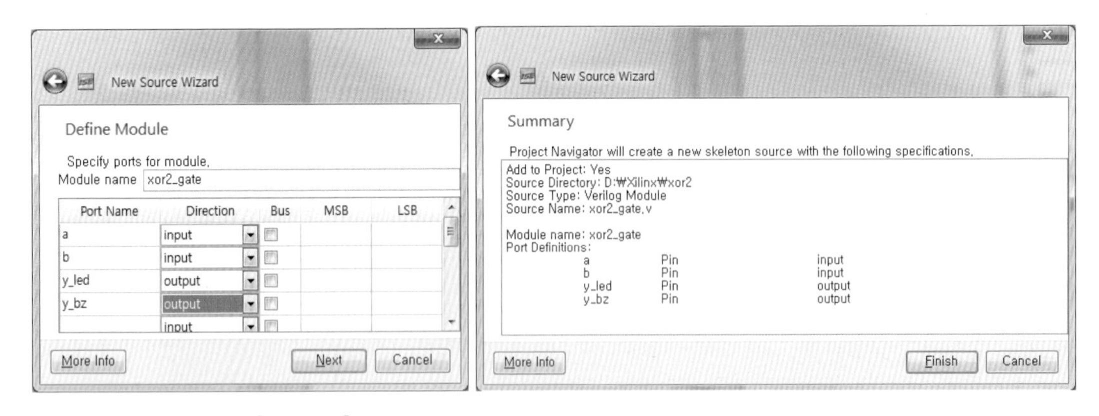

[그림 6.6] New Source Wizard - Define Module & Summary

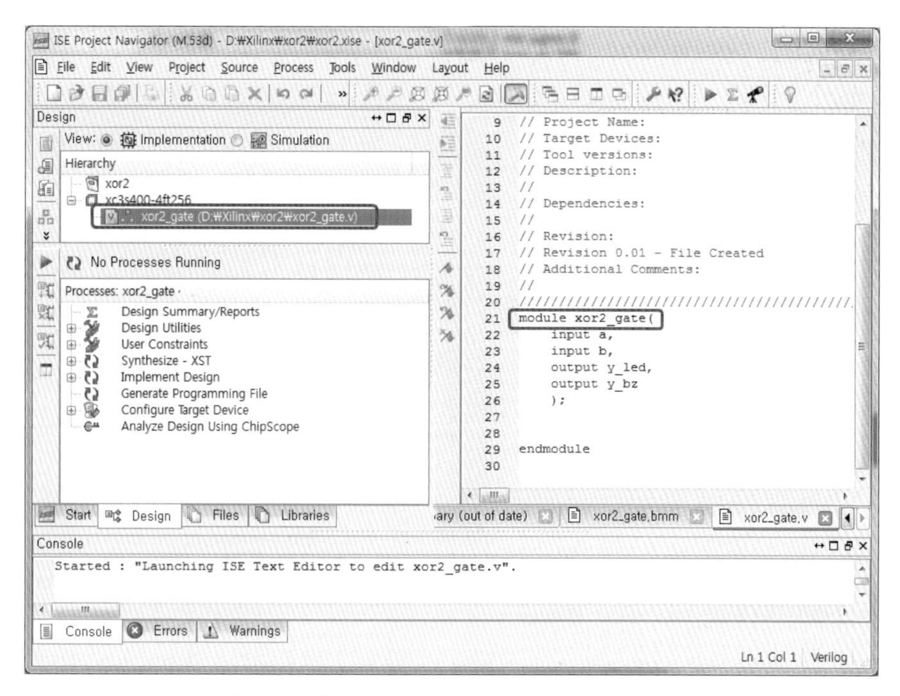

[그림 6.7] xor2_gate 모듈 생성이 완료된 상태

6.1.3 Verilog 소스 코드 완성

게이트 프리미티브를 사용한 2입력 xor 게이트의 Verilog HDL 모듈은 [코드 6.1]과 같다. led 구동 신호 y_led를 xor 게이트 출력 y의 반전으로 생성하여 xor 게이트 출력이 y=0인 경우에 led가 점등되도록 한다. xor 게이트 출력이 y=1인 경우에 부저 음이 발생되도록 xor 게이트의 출력 y를 부저 구동 신호 y_bz로 생성한다.

```
module xor2_gate( input a,
                  input b,
                  output y_led,
                  output y_bz);

   assign y_led = ~y;
   assign y_bz = y;
   xor U0 (y, a, b);
endmodule
```

[코드 6.1] 2입력 xor 게이트의 Verilog HDL 모델링(게이트 프리미티브 사용)

6.1.4 기능 검증 - Behavioral Model 시뮬레이션

① ISE Project Navigator 좌측 상단 Design 창의 xor2_gate를 선택하고 마우스 오른쪽을 클릭하여 New Source를 선택한다. [그림 6.8]과 같이 New Source Wizard 창에서 Verilog Test Fixture를 선택한 후, File name 필드에 테스트 벤치 파일의 이름을 tb_xor2_gate로 입력하고 저장될 폴더 위치를 지정한 뒤 Next를 클릭한다.

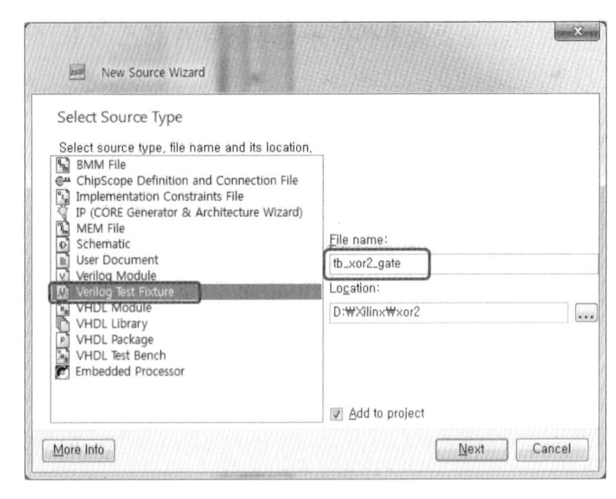

[그림 6.8] New Source Wizard - Select Source Type

② New Source Wizard - Associate Source 창에서 모듈 xor2_gate를 선택하고 Next를 클릭한다. Summary 창에서 확인 후 Finish를 클릭한다.

③ Design 창의 View 필드에서 Simulation을 선택하면, [그림 6.9]와 같이 Hierarchy 영역에 테스트벤치 tb_xor2_gate가 추가되고, Workspace 영역에 편집 창이 활성화된다.

④ [코드 6.2]를 참조하여 테스트벤치 모듈 tb_xor2_gate를 완성한다.

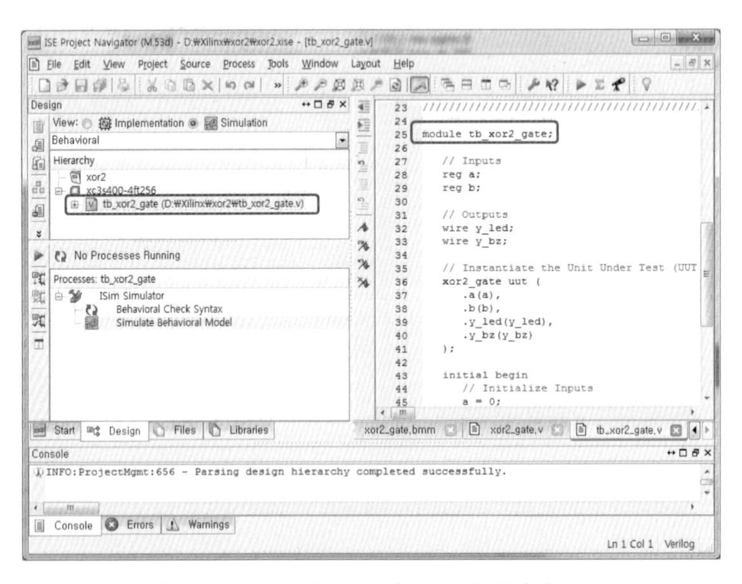

[그림 6.9] 테스트벤치 모듈 tb_xor2_gate의 생성이 완료된 상태

```
module tb_xor2_gate;
  reg a, b;

  xor2_gate uut (.a(a), .b(b), .y_led(y_led), .y_bz(y_bz));

 initial
  forever begin
           a = 1'b0; b = 1'b0;
     #50  a = 1'b0; b = 1'b1;
     #50  a = 1'b1; b = 1'b0;
     #50  a = 1'b1; b = 1'b1;
     #50  a = 1'b0; b = 1'b0;
     #50;
  end
endmodule
```

[코드 6.2] 테스트 벤치 모듈 tb_xor2_gate

⑤ [그림 6.10]과 같이 Design 창의 View 필드에서 Simulation을 선택하고, Hierarchy에서 테스트 벤치 모듈 tb_xor2_gate를 선택한다. Processes 창에서 Simulate Behavioral Model을 더블클릭하여 시뮬레이션을 실행시키면, ISim 창이 활성화되면서 [그림 6.11]과 같이 시뮬레이션 결과가 표시된다. 입력 a, b가 서로 다른 값인 경우에 출력 y_bz=1이 되고 a, b가 같은 값인 경우에는 y_bz=0이 되어 xor 게이트로 동작함을 확인할 수 있다.

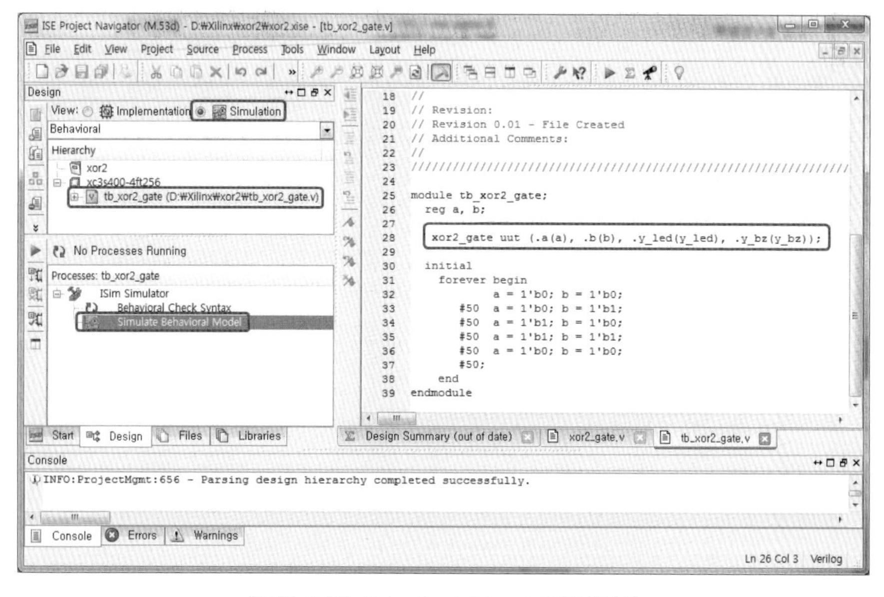

[그림 6.10] Behavioral Model 시뮬레이션

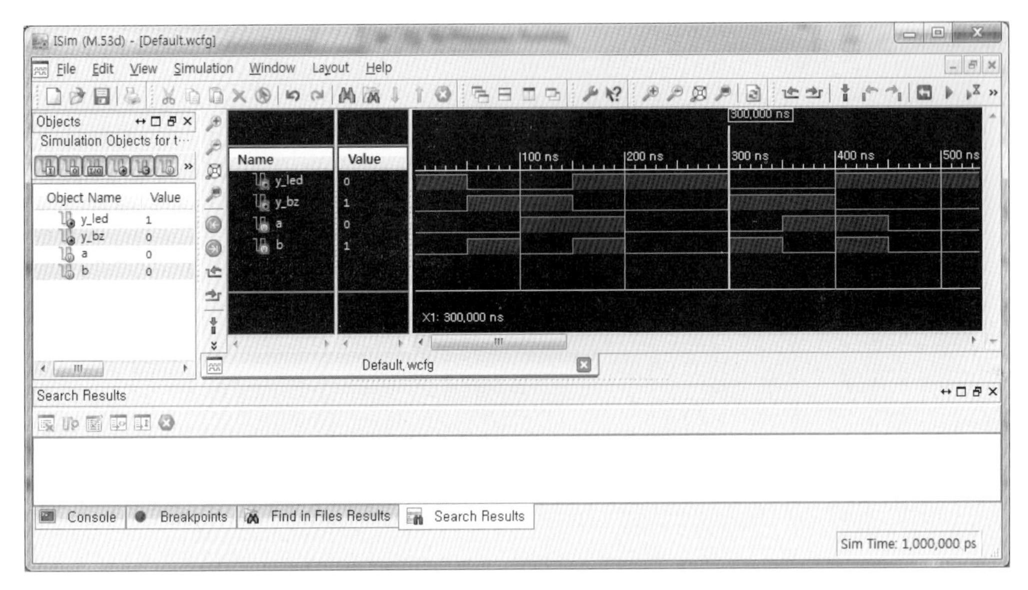

[그림 6.11] Behavioral Model의 시뮬레이션 결과

6.1.5 I/O 핀 할당 및 Implement Design

① ISE Project Navigator 좌측 상단의 Design 창에서 xor2_gate를 선택하고, [그림 6.12]와 같이 Processes 창의 User Constraints 메뉴를 확장하여 I/O Pin Planning (PlanAhead)를 더블클릭해서 실행시킨다.

② [표 6.1]의 I/O 핀 할당표를 참조하여 [그림 6.13]과 같이 핀 번호를 할당한다. PlanAhead 창의 I/O Ports 영역에서 포트를 선택하고, I/O Port Properties 영역의 General 탭에서 Site 필드에 FPGA 핀 번호를 입력한다. 모든 입출력 신호에 대한 I/O 핀 할당을 완료한 후 저장하면, xor2_gate.ucf 파일에 핀 할당 정보가 저장된다.

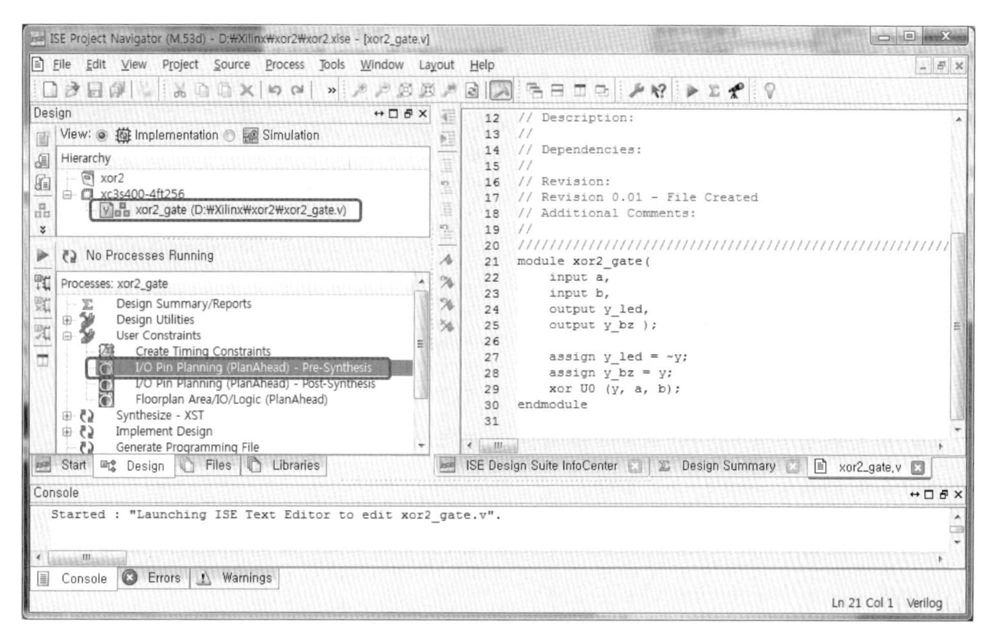

[그림 6.12] I/O Pin Planning(PlanAhead) 실행

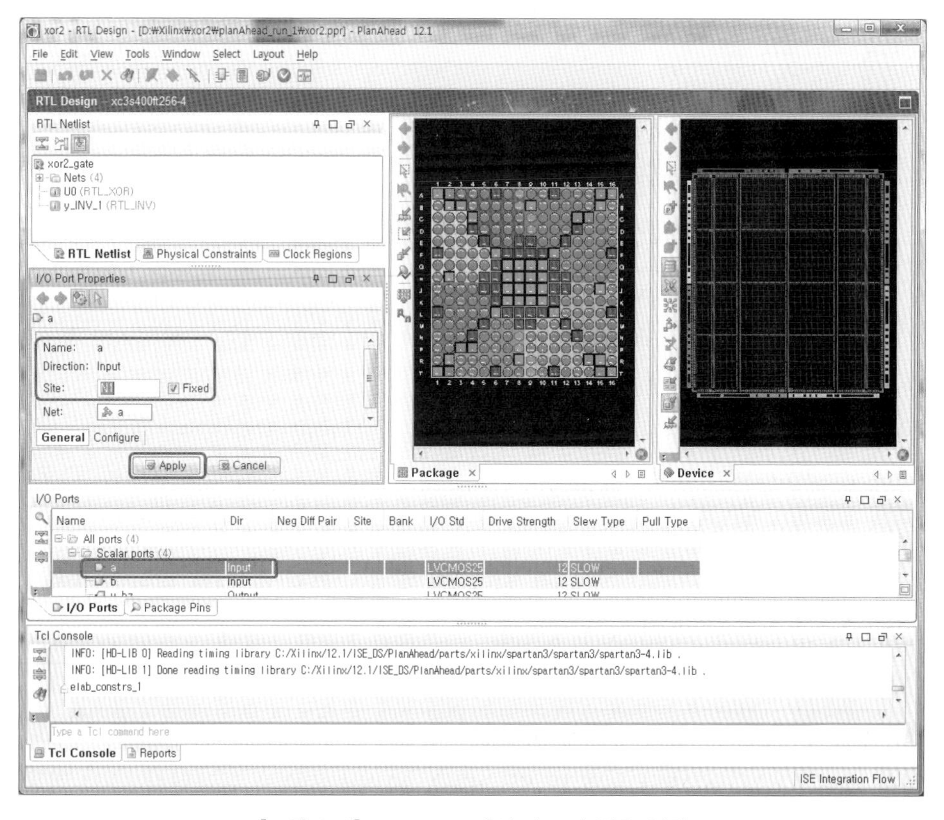

[그림 6.13] PlanAhead에서 I/O 핀 번호 입력

[표 6.1] I/O 핀 할당표

신호이름	FPGA 핀 번호	I/O	설명	비고
a	P2	I	PUSH_SW0	누르면 L(논리 0)이 됨
b	N3	I	PUSH_SW1	
y_led	N5	O	LED0	
y_bz	T10	O	Buzzer	

③ 프로젝트 폴더에서 생성된 xor2_gate.ucf 파일을 열어 다음과 같이 I/O 핀 매핑 정보가 저장되어 있음을 확인할 수 있다.

```
# PlanAhead Generated physical constraints
NET "a" LOC = P2;
NET "b" LOC = N3;
NET "y_bz" LOC = T10;
NET "y_led" LOC = N5;
```

6.1.6 FPGA 구현 및 동작 확인

① Project Navigator 좌측 상단의 Design 창에서 xor2_gate을 선택하고, Synthesize - XST와 Implement Design을 실행한다.

② Implement Design이 완료된 후, [그림 6.14]와 같이 Generate Programming File을 더블클릭해서 bit 파일을 생성한다.

③ 실습장비와 PC를 JTAG 케이블로 연결한 후, [그림 6.15]와 같이 Configure Target Device 메뉴를 확장하고 Manage Configuration Project(iMPACT)를 더블클릭하여 iMPACT 툴을 실행한다.

④ iMPACT 툴에서 Boundary Scan을 더블클릭한 후, [그림 6.16]과 같이 오른쪽 마우스를 클릭하여 Initialize Chain을 실행한다.

⑤ [그림 6.17]과 같이 xc3s400 FPGA를 선택한 후, 생성된 bit 파일을 할당한다.

⑥ iMPACT Processes 창에서 Program을 더블클릭하여 FPGA 디바이스로 다운로드한다.

⑦ 실습 키트 RF Main Module의 PUSH_SW0, PUSH_SW1을 누르면서 LED 점등과 부저음이 발생되는 동작을 확인한다.

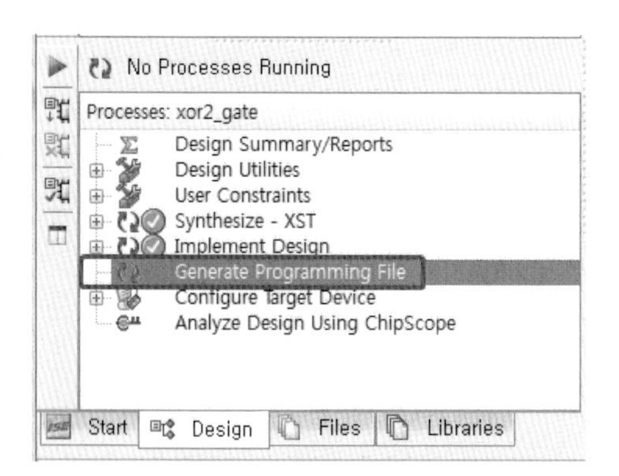

[그림 6.14] Bit 파일 생성

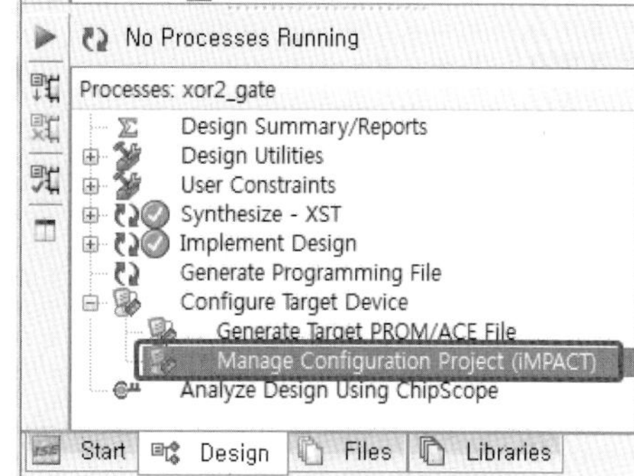

[그림 6.15] iMPACT 툴 실행

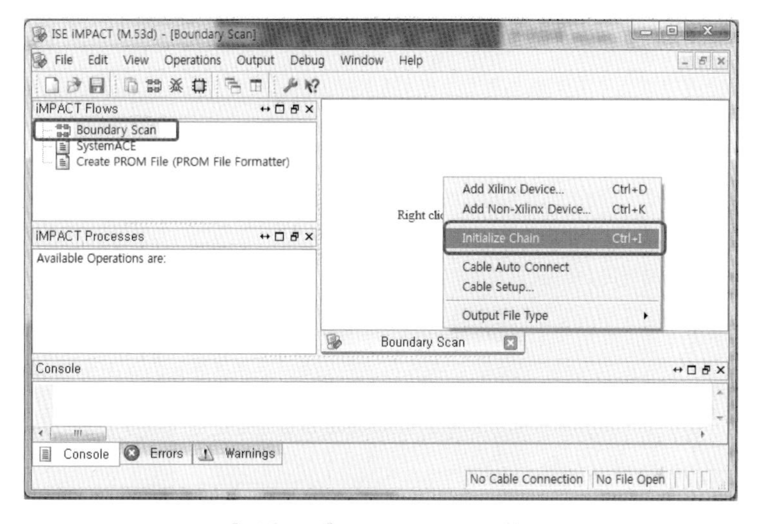

[그림 6.16] Initialize Chain 실행

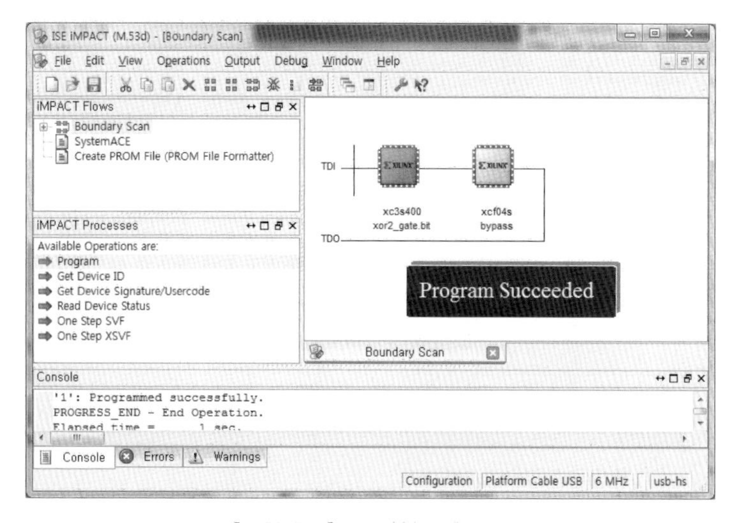

[그림 6.17] Bit 파일 다운로드

설계과제

6.1.1 2입력 XOR 게이트를 ① assign 문을 이용한 모델링(xor2_assign), ② if 조건문을 이용한 모델링(xor2_if)으로 각각 설계하여 시뮬레이션으로 검증한 후, [그림 6.1]의 실습회로와 동일하게 구성하여 동작을 확인하라. I/O 핀 할당표는 [표 6.1]과 같다.

6.1.2 2입력 NOR 게이트를 ① 게이트 프리미티브를 이용한 모델링(nor2_gate), ② assign 문을 이용한 모델링(nor2_assign), ③ if 조건문을 이용한 모델링(nor2_if)으로 각각 설계하여 시뮬레이션으로 검증한 후, [그림 6.1]의 실습회로와 동일하게 구성하여 동작을 확인하라. I/O 핀 할당표는 [표 6.1]과 같다.

6.1.3 2입력 NAND 게이트를 ① 게이트 프리미티브를 이용한 모델링(nand2_gate), ② assign 문을 이용한 모델링(nand2_assign), ③ if 조건문을 이용한 모델링(nand2_if)으로 각각 설계하여 시뮬레이션으로 검증한 후, [그림 6.1]의 실습회로와 동일하게 구성하여 동작을 확인하라. I/O 핀 할당표는 [표 6.1]과 같다.

6.1.4 4입력 XNOR 게이트를 ① 게이트 프리미티브를 이용한 모델링(xnor4_gate), ② assign 문을 이용한 모델링(xnor4_assign), ③ if 조건문을 이용한 모델링(xnor4_if)으로 각각 설계하여 시뮬레이션으로 검증한 후, [그림 6.18]의 실습회로를 구성하여 동작을 확인하라. I/O 핀 할당표는 [표 6.2]와 같다.

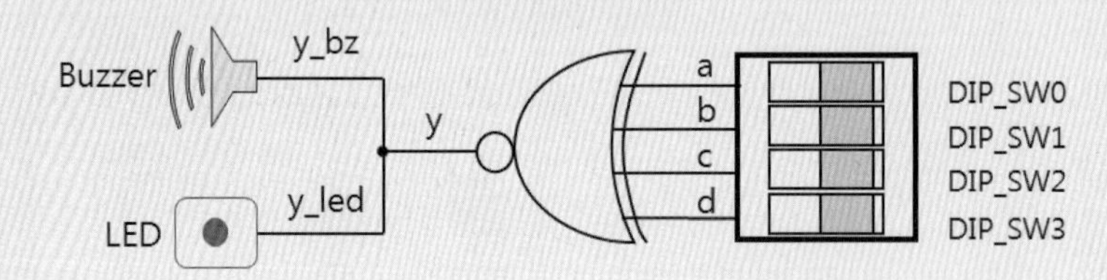

[그림 6.18] 4입력 XNOR 게이트 실습회로

[표 6.2] I/O 핀 할당표

신호이름	FPGA 핀 번호	I/O	설명	비고
a	M2	I	DIP_SW0	ON 위치에서 L(논리 0)이 됨
b	M1	I	DIP_SW1	
c	L5	I	DIP_SW2	
d	L4	I	DIP_SW3	
y_led	N5	O	LED0	
y_bz	T10	O	Buzzer	

6.1.5 4입력 OR 게이트를 ① 게이트 프리미티브를 이용한 모델링(or4_gate), ② assign 문을 이용한 모델링(or4_assign), ③ if 조건문을 이용한 모델링(or4_if)으로 각각 설계하여 시뮬레이션으로 검증한 후, [그림 6.18]의 실습회로를 구성하여 동작을 확인하라. I/O 핀 할당표는 [표 6.2]와 같다.

6.1.6 4입력 AND 게이트를 ① 게이트 프리미티브를 이용한 모델링(and4_gate), ② assign 문을 이용한 모델링(and4_assign), ③ if 조건문을 이용한 모델링(and4_if)으로 각각 설계하여 시뮬레이션으로 검증한 후, [그림 6.18]의 실습회로를 구성하여 동작을 확인하라. I/O 핀 할당표는 [표 6.2]와 같다.

6.1.7 4입력 XOR 게이트를 ① 게이트 프리미티브를 이용한 모델링(xor4_gate), ② assign 문을 이용한 모델링(xor4_assign), ③ if 조건문을 이용한 모델링(xor4_if)으로 각각 설계하여 시뮬레이션으로 검증한 후, [그림 6.18]의 실습회로를 구성하여 동작을 확인하라. I/O 핀 할당표는 [표 6.2]와 같다.

6.2 멀티플렉서 회로

- **실습 목적** : 2비트 2:1 멀티플렉서 회로를 설계하고 검증 과정을 익힌다.
- **실습 회로** : [그림 6.19]와 같이 2비트 2:1 멀티플렉서의 입력을 DIP 스위치로 인가하고, 출력을 LED에 연결하여 멀티플렉서의 동작을 확인한다.
- **실습 과정** : 1 Project 생성 → 2 Verilog 모듈 생성 → 3 Verilog 소스 코드 완성 → 4 기능 검증 - Behavioral Model 시뮬레이션 → 5 I/O 핀 할당 및 Implement Design → 6 FPGA 구현 및 동작 확인

■ **설계 결과 확인** : RF 모듈의 DIP 스위치로 2비트의 입력 da(DIP_SW0, DIP_SW1)와 db(DIP_SW2, DIP_SW3)를 인가하고, 푸시 스위치(PUSH_SW0)를 선택신호 입력으로 사용하여 멀티플렉서 출력이 LED에 표시되는 동작을 확인한다. 참고로, RF Main Module의 DIP 스위치는 ON 위치에서 논리값 '0'이 된다.

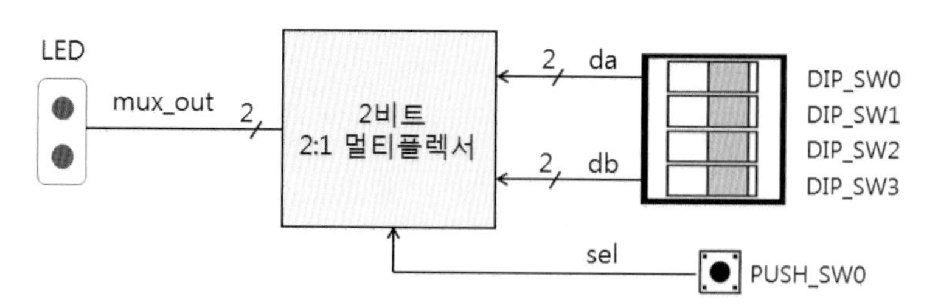

[그림 6.19] 2비트 2:1 멀티플렉서 실습회로

6.2.1 Project 생성

① ISE 메뉴에서 File → New Project를 실행하면 새로운 프로젝트를 생성할 수 있는 New Project Wizard 창이 [그림 6.20]과 같이 활성화된다.

② New Project Wizard 창의 Name 필드에 프로젝트 이름 mux2b을 입력하고, Location 필드에 프로젝트가 저장될 폴더 위치를 입력하고, Top-level source type 필드를 HDL로 설정한 뒤 Next를 클릭한다.

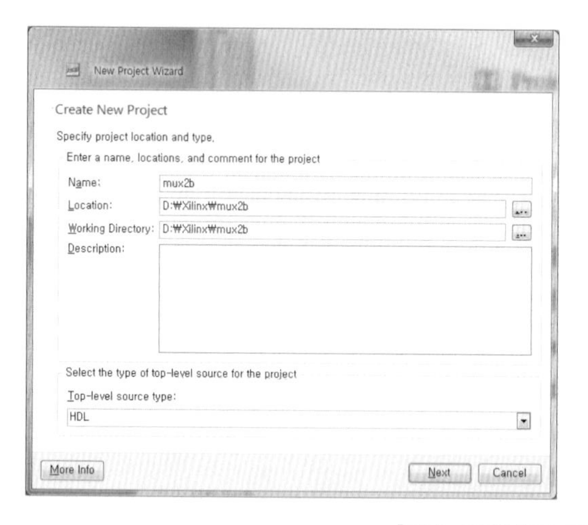

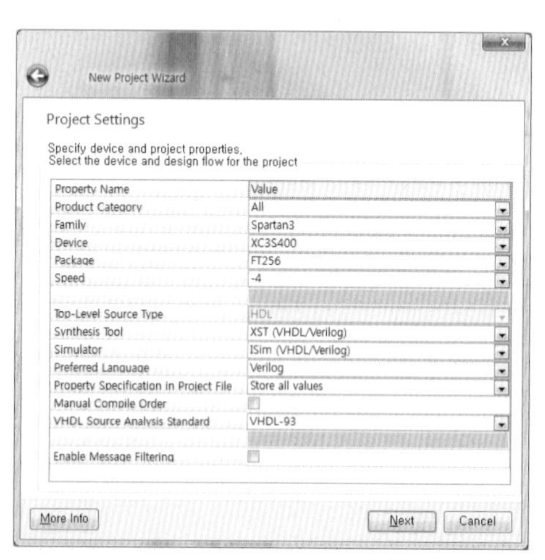

[그림 6.20] ISE 프로젝트 생성

③ Project Settings 창에서는 FPGA 디바이스 선택, 합성 및 시뮬레이션 툴 등을 설정한다.

Family 필드에 Spartan3를 선택하고, Device 필드에는 XC3S400을 선택하고, Package 필드에는 FT256, Speed는 -4를 선택한다. Synthesis Tool은 XST (VHDL/Verilog)을 선택하고, Simulator와 Language 필드에 각각 ISim (Verilog/VHDL), Verilog를 선택한다.

④ Project Summary 창에서 프로젝트 설정 내용을 확인한다. Finish를 클릭하면 프로젝트 생성이 완료된다.

⑤ [그림 6.21]은 프로젝트 생성이 완료된 상태의 ISE Project Navigator이며, Design 창에 프로젝트 mux2b가 생성되었으며 FPGA 디바이스 xc3s400-4ft256가 설정되었다.

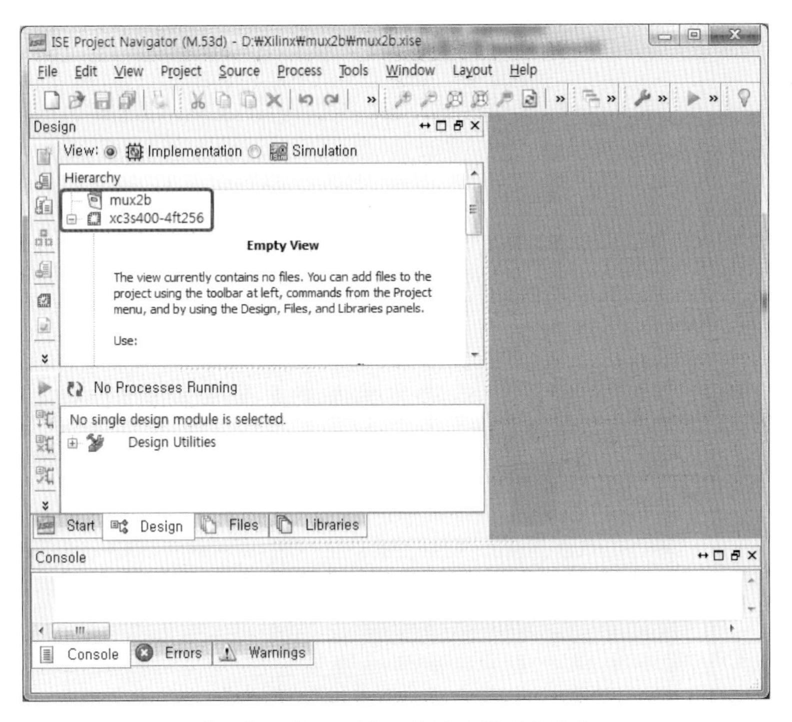

[그림 6.21] 프로젝트 생성이 완료된 상태

6.2.2 Verilog 모듈 생성

① 프로젝트에 새로운 소스 파일을 추가하기 위해서는 [그림 6.22]와 같이 Design 창에서 FPGA 디바이스를 선택한 후, 마우스 오른쪽을 눌러 팝업에서 New Source를 실행하면 New Source Wizard 창이 활성화된다.

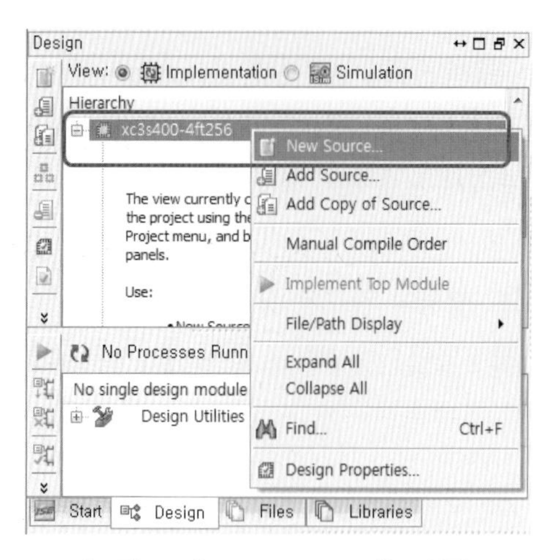

[그림 6.22] New Source 메뉴 실행

② New Source Wizard 창에서 [그림 6.23]과 같이 Verilog Module을 선택하고 File name 필드에 모듈이름 mux2b_assign을 입력한 후, 소스 파일이 저장될 폴더 위치를 지정하고 Next를 클릭한다. Add to project 박스를 체크해서 생성되는 소스 파일이 프로젝트에 추가되도록 한다.

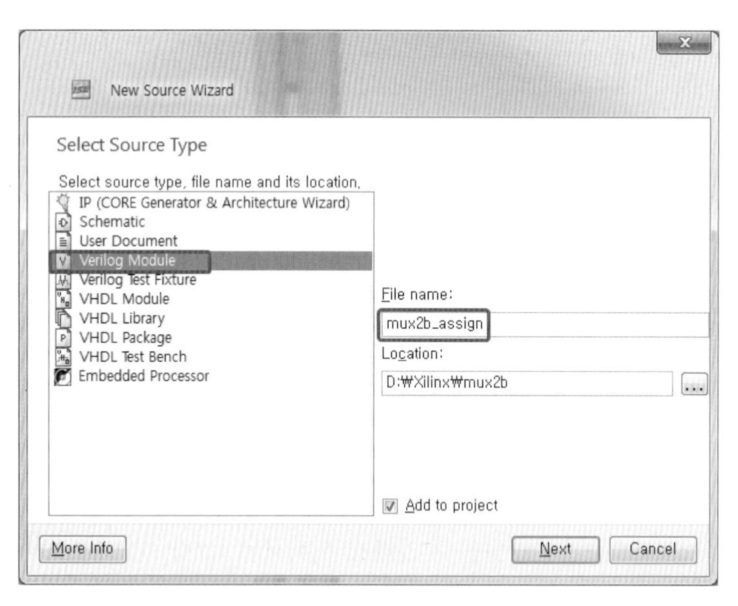

[그림 6.23] New Source Wizard - Select Source Type

③ 모듈 mux2b_assign의 입력과 출력 포트를 [그림 6.24]와 같이 정의하고 Finish를 클릭하면, [그림 6.25]와 같이 모듈 mux2b_assign의 소스코드 편집 창이 Workspace 영역에 나

타난다. Project Navigator 좌측 상단의 Hierarchy 영역에서 모듈 mux2b_assign이 프로젝트에 포함되어 있음을 확인할 수 있다.

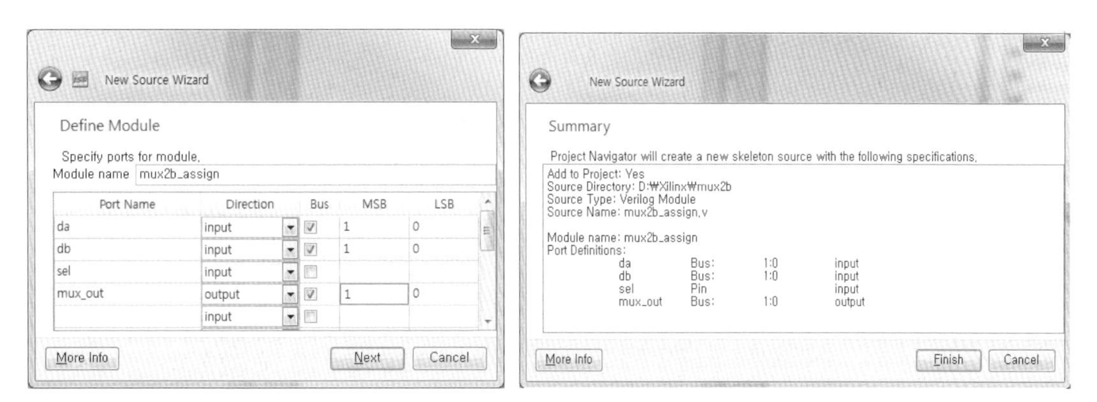

[그림 6.24] New Source Wizard - Define Module & Summary

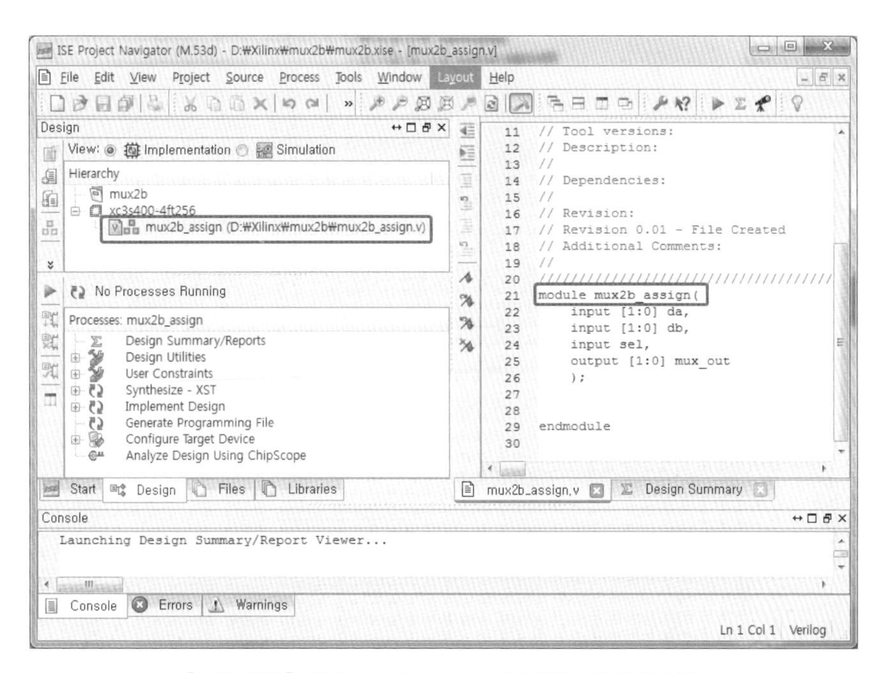

[그림 6.25] 모듈 mux2b_assign의 생성이 완료된 상태

6.2.3 Verilog 소스 코드 완성

assign 문을 사용한 2비트 2:1 멀티플렉서의 Verilog HDL 모듈은 [코드 6.3]과 같다. sel=1이면 da가 mux_out으로 출력되고, sel=0이면 db가 출력된다.

```
module mux2b_assign( input [1:0] da,
                     input [1:0] db,
                     input sel,
                     output [1:0] mux_out );

    assign mux_out = sel ? da : db;
endmodule
```

[코드 6.3] 2비트 2:1 멀티플렉서의 Verilog HDL 모델링(assign 문 사용)

6.2.4 기능 검증 - Behavioral Model 시뮬레이션

① ISE Project Navigator 좌측 상단 Design 창의 mux2b_assign을 선택하고 마우스 오른쪽을 클릭하여 New Source를 선택한다. [그림 6.26]과 같이 New Source Wizard 창에서 Verilog Test Fixture를 선택한 후, File name 필드에 테스트 벤치 파일의 이름을 tb_mux2b_assign로 입력하고 저장될 폴더 위치를 지정한 뒤 Next를 클릭한다.

② New Source Wizard - Associate Source 창에서 모듈 mux2b_assign를 선택하고 Next를 클릭한다. Summary 창에서 확인 후 Finish를 클릭한다.

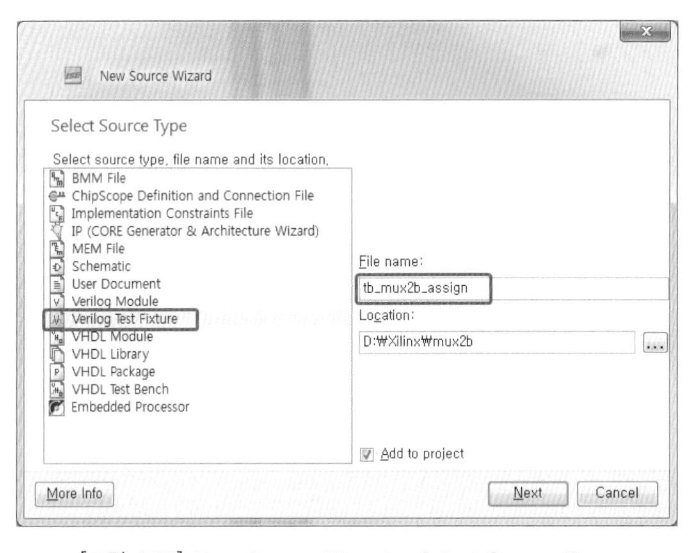

[그림 6.26] New Source Wizard - Select Source Type

③ Design 창의 View 필드에서 Simulation을 선택하면, [그림 6.27]과 같이 Hierarchy 영역에 테스트벤치 tb_mux2b_assign가 추가되고, Workspace 영역에 편집 창이 활성화된다.

④ [코드 6.4]를 참조하여 테스트벤치 모듈 tb_mux2b_assign를 완성한다.

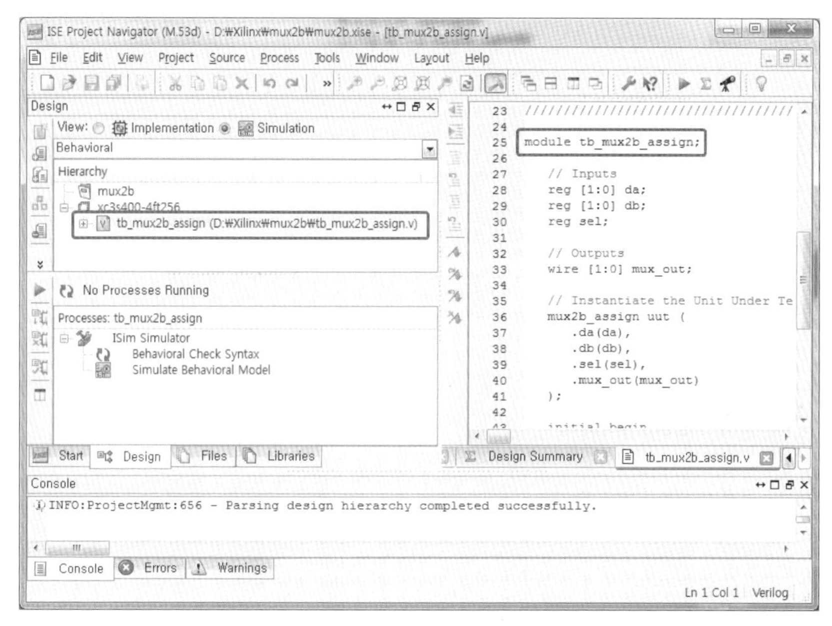

[그림 6.27] 테스트벤치 모듈 tb_mux2b_assign의 생성이 완료된 상태

```
module tb_mux2b_assign;
   reg [1:0] da, db;
   reg       sel;
   integer  i, j;
   mux2b_assign uut (.da(da),
                     .db(db),
                     .sel(sel),
                     .mux_out(mux_out) );
  initial begin
    da = 0;
    db = 0;
    sel = 0;
  end
```

[코드 6.4] 테스트 벤치 모듈 tb_mux2b_assign(계속)

```
  always #20 sel = sel + 1;

  always begin
    for(i=0; i<=3; i=i+1) begin
      #50 da = da+1;
      for(j=0; j<=3; j=j+1)
        #50 db = db+1;
    end
  end
endmodule
```

[코드 6.4] 테스트 벤치 모듈 tb_mux2b_assign

⑤ [그림 6.28]과 같이 Design 창의 View 필드에서 Simulation을 선택하고, Hierarchy에서 테스트 벤치 모듈 tb_mux2b_assign을 선택한다. Processes 창에서 Simulate Behavioral Model을 더블클릭하여 시뮬레이션을 실행시키면, ISim 창이 활성화되면서 [그림 6.29]와 같이 시뮬레이션 결과가 표시된다. 입력 sel=1인 경우에 da가 mux_out에 출력되고, sel=0인 경우에 db가 출력되어 2:1 멀티플렉서로 동작함을 확인할 수 있다.

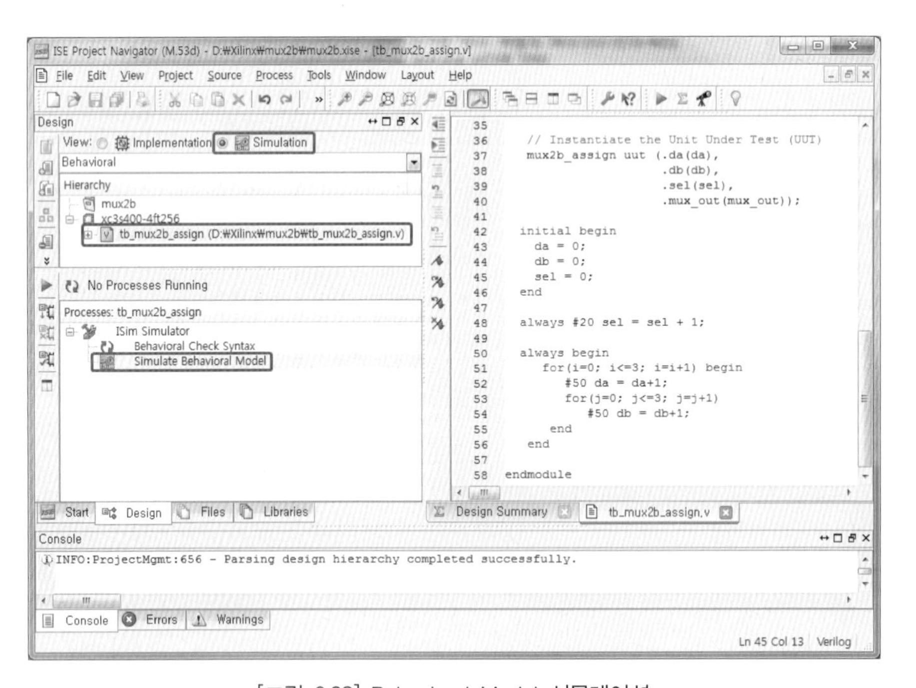

[그림 6.28] Behavioral Model 시뮬레이션

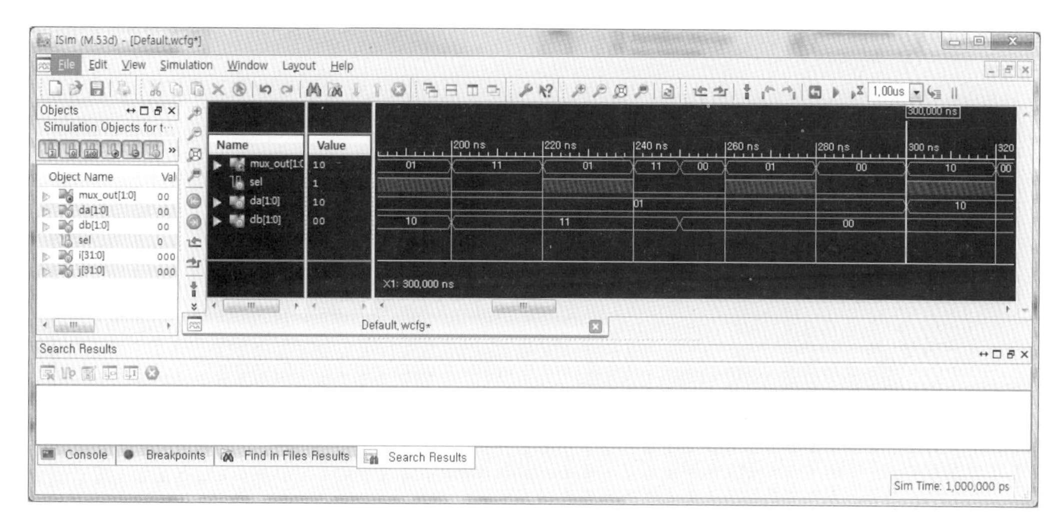

[그림 6.29] Behavioral Model의 시뮬레이션 결과

6.2.5 I/O 핀 할당 및 Implement Design

① ISE Project Navigator 좌측 상단의 Design 창에서 mux2b_assign을 선택하고, [그림 6.30]과 같이 Processes 창의 User Constraints 메뉴를 확장하여 I/O Pin Planning (PlanAhead)를 더블클릭해서 실행시킨다.

② [표 6.3]의 I/O 핀 할당표를 참조하여 [그림 6.31]과 같이 핀 번호를 할당한다. PlanAhead 창의 I/O Ports 영역에서 포트를 선택하고, I/O Port Properties 영역의 General 탭에서 Site 필드에 FPGA 핀 번호를 입력한다. 입출력 신호에 대한 I/O 핀 할당을 완료한 후 저장하면, mux2b_assign.ucf 파일에 핀 할당 정보가 저장된다.

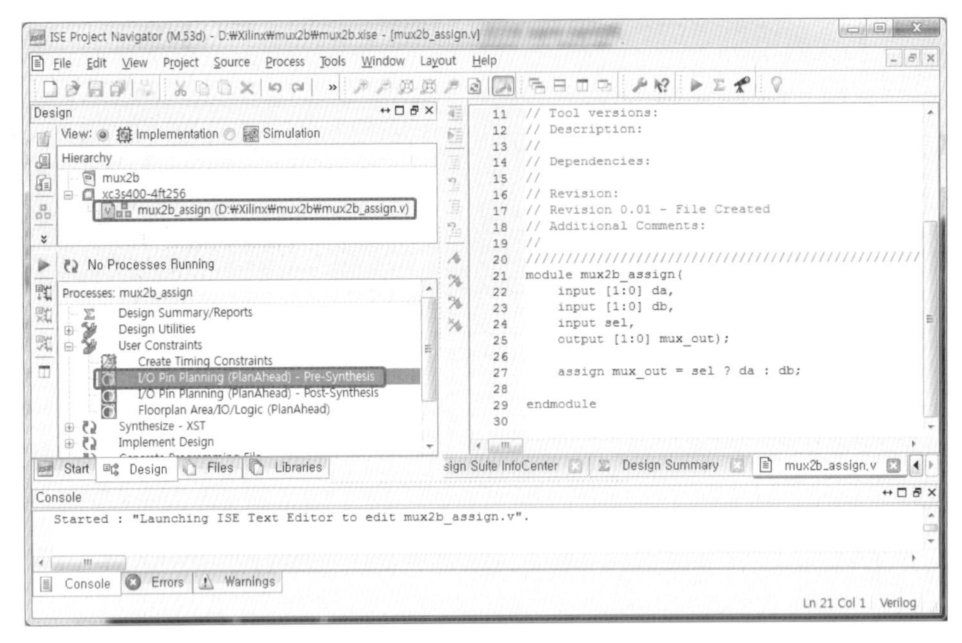

[그림 6.30] I/O Pin Planning(PlanAhead) 실행

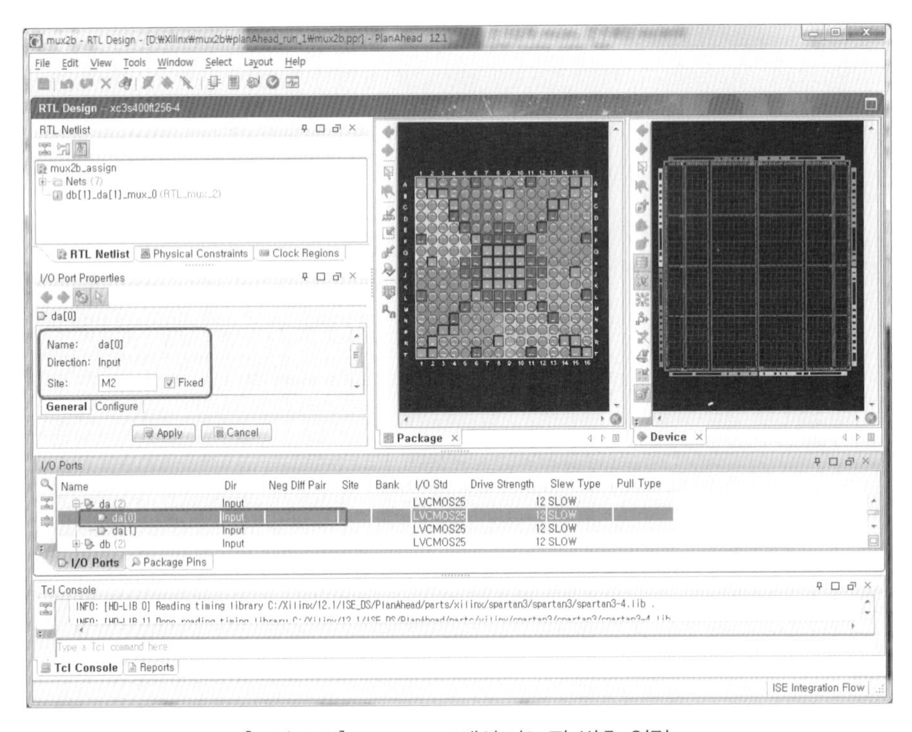

[그림 6.31] PlanAhead에서 I/O 핀 번호 입력

[표 6.3] I/O 핀 할당표

신호이름	FPGA 핀 번호	I/O	설명	비고
da[0]	M2	I	DIP_SW0	ON 위치에서 L(논리 0)이 됨
da[1]	M1	I	DIP_SW1	
db[0]	L5	I	DIP_SW2	
db[1]	L4	I	DIP_SW3	
sel	P2	I	PUSH_SW0	누르면 L(논리 0)이 됨
mux_out[0]	P7	O	LED1	RF Main Module
mux_out[1]	N5	O	LED0	

6.2.6 FPGA 구현 및 동작 확인

① Project Navigator 좌측 상단의 Design 창에서 mux2b_assign을 선택하고, Synthesize - XST와 Implement Design을 실행한다.

② Implement Design이 완료되면, [그림 6.32]와 같이 Generate Programming File을 더블클릭해서 bit 파일을 생성한다.

③ 실습장비와 PC를 JTAG 케이블로 연결한 후, [그림 6.33]과 같이 Configure Target Device 메뉴를 확장하고 Manage Configuration Project(iMPACT)를 더블클릭하여 iMPACT 툴을 실행한다.

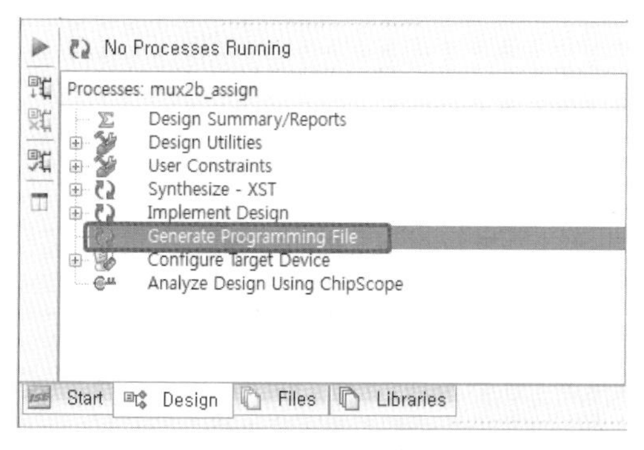

[그림 6.32] Bit 파일 생성

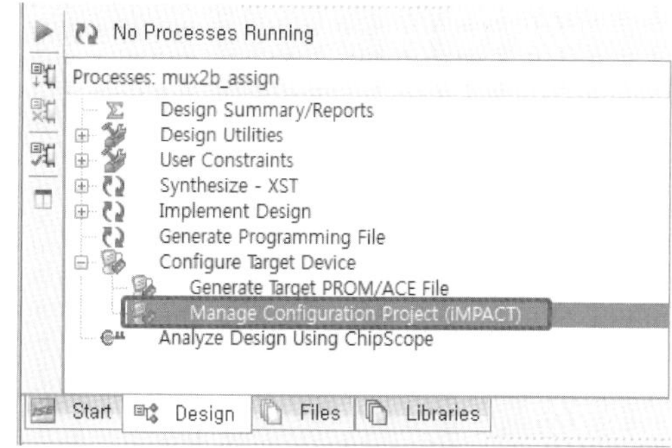

[그림 6.33] iMPACT 툴 실행

④ iMPACT 툴에서 Boundary Scan을 더블클릭한 후, [그림 6.34]와 같이 오른쪽 마우스를 클릭하여 Initialize Chain을 실행한다.

⑤ [그림 6.35]와 같이 xc3s400 FPGA를 선택한 후, 생성된 bit 파일을 할당한다.

⑥ iMPACT Processes 창에서 Program을 더블클릭하여 FPGA 디바이스로 다운로드한다.

⑦ 실습 키트 RF Main Module의 DIP_SW0 ~ DIP_SW3으로 da, db 값을 설정하고, PUSH_SW0을 누르면서 da, db의 값 중 하나가 LED에 점등되는 동작을 확인한다. 참고로, RF Main Module의 DIP 스위치는 ON 위치에서 논리값 '0'이 되고, OFF 위치에서 논리값 '1'이 된다.

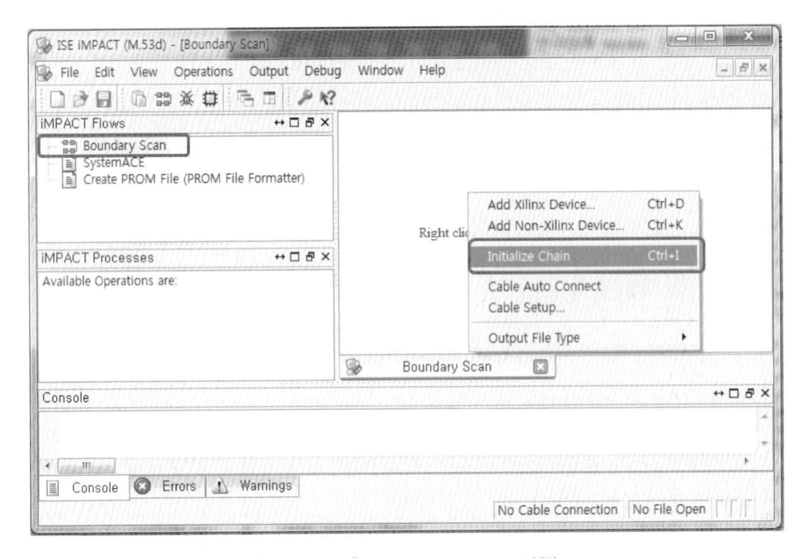

[그림 6.34] Initialize Chain 실행

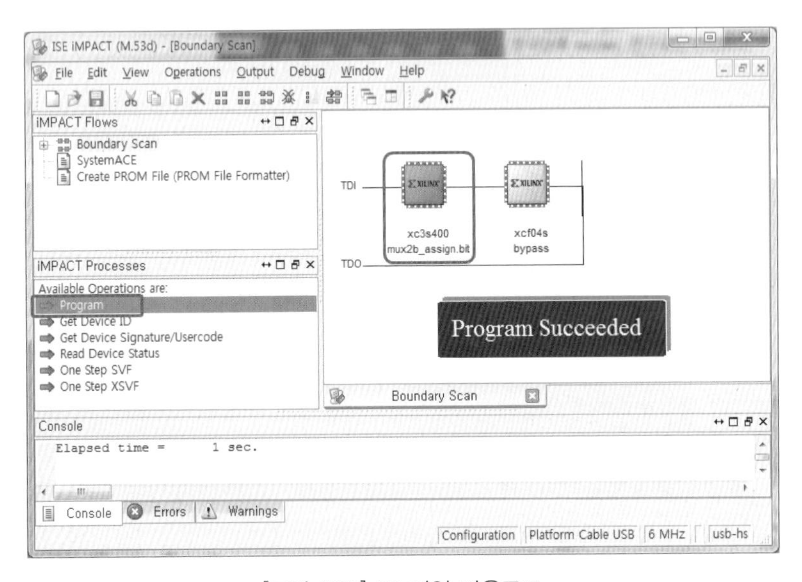

[그림 6.35] Bit 파일 다운로드

6.2.1 2비트 2:1 멀티플렉서를 ① case 문을 이용한 모델링(mux2b_case), ② if 조건문을 이용한 모델링(mux2b_if)으로 각각 설계하여 시뮬레이션으로 검증한 후, [그림 6.19]의 실습회로와 동일하게 구성하여 동작을 확인하라.

6.2.2 4개의 1비트 입력 a, b, c, d 중 하나를 선택해서 출력하는 4:1 멀티플렉서를 ① assign 문과 조건연산자를 이용한 모델링(mux41_assign), ② case 문을 이용한 모델링(mux41_case), ③ if 조건문을 이용한 모델링(mux41_if)으로 각각 설계하여 시뮬레이션으로 검증한 후, [그림 6.36]의 실습회로를 구성하여 동작을 확인하라. I/O 핀 할당표는 [표 6.4]와 같다. 참고로, RF Main Module의 DIP 스위치는 ON 위치에서 논리값 '0'이 되고, OFF 위치에서 논리값 '1'이 된다.

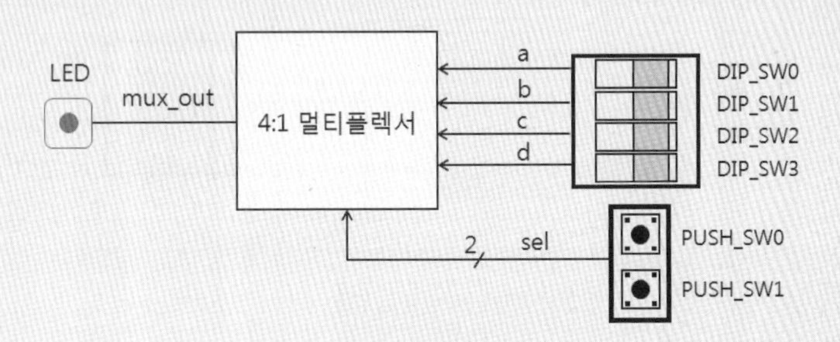

[그림 6.36] 4:1 멀티플렉서 실습회로

[표 6.4] I/O 핀 할당표

신호이름	FPGA 핀 번호	I/O	설명	비고
a	M2	I	DIP_SW0	ON 위치에서 L(논리 0)이 됨
b	M1	I	DIP_SW1	
c	L5	I	DIP_SW2	
d	L4	I	DIP_SW3	
sel[0]	P2	I	PUSH_SW0	누르면 L(논리 0)이 됨
sel[1]	N3	I	PUSH_SW1	
mux_out	N5	O	LED0	RF Main Module

6.3 인코더 회로

- **실습 목적** : 4:2 이진 인코더 회로를 설계하고 검증 과정을 익힌다.
- **실습 회로** : [그림 6.37]과 같이 4:2 이진 인코더의 입력을 DIP 스위치로 인가하고, 출력을 LED에 연결하여 동작을 확인한다.
- **실습 과정** : 1 Project 생성 → 2 Verilog 모듈 생성 → 3 Verilog 소스 코드 완성 → 4 기능 검증 - Behavioral Model 시뮬레이션 → 5 I/O 핀 할당 및 Implement Design → 6 FPGA 구현 및 동작 확인
- **설계 결과 확인** : RF Main Module의 DIP 스위치로 4비트의 인코더 입력 a(DIP_SW0~DIP_SW3)를 인가하고, 인코더 출력이 LED에 표시되는 동작을 확인한다. 참고로, RF Main Module의 DIP 스위치는 ON 위치에서 논리값 '0'이 된다.

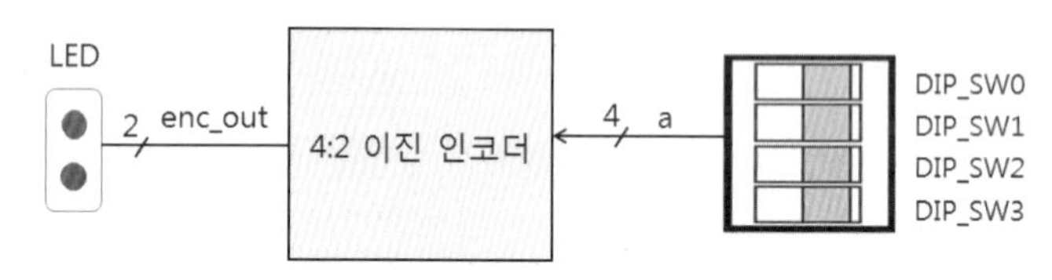

[그림 6.37] 4:2 이진 인코더 실습회로

6.3.1 Project 생성

① ISE 메뉴에서 File → New Project를 실행하면 새로운 프로젝트를 생성할 수 있는 New Project Wizard 창이 [그림 6.38]과 같이 활성화된다.

② New Project Wizard 창의 Name 필드에 프로젝트 이름 encoder를 입력하고, Location 필드에 프로젝트가 저장될 폴더 위치를 입력하고, Top-level source type 필드를 HDL로 설정한 뒤 Next를 클릭한다.

③ Project Settings 창에서는 FPGA 디바이스 선택, 합성 및 시뮬레이션 툴 등을 설정한다. Family 필드에 Spartan3를 선택하고, Device 필드에는 XC3S400을 선택하고, Package 필드에는 FT256, Speed는 -4를 선택한다. Synthesis Tool은 XST(VHDL/Verilog)를 선택하고, Simulator와 Language 필드에 각각 ISim(VHDL/Verilog), Verilog를 선택한다.

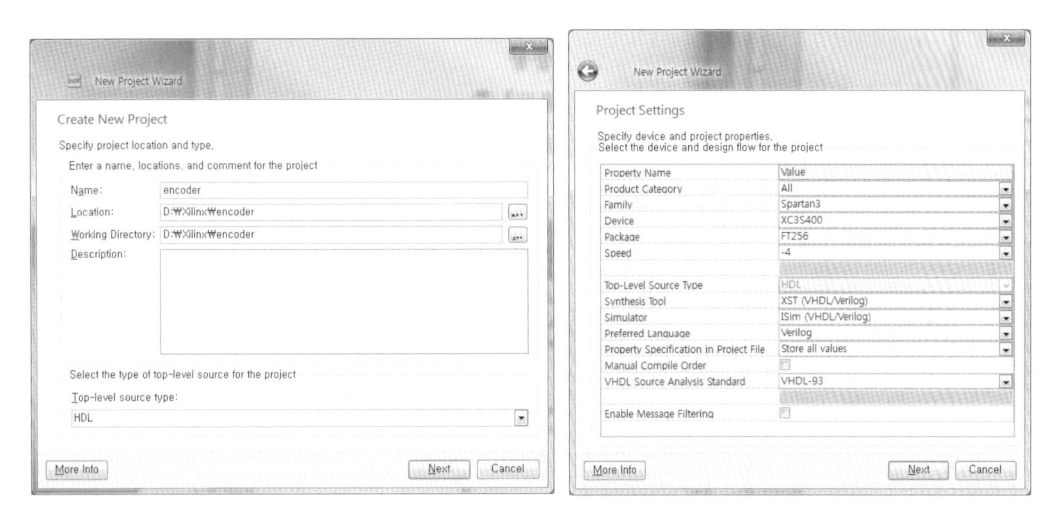

[그림 6.38] ISE 프로젝트 생성

④ Project Summary 창에서 프로젝트 설정 내용을 확인한다. Finish를 클릭하면 프로젝트 생성이 완료된다.

⑤ [그림 6.39]는 프로젝트 생성이 완료된 상태의 ISE Project Navigator이며, Design 창에 프로젝트 encoder가 생성되었으며 FPGA 디바이스 xc3s400-4ft256가 설정되었다.

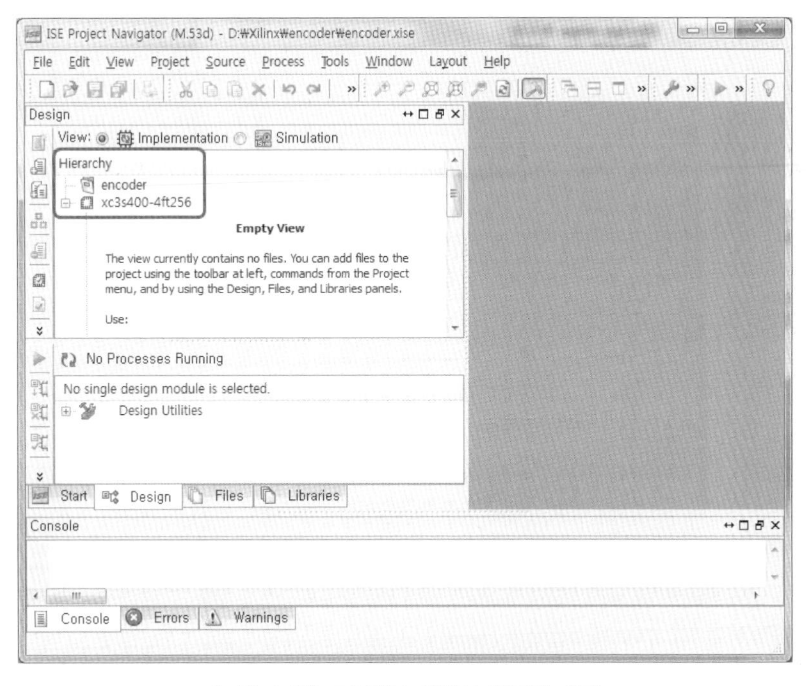

[그림 6.39] 프로젝트 생성이 완료된 상태

6.3.2 Verilog 모듈 생성

① 프로젝트에 새로운 소스 파일을 추가하기 위해서는 [그림 6.40]과 같이 Design 창에서 FPGA 디바이스를 선택한 후, 마우스 오른쪽을 눌러 팝업에서 New Source를 실행하면 New Source Wizard 창이 활성화된다.

② New Source Wizard 창에서 [그림 6.41]과 같이 Verilog Module을 선택하고 File name 필드에 모듈이름 enc42_case를 입력한 후, 소스 파일이 저장될 폴더 위치를 지정하고 Next를 클릭한다. Add to project 박스를 체크해서 생성되는 소스 파일이 프로젝트에 추가되도록 한다.

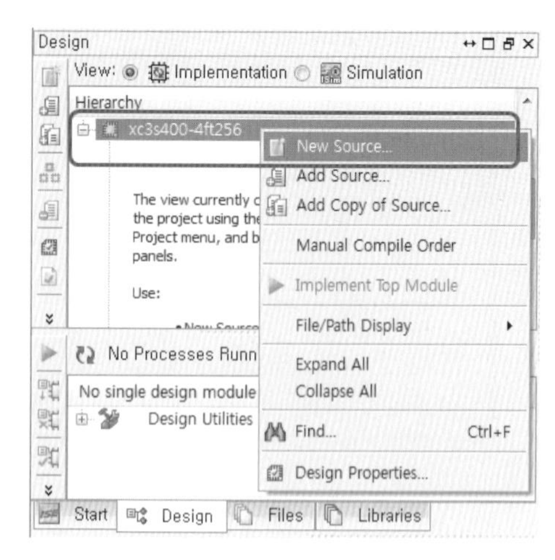

[그림 6.40] New Source 메뉴 실행

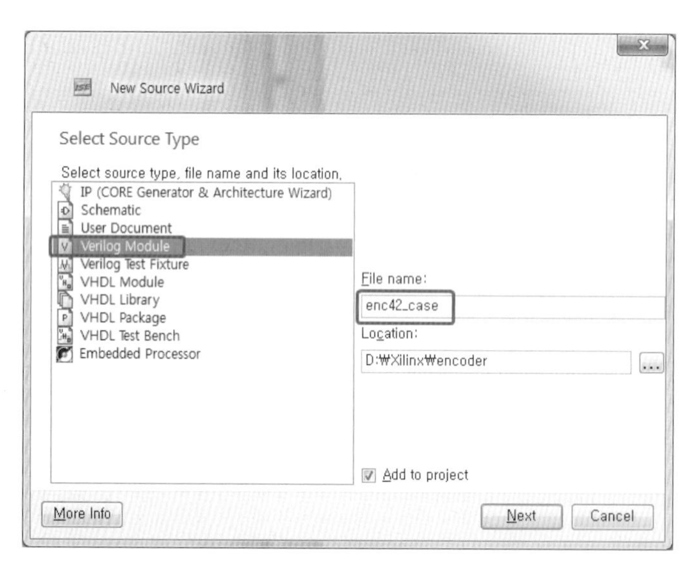

[그림 6.41] New Source Wizard - Select Source Type

③ 모듈 enc42_case의 입력과 출력 포트를 [그림 6.42]와 같이 정의하고 Finish를 클릭하면, [그림 6.43]과 같이 모듈 enc42_case의 소스코드 편집 창이 Workspace 영역에 나타난다. Project Navigator 좌측 상단의 Hierarchy 영역에서 모듈 enc42_case이 프로젝트에 포함되어 있음을 확인할 수 있다.

[그림 6.42] New Source Wizard – Define Module & Summary

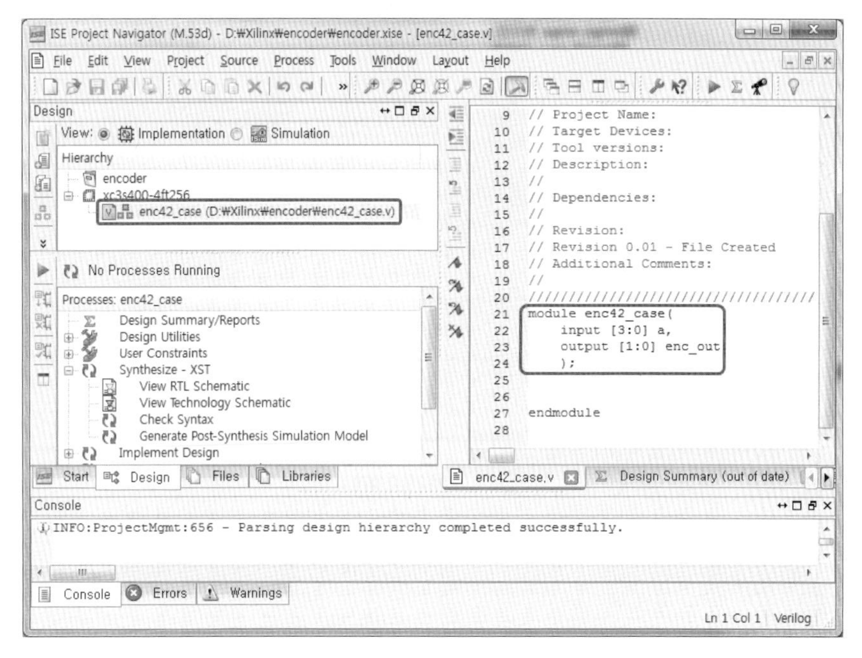

[그림 6.43] 모듈 enc42_case의 생성이 완료된 상태

6.3.3 Verilog 소스 코드 완성

4:2 이진 인코더의 진리표는 [표 6.5]와 같으며, 4비트의 입력 a에는 단지 하나의 1만 포함되어 있으며, 1의 위치에 따라 인코더의 출력값이 결정된다. [표 6.5]의 진리표를 case 문을 이용해서 모델링한 Verilog HDL 모듈은 [코드 6.5]와 같다.

[표 6.5] 4:2 이진 인코더의 진리표

입력 a[3:0]	출력 enc_out[1:0]
0001	00
0010	01
0100	10
1000	11

```
module enc42_case( input [3:0] a,
                   output reg [1:0] enc_out );

    always @(a) begin
     case (a)
           4'b0001 : enc_out = 0;
           4'b0010 : enc_out = 1;
           4'b0100 : enc_out = 2;
           4'b1000 : enc_out = 3;
           default : enc_out = 2'bx;
     endcase
   end
endmodule
```

[코드 6.5] 4:2 이진 인코더의 Verilog HDL 모델링(case 문 사용)

6.3.4 기능 검증 - Behavioral Model 시뮬레이션

① ISE Project Navigator 좌측 상단 Design 창의 enc42_case를 선택하고 마우스 오른쪽을 클릭하여 New Source를 선택한다. [그림 6.44]와 같이 New Source Wizard 창에서 Verilog Test Fixture를 선택한 후, File name 필드에 테스트 벤치 파일의 이름을 tb_enc42_case로 입력하고 저장될 폴더 위치를 지정한 뒤 Next를 클릭한다.

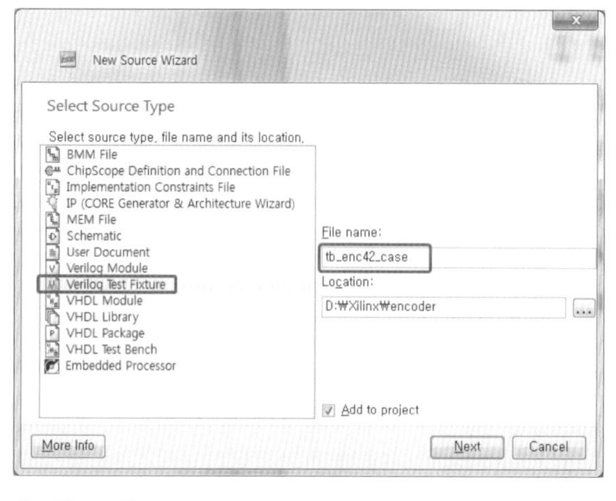

[그림 6.44] New Source Wizard - Select Source Type

② New Source Wizard - Associate Source 창에서 모듈 enc42_case를 선택하고 Next를 클릭한다. Summary 창에서 확인 후 Finish를 클릭한다.

③ Design 창의 View 필드에서 Simulation을 선택하면, [그림 6.45]와 같이 Hierarchy 영역에 테스트벤치 tb_enc42_case가 추가되고, Workspace 영역에 편집 창이 활성화된다.

④ [코드 6.6]을 참조하여 테스트벤치 모듈 tb_enc42_case를 완성한다.

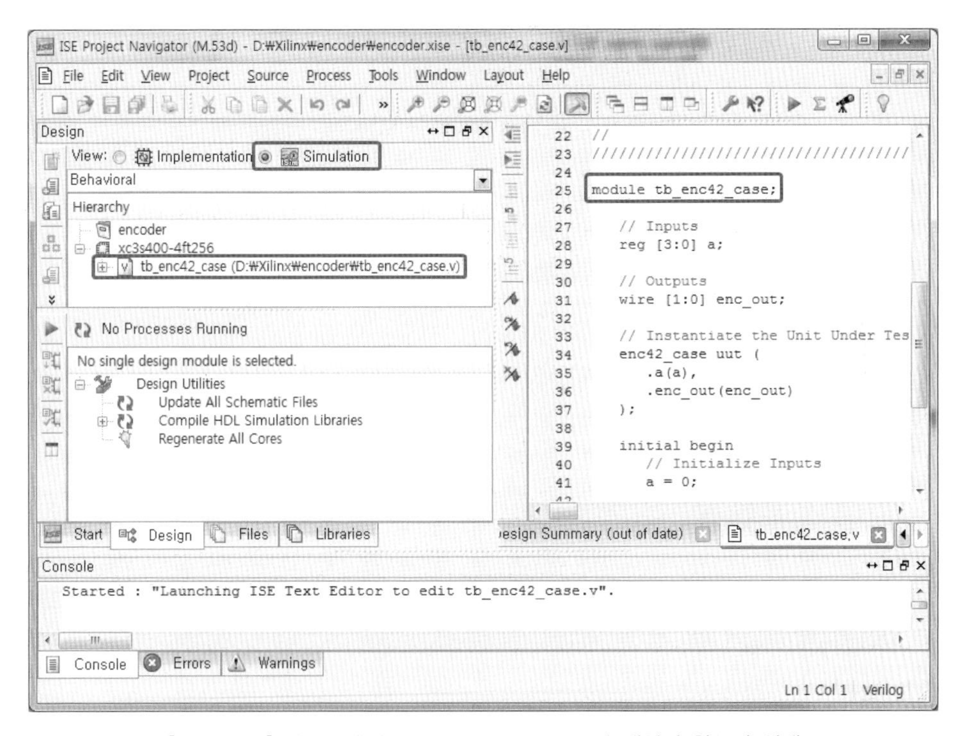

[그림 6.45] 테스트벤치 모듈 tb_enc42_case의 생성이 완료된 상태

```
module tb_enc42_case;
  reg [3:0] a;
  wire [1:0] enc_out;

// Instantiate the Unit Under Test (UUT)
  enc42_case uut (.a(a),
                  .enc_out(enc_out));
```

[코드 6.6] 테스트 벤치 모듈 tb_enc42_case(계속)

```
  always begin
       a = 4'b0001;
    #20 a = 4'b0010;
    #20 a = 4'b0100;
    #20 a = 4'b1000;
    #20;
  end
endmodule
```

[코드 6.6] 테스트 벤치 모듈 tb_enc42_case

⑤ [그림 6.46]과 같이 Design 창의 View 필드에서 Simulation을 선택하고, Hierarchy에서 테스트 벤치 모듈 tb_enc42_case를 선택한다. Processes 창에서 Simulate Behavioral Model을 더블클릭하여 시뮬레이션을 실행시키면, ISim 창이 활성화되면서 [그림 6.47]과 같이 시뮬레이션 결과가 표시된다. 입력 a의 값에 따른 인코더의 출력이 [표 6.5]와 동일함을 확인할 수 있다.

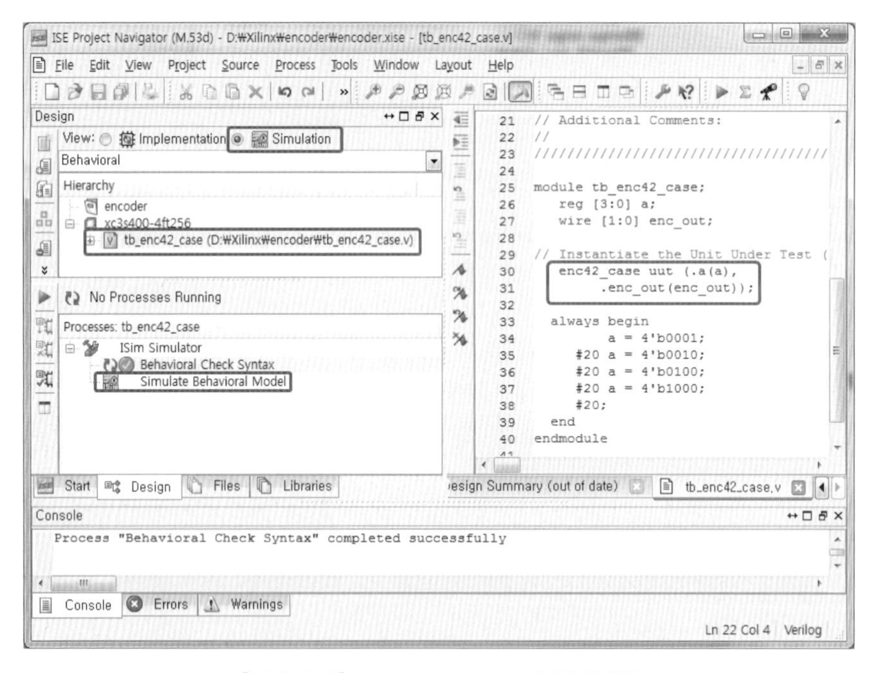

[그림 6.46] Behavioral Model 시뮬레이션

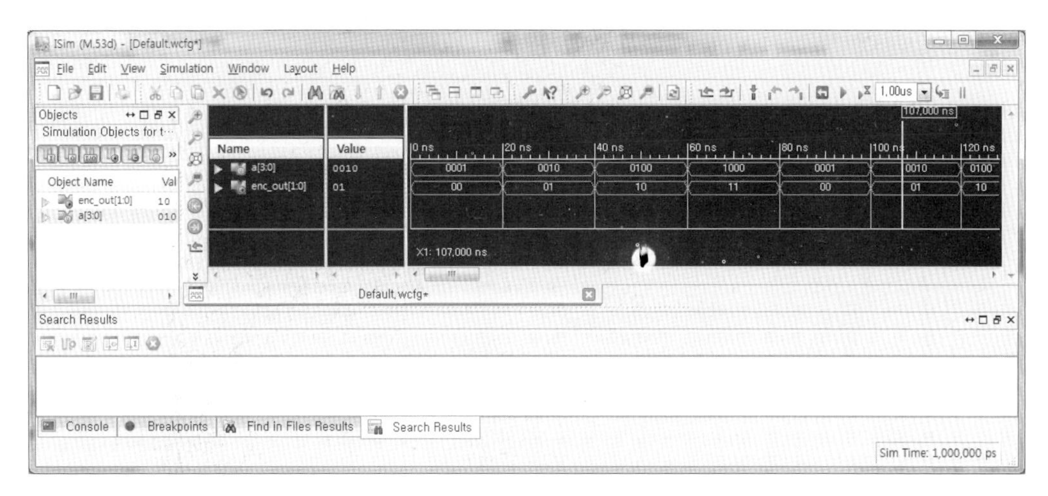

[그림 6.47] Behavioral Model의 시뮬레이션 결과

6.3.5 I/O 핀 할당 및 Implement Design

① ISE Project Navigator 좌측 상단의 Design 창에서 enc42_case를 선택하고, [그림 6.48]과 같이 Processes 창의 User Constraints 메뉴를 확장하여 I/O Pin Planning (PlanAhead)을 더블클릭해서 실행시킨다.

② [표 6.6]의 I/O 핀 할당표를 참조하여 [그림 6.49]와 같이 핀 번호를 할당한다. PlanAhead 창의 I/O Ports 영역에서 포트를 선택하고, I/O Port Properties 영역의 General 탭에서 Site 필드에 FPGA 핀 번호를 입력한다. 모든 입출력 신호에 대한 I/O 핀 할당을 완료한 후 저장하면, enc42_case.ucf 파일에 핀 할당 정보가 저장된다.

[표 6.6] I/O 핀 할당표

신호이름	FPGA 핀 번호	I/O	설명	비고
a[0]	M2	I	DIP_SW0	ON 위치에서 L(논리 0)이 됨
a[1]	M1	I	DIP_SW1	
a[2]	L5	I	DIP_SW2	
a[3]	L4	I	DIP_SW3	
enc_out[0]	N5	O	LED0	RF Main Module
enc_out[1]	P7	O	LED1	

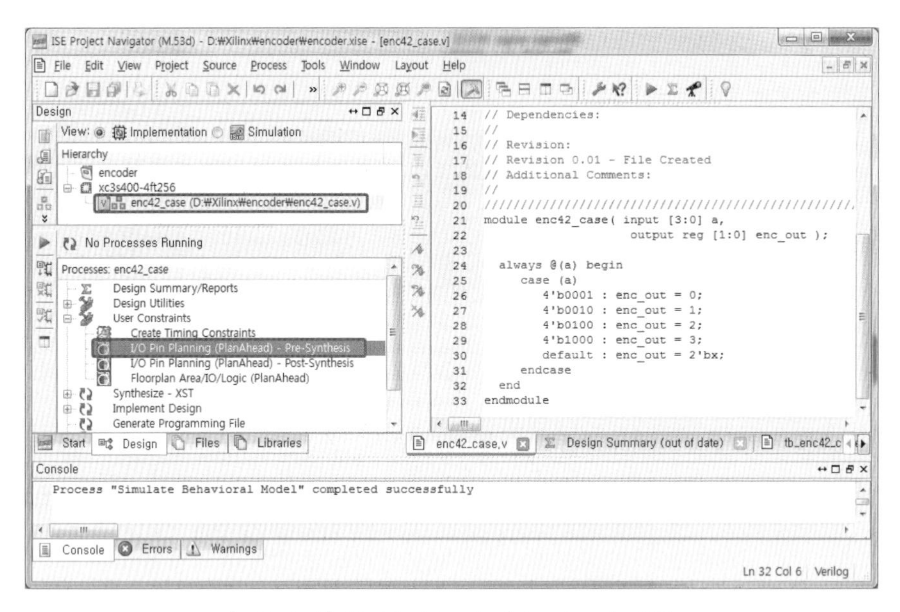

[그림 6.48] I/O Pin Planning(PlanAhead) 실행

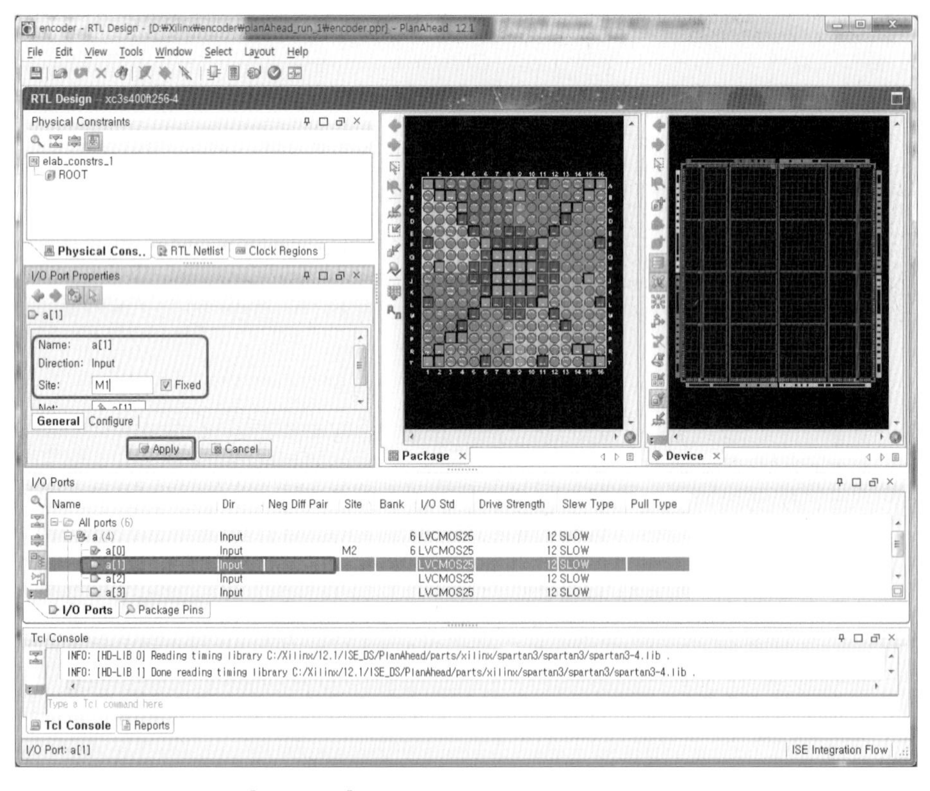

[그림 6.49] PlanAhead에서 I/O 핀 번호 입력

6.3.6 FPGA 구현 및 동작 확인

① Project Navigator 좌측 상단의 Design 창에서 enc42_case를 선택하고, Synthesize - XST와 Implement Design을 실행한다.

② Implement Design이 완료되면, [그림 6.50]과 같이 Generate Programming File을 더블클릭해서 bit 파일을 생성한다.

③ 실습장비와 PC를 JTAG 케이블로 연결한 후, [그림 6.51]과 같이 Configure Target Device 메뉴를 확장하고 Manage Configuration Project(iMPACT)를 더블클릭하여 iMPACT 툴을 실행한다.

④ iMPACT 툴에서 Boundary Scan을 더블클릭한 후, [그림 6.52]와 같이 오른쪽 마우스를 클릭하여 Initialize Chain을 실행한다.

⑤ [그림 6.53]과 같이 xc3s400 FPGA를 선택한 후, 생성된 bit 파일을 할당한다.

⑥ iMPACT Processes 창에서 Program을 더블클릭하여 FPGA 디바이스로 다운로드한다.

⑦ 실습 키트 RF Main Module의 DIP_SW0 ~ DIP_SW3으로 입력 a[3:0]의 값을 설정하면서 인코더의 출력이 LED에 점등되는 동작을 확인한다. 참고로, RF Main Module의 DIP 스위치는 ON 위치에서 논리값 '0'이 된다. 4개의 DIP 스위치를 모두 ON시킨 상태에서 특정 비트의 스위치를 OFF 위치로 옮겨 논리값 '1'로 만들었을 때, LED가 점등되는 동작을 확인한다.

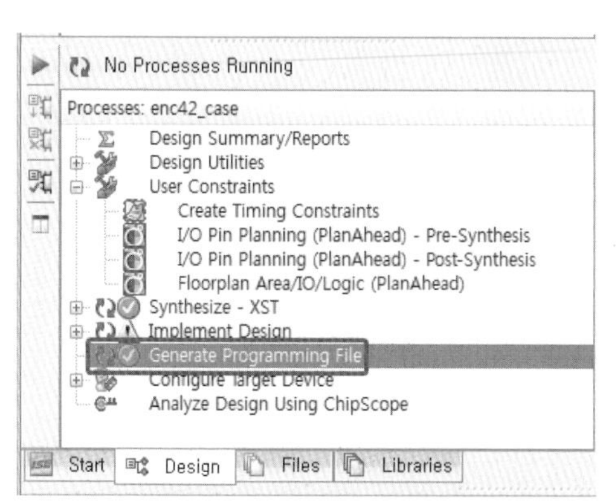

[그림 6.50] Bit 파일 생성

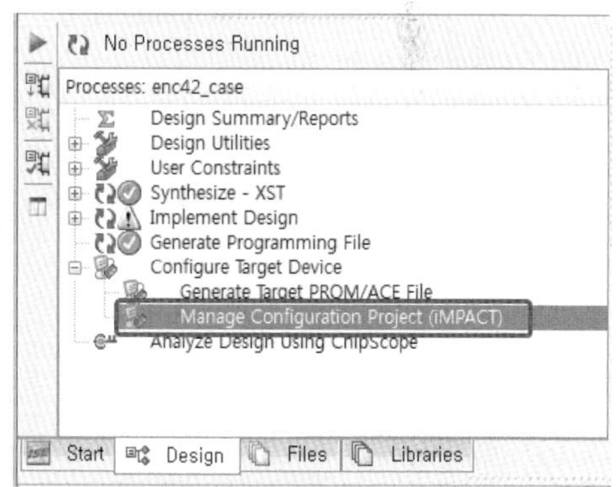

[그림 6.51] iMPACT 툴 실행

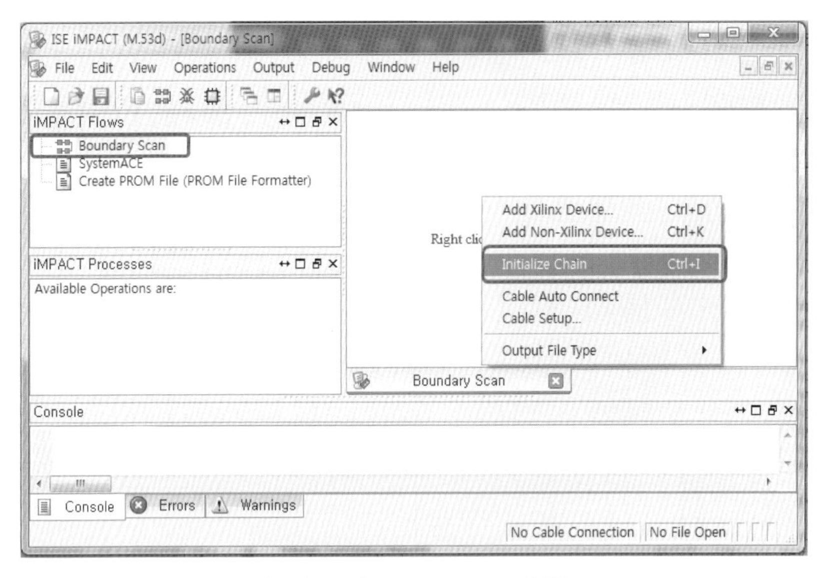

[그림 6.52] Initialize Chain 실행

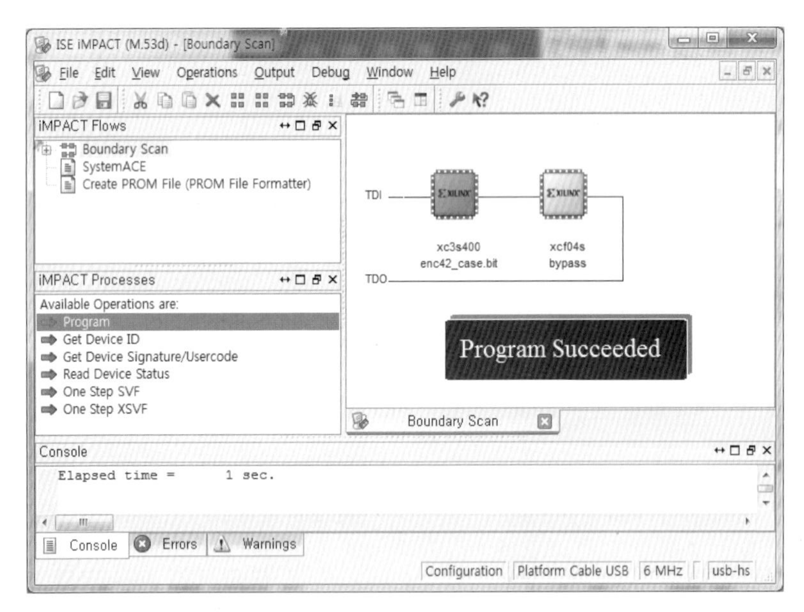

[그림 6.53] Bit 파일 다운로드

설계과제

6.3.1 [표 6.5]의 4:2 이진 인코더를 if 조건문을 이용한 모델링(enc42_if)으로 설계하여 시뮬레이션으로 검증한 후, [그림 6.37]의 실습회로와 동일하게 구성하여 동작을 확인하라.

6.3.2 Active-low enable 신호를 갖는 4:2 이진 인코더를 설계하고 시뮬레이션으로 검증한다. enable 신호가 en=0이면 4:2 이진 인코더로 동작하고, en=1이면 인코더의 출력은 '11'이 된다. 인코더의 진리표는 [표 6.5]와 같다. [그림 6.54]의 실습회로를 구성하여 동작을 확인하라. I/O 핀 할당표는 [표 6.7]과 같다. 참고로, RF Main Module의 DIP 스위치는 ON 위치에서 논리값 '0'이 되고, OFF 위치에서 논리값 '1'이 된다.

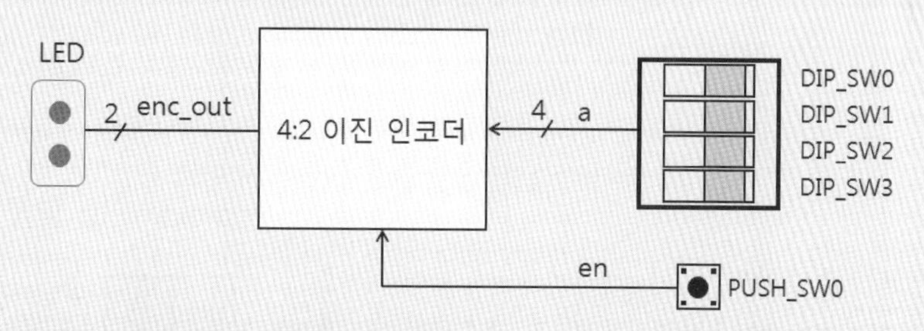

[그림 6.54] enable 신호를 갖는 4:2 이진 인코더 실습회로

[표 6.7] I/O 핀 할당표

신호이름	FPGA 핀 번호	I/O	설명	비고
a[0]	M2	I	DIP_SW0	ON 위치에서 L(논리 0)이 됨
a[1]	M1	I	DIP_SW1	
a[2]	L5	I	DIP_SW2	
a[3]	L4	I	DIP_SW3	
en	P2	I	PUSH_SW0	누르면 L(논리 0)이 됨
enc_out	N5	O	LED0	RF Main Module
enc_out	P7	O	LED1	

6.3.3 Active-low enable 신호를 갖는 4:2 우선순위(priority) 인코더를 ① if 조건문을 이용한 모델링(en_prienc42_if), ② case 문을 이용한 모델링(en_prienc42_case)으로 설계하고 시뮬레이션으로 검증하라. enable 신호가 en=0이면 4:2 우선순위 인코더로 동작하고, en=1이면 출력은 '11'이 된다. 4:2 우선순위 인코더의 진리표는 [표 6.8]과 같다. [그림 6.55]의 실습회로를 구성하여 동작을 확인하라. I/O 핀 할당표는 [표 6.7]과 같다. 참고로, RF Main Module의 DIP 스위치는 ON 위치에서 논리값 '0'이 된다.

[표 6.8] 4 : 2 우선순위 인코더의 진리표

입력 a[3:0]	출력 enc_out[1:0]
1xxx	11
01xx	10
001x	01
0001	00

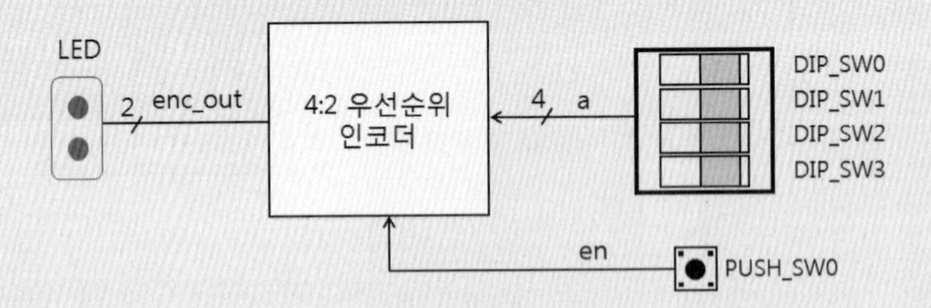

[그림 6.55] enable 신호를 갖는 4 : 2 우선순위 인코더 실습회로

6.4 디코더 회로

- **실습 목적** : 2:4 이진 디코더 회로를 설계하고 검증 과정을 익힌다.
- **실습 회로** : [그림 6.56]과 같이 2:4 이진 디코더의 입력을 DIP 스위치로 인가하고, 출력을 LED에 연결하여 동작을 확인한다.
- **실습 과정** : 1 Project 생성 → 2 Verilog 모듈 생성 → 3 Verilog 소스 코드 완성 → 4 기능 검증 - Behavioral Model 시뮬레이션 → 5 I/O 핀 할당 및 Implement Design → 6 FPGA 구현 및 동작 확인
- **설계 결과 확인** : RF 모듈의 DIP 스위치로 2비트의 디코더 입력 din(DIP_SW0, DIP_SW1)을 인가하고, 출력이 LED에 표시되는 동작을 확인한다. 참고로, RF Main Module의 DIP 스위치는 ON 위치에서 논리값 '0'이 된다.

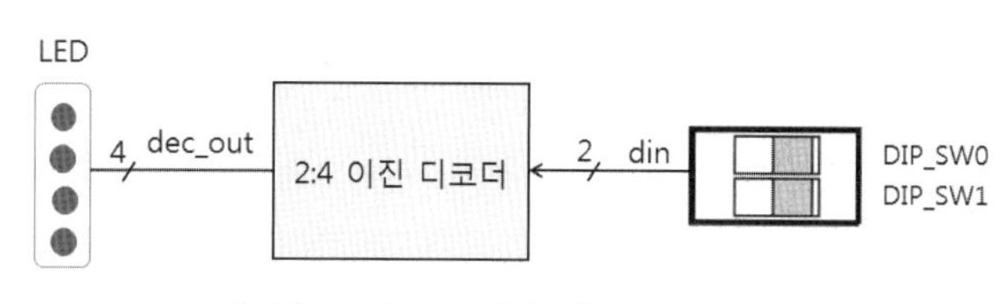

[그림 6.56] 2:4 이진 디코더 실습회로

6.4.1 Project 생성

① ISE 메뉴에서 File → New Project를 실행하면 새로운 프로젝트를 생성할 수 있는 New Project Wizard 창이 [그림 6.57]과 같이 활성화된다.

② New Project Wizard 창의 Name 필드에 프로젝트 이름 decoder을 입력하고, Location 필드에 프로젝트가 저장될 폴더 위치를 입력하고, Top-level source type 필드를 HDL로 설정한 뒤 Next를 클릭한다.

③ Project Settings 창에서는 FPGA 디바이스 선택, 합성 및 시뮬레이션 툴 등을 설정한다. Family 필드에 Spartan3를 선택하고, Device 필드에는 XC3S400을 선택하고, Package 필드에는 FT256, Speed는 -4를 선택한다. Synthesis Tool은 XST(VHDL/Verilog)을 선택하고, Simulator와 Language 필드에 각각 ISim(VHDL/Verilog), Verilog를 선택한다.

④ Project Summary 창에서 프로젝트 설정 내용을 확인한다. Finish를 클릭하면 프로젝트 생성이 완료된다.

⑤ [그림 6.58]은 프로젝트 생성이 완료된 상태의 ISE Project Navigator이며, Design 창에 프로젝트 decoder가 생성되었으며 FPGA 디바이스 xc3s400-4ft256가 설정되었다.

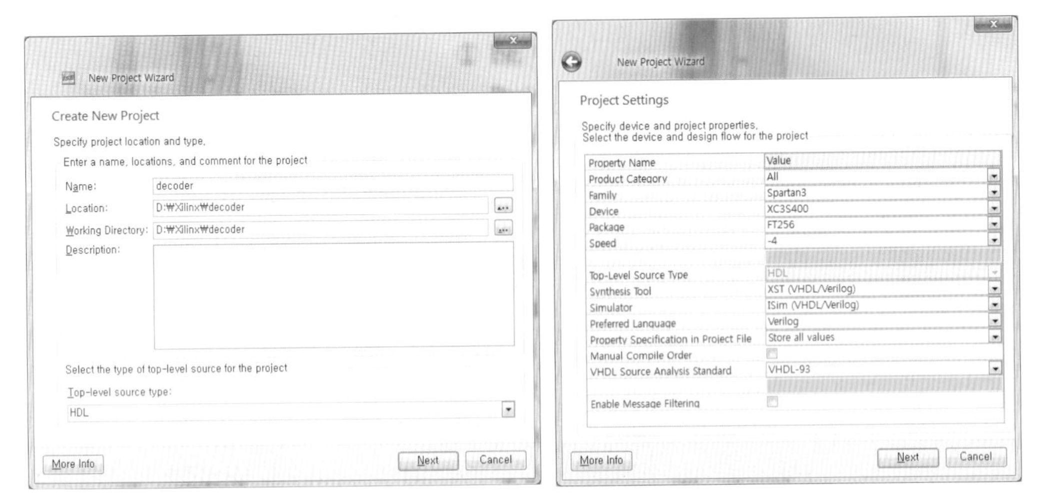

[그림 6.57] ISE 프로젝트 생성

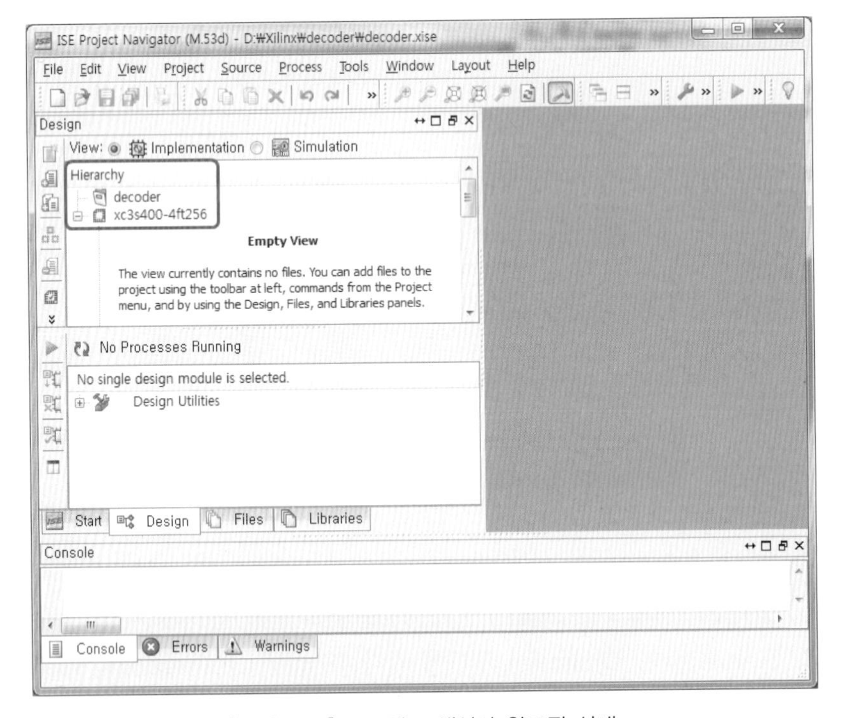

[그림 6.58] 프로젝트 생성이 완료된 상태

6.4.2 Verilog 모듈 생성

① 프로젝트에 새로운 소스 파일을 추가하기 위해서는 [그림 6.59]와 같이 Design 창에서 FPGA 디바이스를 선택한 후, 마우스 오른쪽을 눌러 팝업에서 New Source를 실행하면 New Source Wizard 창이 활성화된다.

② New Source Wizard 창에서 [그림 6.60]과 같이 Verilog Module을 선택하고 File name 필드에 모듈이름 dec24_case를 입력한 후, 소스 파일이 저장될 폴더 위치를 지정하고 Next를 클릭한다. Add to project 박스를 체크해서 생성되는 소스 파일이 프로젝트에 추가되도록 한다.

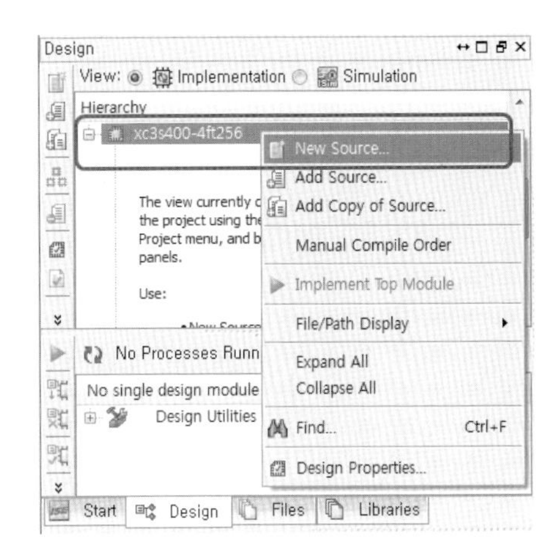

[그림 6.59] New Source 메뉴 실행

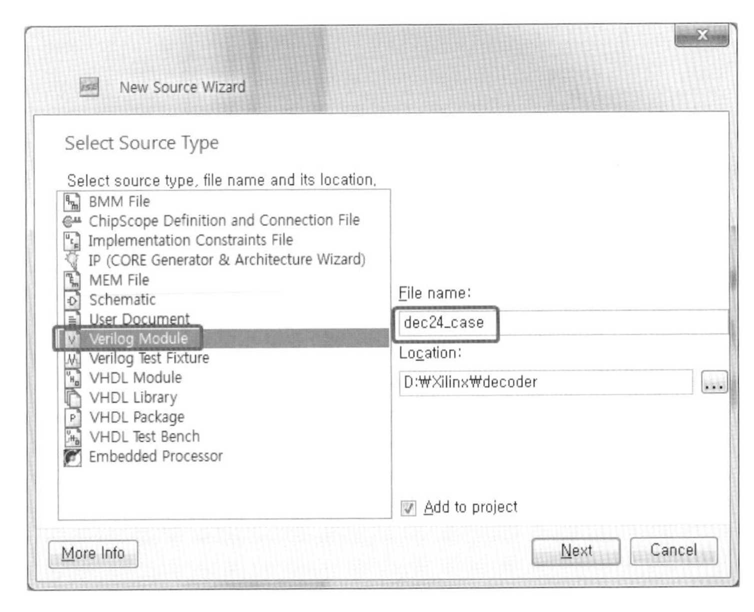

[그림 6.60] New Source Wizard - Select Source Type

③ 모듈 dec24_case의 입력과 출력 포트를 [그림 6.61]과 같이 정의하고 Finish를 클릭하면, [그림 6.62]와 같이 모듈 dec24_case의 소스코드 편집 창이 Workspace 영역에 나타난다. Project Navigator 좌측 상단의 Hierarchy 영역에서 모듈 dec24_case이 프로젝트에 포함되어 있음을 확인할 수 있다.

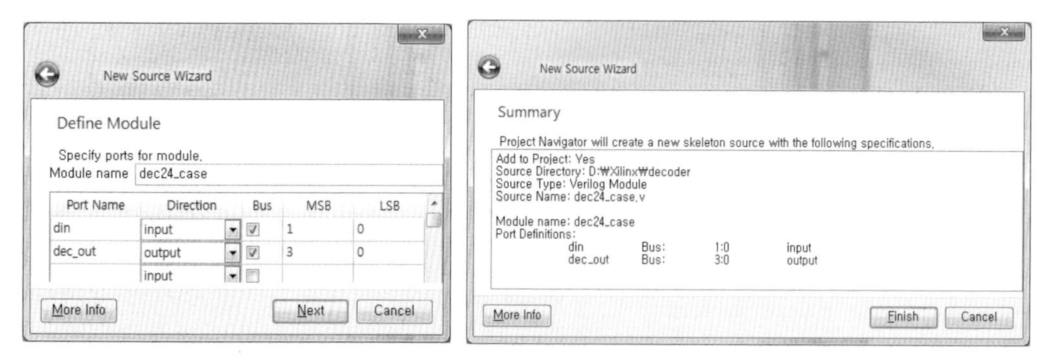

[그림 6.61] New Source Wizard - Define Module & Summary

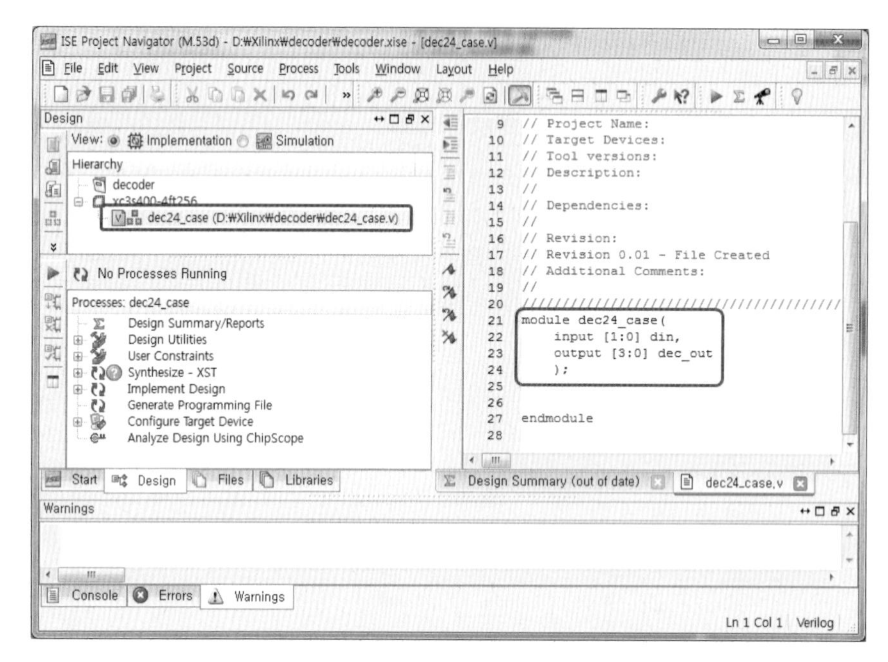

[그림 6.62] 모듈 dec24_case의 생성이 완료된 상태

6.4.3 Verilog 소스 코드 완성

2:4 이진 디코더의 진리표는 [표 6.9]와 같으며, 2비트의 입력 din의 값에 따라 디코더의 출력값이 결정된다. [표 6.9]의 진리표를 case 문을 이용해서 모델링한 Verilog HDL 모듈은 [코드 6.7]과 같다.

[표 6.9] 2:4 이진 디코더의 진리표

입력 din[1:0]	출력 dec_out[3:0]
00	0001
01	0010
10	0100
11	1000

```
module dec24_case( input [1:0] din,
                   output reg [3:0] dec_out );

  always @(din) begin
   case (din)
        2'b00 : dec_out = 4'b0001;
        2'b01 : dec_out = 4'b0010;
        2'b10 : dec_out = 4'b0100;
        2'b11 : dec_out = 4'b1000;
        default : dec_out = 4'bxxxx;
   endcase
  end
endmodule
```

[코드 6.7] 2:4 이진 디코더의 Verilog HDL 모델링(case 문 사용)

6.4.4 기능 검증 - Behavioral Model 시뮬레이션

① ISE Project Navigator 좌측 상단 Design 창의 dec24_case를 선택하고 마우스 오른쪽을 클릭하여 New Source를 선택한다. [그림 6.63]과 같이 New Source Wizard 창에서 Verilog Test Fixture를 선택한 후, File name 필드에 테스트 벤치 파일의 이름을 tb_dec24_case로 입력하고 저장될 폴더 위치를 지정한 뒤 Next를 클릭한다.

② New Source Wizard - Associate Source 창에서 모듈 dec24_case를 선택하고 Next를 클릭한다. Summary 창에서 확인 후 Finish를 클릭한다.

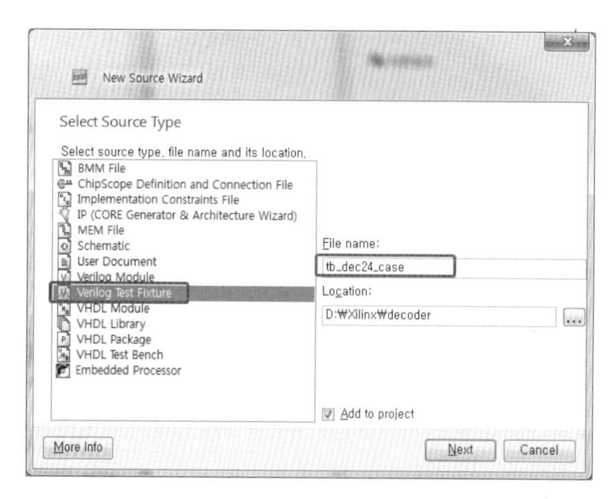

[그림 6.63] New Source Wizard - Select Source Type

③ Design 창의 View 필드에서 Simulation을 선택하면, [그림 6.64]와 같이 Hierarchy 영역에 테스트벤치 tb_dec24_case가 추가되고, Workspace 영역에 편집 창이 활성화된다.

④ [코드 6.8]을 참조하여 테스트벤치 모듈 tb_dec24_case를 완성한다.

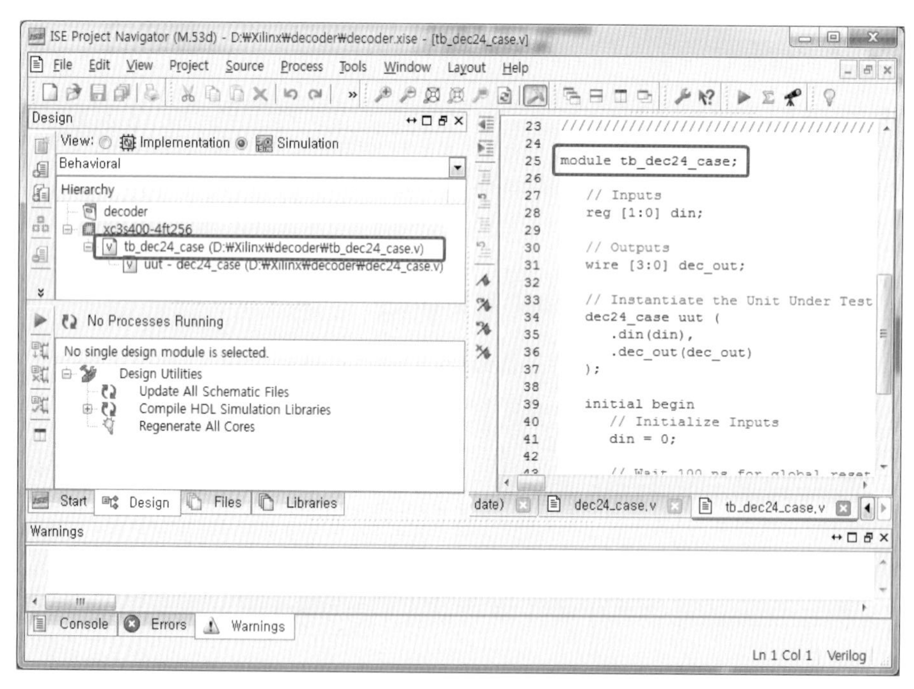

[그림 6.64] 테스트벤치 모듈 tb_dec24_case의 생성이 완료된 상태

```
module tb_dec24_case;
   reg [1:0] din;
   wire [3:0] dec_out;

// Instantiate the Unit Under Test (UUT)
   dec24_case uut (.din(din),
                  .dec_out(dec_out));

   always begin
         din = 2'b00;
     #20 din = 2'b01;
     #20 din = 2'b10;
     #20 din = 2'b11;
     #20;
   end
endmodule
```

[코드 6.8] 테스트 벤치 모듈 tb_dec24_case

⑤ [그림 6.65]와 같이 Design 창의 View 필드에서 Simulation을 선택하고, Hierarchy에서 테스트 벤치 모듈 tb_dec24_case를 선택한다. Processes 창에서 Simulate Behavioral Model을 더블클릭하여 시뮬레이션을 실행시키면, ISim 창이 활성화되면서 [그림 6.66]과 같이 시뮬레이션 결과가 표시된다. 입력 din의 값에 따른 디코더의 출력이 [표 6.9]와 동일함을 확인할 수 있다.

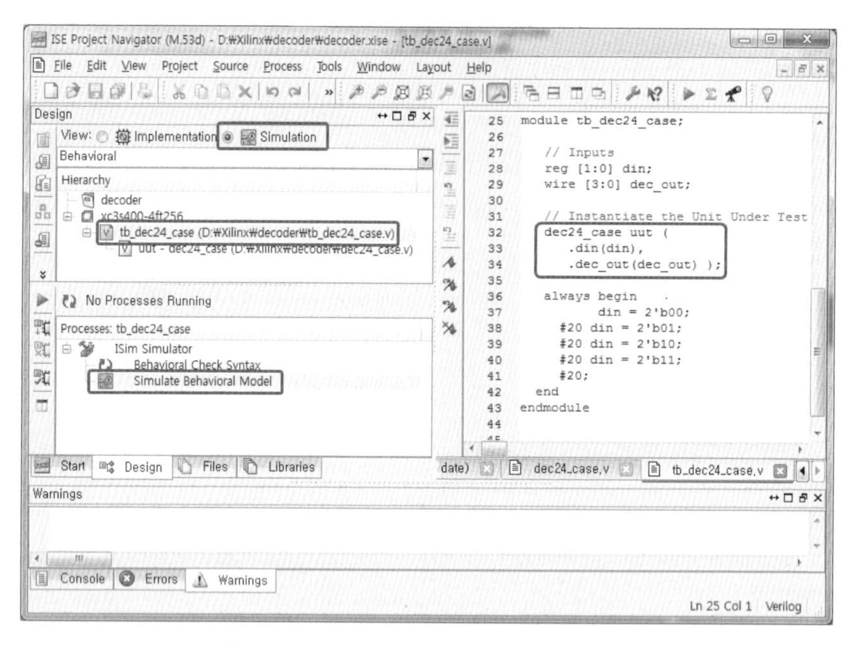

[그림 6.65] Behavioral Model 시뮬레이션

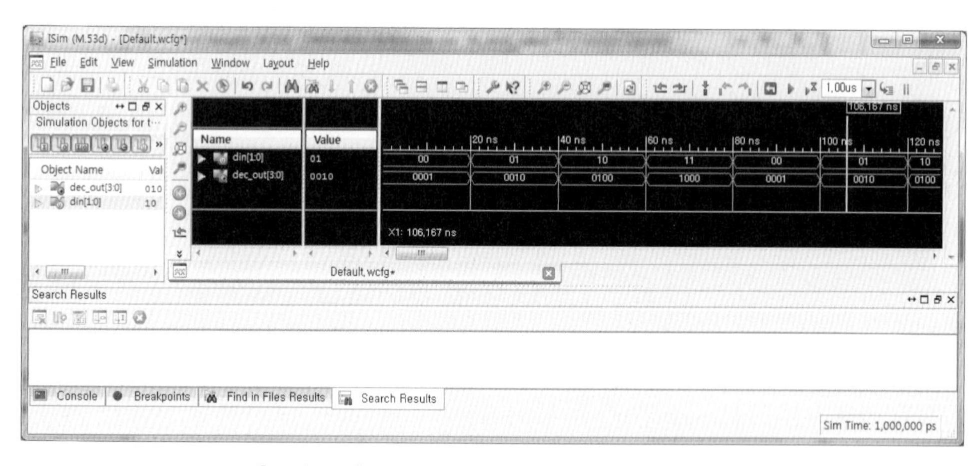

[그림 6.66] Behavioral Model의 시뮬레이션 결과

6.4.5 I/O 핀 할당 및 Implement Design

① ISE Project Navigator 좌측 상단의 Design 창에서 dec24_case를 선택하고, [그림 6.67]과 같이 Processes 창의 User Constraints 메뉴를 확장하여 I/O Pin Planning (PlanAhead)를 더블클릭해서 실행시킨다.

② [표 6.10]의 I/O 핀 할당표를 참조하여 [그림 6.68]과 같이 핀 번호를 할당한다. PlanAhead 창의 I/O Ports 영역에서 포트를 선택하고, I/O Port Properties 영역의 General 탭에서 Site 필드에 FPGA 핀 번호를 입력한다. 모든 입출력 신호에 대한 I/O 핀 할당을 완료한 후 저장하면, dec24_case.ucf 파일에 핀 할당 정보가 저장된다.

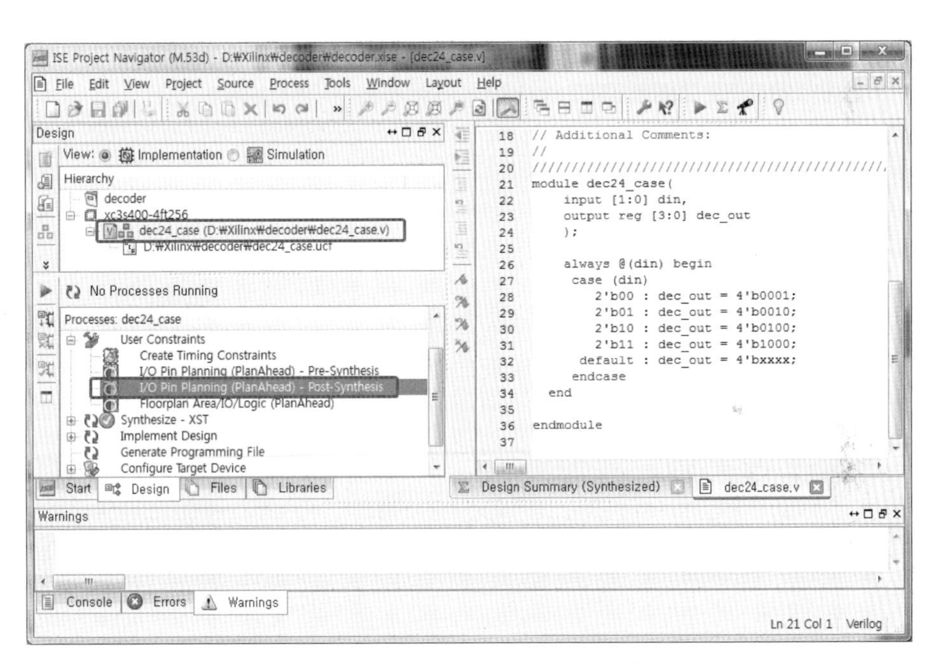

[그림 6.67] I/O Pin Planning(PlanAhead) 실행

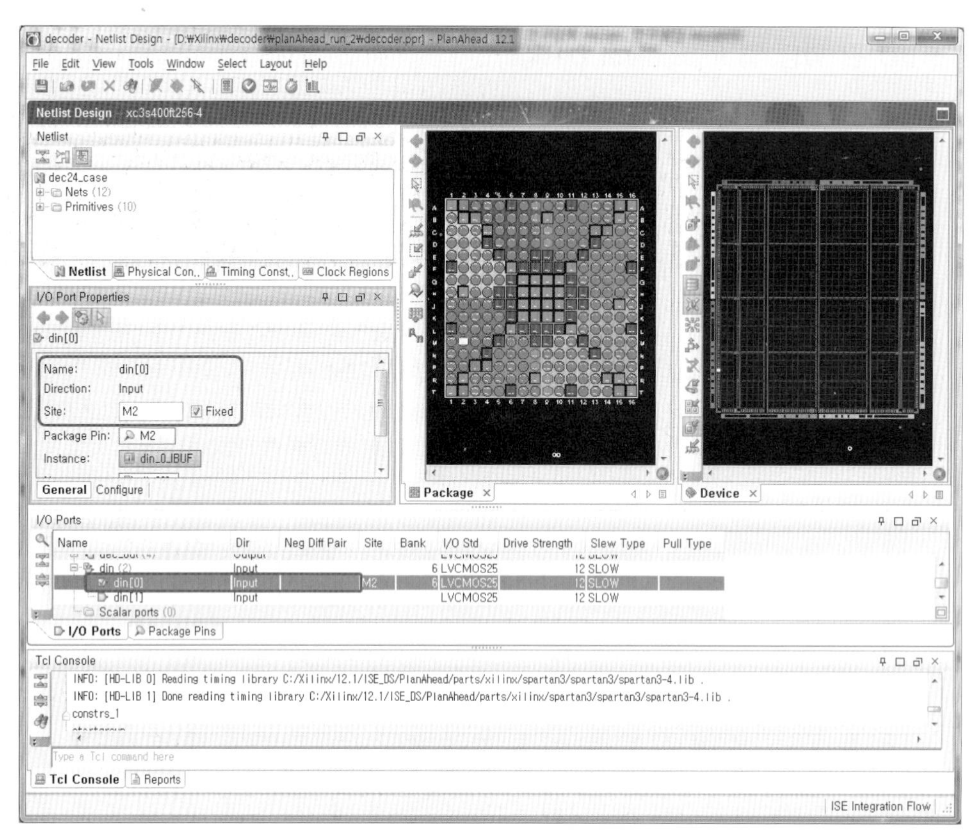

[그림 6.68] PlanAhead에서 I/O 핀 번호 입력

[표 6.10] 핀 할당표

신호이름	FPGA 핀 번호	I/O	설명	비고
din[0]	M2	I	DIP_SW0	ON 위치에서 L(논리 0)이 됨
din[1]	M1	I	DIP_SW1	
dec_out[0]	N5	O	LED0	RF Main Module
dec_out[1]	P7	O	LED1	
dec_out[2]	T5	O	LED2	
dec_out[3]	T8	O	LED3	

6.4.6 FPGA 구현 및 동작 확인

① Project Navigator 좌측 상단의 Design 창에서 dec24_case을 선택하고, Synthesize - XST와 Implement Design을 실행한다.

② Implement Design이 완료되면, [그림 6.69]와 같이 Generate Programming File을 더블클릭해서 bit 파일을 생성한다.

③ 실습장비와 PC를 JTAG 케이블로 연결한 후, [그림 6.70]과 같이 Configure Target Device 메뉴를 확장하고 Manage Configuration Project(iMPACT)를 더블클릭하여 iMPACT 툴을 실행한다.

④ iMPACT 툴에서 Boundary Scan을 더블클릭한 후, [그림 6.71]과 같이 오른쪽 마우스를 클릭하여 Initialize Chain을 실행한다.

⑤ [그림 6.72]와 같이 xc3s400 FPGA를 선택한 후, 생성된 bit 파일을 할당한다.

⑥ iMPACT Processes 창에서 Program을 더블클릭하여 FPGA 디바이스로 다운로드한다.

⑦ 실습 키트 RF Main Module의 DIP_SW0, DIP_SW1으로 입력 din의 값을 설정하면서 디코더의 출력이 LED에 점등되는 동작을 확인한다. 참고로, RF Main Module의 DIP 스위치는 ON 위치에서 논리값 '0'이 된다.

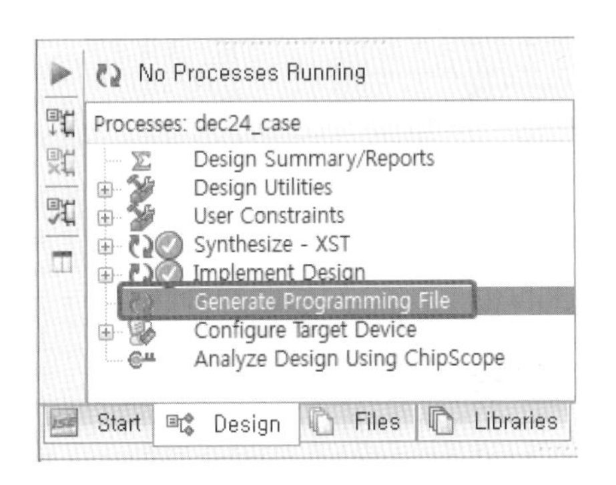

[그림 6.69] Bit 파일 생성

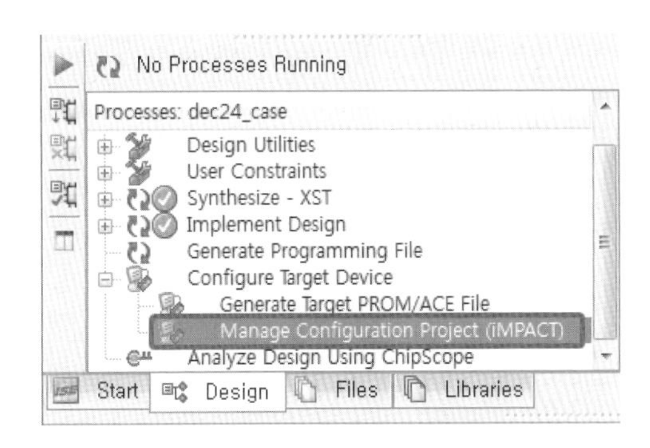

[그림 6.70] iMPACT 툴 실행

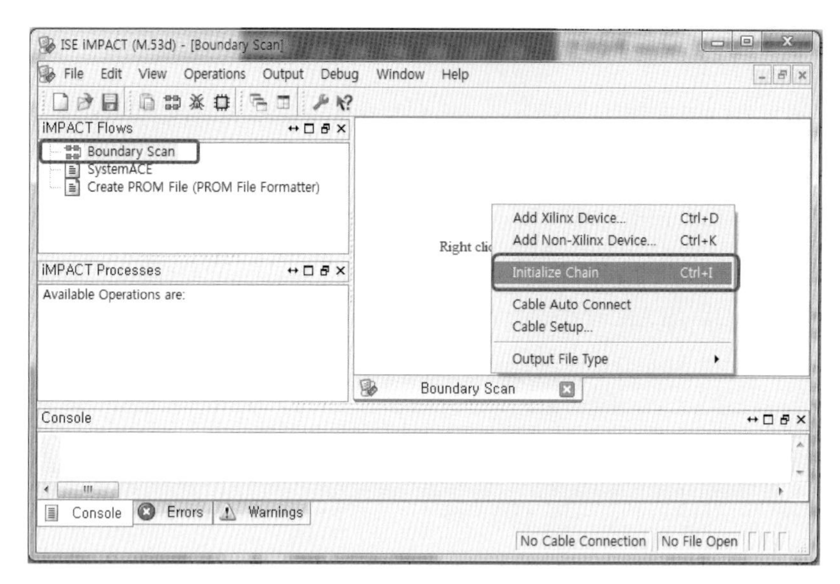

[그림 6.71] Initialize Chain 실행

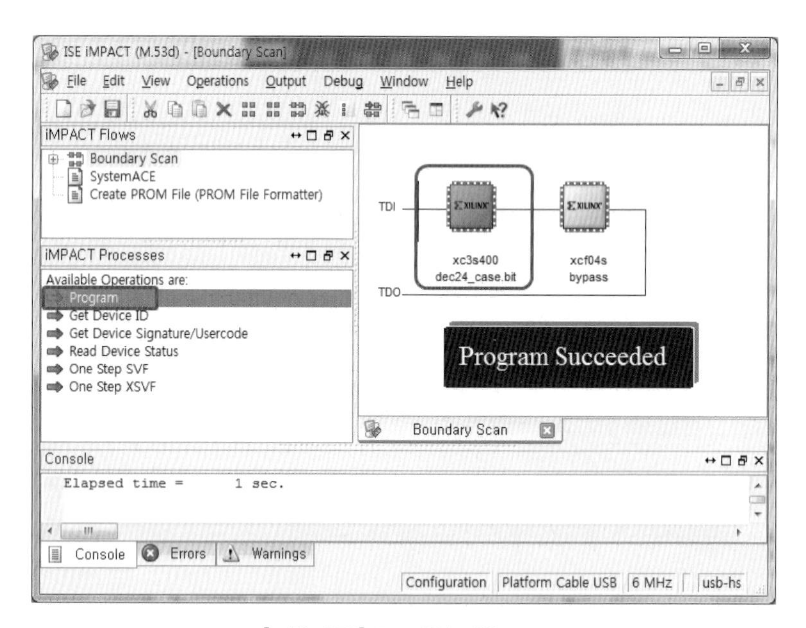

[그림 6.72] Bit 파일 다운로드

6.4.1 2:4 이진 디코더를 if 조건문을 이용한 모델링(dec24_if)으로 설계하여 시뮬레이션으로 검증한 후, [그림 6.56]의 실습회로와 동일하게 구성하여 동작을 확인하라.

6.4.2 3:8 이진 디코더를 ① case 문을 이용한 모델링(dec38_case), ② if 조건문을 이용한 모델링(dec38_if), ③ for 반복문을 이용한 모델링(dec38_for)으로 설계하고 시뮬레이션으로 검증하라. 3:8 이진 디코더의 진리표는 [표 6.11]과 같다. [그림 6.73]의 실습회로를 구성하여 동작을 확인하라. I/O 핀 할당표는 [표 6.12]와 같다. 참고로, RF Main Module의 DIP 스위치는 ON 위치에서 논리값 '0'이 된다.

[표 6.11] 3:8 이진 디코더의 진리표

입력 din[2:0]	출력 dec_out[7:0]
000	0000 0001
001	0000 0010
010	0000 0100
011	0000 1000
100	0001 0000
101	0010 0000
110	0100 0000
111	1000 0000

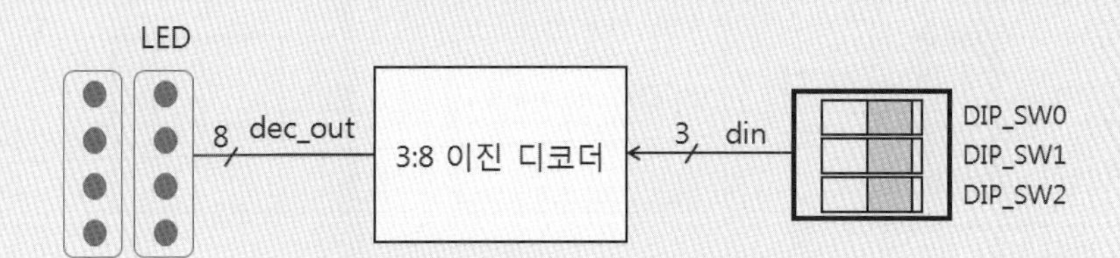

[그림 6.73] 3:8 이진 디코더 실습회로

[표 6.12] 핀 할당표

신호이름	FPGA 핀 번호	I/O	설명	비고
din[0]	M2	I	DIP_SW0	ON 위치에서 L(논리 0)이 됨
din[1]	M1	I	DIP_SW1	
din[2]	L5	I	DIP_SW2	
dec_out[0]	N5	O	LED0	RF Main Module
dec_out[1]	P7	O	LED1	
dec_out[2]	T5	O	LED2	
dec_out[3]	T8	O	LED3	
dec_out[4]	T3	O	LED4	
dec_out[5]	R3	O	LED5	
dec_out[6]	T4	O	LED6	
dec_out[7]	R4	O	LED7	

6.4.3 [표 6.13]의 진리표를 갖는 BCD-7-Segment 디코더를 설계하고 시뮬레이션으로 검증하라. [그림 6.74]의 실습회로를 구성하여 동작을 확인하라. I/O 핀 할당표는 [표 6.14]와 같다. 참고로, RF Main Module의 DIP 스위치는 ON 위치에서 논리값 '0'이 된다.

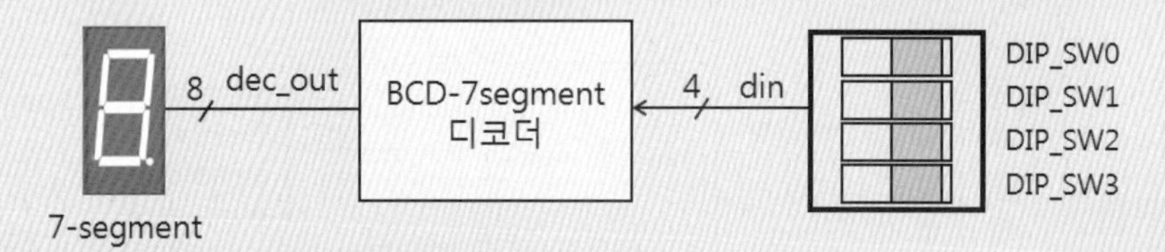

[그림 6.74] BCD-7segment 디코더 실습회로

[표 6.13] BCD-7-Segment 디코더의 진리표

입력 din[3:0]	출력 dec_out[7:0]	디스플레이 값
0000	0011 1111	0
0001	0000 0110	1
0010	0101 1011	2
0011	0100 1111	3
0100	0110 0110	4
0101	0110 1101	5
0110	0111 1101	6
0111	0010 0111	7
1000	0111 1111	8
1001	0110 0111	9

[표 6.14] I/O 핀 할당표

신호이름	FPGA 핀 번호	I/O	설명	비고
din[0]	M2	I	DIP_SW0	ON 위치에서 L(논리 0)이 됨
din[1]	M1	I	DIP_SW1	
din[2]	L5	I	DIP_SW2	
din[3]	L4	I	DIP_SW3	
dec_out[0]	G2	O	SEG_A	RF Main Module
dec_out[1]	C1	O	SEG_B	
dec_out[2]	B1	O	SEG_C	
dec_out[3]	C2	O	SEG_D	
dec_out[4]	C3	O	SEG_E	
dec_out[5]	D1	O	SEG_F	
dec_out[6]	D2	O	SEG_G	
dec_out[7]	E3	O	SEG_DP	

6.4.4 2비트의 두 데이터 a와 b의 크기를 비교하는 비교기를 ① assign 문을 이용한 모델링(comp_assign), ② if 조건문을 이용한 모델링(comp_if)으로 설계하고 시뮬레이션으로 검증하라. 비교기의 진리표는 [표 6.15]와 같다. [그림 6.75]의 실습회로를 구성하여 동작을 확인하라. I/O 핀 할당표는 [표 6.16]과 같다. 참고로, RF Main Module의 DIP 스위치는 ON 위치에서 논리값 '0'이 된다.

[표 6.15] 2비트 비교기의 진리표

입력	agtb	aeqb	altb
a 〉 b	1	0	0
a = b	0	1	0
a 〈 b	0	0	1

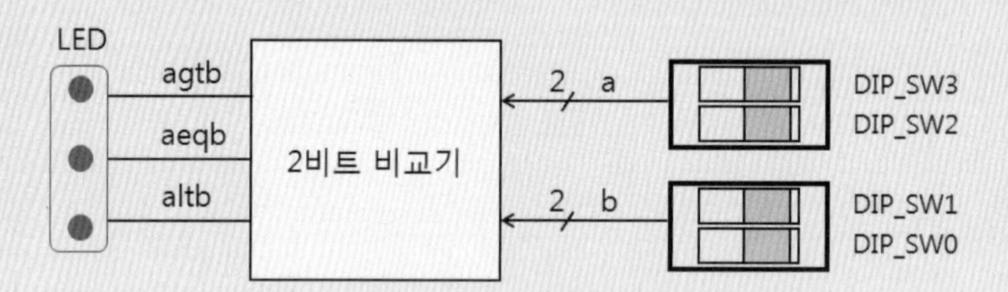

[그림 6.75] 2비트 비교기 실습회로

[표 6.16] I/O 핀 할당표

신호이름	FPGA 핀 번호	I/O	설명	비고
a[0]	M2	I	DIP_SW0	ON 위치에서 L(논리 0)이 됨
a[1]	M1	I	DIP_SW1	
b[0]	L5	I	DIP_SW2	
b[1]	L4	I	DIP_SW3	
agtb	N5	O	LED0	RF Main Module
aeqb	P7	O	LED1	
altb	T5	O	LED2	

6.5 래치 회로

- **실습 목적** : 4비트 positive D 래치(latch) 회로를 설계하고 검증 과정을 익힌다.
- **실습 회로** : [그림 6.76]과 같이 4비트 D 래치의 입력을 DIP 스위치(DIP_SW0 ~ DIP_SW3)로 인가하고 출력을 LED로 관찰하여 D 래치의 동작을 확인한다. 클록신호는 푸시 스위치로 인가한다.
- **실습 과정** : 1 Project 생성 → 2 Verilog 모듈 생성 → 3 Verilog 소스 코드 완성 → 4 기능 검증 - Behavioral Model 시뮬레이션 → 5 I/O 핀 할당 및 Implement Design → 6 FPGA 구현 및 동작 확인
- **설계 결과 확인** : RF 모듈의 DIP 스위치로 래치의 입력 din을 인가하고, 푸시 스위치로 클록을 인가하여 래치의 출력 q가 LED에 표시되는 동작을 확인한다.

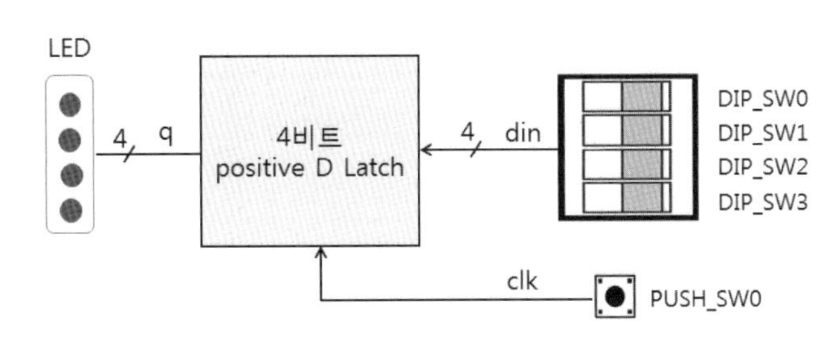

[그림 6.76] 4비트 D 래치 실습회로

6.5.1 Project 생성

① ISE 메뉴에서 File → New Project를 실행하면 새로운 프로젝트를 생성할 수 있는 New Project Wizard 창이 [그림 6.77]과 같이 활성화된다.

② New Project Wizard 창의 Name 필드에 프로젝트 이름 latch를 입력하고, Location 필드에 프로젝트가 저장될 폴더 위치를 입력하고, Top-level source type 필드를 HDL로 설정한 뒤 Next를 클릭한다.

③ Project Settings 창에서는 FPGA 디바이스 선택, 합성 및 시뮬레이션 툴 등을 설정한다. Family 필드에 Spartan3를 선택하고, Device 필드에는 XC3S400을 선택하고, Package 필드에는 FT256, Speed는 -4를 선택한다. Synthesis Tool은 XST(VHDL/Verilog)을 선택하고, Simulator와 Language 필드에 각각 ISim(VHDL/Verilog), Verilog를 선택한다.

④ Project Summary 창에서 프로젝트 설정 내용을 확인한다. Finish를 클릭하면 프로젝트 생성이 완료된다.

⑤ [그림 6.78]은 프로젝트 생성이 완료된 상태의 ISE Project Navigator이며, Design 창에 프로젝트 latch가 생성되었으며 FPGA 디바이스 xc3s400-4ft256가 설정되었다.

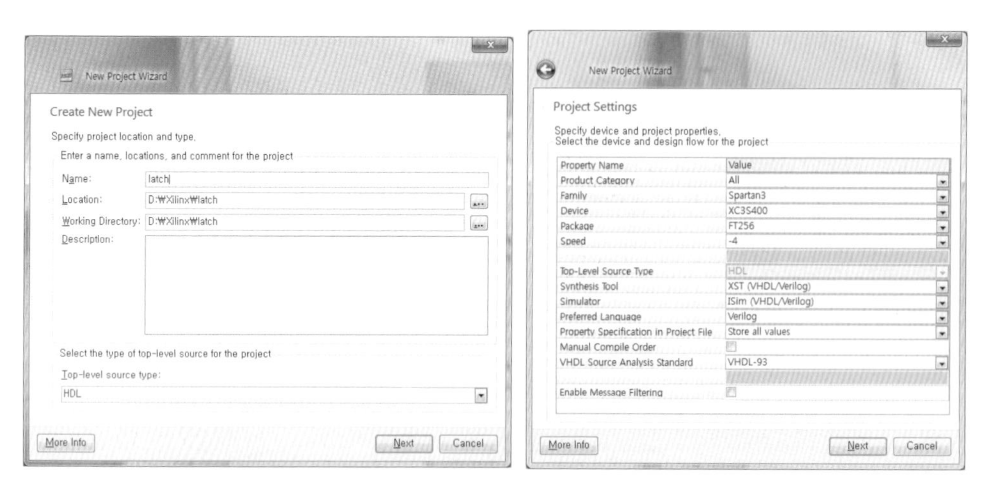

[그림 6.77] ISE 프로젝트 생성

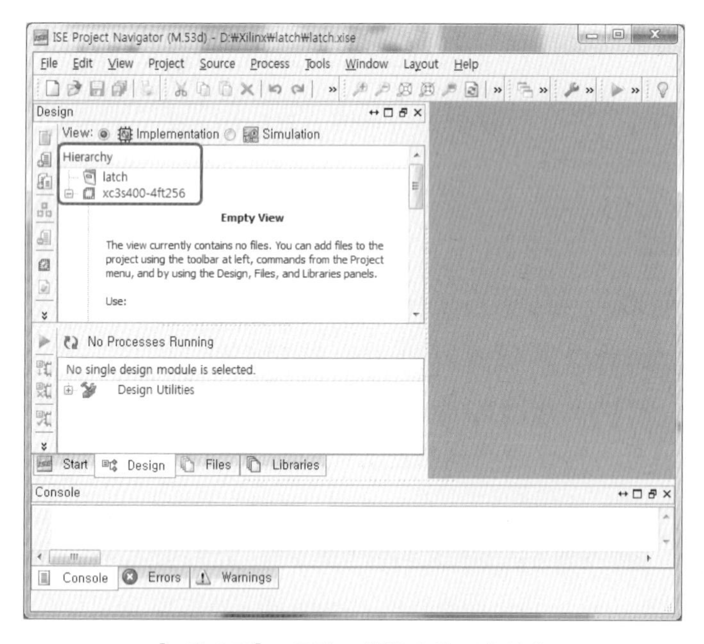

[그림 6.78] 프로젝트 생성이 완료된 상태

6.5.2 Verilog 모듈 생성

① 프로젝트에 새로운 소스 파일을 추가하기 위해서는 Design 창에서 FPGA 디바이스를 선택한 후, 마우스 오른쪽을 눌러 팝업에서 New Source를 실행하면 New Source Wizard 창이 활성화된다.

② New Source Wizard 창에서 [그림 6.79]와 같이 Verilog Module을 선택하고 File name 필드에 모듈이름 platch_4b를 입력한 후, 소스 파일이 저장될 폴더 위치를 지정하고 Next를 클릭한다. Add to project 박스를 체크해서 생성되는 소스 파일이 프로젝트에 추가되도록 한다.

③ 모듈 platch_4b의 입력과 출력 포트를 [그림 6.80]과 같이 정의하고 Finish를 클릭하면, [그림 6.81]과 같이 모듈 platch_4b의 소스코드 편집 창이 Workspace 영역에 나타난다. Project Navigator 좌측 상단의 Hierarchy 영역에서 모듈 platch_4b가 프로젝트에 포함되어 있음을 확인할 수 있다.

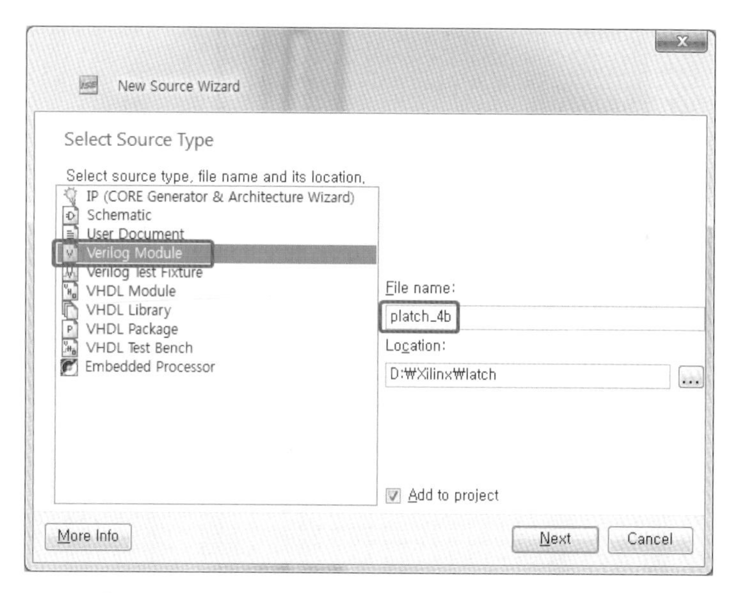

[그림 6.79] New Source Wizard - Select Source Type

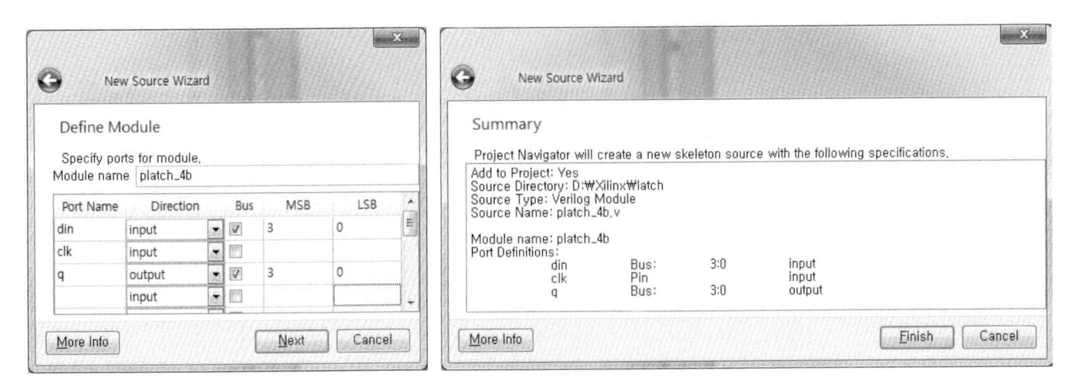

[그림 6.80] New Source Wizard – Define Module & Summary

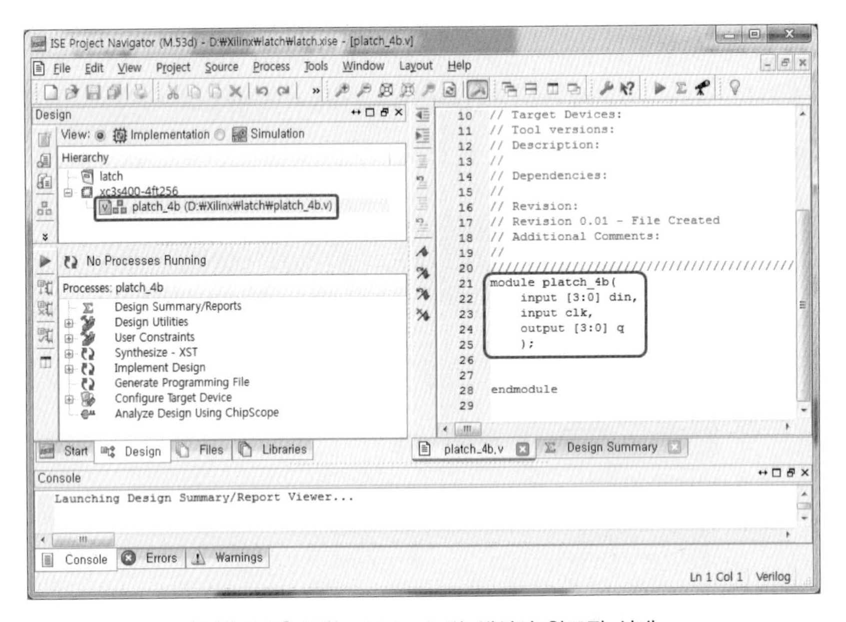

[그림 6.81] 모듈 platch_4b의 생성이 완료된 상태

6.5.3 Verilog 소스 코드 완성

[코드 6.9]의 Verilog HDL 코드를 참조하여 모듈 platch_4b를 완성한다. 실습장비의 PUSH 스위치를 래치 회로의 클록신호로 사용하므로, 클록버퍼를 거쳐 래치로 인가해야 한다. [코드 6.9]에서 FPGA 디바이스 내부의 IBUFG는 클록버퍼이다. PUSH 스위치로부터 입력되는 신호 clk가 클록버퍼 IBUFG를 거쳐 clk_bf로 생성되어 래치 회로의 클록신호로 사용된다.

```
module platch_4b( input [3:0] din,
                  input clk,
                  output reg [3:0] q );

   IBUFG U0 (clk_bf, clk);

   always @(clk_bf or din) begin
     if (clk_bf) q = din;
   end
endmodule
```

[코드 6.9] 4비트 positive D 래치의 Verilog HDL 모델링

6.5.4 기능 검증 - Behavioral Model 시뮬레이션

① ISE Project Navigator 좌측 상단 Design 창의 platch_4b를 선택하고 마우스 오른쪽을 클릭하여 New Source를 선택한다. [그림 6.82]와 같이 New Source Wizard 창에서 Verilog Test Fixture를 선택한 후, File name 필드에 테스트 벤치 파일의 이름을 tb_platch_4b로 입력하고 저장될 폴더 위치를 지정한 뒤 Next를 클릭한다.

② New Source Wizard - Associate Source 창에서 모듈 platch_4b를 선택하고 Next를 클릭한다. Summary 창에서 확인 후 Finish를 클릭한다.

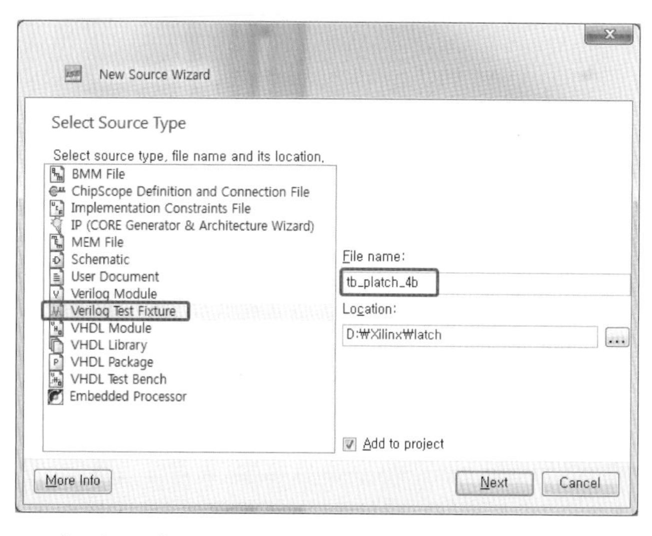

[그림 6.82] New Source Wizard - Select Source Type

③ Design 창의 View 필드에서 Simulation을 선택하면, [그림 6.83]과 같이 Hierarchy 영역에 테스트벤치 tb_platch_4b가 추가되고, Workspace 영역에 편집 창이 활성화된다.

④ [코드 6.10]을 참조하여 테스트벤치 모듈 tb_platch_4b를 완성한다.

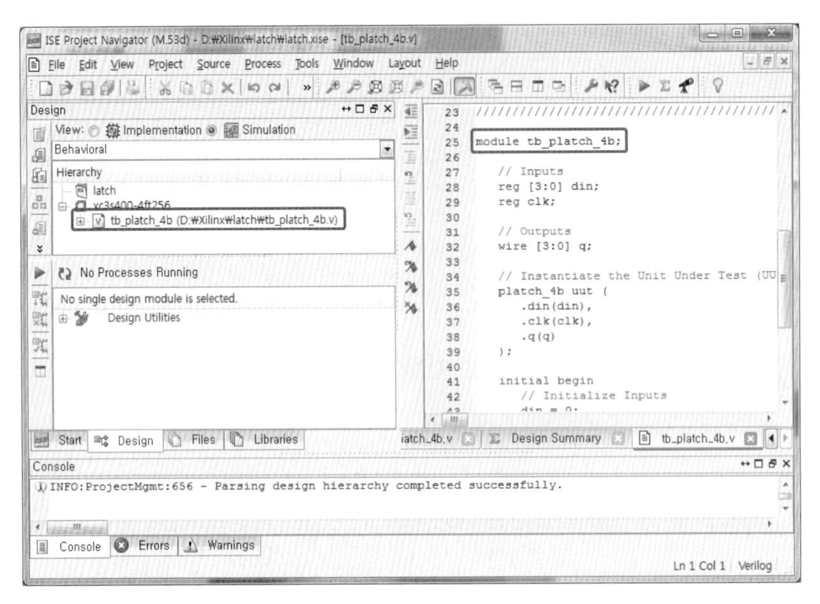

[그림 6.83] 테스트벤치 모듈 tb_platch_4b의 생성이 완료된 상태

```
module tb_platch_4b;
        reg [3:0] din;
        reg       clk;
        wire [3:0] q;

// Instantiate the Unit Under Test (UUT)
   platch_4b uut (.din(din),
                  .clk(clk),
                  .q(q) );

   initial begin
      clk = 1'b0;
      forever #10 clk = ~clk;
   end
```

[코드 6.10] 테스트 벤치 모듈 tb_platch_4b(계속)

```
  initial begin
        din = 1'b0;
    forever begin
      #15 din = 1'b1;
      #20 din = 1'b0;
      #10 din = 1'b1;
      #10 din = 1'b0;
      #10 din = 1'b1;
      #15 din = 1'b0;
    end
  end
endmodule
```

[코드 6.10] 테스트 벤치 모듈 tb_platch_4b

⑤ [그림 6.84]와 같이 Design 창의 View 필드에서 Simulation을 선택하고, Hierarchy에서 테스트 벤치 모듈 tb_platch_4b를 선택한다. Processes 창에서 Simulate Behavioral Model을 더블클릭하여 시뮬레이션을 실행시키면, ISim 창이 활성화되면서 [그림 6.85]와 같이 시뮬레이션 결과가 표시된다.

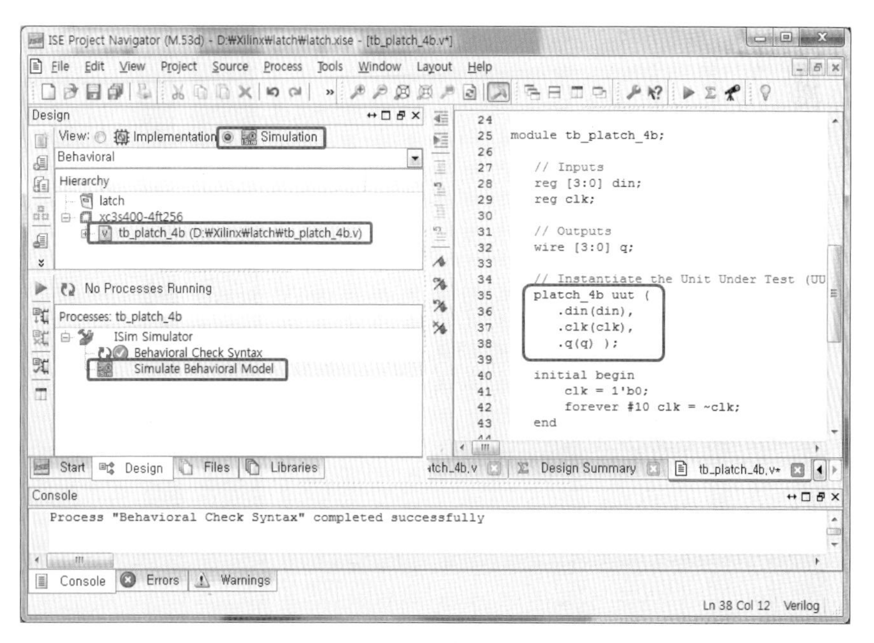

[그림 6.84] Behavioral Model 시뮬레이션

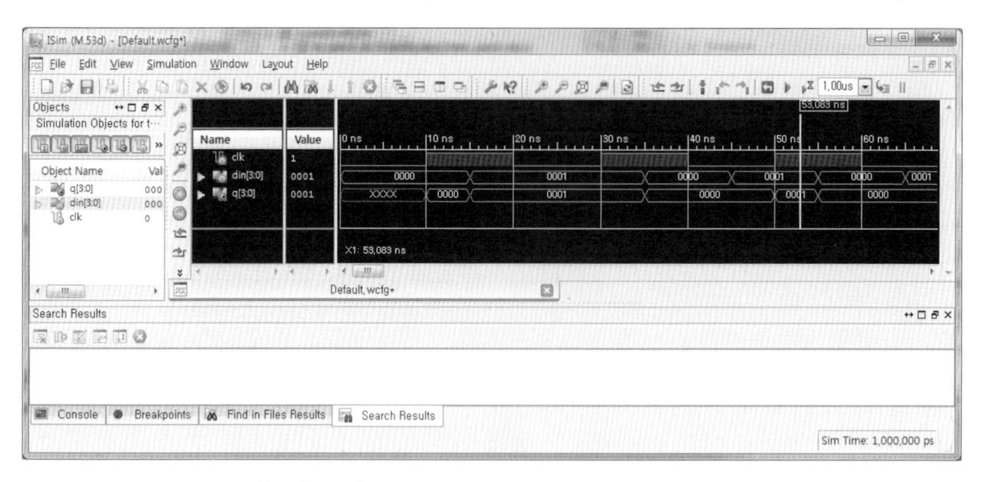

[그림 6.85] Behavioral Model의 시뮬레이션 결과

6.5.5 I/O 핀 할당 및 Implement Design

① ISE Project Navigator 좌측 상단의 Design 창에서 platch_4b를 선택하고, [그림 6.86]과 같이 Processes 창의 User Constraints 메뉴를 확장하여 I/O Pin Planning (PlanAhead)를 더블클릭해서 실행시킨다.

② [표 6.17]의 I/O 핀 할당표를 참조하여 [그림 6.87]과 같이 핀 번호를 할당한다. PlanAhead 창의 I/O Ports 영역에서 포트를 선택하고, I/O Port Properties 영역의 General 탭에서 Site 필드에 FPGA 핀 번호를 입력한다. 모든 입출력 신호에 대한 I/O 핀 할당을 완료한 후 저장하면, platch_4b.ucf 파일에 핀 할당 정보가 저장된다.

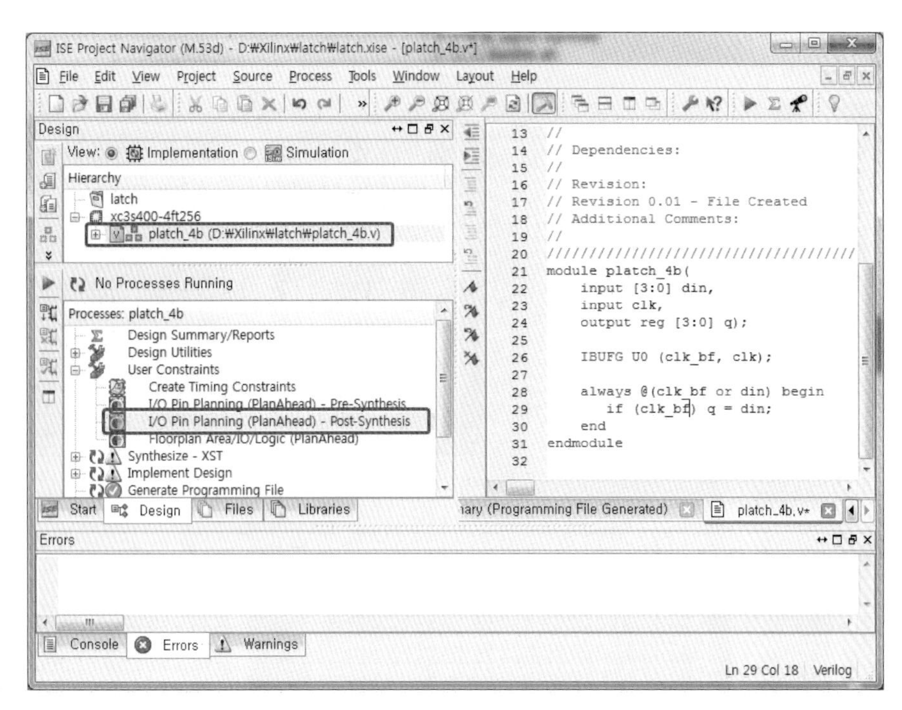

[그림 6.86] I/O Pin Planning(PlanAhead) 실행

[표 6.17] I/O 핀 할당표

신호이름	FPGA 핀 번호	I/O	설명	비고
din[0]	M2	I	DIP_SW0	ON 위치에서 L(논리 0)이 됨
din[1]	M1	I	DIP_SW1	
din[2]	L5	I	DIP_SW2	
din[3]	L4	I	DIP_SW3	
clk	P2	I	PUSH_SW0	누르면 L(논리 0)이 됨
q[0]	T8	O	LED3	RF Main Module
q[1]	T5	O	LED2	
q[2]	P7	O	LED1	
q[3]	N5	O	LED0	

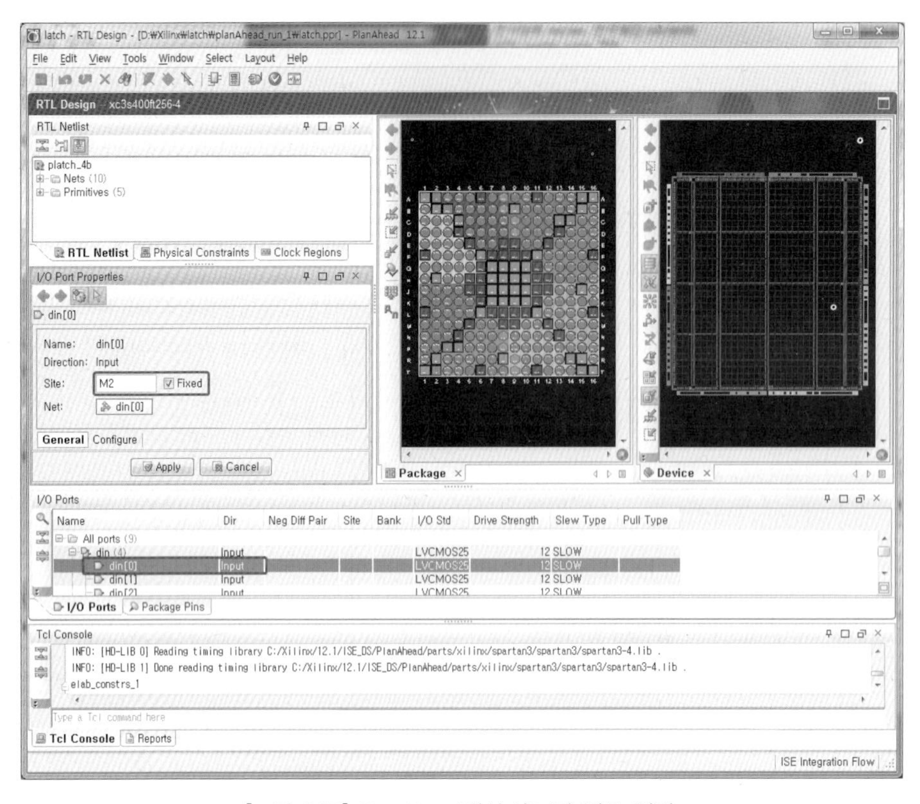

[그림 6.87] PlanAhead에서 I/O 핀 번호 입력

6.5.6 FPGA 구현 및 동작 확인

① Project Navigator 좌측 상단의 Design 창에서 platch_4b를 선택하고, Synthesize - XST와 Implement Design을 실행한다.

② Implement Design이 완료되면, [그림 6.88]과 같이 Generate Programming File을 더블클릭해서 bit 파일을 생성한다.

③ 실습장비와 PC를 JTAG 케이블로 연결한 후, [그림 6.89]와 같이 Configure Target Device 메뉴를 확장하고 Manage Configuration Project(iMPACT)를 더블클릭하여 iMPACT 툴을 실행한다.

④ iMPACT 툴에서 Boundary Scan을 더블클릭한 후, [그림 6.90]과 같이 오른쪽 마우스를 클릭하여 Initialize Chain을 실행한다.

⑤ [그림 6.91]과 같이 xc3s400 FPGA를 선택한 후, 생성된 bit 파일을 할당한다.

⑥ iMPACT Processes 창에서 Program을 더블클릭하여 FPGA 디바이스로 다운로드한다.

⑦ 실습 키트 RF Main Module의 DIP_SW0 ~ DIP_SW3으로 입력 din의 값을 설정하고, 푸시 스위치 PUSH_SW0로 클록신호를 인가하면서 래치의 출력이 LED에 점등되는 동작을 확인한다. PUSH 스위치를 누른 상태(clk가 0인 상태)에서는 DIP 스위치로 din 값을 변경해도 LED의 점등상태는 변하지 않으며, PUSH 스위치를 떼면 clk가 1인 상태가 되어 변경된 din 값이 LED 점등상태에 반영되는 동작이 일어난다.

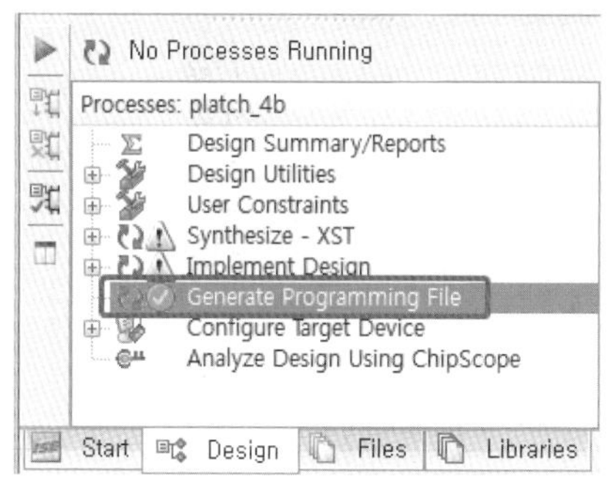

[그림 6.88] Bit 파일 생성

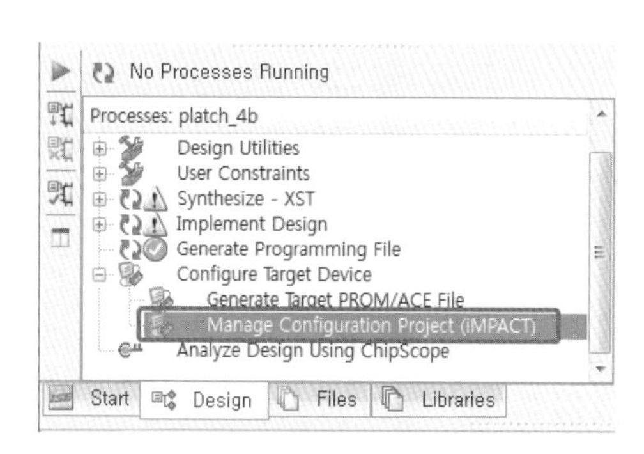

[그림 6.89] iMPACT 툴 실행

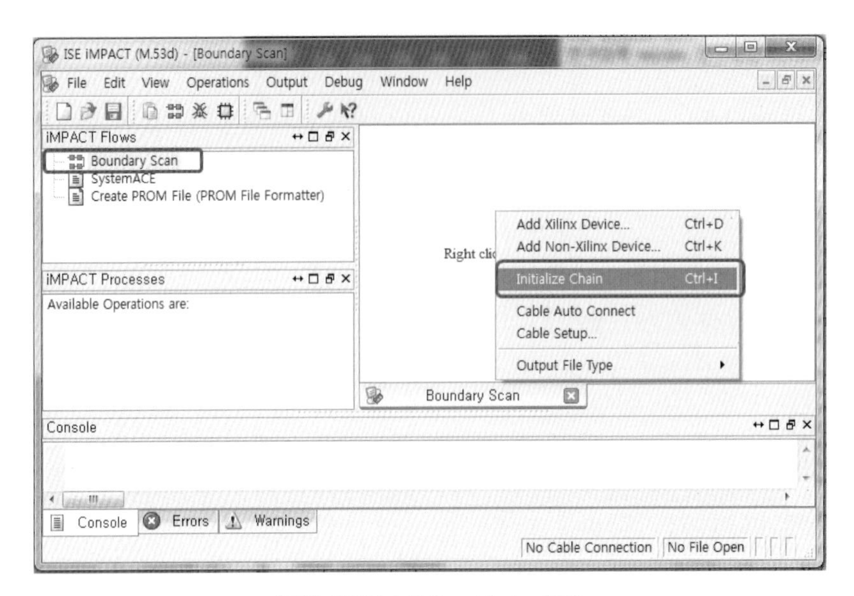

[그림 6.90] Initialize Chain 실행

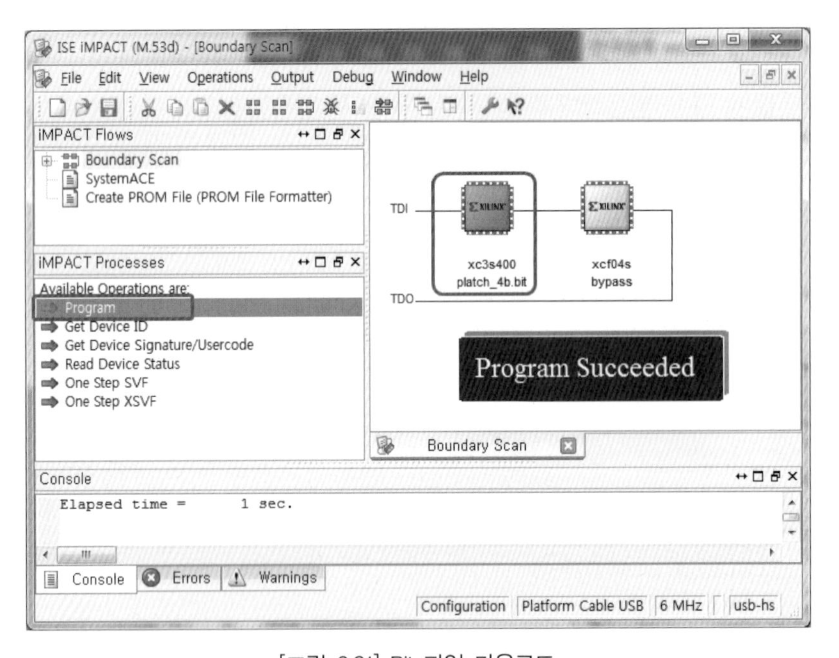

[그림 6.91] Bit 파일 다운로드

6.5.1 4비트 negative D 래치 회로를 설계하여 시뮬레이션으로 검증한 후, [그림 6.76]의 실습회로와 동일하게 구성하여 동작을 확인하라.

6.5.2 Active-low 리셋을 갖는 4비트 positive D 래치 회로를 설계하여 시뮬레이션으로 검증한 후, [그림 6.92]의 실습회로를 구성하여 동작을 확인하라. I/O 핀 할당표는 [표 6.18]과 같다. 실습장비의 PUSH 스위치를 래치 회로의 클록신호로 사용하므로, 클록버퍼 IBUFG를 거쳐 래치로 인가한다.

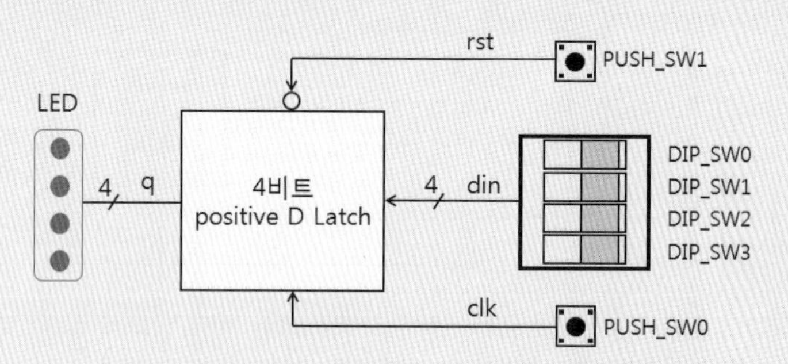

[그림 6.92] Active-low 리셋을 갖는 4비트 D 래치 실습회로

[표 6.18] I/O 핀 할당표

신호이름	FPGA 핀 번호	I/O	설명	비고
din[0]	M2	I	DIP_SW0	ON 위치에서 L(논리 0)이 됨
din[1]	M1	I	DIP_SW1	
din[2]	L5	I	DIP_SW2	
din[3]	L4	I	DIP_SW3	
clk	P2	I	PUSH_SW0	누르면 L(논리 0)이 됨
rst	N3	I	PUSH_SW1	
q[0]	T8	O	LED3	RF Main Module
q[1]	T5	O	LED2	
q[2]	P7	O	LED1	
q[3]	N5	O	LED0	

6.5.3 Active-low 셋과 리셋을 갖는 4비트 negative D 래치 회로를 설계하여 시뮬레이션으로 검증한 후, [그림 6.93]의 실습회로를 구성하여 동작을 확인하라. I/O 핀 할당표는 [표 6.19]와 같다. 실습장비의 PUSH 스위치를 래치 회로의 클록신호로 사용하므로, 클록버퍼 IBUFG를 거쳐 래치로 인가한다.

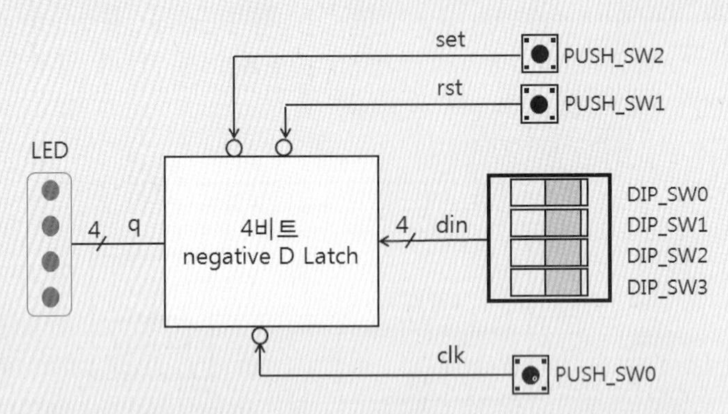

[그림 6.93] Active-low 셋과 리셋을 갖는 4비트 D 래치 실습회로

[표 6.19] I/O 핀 할당표

신호이름	FPGA 핀 번호	I/O	설명	비고
din[0]	M2	I	DIP_SW0	ON 위치에서 L(논리 0)이 됨
din[1]	M1	I	DIP_SW1	
din[2]	L5	I	DIP_SW2	
din[3]	L4	I	DIP_SW3	
clk	P2	I	PUSH_SW0	누르면 L(논리 0)이 됨
rst	N3	I	PUSH_SW1	
set	N2	I	PUSH_SW2	
q[0]	T8	O	LED3	RF Main Module
q[1]	T5	O	LED2	
q[2]	P7	O	LED1	
q[3]	N5	O	LED0	

6.6 플립플롭 회로

- **실습 목적** : 4비트 상승에지 트리거 D 플립플롭(flip-flop) 회로를 설계하고 검증 과정을 익힌다.
- **실습 회로** : [그림 6.94]와 같이 4비트 상승에지 트리거 D 플립플롭의 입력을 DIP 스위치(DIP_SW0 ~ DIP_SW3)로 인가하고 출력을 LED로 관찰하여 D 플립플롭의 동작을 확인한다. 클록신호는 푸시 스위치로 인가한다.
- **실습 과정** : 1 Project 생성 → 2 Verilog 모듈 생성 → 3 Verilog 소스 코드 완성 → 4 기능 검증 - Behavioral Model 시뮬레이션 → 5 I/O 핀 할당 및 Implement Design → 6 FPGA 구현 및 동작 확인
- **설계 결과 확인** : RF 모듈의 DIP 스위치로 플립플롭의 입력 din을 인가하고, 푸시 스위치로 클록을 인가하여 플립플롭의 출력 q가 LED에 표시되는 동작을 확인한다.

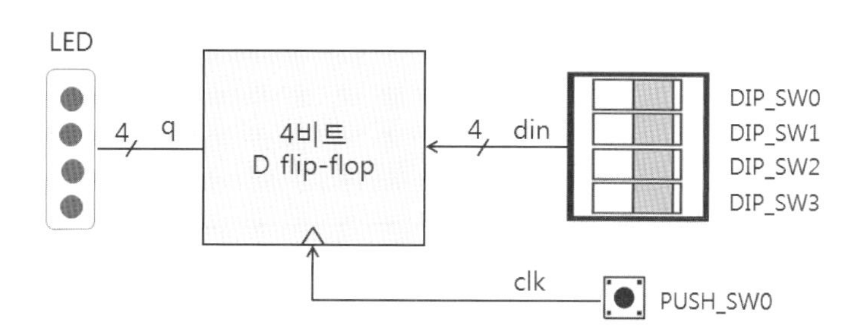

[그림 6.94] 4비트 상승에지 트리거 D 플립플롭 실습회로

6.6.1 Project 생성

① ISE 메뉴에서 File → New Project를 실행하면 새로운 프로젝트를 생성할 수 있는 New Project Wizard 창이 [그림 6.95]와 같이 활성화된다.

② New Project Wizard 창의 Name 필드에 프로젝트 이름 flip_flop을 입력하고, Location 필드에 프로젝트가 저장될 폴더 위치를 입력하고, Top-level source type 필드를 HDL로 설정한 뒤 Next를 클릭한다.

③ Project Settings 창에서는 FPGA 디바이스 선택, 합성 및 시뮬레이션 툴 등을 설정한다. Family 필드에 Spartan3를 선택하고, Device 필드에는 XC3S400을 선택하고, Package

필드에는 FT256, Speed는 -4를 선택한다. Synthesis Tool은 XST(VHDL/Verilog)를 선택하고, Simulator와 Language 필드에 각각 ISim(VHDL/Verilog), Verilog를 선택한다.

④ Project Summary 창에서 프로젝트 설정 내용을 확인한다. Finish를 클릭하면 프로젝트 생성이 완료된다.

⑤ [그림 6.96]은 프로젝트 생성이 완료된 상태의 ISE Project Navigator이며, Design 창에 프로젝트 flip_flop이 생성되었으며 FPGA 디바이스 xc3s400-4ft256가 설정되었다.

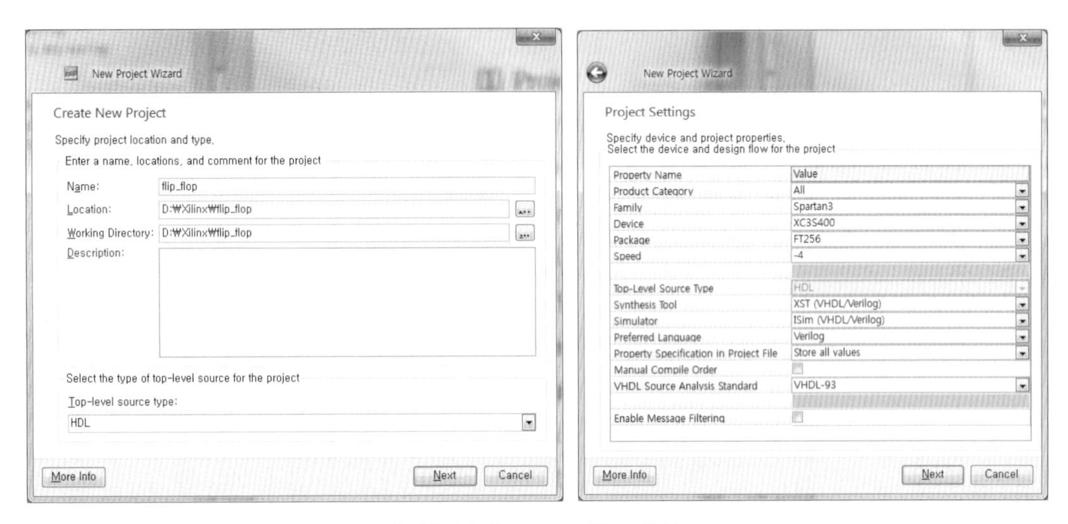

[그림 6.95] ISE 프로젝트 생성

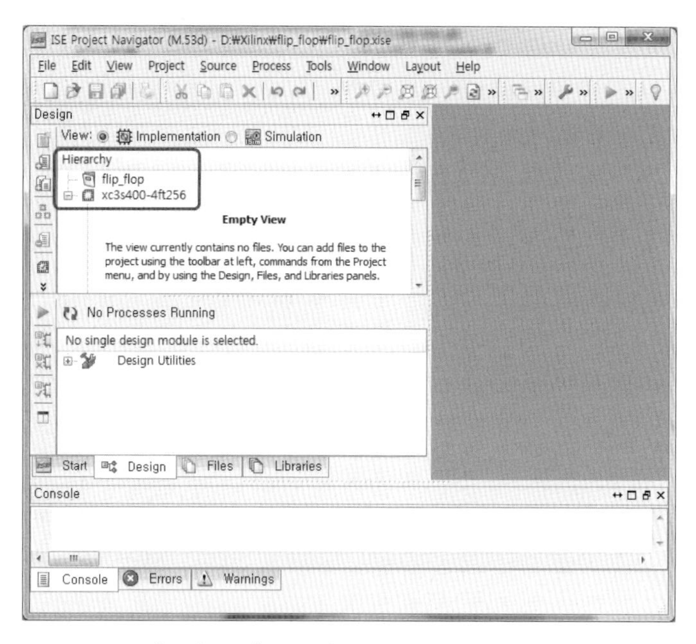

[그림 6.96] 프로젝트 생성이 완료된 상태

6.6.2 Verilog 모듈 생성

① 프로젝트에 새로운 소스 파일을 추가하기 위해서는 Design 창에서 FPGA 디바이스를 선택한 후, 마우스 오른쪽을 눌러 팝업에서 New Source를 실행하면 New Source Wizard 창이 활성화된다.

② New Source Wizard 창에서 [그림 6.97]과 같이 Verilog Module을 선택하고 File name 필드에 모듈이름 pdff_4b를 입력한 후, 소스 파일이 저장될 폴더 위치를 지정하고 Next를 클릭한다. Add to project 박스를 체크해서 생성되는 소스 파일이 프로젝트에 추가되도록 한다.

③ 모듈 pdff_4b의 입력과 출력 포트를 [그림 6.98]과 같이 정의하고 Finish를 클릭하면, [그림 6.99]와 같이 모듈 pdff_4b의 소스코드 편집 창이 Workspace 영역에 나타난다. Project Navigator 좌측 상단의 Hierarchy 영역에서 모듈 pdff_4b이 프로젝트에 포함되어 있음을 확인할 수 있다.

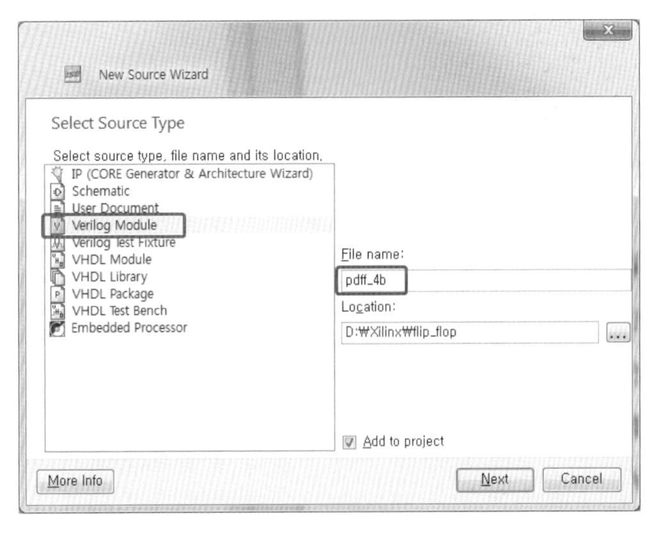

[그림 6.97] New Source Wizard - Select Source Type

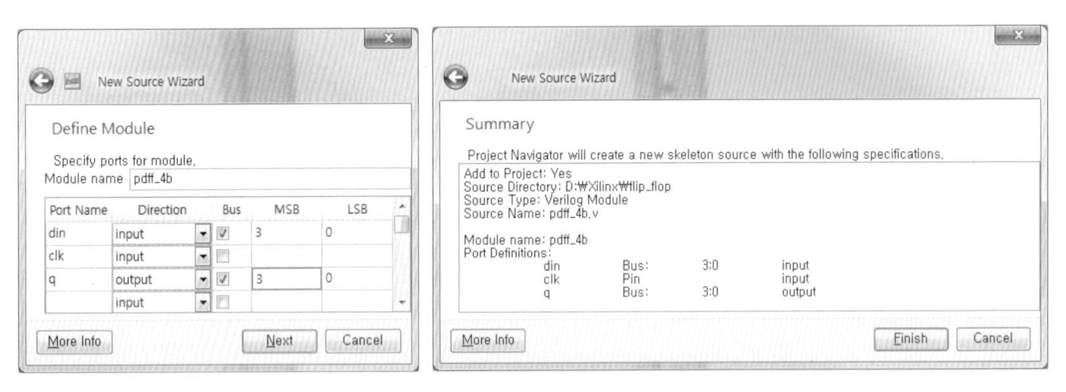

[그림 6.98] New Source Wizard - Define Module & Summary

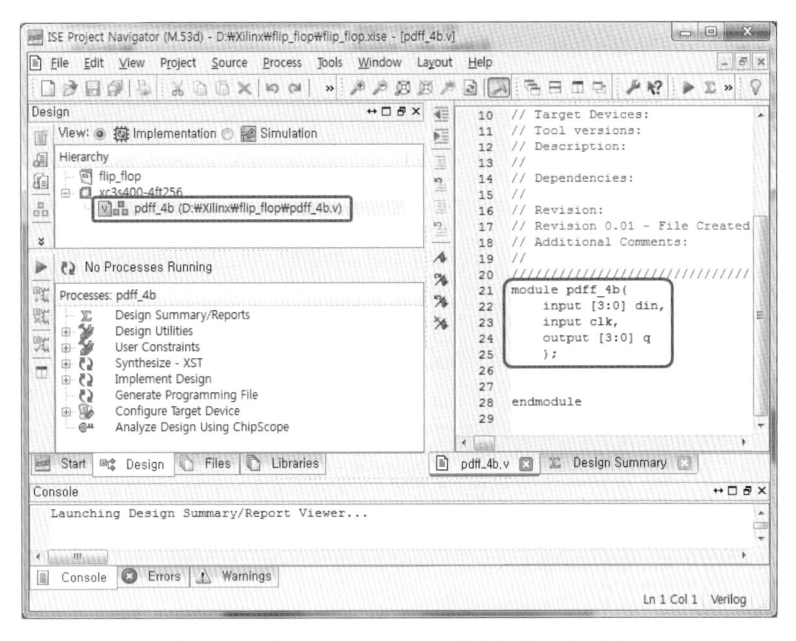

[그림 6.99] 모듈 pdff_4b의 생성이 완료된 상태

6.6.3 Verilog 소스 코드 완성

[코드 6.11]의 Verilog HDL 코드를 참조하여 모듈 pdff_4b를 완성한다. 실습장비의 PUSH 스위치를 플립플롭 회로의 클록신호로 사용하므로, 클록버퍼를 거쳐 플립플롭으로 인가해야 한다. [코드 6.11]에서 FPGA 디바이스 내부의 IBUFG는 클록버퍼이다. PUSH 스위치로부터 입력되는 신호 clk가 클록버퍼 IBUFG를 거쳐 clk_bf로 생성되어 플립플롭 회로의 클록신호로 사용된다.

```
module pdff_4b( input [3:0] din,
                input clk,
                output reg [3:0] q );

    IBUFG U0 (clk_bf, clk);

    always @(posedge clk_bf) begin
       q <= din;
    end
endmodule
```

[코드 6.11] 4비트 상승에지 트리거 D 플립플롭의 Verilog HDL 모델링

6.6.4 기능 검증 - Behavioral Model 시뮬레이션

① ISE Project Navigator 좌측 상단 Design 창의 pdff_4b를 선택하고 마우스 오른쪽을 클릭하여 New Source를 선택한다. [그림 6.100]과 같이 New Source Wizard 창에서 Verilog Test Fixture를 선택한 후, File name 필드에 테스트 벤치 파일의 이름을 tb_pdff_4b로 입력하고 저장될 폴더 위치를 지정한 뒤 Next를 클릭한다.

② New Source Wizard - Associate Source 창에서 모듈 pdff_4b를 선택하고 Next를 클릭한다. Summary 창에서 확인 후 Finish를 클릭한다.

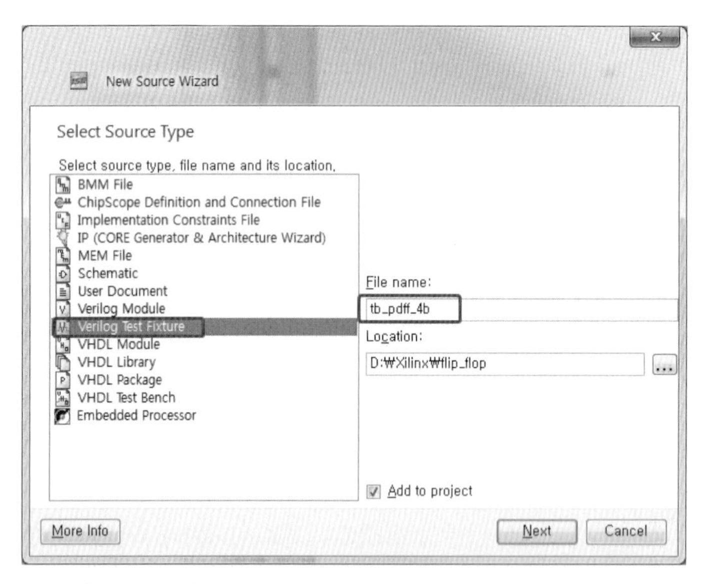

[그림 6.100] New Source Wizard - Select Source Type

③ Design 창의 View 필드에서 Simulation을 선택하면, [그림 6.101]과 같이 Hierarchy 영역에 테스트벤치 tb_pdff_4b가 추가되고, Workspace 영역에 편집 창이 활성화된다.

④ [코드 6.12]를 참조하여 테스트벤치 모듈 tb_pdff_4b를 완성한다.

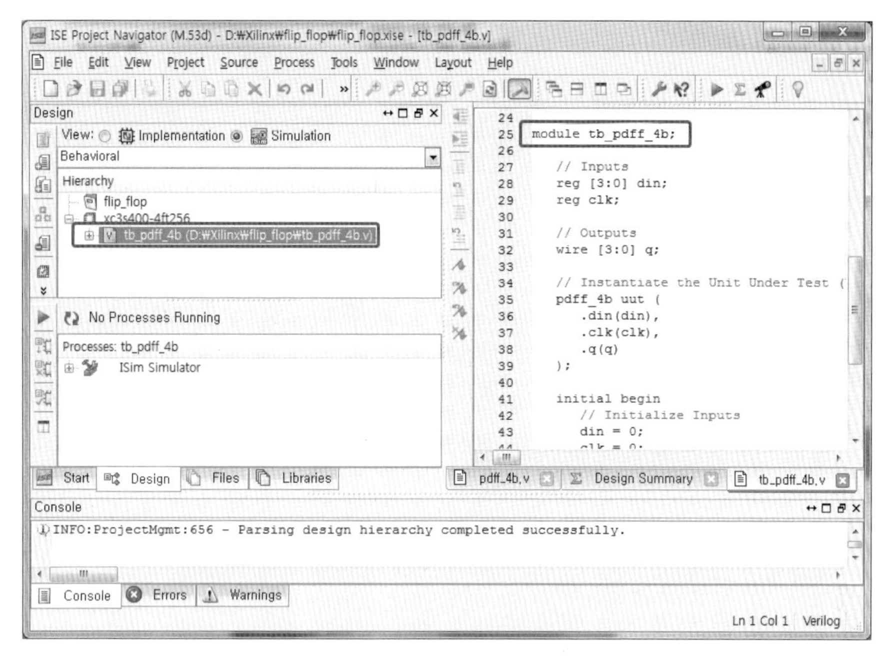

[그림 6.101] 테스트벤치 모듈 tb_pdff_4b의 생성이 완료된 상태

```
module tb_pdff_4b;
        reg [3:0] din;
        reg       clk;
        wire [3:0] q;

// Instantiate the Unit Under Test (UUT)
        pdff_4b uut (.din(din),
                     .clk(clk),
                     .q(q) );

  initial begin
     clk = 1'b0;
     forever #10 clk = ~clk;
  end

  initial begin
          din = 4'b0;
     forever begin
```

[코드 6.12] 테스트 벤치 모듈 tb_pdff_4b(계속)

```
        #15 din = 4'b0001;
        #20 din = 4'b0010;
        #30 din = 4'b0100;
        #20 din = 4'b1000;
        #20 din = 4'b1100;
        #20 din = 4'b1110;
        #20 din = 4'b1111;
    end
  end
endmodule
```

[코드 6.12] 테스트 벤치 모듈 tb_pdff_4b

⑤ [그림 6.102]와 같이 Design 창의 View 필드에서 Simulation을 선택하고, Hierarchy에서 테스트 벤치 모듈 tb_pdff_4b를 선택한다. Processes 창에서 Simulate Behavioral Model을 더블클릭하여 시뮬레이션을 실행시키면, ISim 창이 활성화되면서 [그림 6.103]과 같이 시뮬레이션 결과가 표시된다.

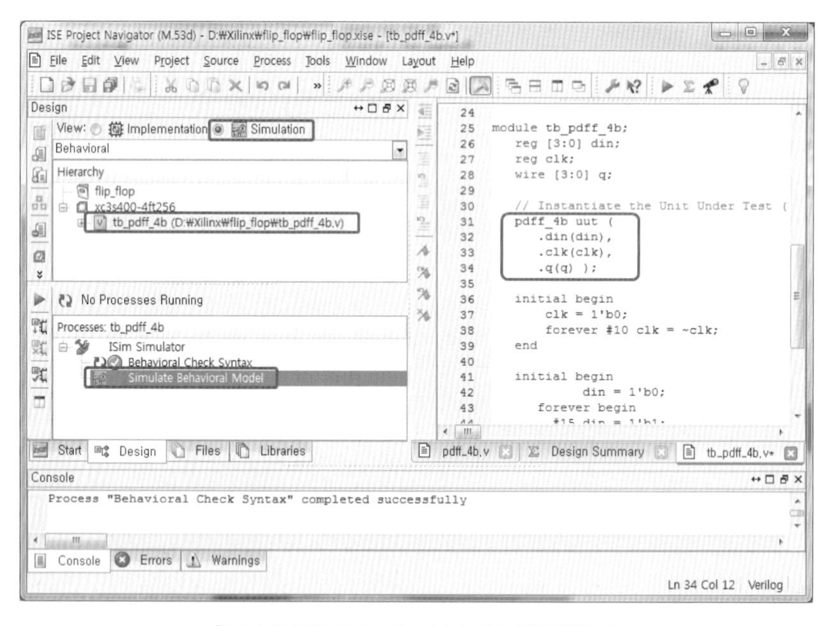

[그림 6.102] Behavioral Model 시뮬레이션

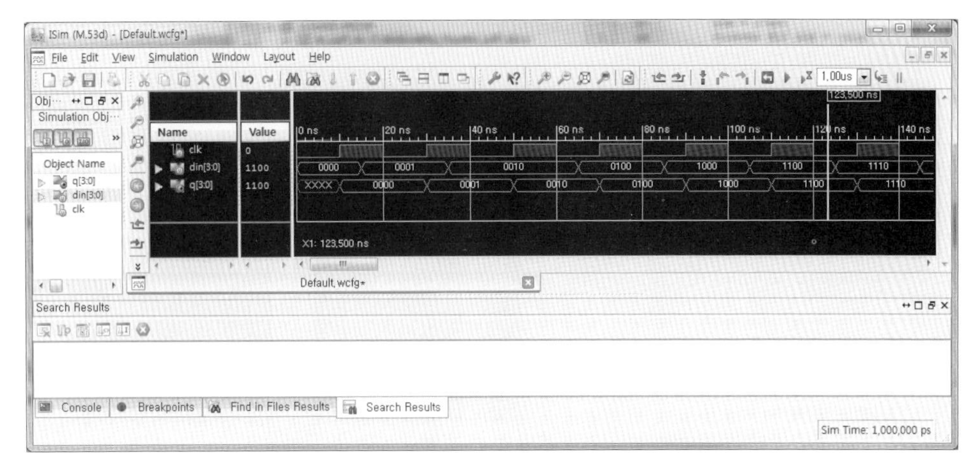

[그림 6.103] Behavioral Model의 시뮬레이션 결과

6.6.5 I/O 핀 할당 및 Implement Design

① ISE Project Navigator 좌측 상단의 Design 창에서 pdff_4b를 선택하고, [그림 6.104]와 같이 Processes 창의 User Constraints 메뉴를 확장하여 I/O Pin Planning(PlanAhead)를 더블클릭해서 실행시킨다.

② [표 6.20]의 I/O 핀 할당표를 참조하여 [그림 6.105]와 같이 핀 번호를 할당한다. PlanAhead 창의 I/O Ports 영역에서 포트를 선택하고, I/O Port Properties 영역의 General 탭에서 Site 필드에 FPGA 핀 번호를 입력한다. 모든 입출력 신호에 대한 I/O 핀 할당을 완료한 후 저장하면, pdff_4b.ucf 파일에 핀 할당 정보가 저장된다.

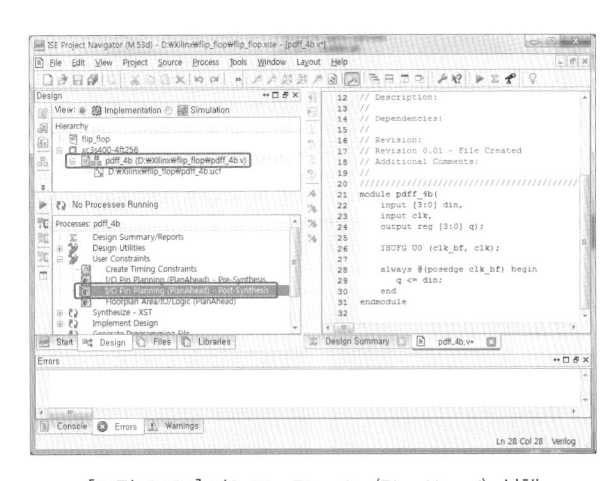

[그림 6.104] I/O Pin Planning(PlanAhead) 실행

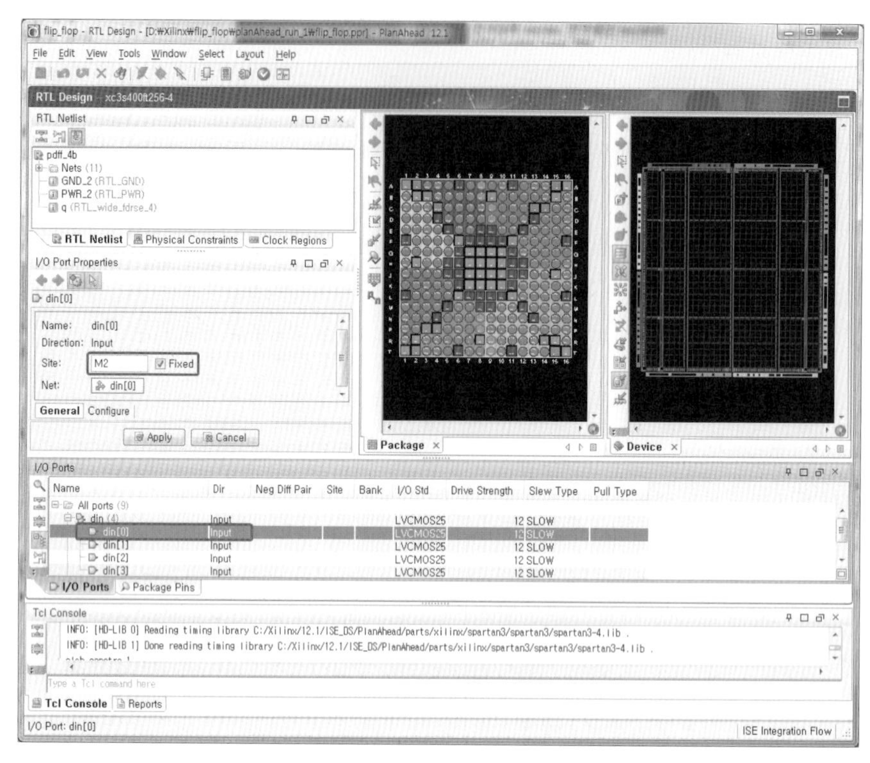

[그림 6.105] PlanAhead에서 I/O 핀 번호 입력

[표 6.20] I/O 핀 할당표

신호이름	FPGA 핀 번호	I/O	설명	비고
din[0]	M2	I	DIP_SW0	ON 위치에서 L(논리 0)이 됨
din[1]	M1	I	DIP_SW1	
din[2]	L5	I	DIP_SW2	
din[3]	L4	I	DIP_SW3	
clk	P2	I	PUSH_SW0	누르면 L(논리 0)이 됨
q[0]	T8	O	LED3	RF Main Module
q[1]	T5	O	LED2	
q[2]	P7	O	LED1	
q[3]	N5	O	LED0	

6.6.6 FPGA 구현 및 동작 확인

① Project Navigator 좌측 상단의 Design 창에서 pdff_4b를 선택하고, Synthesize - XST와 Implement Design을 실행한다.

② Implement Design이 완료되면, [그림 6.106]과 같이 Generate Programming File을 더블클릭해서 bit 파일을 생성한다.

③ 실습장비와 PC를 JTAG 케이블로 연결한 후, [그림 6.107]과 같이 Configure Target Device 메뉴를 확장하고 Manage Configuration Project (iMPACT)를 더블클릭하여 iMPACT 툴을 실행한다.

④ iMPACT 툴에서 Boundary Scan을 더블클릭한 후, [그림 6.108]과 같이 오른쪽 마우스를 클릭하여 Initialize Chain을 실행한다.

⑤ [그림 6.109]와 같이 xc3s400 FPGA를 선택한 후, 생성된 bit 파일을 할당한다.

⑥ iMPACT Processes 창에서 Program을 더블클릭하여 FPGA 디바이스로 다운로드한다.

⑦ 실습 키트 RF Main Module의 DIP_SW0 ~ DIP_SW3으로 입력 din의 값을 설정하고, 푸시 스위치 PUSH_SW0로 클록신호를 인가하면서 플립플롭의 출력이 LED에 점등되는 동작을 확인한다. PUSH 스위치는 누르면 '0'이 되므로, 스위치를 눌렀다 뗴는 순간 clk의 상승에지가 발생하여 LED의 점등상태가 바뀌는 동작을 확인할 수 있다.

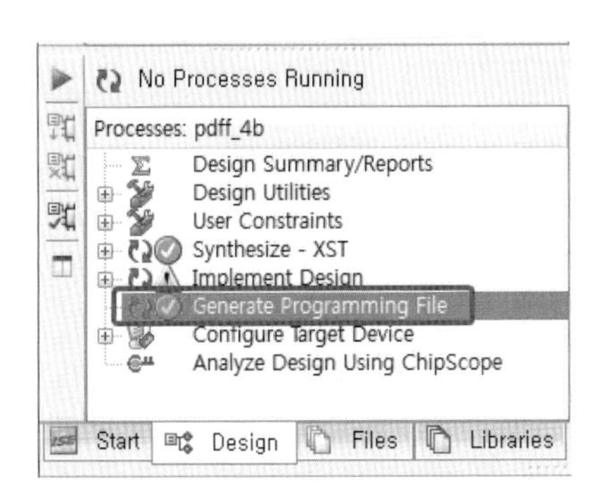

[그림 6.106] Bit 파일 생성

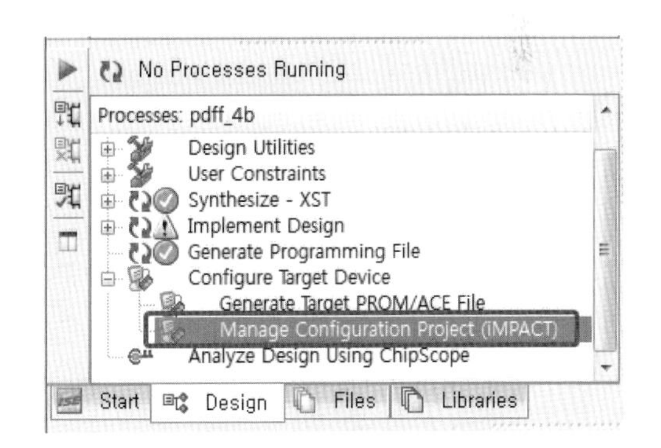

[그림 6.107] iMPACT 툴 실행

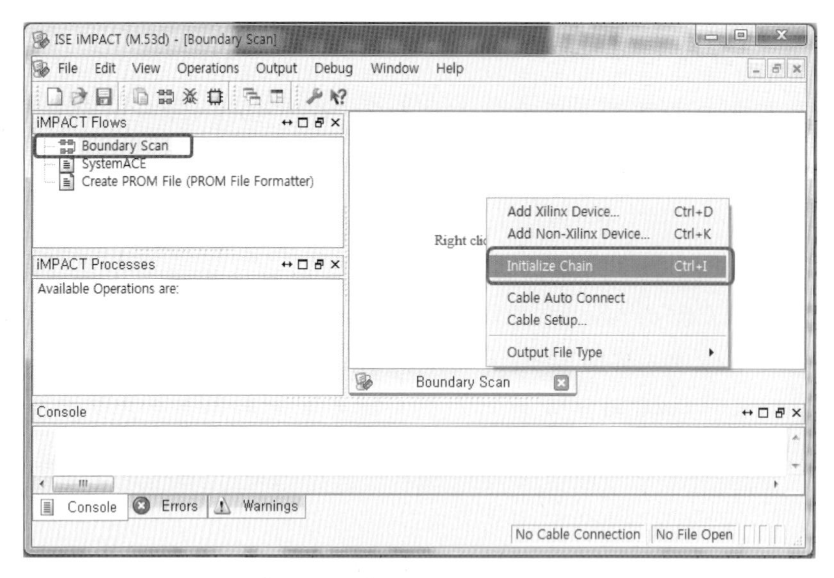

[그림 6.108] Initialize Chain 실행

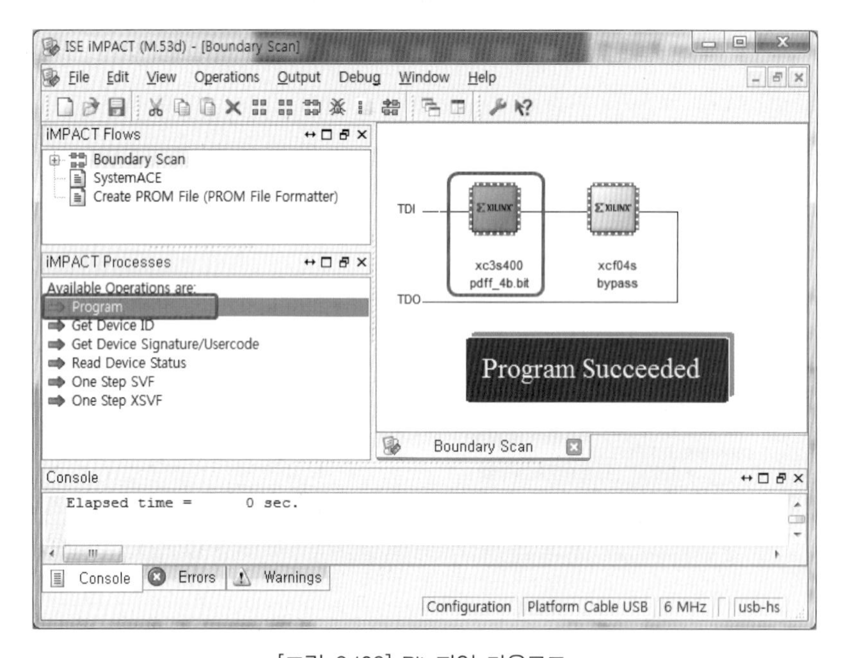

[그림 6.109] Bit 파일 다운로드

6.6.1 4비트 하강에지 트리거 D 플립플롭 회로를 설계하여 시뮬레이션으로 검증한 후, [그림 6.94]의 실습회로와 동일하게 구성하여 동작을 확인하라.

6.6.2 Active-low 리셋을 갖는 4비트 상승에지 트리거 D 플립플롭 회로를 설계하여 시뮬레이션으로 검증한 후, [그림 6.110]의 실습회로를 구성하여 동작을 확인하라. I/O 핀 할당표는 [표 6.21]과 같다. 실습장비의 PUSH 스위치를 플립플롭 회로의 클록신호로 사용하므로, 클록버퍼 IBUFG를 거쳐 플립플롭으로 인가한다.

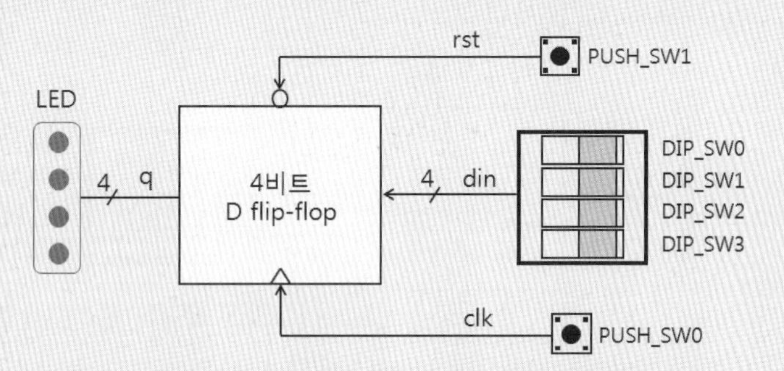

[그림 6.110] Active-low 리셋을 갖는 4비트 상승에지 트리거 D 플립플롭 실습회로

[표 6.21] I/O 핀 할당표

신호이름	FPGA 핀 번호	I/O	설명	비고
din[0]	M2	I	DIP_SW0	ON 위치에서 L(논리 0)이 됨
din[1]	M1	I	DIP_SW1	
din[2]	L5	I	DIP_SW2	
din[3]	L4	I	DIP_SW3	
clk	P2	I	PUSH_SW0	누르면 L(논리 0)이 됨
rst	N3	I	PUSH_SW1	
q[0]	T8	O	LED3	RF Main Module
q[1]	T5	O	LED2	
q[2]	P7	O	LED1	
q[3]	N5	O	LED0	

6.6.3 Active-low 셋과 리셋을 갖는 4비트 상승에지 트리거 D 플립플롭 회로를 설계하여 시뮬레이션으로 검증한 후, [그림 6.111]의 실습회로를 구성하여 동작을 확인하라. I/O 핀 할당표는 [표 6.22]와 같다. 실습장비의 PUSH 스위치를 플립플롭 회로의 클록신호로 사용하므로, 클록버퍼 IBUFG를 거쳐 플립플롭으로 인가한다.

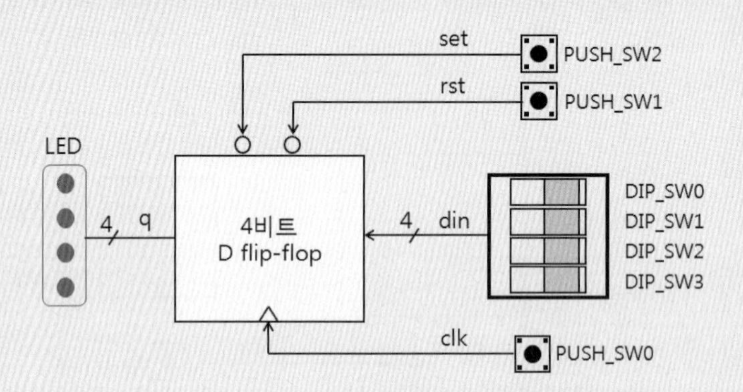

[그림 6.111] Active-low 셋과 리셋을 갖는 4비트 상승에지 트리거 D 플립플롭 실습회로

[표 6.22] I/O 핀 할당표

신호이름	FPGA 핀 번호	I/O	설명	비고
din[0]	M2	I	DIP_SW0	ON 위치에서 L(논리 0)이 됨
din[1]	M1	I	DIP_SW1	
din[2]	L5	I	DIP_SW2	
din[3]	L4	I	DIP_SW3	
clk	P2	I	PUSH_SW0	누르면 L(논리 0)이 됨
rst	N3	I	PUSH_SW1	
set	N2	I	PUSH_SW2	
q[0]	T8	O	LED3	RF Main Module
q[1]	T5	O	LED2	
q[2]	P7	O	LED1	
q[3]	N5	O	LED0	

제7장 응용회로 설계 실습(1)

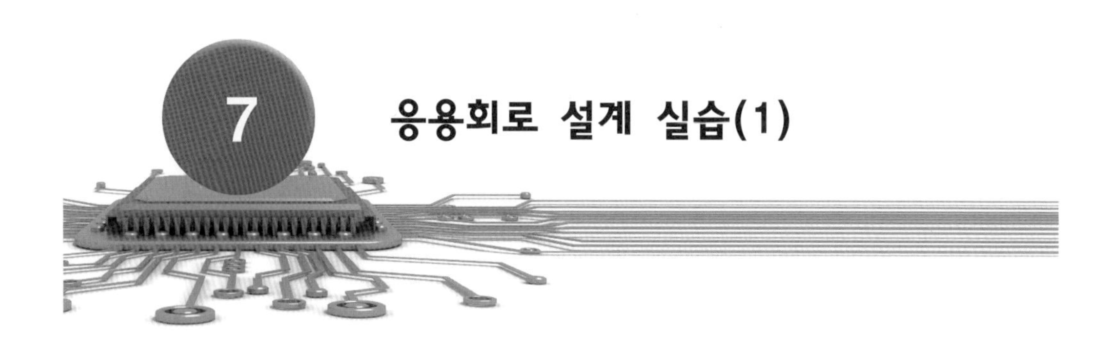

응용회로 설계 실습(1)

7.1 계수기 회로

계수기(counter)는 클록신호가 인가될 때마다 값을 증가 또는 감소시키는 회로이다. 이진(binary) 계수기, 그레이 코드(gray code) 계수기, 링(ring) 계수기, 존슨(Johnson) 계수기 등 다양한 형태로 구현되며, 제어회로 구현에 폭넓게 사용된다. 계수기 회로를 설계하고 FPGA 구현을 통해 검증한다.

- **실습 목적** : 8비트 링 계수기 회로의 설계와 검증 과정을 익힌다.
- **실습 회로** : [그림 7.1]의 상태 천이도로 동작하는 8비트 링 계수기를 설계하고, [그림 7.2]의 실습회로를 구성하여 동작을 확인한다. 주파수 분주기는 50MHz의 클록을 1Hz로 분주하여 링 계수기에 공급한다. 링 계수기는 1Hz 클록신호의 상승에지에서 동작하며, 리셋신호 rst는 Active-low로 동작한다.
- **실습 과정** : 1 Project 생성 → 2 Verilog HDL 모델링 → 3 HDL 소스 파일 추가 → 4 기능 검증 - Behavioral Model 시뮬레이션 → 5 기능 검증 - Post Route 시뮬레이션 → 6 I/O 핀 할당 및 Implement Design → 7 FPGA 구현 및 동작 확인
- **설계 결과 확인** : [그림 7.2]와 같이 링 계수기의 출력을 RF Main Module의 LED에 연결하여 링 계수기의 동작을 확인한다.

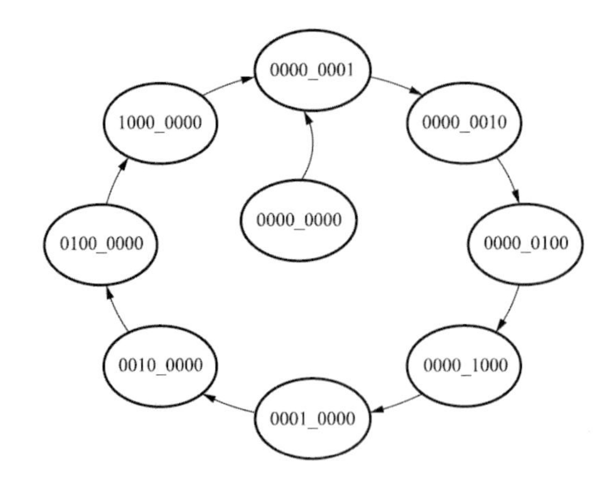

[그림 7.1] 8비트 링 계수기의 상태 천이도

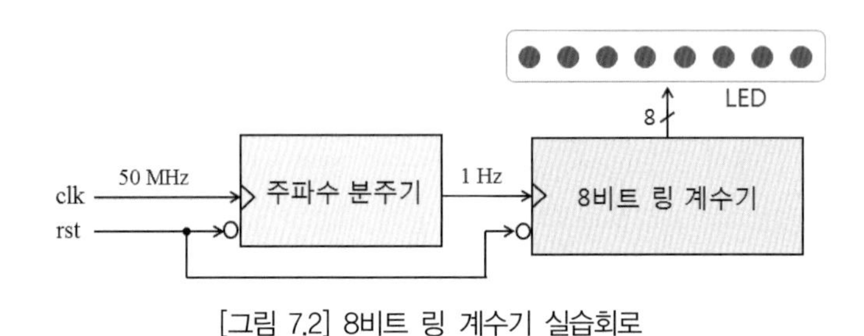

[그림 7.2] 8비트 링 계수기 실습회로

7.1.1 Project 생성

① ISE 메뉴에서 File → New Project를 실행하면 새로운 프로젝트를 생성할 수 있는 New Project Wizard 창이 [그림 7.3]과 같이 활성화된다.

② New Project Wizard 창의 Name 필드에 프로젝트 이름을 입력하고, Location 필드에 프로젝트가 저장될 폴더 위치를 입력하고, Top-level source type 필드를 HDL로 설정한 뒤 Next를 클릭한다.

③ Project Settings 창에서 FPGA 디바이스 선택, 합성 및 시뮬레이션 툴 등을 설정한다. Family 필드에 Spartan3를 선택하고, Device 필드에는 XC3S400을 선택하고, Package 필드에는 FT256, Speed는 -4를 선택한다. Synthesis Tool은 XST(VHDL/Verilog)을 선택하고, Simulator와 Language 필드에 각각 ISim(Verilog/VHDL), Verilog를 선택한다.

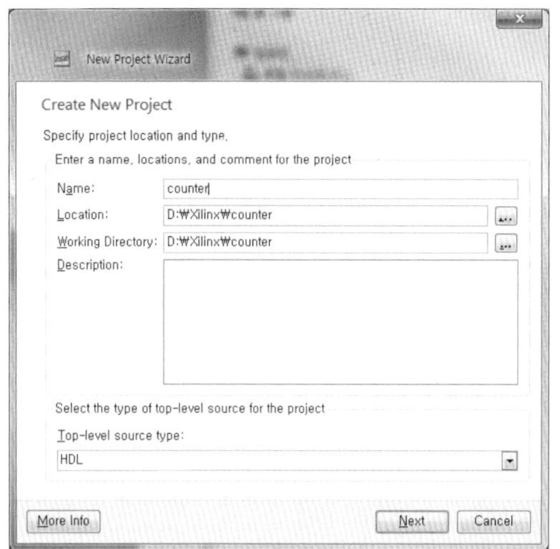

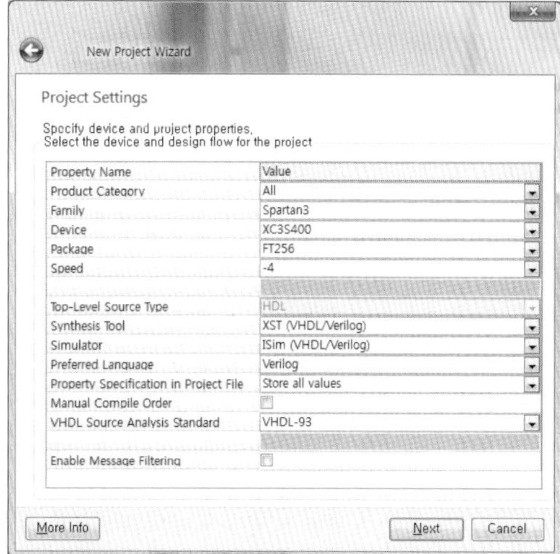

[그림 7.3] ISE 프로젝트 생성

④ Project Summary 창에서 프로젝트 설정 내용을 확인한다. 프로젝트 생성과정에서 잘못된 부분이 있으면 왼쪽 상단의 화살표 버튼에 의해 이전 단계로 이동하여 수정할 수 있다. Finish를 클릭하면 프로젝트 생성이 완료된다.

⑤ [그림 7.4]는 프로젝트 생성이 완료된 상태의 ISE Project Navigator이다. Design 창에 프로젝트 counter가 생성되었으며 FPGA 디바이스 xc3s400-4ft256이 설정되었음을 확인할 수 있다.

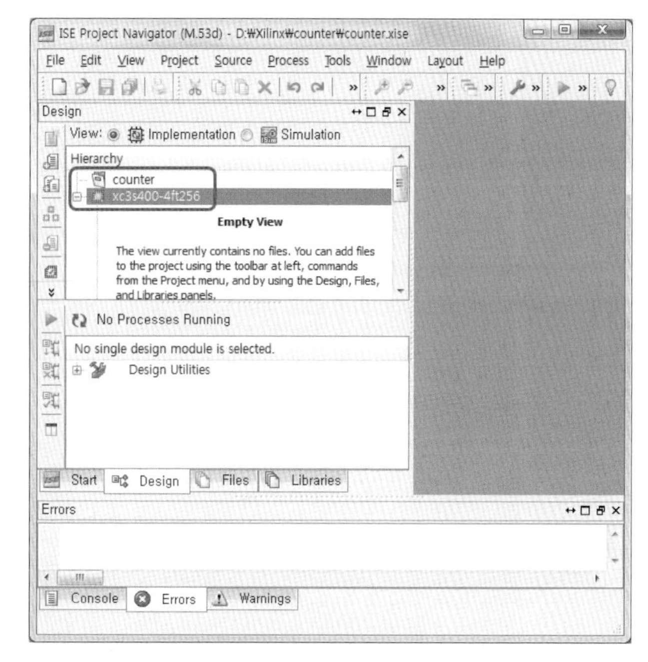

[그림 7.4] 프로젝트 생성이 완료된 상태

7.1.2 Verilog HDL 모델링

① 8비트 링 계수기 모듈

링 계수기는 시프트 레지스터(shift register)를 사용하여 구현할 수 있으며, 시프트 레지스터의 MSB 출력을 LSB 입력으로 귀환시켜 순환 이동되도록 한다. rst=1일 때 링 계수기로 동작하며, rst=0 또는 계수기 값이 0000_0000일 때에는 초기상태 0000_0001로 복귀한다. 링 계수기는 ⓐ 시프트 연산자 <<를 사용하는 방법, ⓑ for 반복문을 사용하는 방법, ⓒ 결합 연산자 { }를 사용하는 방법 등 다양한 형태로 구현될 수 있다. [코드 7.1]은 시프트 연산자 <<를 사용하여 설계한 8비트 링 계수기의 소스 코드이다. Active-low 비동기식 리셋을 구현하기 위해 always @(posedge clk or negedge rst) 구문을 사용하며, always 블록 내부의 if(!rst) 조건문을 통해 계수기 출력을 1 (0000_0001)로 초기화한다. 리셋이 인가되었을 때, 계수기가 0이 아닌 1로 초기화되는 점에 주의한다. rst=1인 정상동작 모드에서는 cnt=0 또는 cnt=128 (1000_0000)인 경우에는 초기상태 0000_0001로 복귀시키며, 그 이외의 경우에는 왼쪽 시프트 연산자 <<를 사용하여 매 클록마다 레지스터 값이 1비트씩 왼쪽으로 시프트되도록 한다.

```
module ring_cntr_8b( input clk,
                     input rst,
                     output reg [7:0] cnt_out );

  always @(posedge clk or negedge rst) begin
    if (!rst) cnt_out <= 1;
    else begin
      if ((cnt_out == 0) ||(cnt_out == 128)) cnt_out <= 1;
      else cnt_out <= cnt_out << 1;
    end
  end
endmodule
```

[코드 7.1] 8비트 링 계수기 모델링(시프트 연산자 사용)

② 주파수 분주기 모듈

50MHz의 클록을 1Hz로 변환하는 주파수 분주기는 [그림 7.5]와 같이 1/100 분주기 3개와 1/50 분주기를 사용하여 구현할 수 있다. 1/100 주파수 분주기의 Verilog HDL 모델링 예

는 [코드 7.2]와 같다. [코드 7.2]와 유사한 원리를 적용하여 [코드 7.3]의 1/50 주파수 분주기 모듈의 모델링을 완성한다.

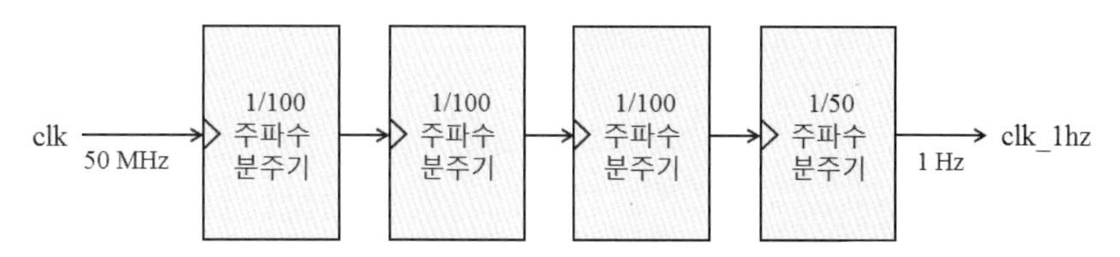

[그림 7.5] 1/50,000,000 주파수 분주기 구성 예

```
module freq_div100( input clk,
                    input rst,
                    output reg clk_div100 );
  reg [5:0] cnt;

  always @(posedge clk or negedge rst) begin
    if (!rst) cnt <= 0;
    else begin
      if (cnt == 49) begin
          clk_div100 <= ~clk_div100;
          cnt <= 0;
      end
      else cnt <= cnt + 1;
    end
  end
endmodule
```

[코드 7.2] 1/100 주파수 분주기 모델링

```
module freq_div50( input clk,
                  input rst,
                  output reg clk_div50 );
  reg [4:0] cnt;

  always @(posedge clk or negedge rst) begin

      1/50 분주클록 clk_div50이 생성되도록 코딩을 완성한다.

  end
endmodule
```

[코드 7.3] 1/50 주파수 분주기 모델링

③ 링 계수기 실습회로의 top 모듈

[그림 7.2]의 실습회로를 구현하는 top 모듈을 [코드 7.4]와 같이 모델링한다. 1/100 분주기 모듈(freq_div100) 세 개를 직렬로 연결하여 50MHz의 클록신호를 50Hz로 변환하고, 1/50 분주기 모듈(freq_div50)을 이용하여 50Hz로부터 1Hz의 분주클록 clk_1hz를 생성한다. 생성된 1Hz의 클록은 링 계수기 모듈(ring_cntr_8b)의 클록신호로 사용된다.

```
module top_ring_cntr( input clk,
                      input rst,
                      output [7:0] cnt_out );

 freq_div100 U0 (clk, rst, clk_500k);     // 50MHz --> 500 KHz
 freq_div100 U1 (clk_500k, rst, clk_5k); // 500 KHz --> 5 KHz
 freq_div100 U2 (clk_5k, rst, clk_50);   // 5 KHz --> 50Hz
 freq_div50 U3 (clk_50, rst, clk_1hz);   // 50Hz --> 1Hz

 ring_cntr_8b U4 (clk_1hz, rst, cnt_out);

endmodule
```

[코드 7.4] 링 계수기 실습회로의 top 모듈

7.1.3 HDL 소스 파일 추가

① 프로젝트에 HDL 소스 파일을 추가하기 위해 [그림 7.6(a)]와 같이 ISE Project Navigator 메뉴에서 Project → New Source를 실행하여 New Source Wizard 창을 활성화시킨다. 또는 [그림 7.6(b)]와 같이 Project Navigator 좌측 상단의 Hierarchy 영역에서 FPGA 디바이스를 선택하고, 마우스 오른쪽을 클릭해서 New Source를 실행해도 된다.

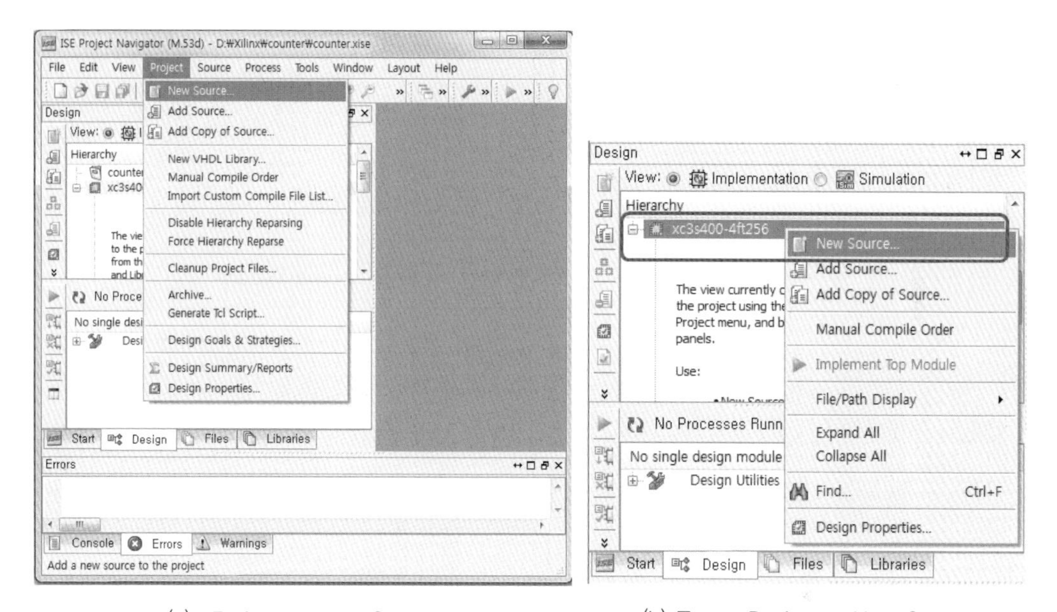

(a) Project → New Source (b) Target Device → New Source

[그림 7.6] New Source 메뉴 실행

② New Source Wizard 창에서 [그림 7.7]과 같이 Verilog Module을 선택하고 File name 필드에 모듈이름 ring_cntr_8b을 입력한 후, 소스 파일이 저장될 폴더 위치를 지정하고 Next를 클릭한다. Add to project 박스를 체크해서 생성되는 소스 파일이 프로젝트에 추가되도록 한다.

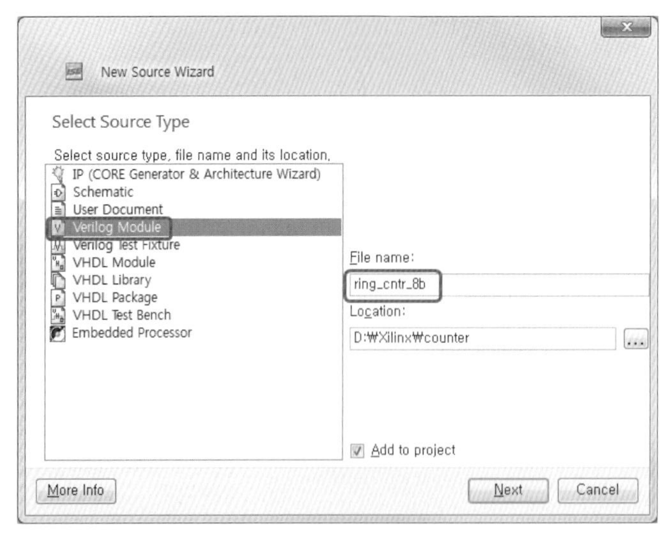

[그림 7.7] New Source Wizard - Select Source Type

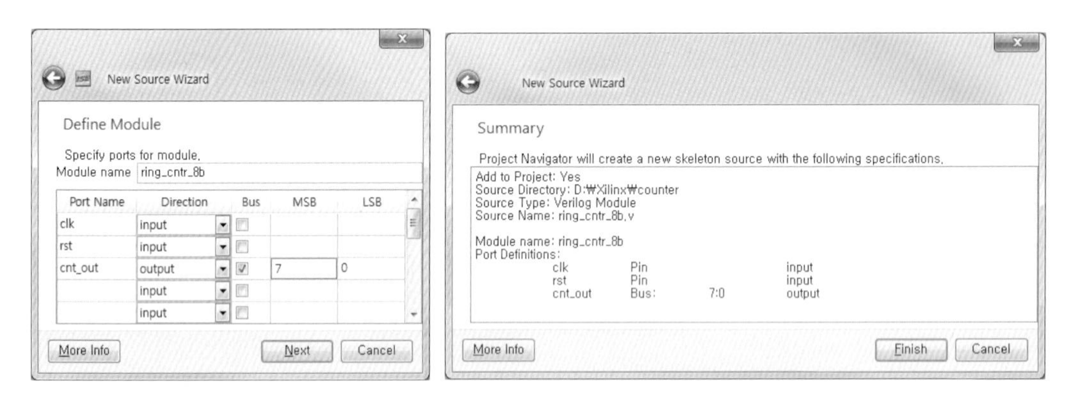

[그림 7.8] New Source Wizard - Define Module & Summary

③ 모듈 ring_cntr_8b의 입력과 출력 포트를 [그림 7.8]과 같이 정의하고 Finish를 클릭하면, [그림 7.9]와 같이 모듈 ring_cntr_8b의 소스 코드 편집 창이 Workspace 영역에 나타난다. Project Navigator 좌측 상단의 Hierarchy 영역에서 ring_cntr_8b 모듈이 프로젝트에 포함되어 있음을 확인할 수 있다.

④ [코드 7.1]을 참조하여 모듈 ring_cntr_8b의 소스 코드를 완성한다.

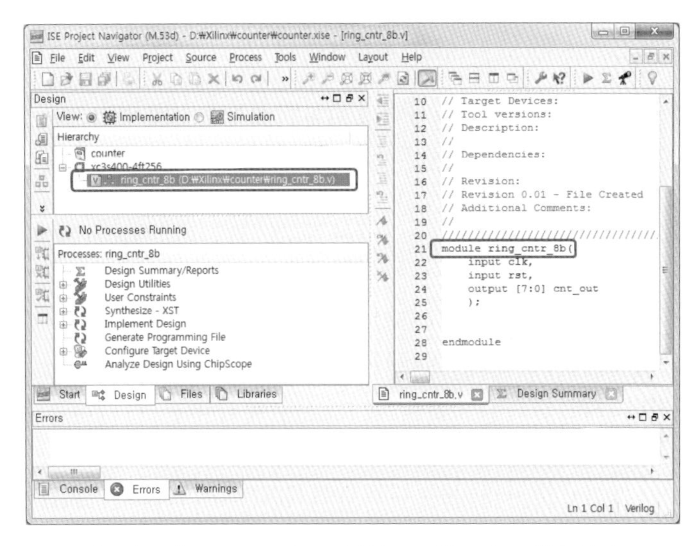

[그림 7.9] ring_cntr_8b 모듈이 프로젝트에 포함된 상태

⑤ 과정 ① ~ ③과 유사하게 주파수 분주기 모듈 freq_div100과 freq_div50을 프로젝트에 추가하고, [코드 7.2], [코드 7.3]을 참조하여 소스 코드를 완성한다.

⑥ 과정 ① ~ ③과 유사하게 링 계수기 실습회로의 top 모듈 top_ring_cntr을 프로젝트에 추가하고, [코드 7.4]를 참조하여 소스 코드를 완성한다.

⑦ [그림 7.10]은 과정 ① ~ ⑥에 의해 프로젝트에 모듈 추가가 완료된 상태를 보이고 있다.

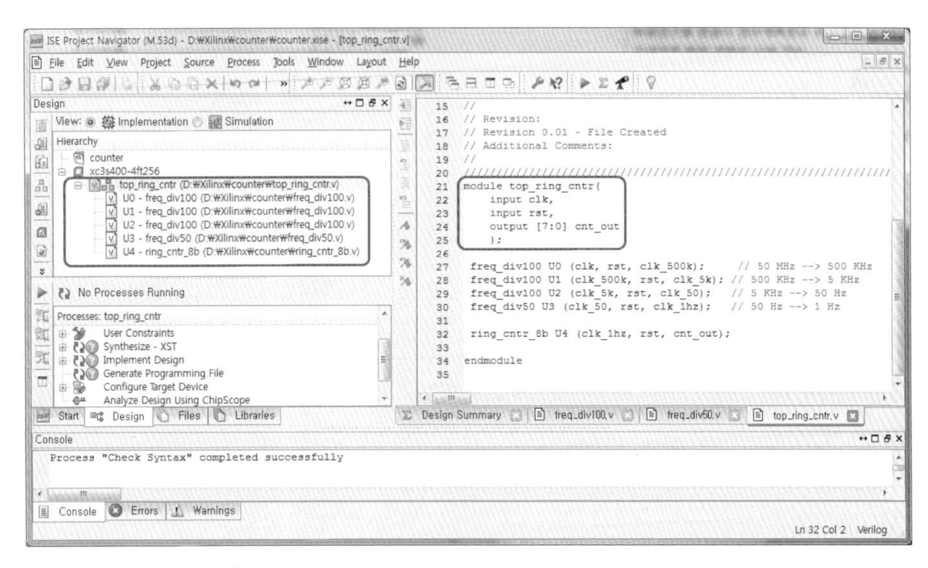

[그림 7.10] 프로젝트에 모듈의 추가가 완료된 상태

7.1.4 기능 검증 - Behavioral Model 시뮬레이션

여기서는 모듈 ring_cntr_8b의 시뮬레이션 과정과 결과만 설명하며, 나머지 모듈들에 대해서도 유사한 방법으로 기능을 검증한다.

① ISE Project Navigator 좌측 상단 Design 창의 ring_cntr_8b를 선택하고 마우스 오른쪽을 클릭하여 New Source를 선택한다. [그림 7.11]과 같이 New Source Wizard 창에서 Verilog Test Fixture를 선택한 후, File name 필드에 테스트벤치 파일의 이름을 tb_ring_cntr_8b로 입력하고 저장될 폴더 위치를 지정한 뒤 Next를 클릭한다.

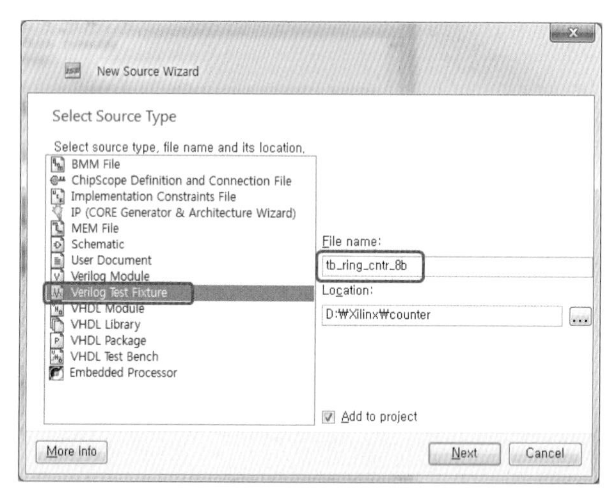

[그림 7.11] New Source Wizard - Select Source Type

② New Source Wizard - Associate Source 창에서 모듈 ring_cntr_8b를 선택하고 Next를 클릭한다. Summary 창에서 확인 후 Finish를 클릭한다.

③ Design 창의 View 필드에서 Simulation을 선택하면, [그림 7.12]와 같이 Hierarchy 영역에 테스트벤치 tb_ring_cntr_8b가 추가되고, Workspace 영역에 편집 창이 활성화된다.

④ 테스트벤치 모듈 tb_ring_cntr_8b에 [코드 7.5]를 참조하여 입력한다.

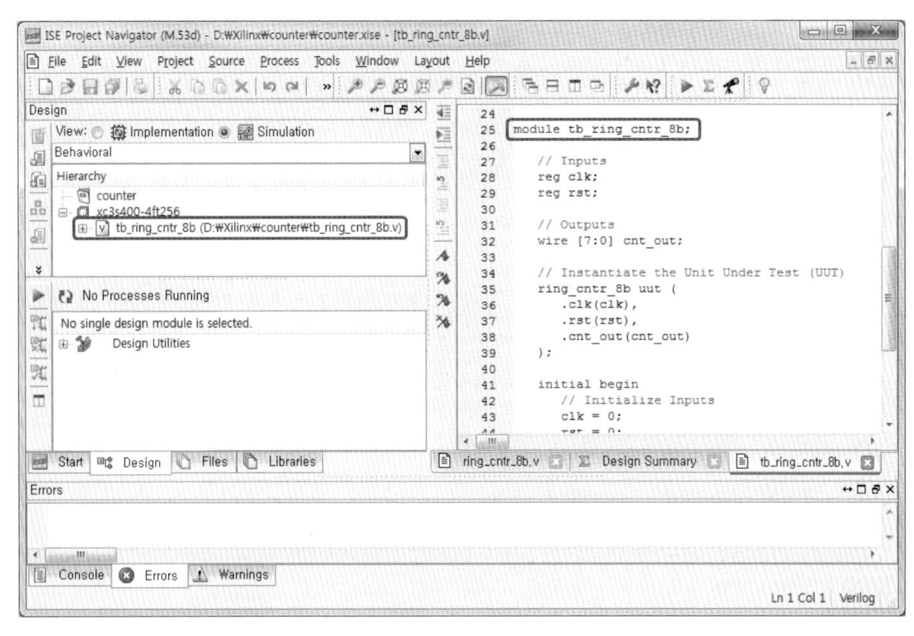

[그림 7.12] 테스트벤치 모듈 tb_ring_cntr_8b가 생성된 상태

```
module tb_ring_cntr_8b;
   reg        clk, rst;
   wire [7:0] cnt_out;

   ring_cntr_8b uut (.clk(clk),
                     .rst(rst),
                     .cnt_out(cnt_out));

  initial begin
          clk = 0;
          rst = 1;
       #5 rst = 0;
      #10 rst = 1;
     #100 rst = 0;
      #10 rst = 1;
      #50;
  end

  always  #10 clk = ~clk;
endmodule
```

[코드 7.5] 테스트벤치 모듈 tb_ring_cntr_8b

⑤ [그림 7.13]과 같이 Design 창의 View 필드에서 Simulation을 선택하고, Hierarchy에서 테스트벤치 모듈 tb_ring_cntr_8b을 선택한다. Processes 창에서 Simulate Behavioral Model을 더블클릭하여 시뮬레이션을 실행시키면, ISim 창이 활성화되면서 [그림 7.14]와 같이 시뮬레이션 결과가 표시된다. 클록신호의 상승에지에서 계수기의 출력에 포함되어 있는 1이 1비트씩 이동하는 동작을 확인할 수 있다.

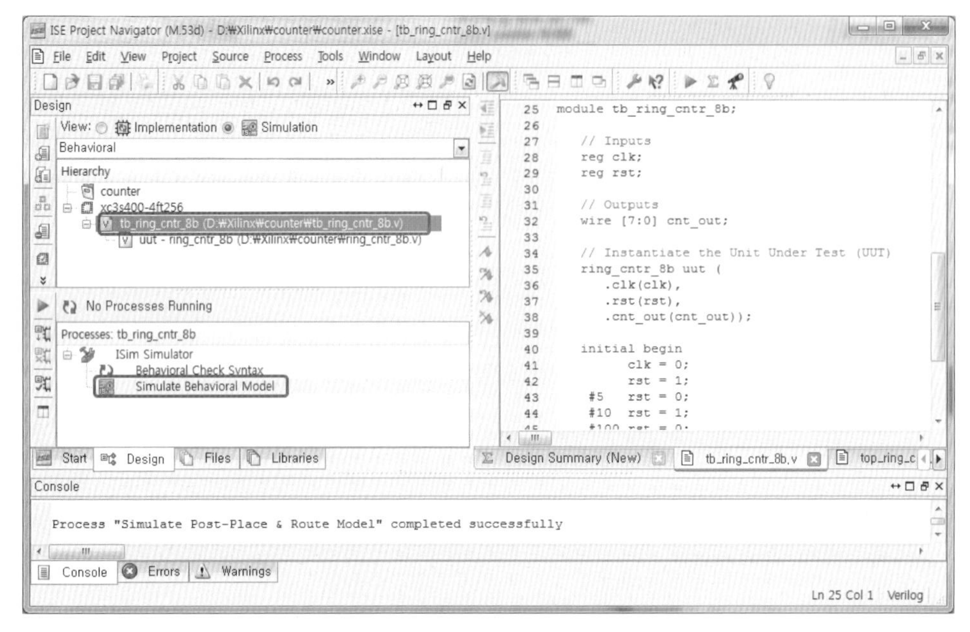

[그림 7.13] Behavioral Model 시뮬레이션

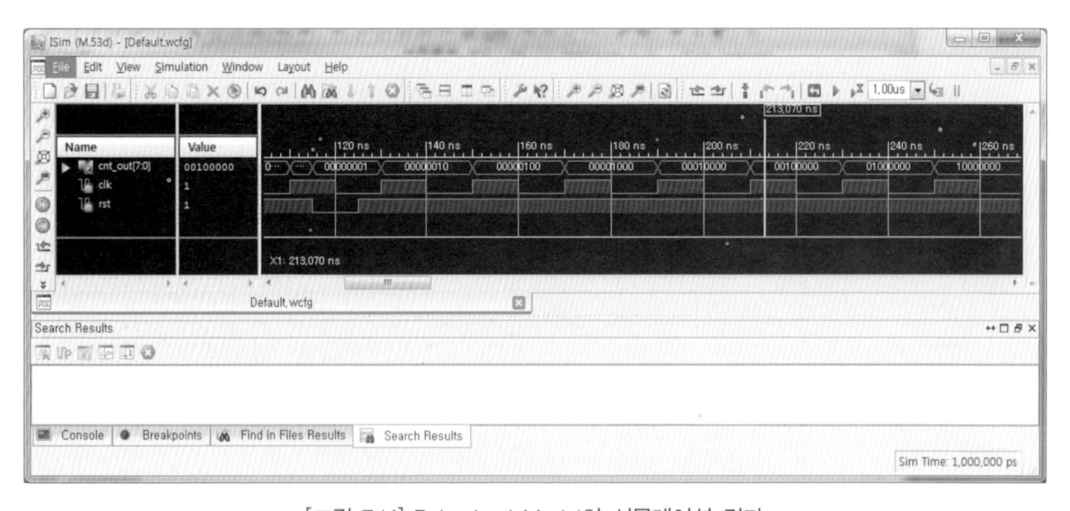

[그림 7.14] Behavioral Model의 시뮬레이션 결과

7.1.5 기능 검증 - Post-Route 시뮬레이션

여기서는 모듈 ring_cntr_8b의 시뮬레이션 과정과 결과만 설명하며, 나머지 모듈들에 대해서도 유사한 방법으로 기능을 검증한다.

① Project Navigator의 Design 창에서 View 필드를 Implementation으로 선택한 후, Processes 창에서 Synthesize - XST를 더블클릭해서 합성을 실행한다.

② Processes 창에서 Implement Design을 더블클릭해서 Translate, Map, Place & Route를 연속으로 실행한다.

③ Processes 창에서 Place & Route 메뉴를 확장한 후, [그림 7.15]와 같이 Generate Post-Place & Route Simulation Model을 더블클릭해서 시뮬레이션 모델을 생성한다.

④ Design 창의 View 필드에서 Simulation을 선택하고, [그림 7.16]과 같이 Post-Route 시뮬레이션 모드를 선택한다.

⑤ Processes 창에서 Simulate Post-Place & Route Model을 더블클릭하면, ISim 창이 활성화되면서 시뮬레이션이 실행된다. 시뮬레이션 결과는 [그림 7.17]과 같으며, [그림 7.14]의 Behavioral Model 시뮬레이션 결과와 다소 차이가 있음을 볼 수 있다. [그림 7.17]의 시뮬레이션 결과에서는 계수기 출력 cnt_out이 클록신호의 상승에지로부터 지연되어 출력되고 글리치가 포함되어 있다. 이는 합성과 배치·배선에 의해 지연이 발생하였기 때문이며, 지연 특성이 반영된 상태에서도 회로가 올바로 동작함을 확인할 수 있다.

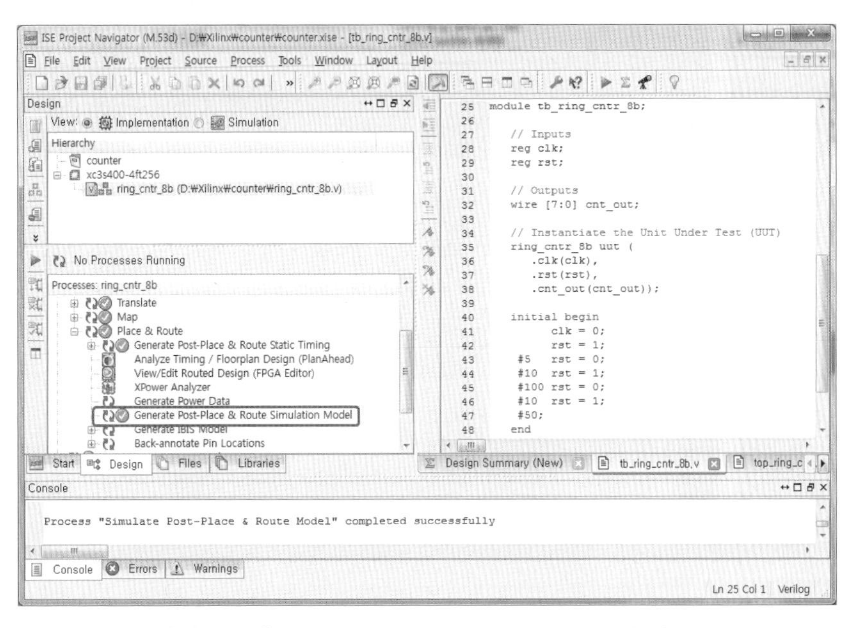

[그림 7.15] Post-Place & Route 시뮬레이션 모델 생성

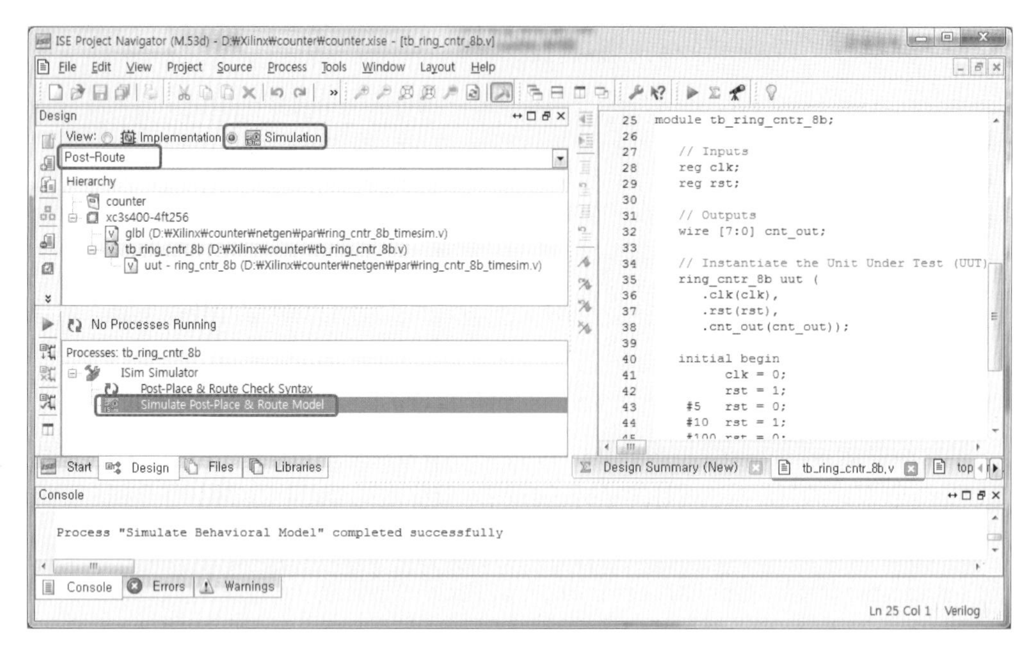

[그림 7.16] Post-Route 시뮬레이션 모드 선택

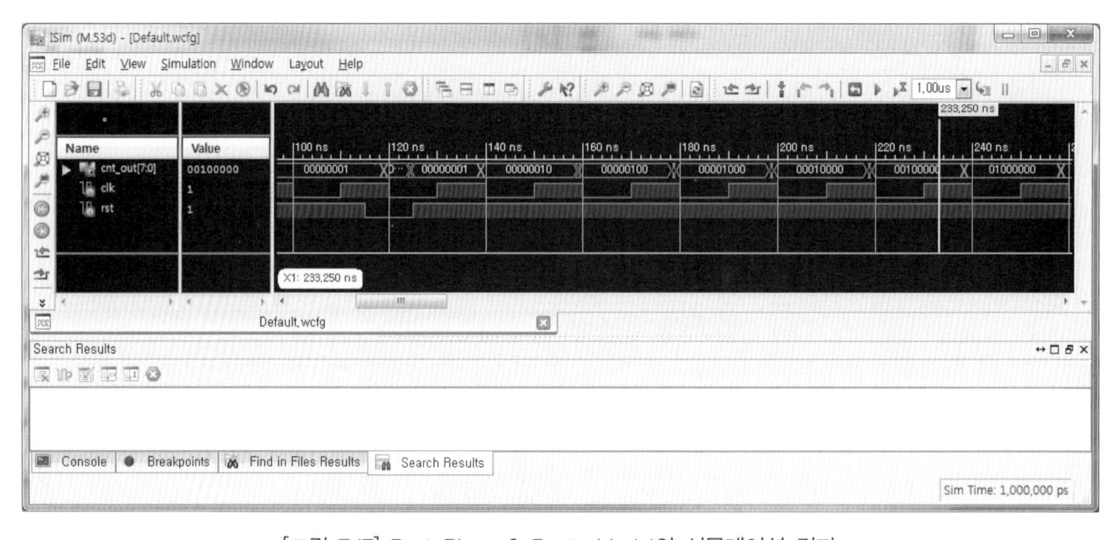

[그림 7.17] Post-Place & Route Model의 시뮬레이션 결과

7.1.6 I/O 핀 할당 및 Implement Design

① ISE Project Navigator 좌측 상단의 Design 창에서 top_ring_cntr을 선택하고, [그림 7.18]과 같이 Processes 창의 User Constraints 메뉴를 확장하여 I/O Pin Planning (PlanAhead)를 더블클릭해서 실행시킨다.

② [표 7.1]을 참조하여 [그림 7.19]와 같이 핀 번호를 할당한다. PlanAhead 창의 I/O Ports 영역에서 포트를 선택하고, I/O Port Properties 영역의 General 탭에서 Site 필드에 FPGA 핀 번호를 입력한다. 모든 입출력 신호에 대한 I/O 핀 할당을 완료한 후 저장하면, top_ring_cntr.ucf 파일에 핀 할당 정보가 저장된다.

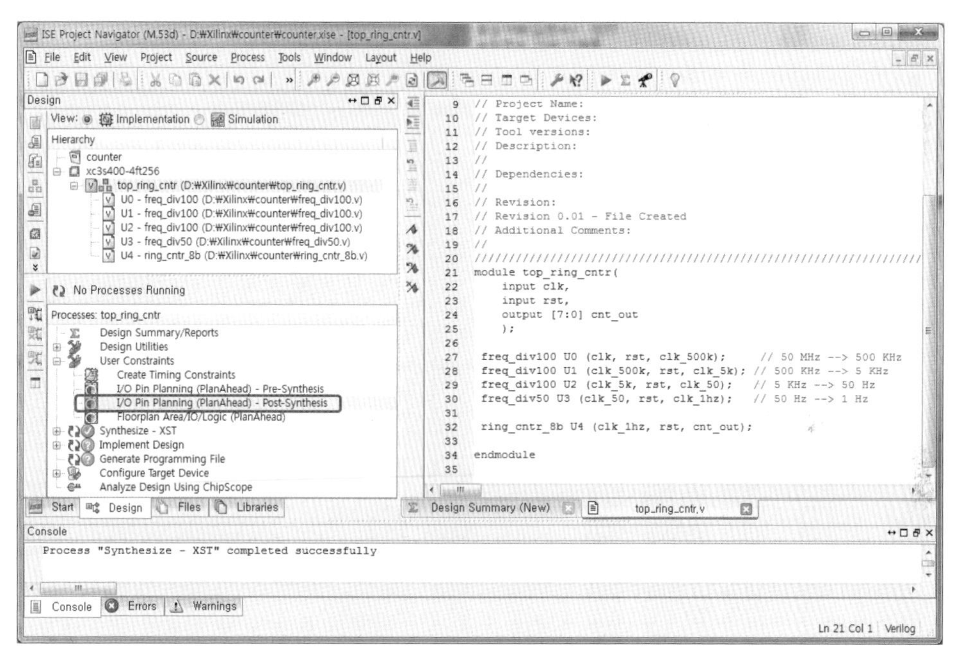

[그림 7.18] I/O Pin Planning(PlanAhead) 실행

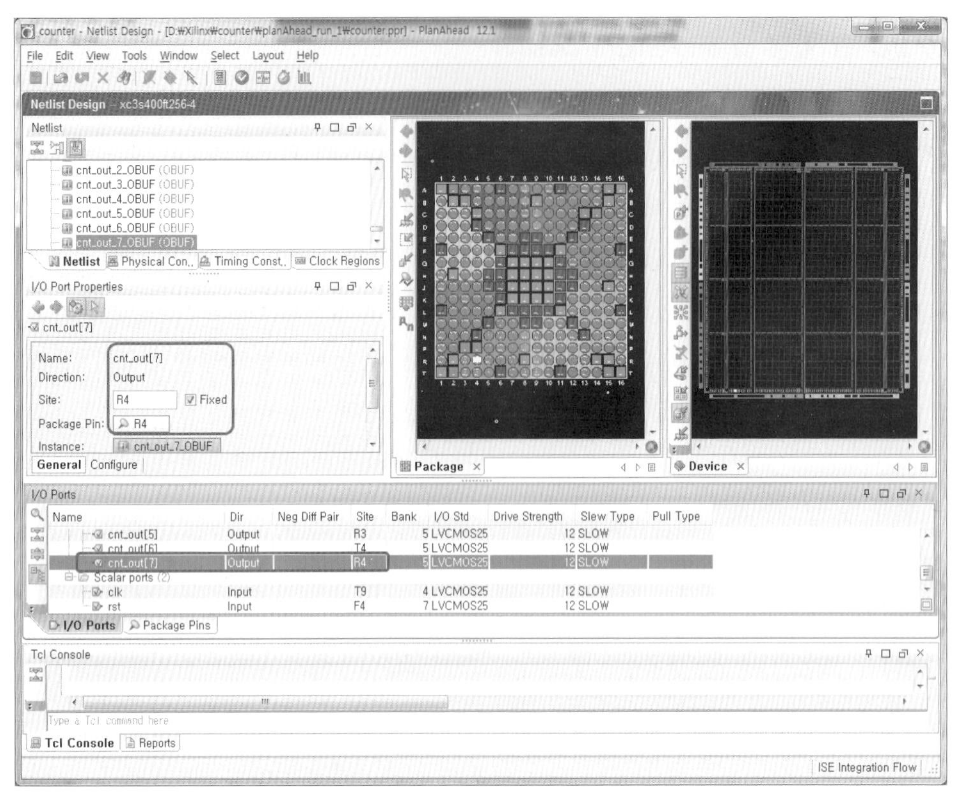

[그림 7.19] PlanAhead에서 I/O 핀 번호 입력

[표 7.1] I/O 핀 할당표

<table>
<tr><th>신호이름</th><th>FPGA 핀 번호</th><th>I/O</th><th>비고</th></tr>
<tr><td>clk</td><td>T9</td><td>I</td><td>Target FPGA Clock (50MHz)</td></tr>
<tr><td>rst</td><td>F4</td><td>I</td><td>FPGA B/D Reset Signal (Active-low)</td></tr>
<tr><td>cnt_out[0]</td><td>N5</td><td>O</td><td rowspan="8">RF Main Module</td></tr>
<tr><td>cnt_out[1]</td><td>P7</td><td>O</td></tr>
<tr><td>cnt_out[2]</td><td>T5</td><td>O</td></tr>
<tr><td>cnt_out[3]</td><td>T8</td><td>O</td></tr>
<tr><td>cnt_out[4]</td><td>T3</td><td>O</td></tr>
<tr><td>cnt_out[5]</td><td>R3</td><td>O</td></tr>
<tr><td>cnt_out[6]</td><td>T4</td><td>O</td></tr>
<tr><td>cnt_out[7]</td><td>R4</td><td>O</td></tr>
</table>

7.1.7 FPGA 구현 및 동작 확인

① Project Navigator 좌측 상단의 Design 창에서 top_ring_cntr을 선택하고, Synthesize - XST와 Implement Design을 실행한다.

② Implement Design이 완료되면, Generate Programming File을 더블클릭해서 bit 파일을 생성한다.

③ 실습장비와 PC를 JTAG 케이블로 연결한 후, Configure Target Device 메뉴를 확장하고 Manage Configuration Project(iMPACT)를 더블클릭하여 iMPACT 툴을 실행한다.

④ iMPACT 툴에서 Boundary Scan을 더블클릭한 후, 마우스 오른쪽을 클릭하여 Initialize Chain을 실행한다.

⑤ xc3s400 FPGA를 선택한 후, 생성된 bit 파일을 할당한다.

⑥ iMPACT Processes 창에서 Program을 더블클릭하여 FPGA 디바이스로 다운로드한다.

⑦ 실습장비 RF Main Module의 LED가 점등되는 동작을 확인한다.

설계과제

7.1.1 [그림 7.20]의 상태 천이도로 동작하는 8비트 증가 계수기 회로를 설계하라. 시뮬레이션을 통해 기능을 확인한 뒤, [그림 7.2]의 실습 회로도와 동일하게 계수기의 출력을 발광 다이오드(LED)에 연결하여 동작을 확인한다. 계수기는 1Hz의 클록신호로 동작하며, 주파수 분주기는 50MHz의 클록을 1Hz로 분주하여 계수기에 공급한다. 리셋신호 rst는 Active-low로 동작한다.

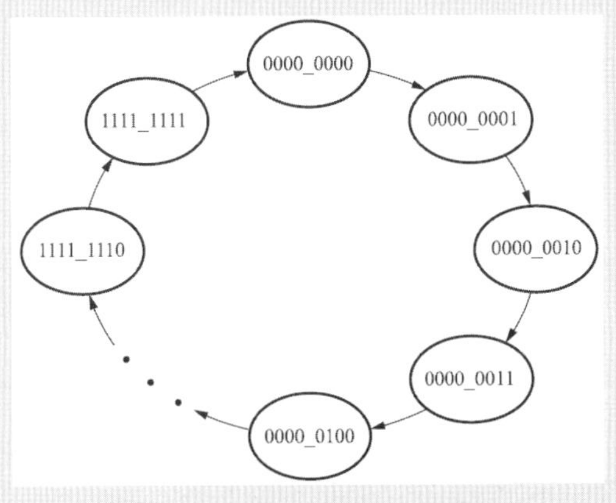

[그림 7.20] 8비트 증가 계수기의 상태 천이도

7.1.2 [그림 7.21]의 상태 천이도로 동작하는 8비트 증가/감소 계수기 회로를 설계하라. mode=0이면 증가 계수기로 동작하고 mode=1이면 감소 계수기로 동작하며, rst=0이면 계수기 값이 0으로 초기화된다. 시뮬레이션을 통해 기능을 확인한 뒤, [그림 7.2]의 실습 회로도와 동일하게 계수기의 출력을 발광 다이오드(LED)에 연결하여 동작을 확인한다. 계수기는 1Hz의 클록신호로 동작하며, 주파수 분주기는 50MHz의 클록을 1Hz로 분주하여 계수기에 공급한다. 리셋신호 rst는 Active-low로 동작한다.

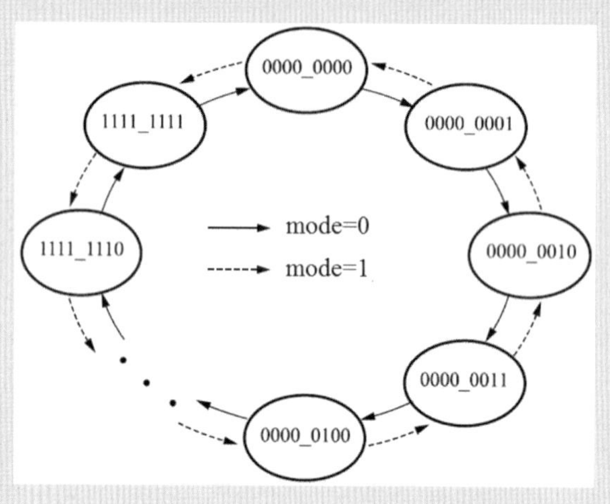

[그림 7.21] 8비트 증가/감소 계수기의 상태 천이도

설계과제

7.1.3 [그림 7.22]의 상태 천이도로 동작하는 BCD(binary coded decimal) 계수기 회로를 설계하라. 시뮬레이션을 통해 기능을 확인한 뒤, [그림 7.2]의 실습 회로도와 동일하게 계수기의 출력을 발광 다이오드(LED)에 연결하여 동작을 확인한다. BCD 계수기는 1Hz의 클록신호로 동작하며, 주파수 분주기는 50MHz의 클록을 1Hz로 분주하여 BCD 계수기에 공급한다. 리셋신호 rst는 Active-low로 동작한다.

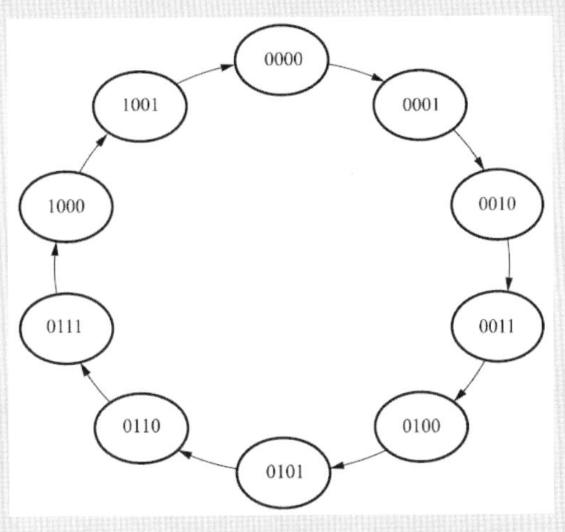

[그림 7.22] BCD 계수기의 상태 천이도

7.1.4 [그림 7.22]의 상태 천이도로 동작하는 BCD 계수기의 출력을 [그림 7.23]의 실습 회로도와 같이 7-세그먼트에 연결하여 동작을 확인하라. BCD 계수기는 1Hz의 클록 신호로 동작하며, 주파수 분주기는 50MHz의 클록을 1Hz로 분주하여 BCD 계수기에 공급한다. 리셋신호 rst는 Active-low로 동작한다.

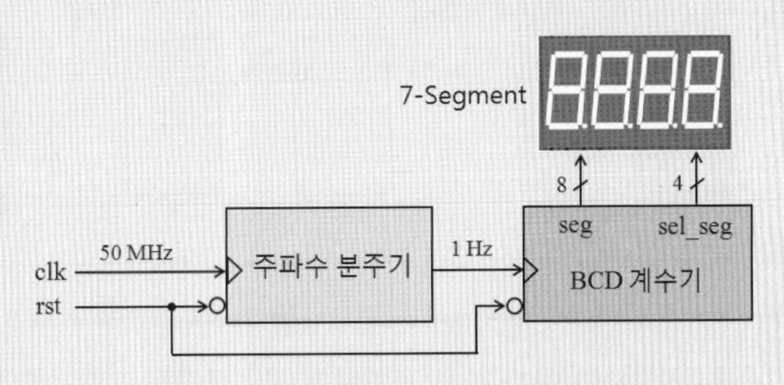

[그림 7.23] [설계과제 7.1.4]의 실습 회로도

7.2 시프트 레지스터 회로

시프트 레지스터(shift register)는 다수 개의 플립플롭이 직렬로 연결된 구조를 가지며, 클록신호가 인가될 때마다 데이터가 왼쪽 또는 오른쪽으로 이동하는 회로이다. 시프트 레지스터의 데이터는 직렬형태나 병렬형태로 입·출력될 수 있으며, 직렬입력-직렬출력, 직렬입력-병렬출력, 병렬입력-직렬출력, 병렬입력-병렬출력 등으로 구분된다. 병렬형태의 시프트 레지스터는 각 플립플롭의 입력과 출력을 외부에서 제어할 수 있으며, 모든 플립플롭들이 병렬로 동시에 데이터를 입력받고, 또한 병렬로 데이터를 출력한다. 범용 시프트 레지스터는 4가지의 입·출력 동작을 선택적으로 수행할 수 있는 구조를 갖는다.

- **실습 목적** : 8비트 시프트 레지스터 회로의 설계와 검증 과정을 익힌다.
- **실습 회로** : [그림 7.24]와 같이 8개의 플립플롭으로 구성되는 8비트 시프트 레지스터회로를 설계하고, [그림 7.25]의 실습회로를 구성하여 동작을 확인한다. 시프트 레지스터는 1Hz의 클록신호로 동작하며, 주파수 분주기는 50MHz의 클록을 1Hz로 분주하여 시프트 레지스터에 공급한다. 리셋신호 rst는 Active-low로 동작한다.
- **실습 과정** : 1 Project 생성 → 2 Verilog HDL 모델링 → 3 HDL 소스 파일 추가 → 4 기능 검증 - Behavioral Model 시뮬레이션 → 5 기능 검증 - Post Route 시뮬레이션 → 6 I/O 핀 할당 및 Implement Design → 7 FPGA 구현 및 동작 확인
- **설계 결과 확인** : [그림 7.25]와 같이 시프트 레지스터의 출력을 RF Main Module의 LED에 연결하여 동작을 확인한다.

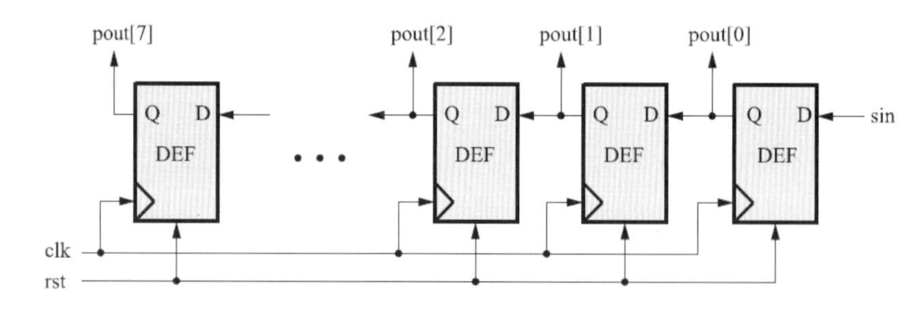

[그림 7.24] 8비트 시프트 레지스터

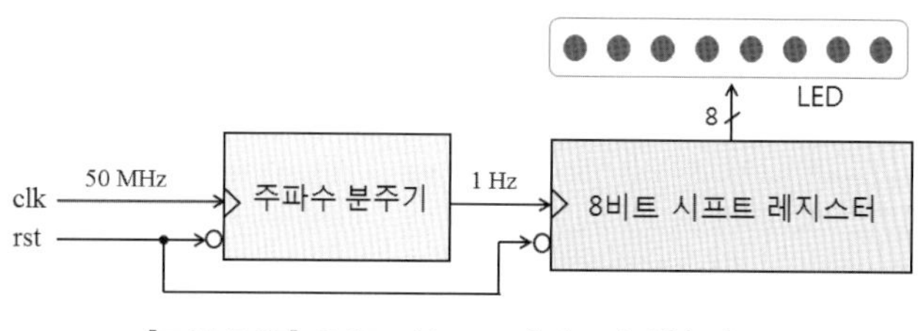

[그림 7.25] 8비트 시프트 레지스터 실습회로

7.2.1 Project 생성

① ISE 메뉴에서 File → New Project를 실행하면 새로운 프로젝트를 생성할 수 있는 New Project Wizard 창이 [그림 7.26]과 같이 활성화된다.

② New Project Wizard 창의 Name 필드에 프로젝트 이름 shift_reg를 입력하고, Location 필드에 프로젝트가 저장될 폴더 위치를 입력하고, Top-level source type 필드를 HDL로 설정한 뒤 Next를 클릭한다.

③ Project Settings 창에서 FPGA 디바이스 선택, 합성 및 시뮬레이션 툴 등을 설정한다. Family 필드에 Spartan3를 선택하고, Device 필드에는 XC3S400을 선택하고, Package 필드에는 FT256, Speed는 -4를 선택한다. Synthesis Tool은 XST(VHDL/Verilog)을 선택하고, Simulator와 Language 필드에 각각 ISim(Verilog/VHDL), Verilog를 선택한다.

④ Project Summary 창에서 프로젝트 설정 내용을 확인한다. 프로젝트 생성과정에서 잘못된 부분이 있으면 왼쪽 상단의 화살표 버튼에 의해 이전 단계로 이동하여 수정할 수 있다. Finish를 클릭하면 프로젝트 생성이 완료된다.

⑤ [그림 7.27]은 프로젝트 생성이 완료된 상태의 ISE Project Navigator이며, Design 창에 프로젝트 shift_reg가 생성되었으며 FPGA 디바이스 xc3s400-4ft256가 설정되었음을 확인할 수 있다.

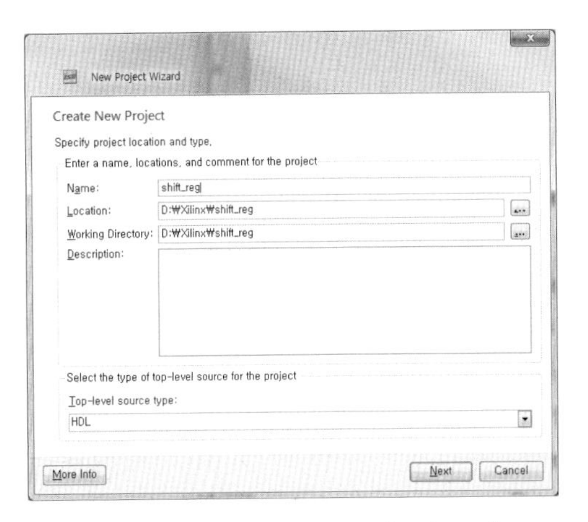

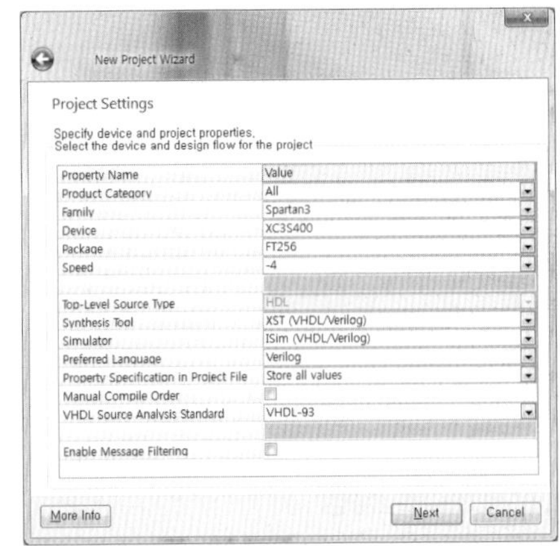

[그림 7.26] ISE 프로젝트 생성

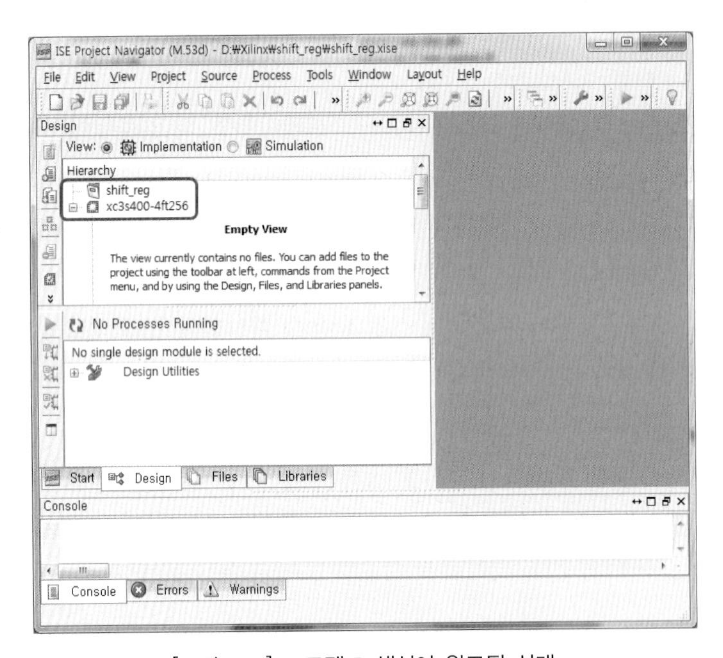

[그림 7.27] 프로젝트 생성이 완료된 상태

7.2.2 Verilog HDL 모델링

① 8비트 시프트 레지스터 모듈

시프트 레지스터는 [그림 7.24]와 같이 각 플립플롭의 출력이 인접한 플립플롭으로 입력되어 이동하는 동작을 하므로, ⓐ 시프트 연산자 <<를 사용하는 방법, ⓑ for 반복문을 사용하는 방법, ⓒ 결합 연산자 { }를 사용하는 방법 등 다양한 형태로 구현될 수 있다. [코드 7.6]은 시프트 연산자 <<를 사용하여 설계한 8비트 시프트 레지스터의 소스 코드이다. Active-low 비동기식 리셋을 구현하기 위해 `always @(posedge clk or negedge rst)` 구문을 사용하며, `always` 블록 내부의 `if(!rst)` 조건문을 통해 출력을 0000_0000으로 초기화한다. rst=1인 정상동작 모드에서는 왼쪽 시프트 연산자 <<를 사용하여 매 클록마다 1비트씩 왼쪽으로 이동되고, 직렬입력 데이터 sin이 입력되도록 한다.

```
module shift_reg8b( input clk,
                    input rst,
                    input sin,
                    output [7:0] pout );
  reg [7:0] q;

  assign pout = q;
  always @(posedge clk or negedge rst) begin
    if (!rst)
      q <= 8'b0000_0000;
    else begin
      q <= q << 1;
      q[0] <= sin;
    end
  end
endmodule
```

[코드 7.6] 8비트 시프트 레지스터 모델링(시프트 연산자 사용)

② 주파수 분주기 모듈

50MHz의 클록을 1Hz로 변환하기 위한 주파수 분주기는 7.1절에서 설명된 [코드 7.2]와 [코드 7.3]의 모듈 freq_div100과 모듈 freq_div50을 사용한다.

③ 시프트 레지스터 실습회로 top 모듈

[그림 7.25]의 실습회로를 구현하는 top 모듈을 [코드 7.7]과 같이 모델링한다. 1/100 분주

기 모듈(freq_div100) 세 개를 직렬로 연결하여 50MHz의 클록신호를 50Hz로 변환하고, 1/50 분주기 모듈(freq_div50)을 이용하여 50Hz로부터 1Hz의 분주클록 clk_1hz를 생성한다. 생성된 1Hz의 클록은 시프트 레지스터 모듈(shift_reg8b)의 클록신호로 사용된다.

```
module top_shift_reg8b( input clk,
                        input rst,
                        input sin,
                        output [7:0] pout );

 freq_div100 U0 (clk, rst, clk_500k);     // 50MHz --> 500 KHz
 freq_div100 U1 (clk_500k, rst, clk_5k); // 500 KHz --> 5 KHz
 freq_div100 U2 (clk_5k, rst, clk_50);   // 5 KHz --> 50Hz
 freq_div50 U3  (clk_50, rst, clk_1hz);  // 50Hz --> 1Hz

 shift_reg8b U4 (clk_1hz, rst, sin, pout);

endmodule
```

[코드 7.7] 시프트 레지스터 실습회로의 top 모듈

7.2.3 HDL 소스 파일 추가

① 프로젝트에 HDL 소스 파일을 추가하기 위해 ISE Project Navigator 메뉴에서 Project → New Source를 실행하여 New Source Wizard 창을 활성화시킨다. 또는 Project Navigator 좌측 상단의 Hierarchy 영역에서 FPGA Device를 선택한 후, 마우스 오른쪽을 눌러 팝업에서 New Source를 실행한다.

② New Source Wizard 창에서 [그림 7.28]과 같이 Verilog Module을 선택하고 File name 필드에 모듈이름 shift_reg8b을 입력한 후, 소스 파일이 저장될 폴더 위치를 지정하고 Next를 클릭한다. Add to project 박스를 체크해서 생성되는 소스 파일이 프로젝트에 추가되도록 한다.

③ 모듈 shift_reg8b의 입력과 출력 포트를 [그림 7.29]와 같이 정의하고 Finish를 클릭하면, [그림 7.30]과 같이 모듈 shift_reg8b의 소스 코드 편집 창이 Workspace 영역에 나타난다. Project Navigator 좌측 상단의 Hierarchy 영역에서 모듈 shift_reg8b가 프로젝트에 포함되어 있음을 확인할 수 있다.

④ [코드 7.6]을 참조하여 모듈 shift_reg8b의 소스 코드를 완성한다.

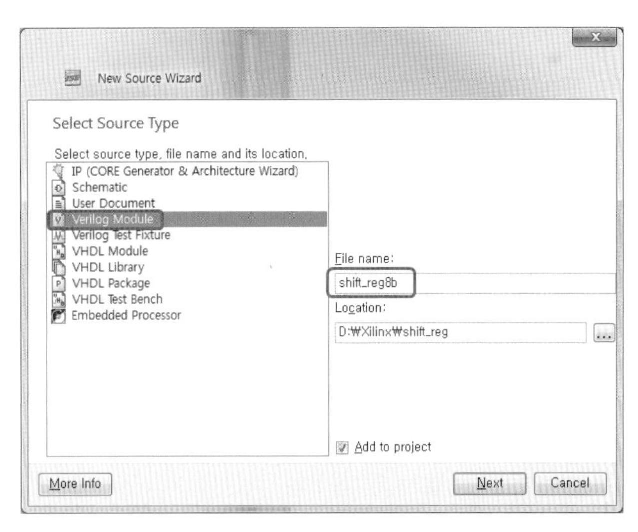

[그림 7.28] New Source Wizard - Select Source Type

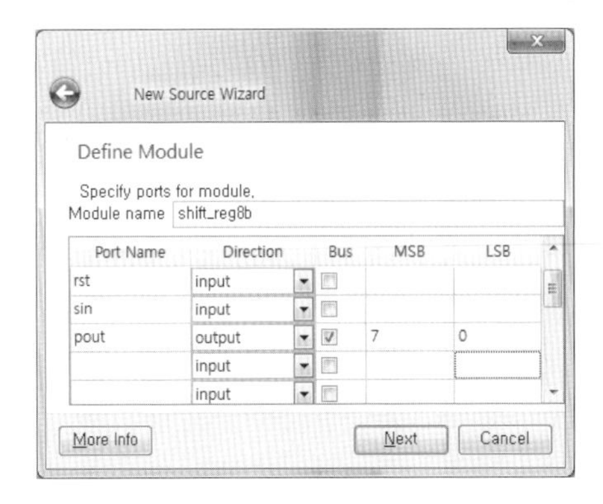

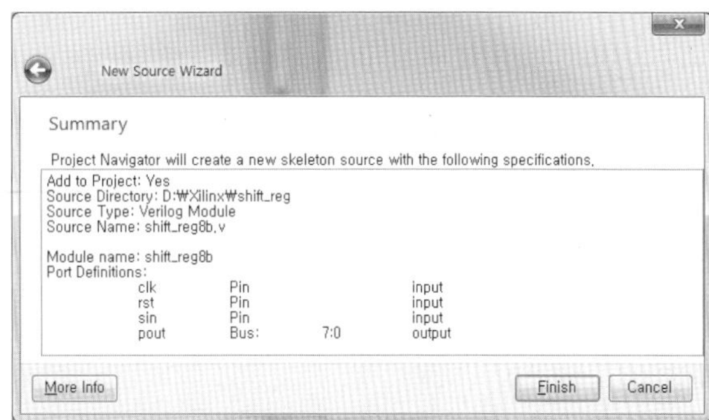

[그림 7.29] New Source Wizard - Define Module & Summary

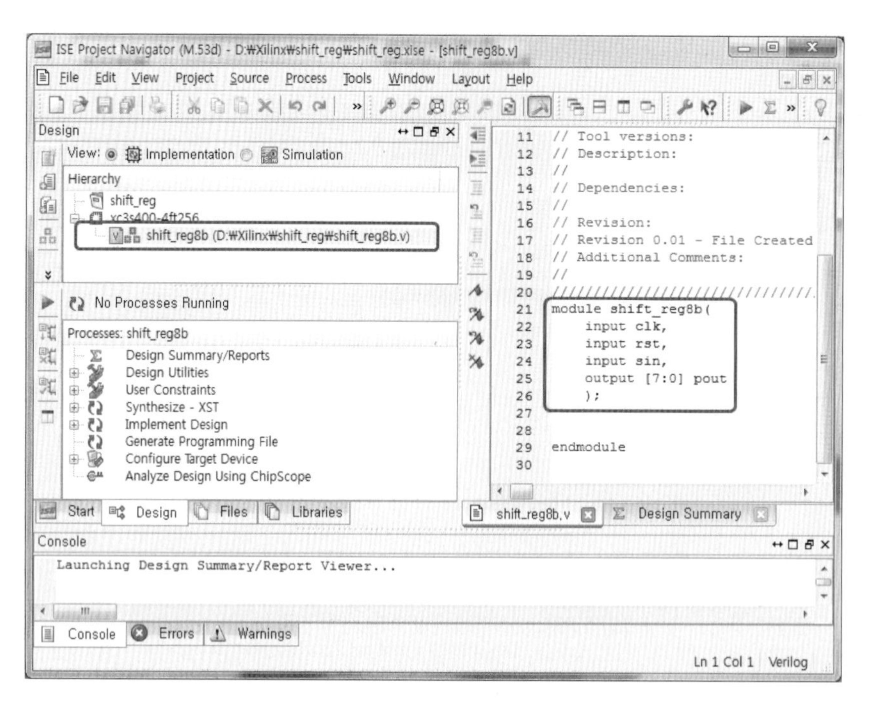

[그림 7.30] 모듈 shift_reg8b의 생성이 완료된 상태

⑤ Project Navigator 좌측 상단의 Hierarchy 영역에서 FPGA Device를 선택하고 마우스 오른쪽을 클릭해서 Add Source를 실행한 후, 7.1절에서 만들어진 주파수 분주기 모듈 freq_div100과 freq_div50이 저장된 위치를 찾아 프로젝트에 추가한다.

⑥ 과정 ① ~ ③과 유사하게 시프트 레지스터 실습회로의 top 모듈 top_shift_reg8b을 프로젝트에 추가하고, [코드 7.7]을 참조하여 소스 코드를 완성한다.

⑦ [그림 7.31]은 과정 ① ~ ⑥에 의해 프로젝트에 모듈 추가가 완료된 상태이다.

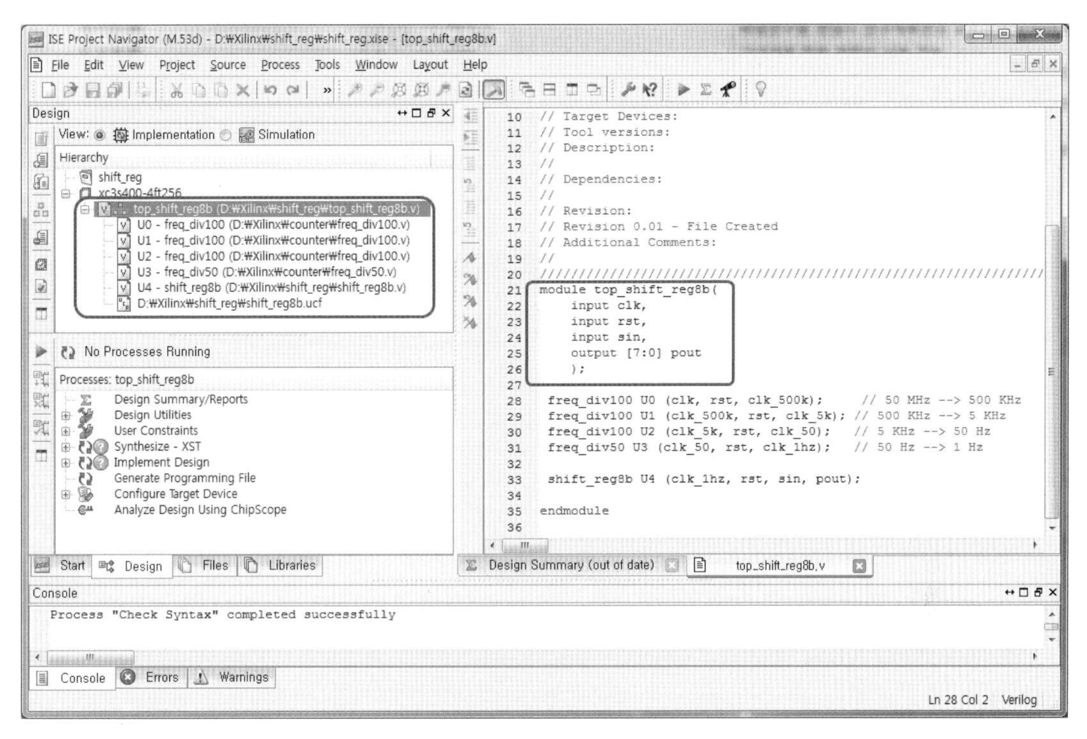

[그림 7.31] 프로젝트에 모듈의 추가가 완료된 상태

7.2.4 기능 검증 - Behavioral Model 시뮬레이션

여기서는 모듈 shift_reg8b의 시뮬레이션 과정과 결과만 설명하며, 나머지 모듈들에 대해서도 유사한 방법으로 기능을 검증한다.

① ISE Project Navigator 좌측 상단 Design 창의 shift_reg8b를 선택하고 마우스 오른쪽을 클릭하여 New Source를 선택한다. [그림 7.32]와 같이 New Source Wizard 창에서 Verilog Test Fixture를 선택한 후, File name 필드에 테스트벤치 파일의 이름을 tb_shift_reg8b로 입력하고 저장될 폴더 위치를 지정한 뒤 Next를 클릭한다.

② New Source Wizard - Associate Source 창에서 모듈 shift_reg8b을 선택하고 Next를 클릭한다. Summary 창에서 확인 후 Finish를 클릭한다.

③ Design 창의 View 필드에서 Simulation을 선택하면, [그림 7.33]과 같이 Hierarchy 영역에 테스트벤치 tb_shift_reg8b이 추가되고, Workspace 영역에 편집 창이 활성화된다.

④ 테스트벤치 모듈 tb_shift_reg8b에 [코드 7.8]을 참조하여 입력한다.

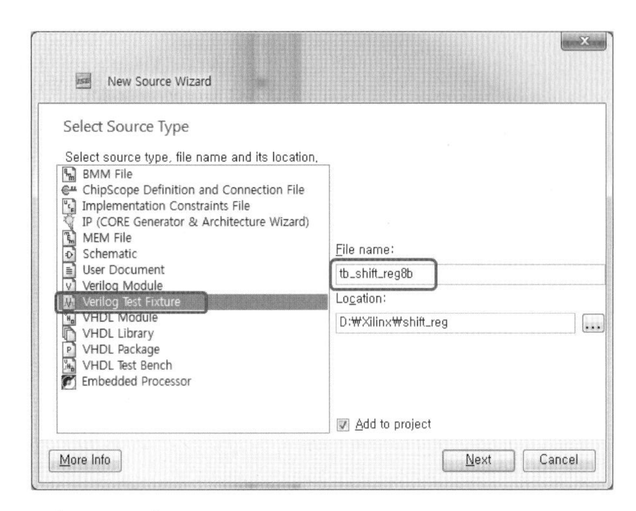

[그림 7.32] New Source Wizard - Select Source Type

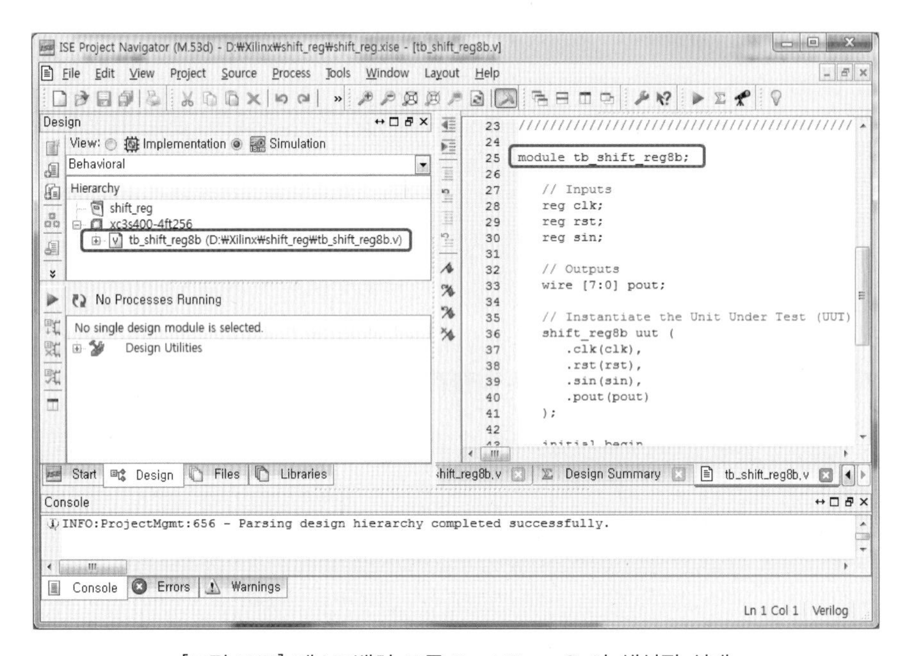

[그림 7.33] 테스트벤치 모듈 tb_shift_reg8b이 생성된 상태

```
module tb_shift_reg8b;
   reg clk, rst, sin;
   wire [7:0] pout;

   shift_reg8b uut (.clk(clk),
                    .rst(rst),
                    .sin(sin),
                    .pout(pout));

  initial begin
        clk = 0;
        rst = 1;
     #5 rst = 0;
    #20 rst = 1;
  end

  always  #50 clk = ~clk;

  always begin
        sin = 0;
    #85  sin = 1;
    #200 sin = 0;
    #90  sin = 1;
    #120 sin = 0;
    #190 sin = 1;
    #130 sin = 0;
  end
endmodule
```

[코드 7.8] 테스트벤치 모듈 tb_shift_reg8b

⑤ [그림 7.34]와 같이 Design 창의 View 필드에서 Simulation을 선택하고, Hierarchy에서 테스트벤치 모듈 tb_shift_reg8b를 선택한다. Processes 창에서 Simulate Behavioral Model을 더블클릭하여 시뮬레이션을 실행시키면, ISim 창이 활성화되면서 [그림 7.35]와 같이 시뮬레이션 결과가 표시된다. 클록신호의 상승에지에서 시프트 레지스터의 값이 1비트씩 왼쪽으로 이동하는 동작을 확인할 수 있다.

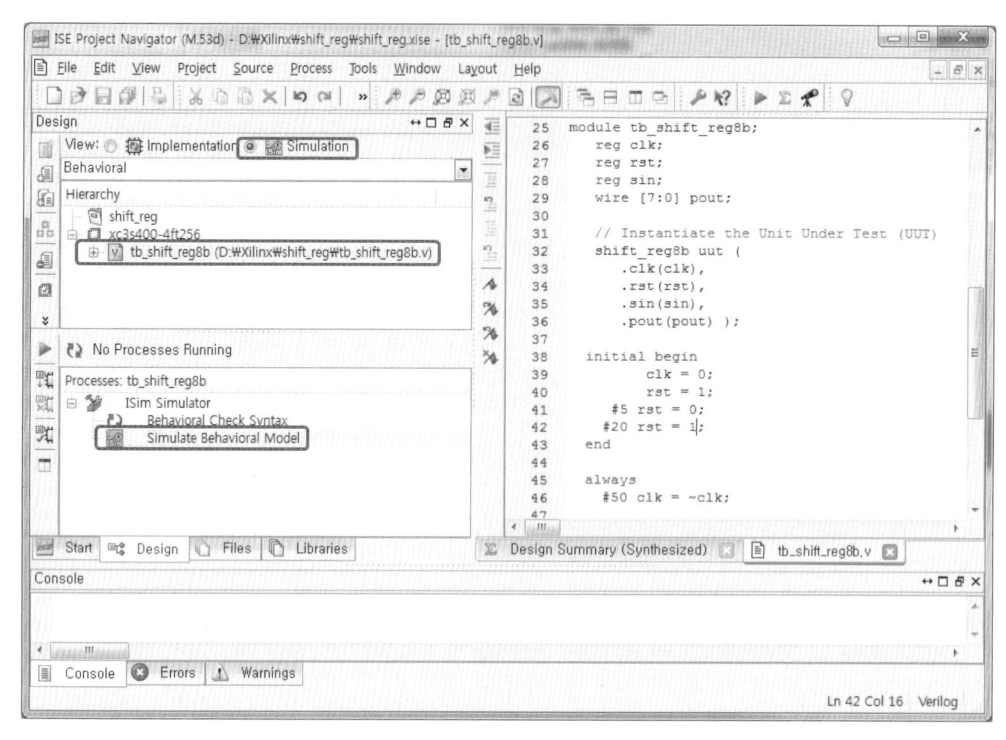

[그림 7.34] Behavioral Model 시뮬레이션

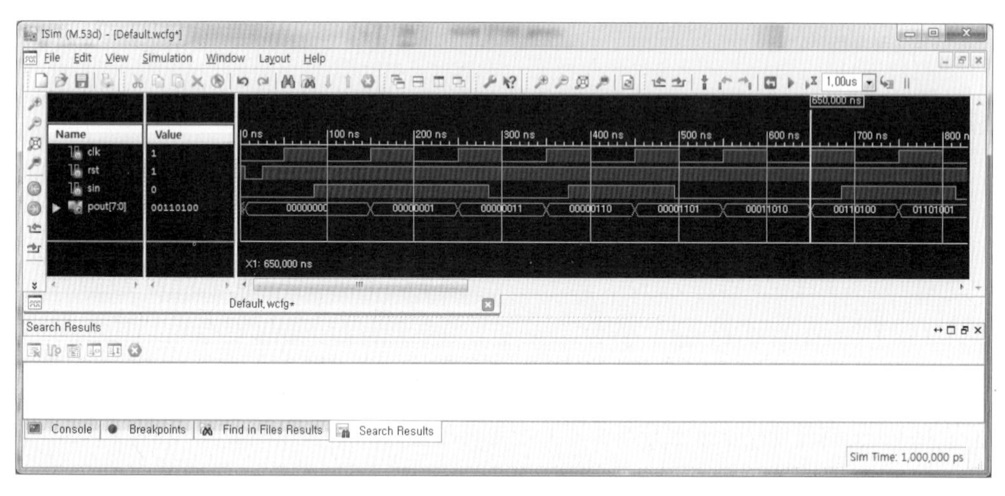

[그림 7.35] Behavioral Model의 시뮬레이션 결과

7.2.5 기능 검증 - Post-Route 시뮬레이션

여기서는 모듈 shift_reg8b의 시뮬레이션 과정과 결과만 설명하며, 나머지 모듈들에 대해서도 유사한 방법으로 기능을 검증한다.

① Project Navigator의 Design 창에서 View 필드를 Implementation으로 선택한 후, Processes 창에서 Synthesize - XST를 더블클릭해서 합성을 실행한다.

② Processes 창에서 Implement Design을 더블클릭해서 Translate, Map, Place & Route를 연속으로 실행한다.

③ Processes 창에서 Place & Route 메뉴를 확장한 후, [그림 7.36]과 같이 Generate Post-Place & Route Simulation Model을 더블클릭해서 시뮬레이션 모델을 생성한다.

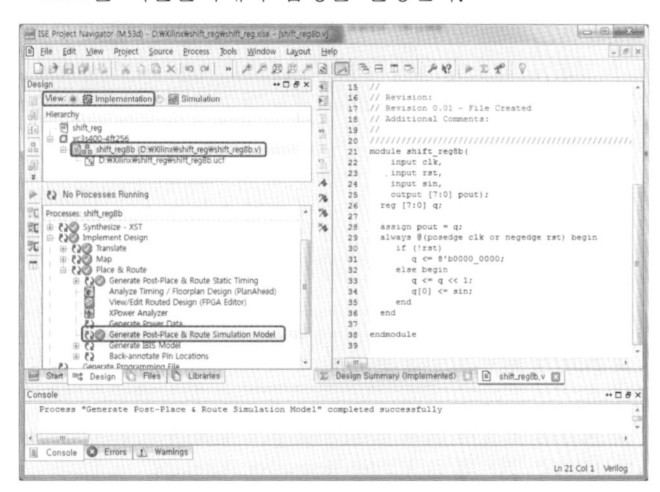

[그림 7.36] Post-Place & Route 시뮬레이션 모델 생성

④ Design 창의 View 필드에서 Simulation을 선택하고, [그림 7.37]과 같이 Post-Route 시뮬레이션 모드를 선택한다.

⑤ Processes 창에서 Simulate Post-Place & Route Model을 더블클릭하면, ISim 창이 활성화되면서 시뮬레이션이 실행된다. 시뮬레이션 결과는 [그림 7.38]과 같으며, [그림 7.35]의 Behavioral 시뮬레이션 결과와 다소 차이가 있음을 볼 수 있다. [그림 7.38]의 시뮬레이션 결과에서는 시프트 레지스

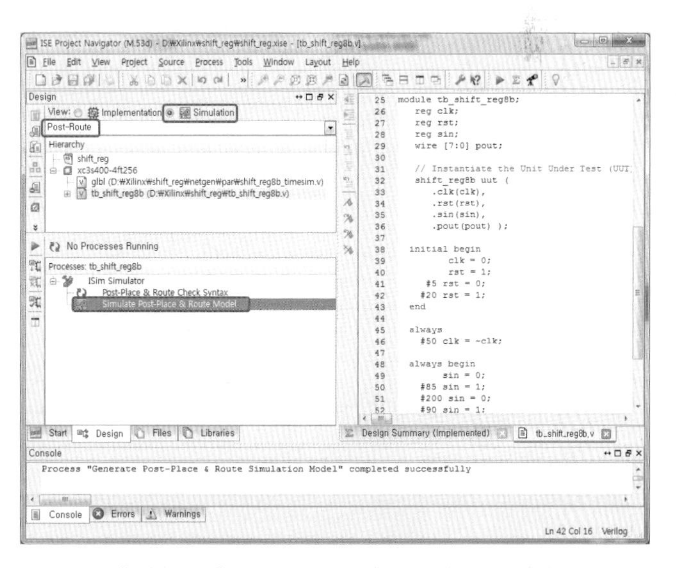

[그림 7.37] Post-Route 시뮬레이션 모드 선택

터 출력 pout이 클록신호의 상승에지로부터 지연되어 출력되고 글리치가 포함되어 있다. 이는 합성과 배치·배선에 의해 지연이 발생하였기 때문이며, 지연 특성이 반영된 상태에서도 회로가 올바로 동작함을 확인할 수 있다.

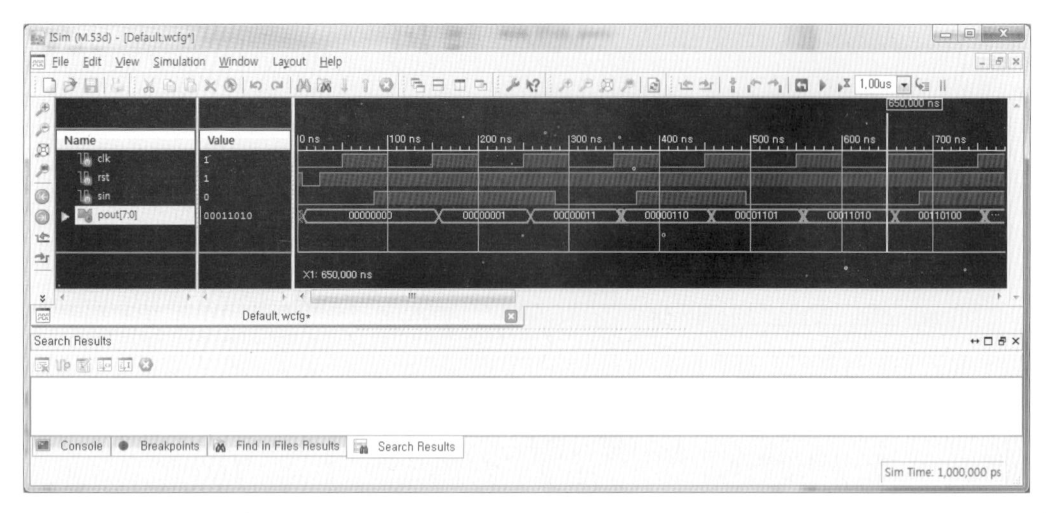

[그림 7.38] Post-Place & Route Model의 시뮬레이션 결과

7.2.6 I/O 핀 할당 및 Implement Design

① ISE Project Navigator 좌측 상단의 Design 창에서 top_shift_reg8b을 선택하고, [그림 7.39]와 같이 Processes 창의 User Constraints 메뉴를 확장하여 I/O Pin Planning (PlanAhead)를 더블클릭해서 실행시킨다.

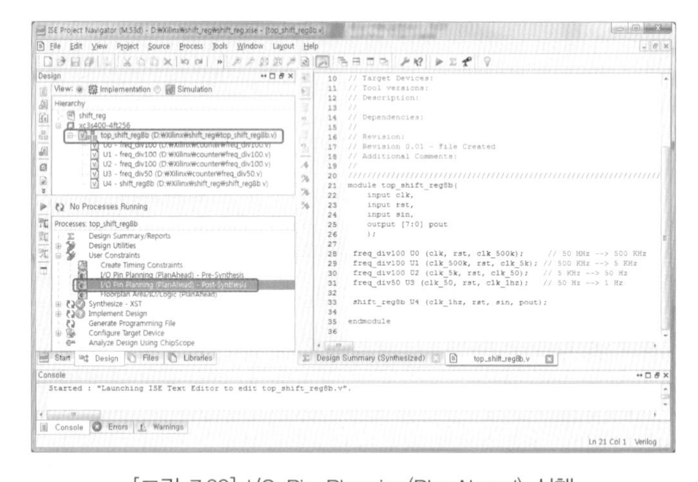

[그림 7.39] I/O Pin Planning(PlanAhead) 실행

② [표 7.2]의 I/O 핀 할당표를 참조하여 [그림 7.40]과 같이 핀 번호를 할당한다. PlanAhead 창의 I/O Ports 영역에서 포트를 선택하고, I/O Port Properties 영역의 General 탭에서 Site 필드에 핀 번호를 입력한다. 모든 입출력 신호에

대한 I/O 핀 할당을 완료한 후 저장하면, top_shift_reg8b.ucf 파일에 핀 할당 정보가 저장된다.

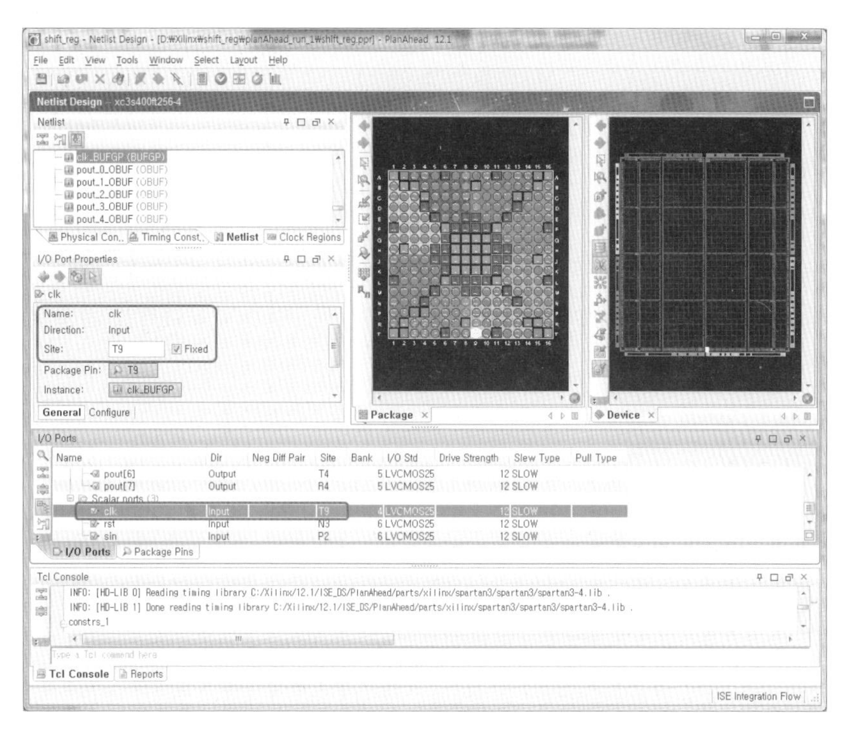

[그림 7.40] PlanAhead에서 I/O 핀 번호 입력

[표 7.2] I/O 핀 할당표

신호이름	FPGA 핀 번호	I/O	설명	비고
clk	T9	I	Target FPGA Clock	50MHz
rst	N3	I	PUSH_SW1	누르면 L(논리 0)이 됨
sin	P2	I	PUSH_SW0	
pout[0]	N5	O	LED0	RF Main Module
pout[1]	P7	O	LED1	
pout[2]	T5	O	LED2	
pout[3]	T8	O	LED3	
pout[4]	T3	O	LED4	
pout[5]	R3	O	LED5	
pout[6]	T4	O	LED6	
pout[7]	R4	O	LED7	

7.2.7 FPGA 구현 및 동작 확인

① Project Navigator 좌측 상단의 Design 창에서 top_shift_reg8b을 선택하고, Synthesize - XST와 Implement Design을 실행한다.

② Implement Design이 완료되면, Generate Programming File을 더블클릭해서 bit 파일을 생성한다.

③ 실습장비와 PC를 JTAG 케이블로 연결한 후, Configure Target Device 메뉴를 확장하고 Manage Configuration Project(iMPACT)를 더블클릭하여 iMPACT 툴을 실행한다.

④ iMPACT 툴에서 Boundary Scan을 더블클릭한 후, 마우스 오른쪽을 클릭하여 Initialize Chain을 실행한다.

⑤ xc3s400 FPGA를 선택한 후, 생성된 bit 파일을 할당한다.

⑥ iMPACT Processes 창에서 Program을 더블클릭하여 FPGA 디바이스로 다운로드한다.

⑦ 실습장비 RF Main Module의 LED가 점등되는 동작을 확인한다.

설계과제

7.2.1 [그림 7.24]의 8비트 시프트 레지스터를 결합연산자를 이용하여 설계하라. 시뮬레이션을 통해 기능을 확인한 뒤, [그림 7.25]의 실습 회로도를 이용하여 동작을 확인하라. 시프트 레지스터는 1Hz의 클록신호로 동작하며, 주파수 분주기는 50MHz의 클록을 1Hz로 분주하여 시프트 레지스터에 공급한다. 리셋신호 rst는 Active-low로 동작한다.

7.2.2 [표 7.3]과 같이 병렬입력과 좌·우 시프팅 기능을 갖는 8비트 시프트 레지스터를 설계하라. load=0이면 8비트의 입력 data_in[7 : 0]이 레지스터에 병렬로 입력되며, load=1이면 시프팅 동작을 수행한다. 시프팅 모드에서 mode=1이면 오른쪽으로 시프팅하며, mode=0이면 왼쪽으로 시프팅한다. 시프트 레지스터는 1Hz의 클록신호로 동작하며, 주파수 분주기는 50MHz의 클록을 1Hz로 분주하여 시프트 레지스터에 공급한다. 리셋신호 rst는 Active-low로 동작한다. 설계된 시프트 레지스터의 동작을 확인하기 위해 [그림 7.41]의 회로를 사용한다. 실습장비 RF Main Module의 4비트 DIP 스위치에서 출력되는 4비트의 신호를 시프트 레지스터의 상위 4비트와 하위 4비트에 연결하여 8비트를 입력한다. I/O 핀 할당표는 [표 7.4]와 같다.

[표 7.3] 양방향 시프트 레지스터 기능

load	mode	동 작
1	1	오른쪽으로 시프팅
	0	왼쪽으로 시프팅
0	–	din[7 : 0]의 병렬입력

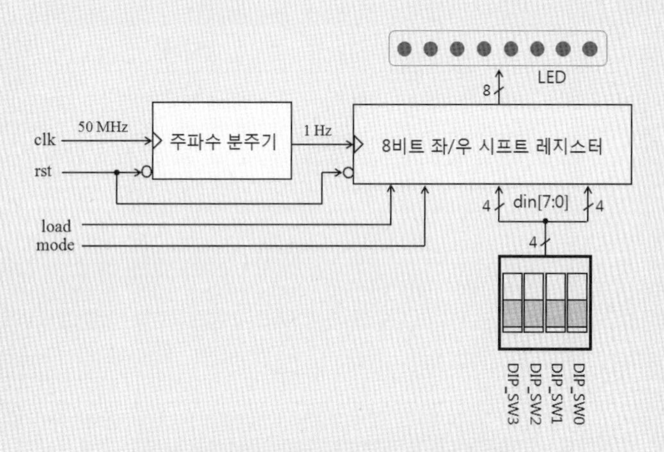

[그림 7.41] [설계과제 7.2.2]의 실습회로

[표 7.4] I/O 핀 할당표

신호이름	FPGA 핀 번호	I/O	설명	비고
clk	T9	I	Target FPGA Clock	50MHz
rst	P2	I	PUSH_SW0	누르면 L(논리 0)이 됨
mode	N3	I	PUSH_SW1	
load	N2	I	PUSH_SW2	
din[0]	M2	I	DIP_SW0	ON 위치에서 L(논리 0)이 됨
din[1]	M1	I	DIP_SW1	
din[2]	L5	I	DIP_SW2	
din[3]	L4	I	DIP_SW3	

[표 7.4] I/O 핀 할당표(계속)

신호이름	FPGA 핀 번호	I/O	설명	비고
pout[0]	N5	O	LED0	RF Main Module
pout[1]	P7	O	LED1	
pout[2]	T5	O	LED2	
pout[3]	T8	O	LED3	
pout[4]	T3	O	LED4	
pout[5]	R3	O	LED5	
pout[6]	T4	O	LED6	
pout[7]	R4	O	LED7	

7.3 곱셈기 회로

- 실습 목적 : Xilinx의 Core Generator를 이용한 곱셈기 회로 설계 과정을 익힌다.
- 실습 회로 : [그림 7.42]와 같이 8비트의 두 이진수를 곱셈하여 결과를 출력하는 곱셈기 회로를 CORE Generator를 이용해서 구성하고 시뮬레이션을 통해 검증한다.
- 실습 과정 : 1 Project 생성 → 2 Verilog 모듈 생성 → 3 CORE Generator를 이용한 곱셈기 코어 생성 → 4 Verilog 소스 코드 완성 → 5 기능 검증 - Behavioral Model 시뮬레이션 → 6 합성 및 Implement Design → 7 Post-Route 시뮬레이션
- 설계 결과 확인 : 설계된 회로를 ISim으로 시뮬레이션한 후, 곱셈기 입력 ina와 inb, 출력 prod_out을 signed decimal 형태로 표시하여 prod_out = ina×inb가 됨을 확인한다.

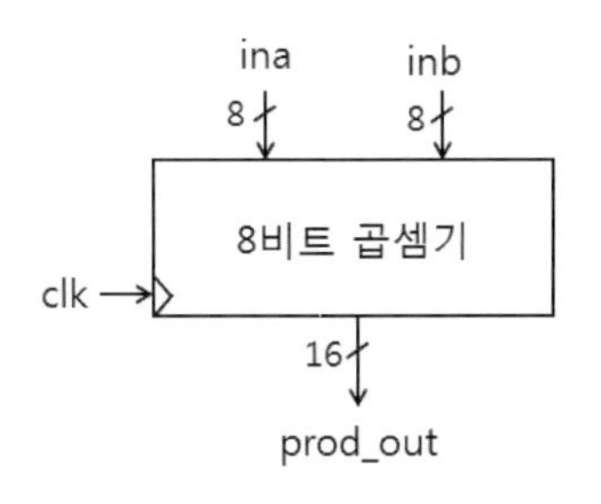

[그림 7.42] 8비트 곱셈기 회로

7.3.1 Project 생성

① ISE 메뉴에서 File → New Project를 실행하면 새로운 프로젝트를 생성할 수 있는 New Project Wizard 창이 [그림 7.43]과 같이 활성화된다.

② New Project Wizard 창의 Name 필드에 프로젝트 이름을 입력하고, Location 필드에 프로젝트가 저장될 폴더 위치를 입력하고, Top-level source type 필드를 HDL로 설정한 뒤 Next를 클릭한다.

③ Project Setting 창에서는 FPGA 디바이스 선택, 합성 및 시뮬레이션 툴 등을 설정한다. Family 필드에 Spartan3를 선택하고, Device 필드에는 XC3S400을 선택하고, Package 필드에는 FT256, Speed는 -4를 선택한다. Synthesis Tool은 XST(VHDL/Verilog)를 선택하고, Simulator와 Language 필드에 각각 ISim(Verilog/VHDL), Verilog를 선택한다.

④ Project Summary 창에서 프로젝트 설정 내용을 확인한다. 프로젝트 생성과정에서 잘못된 부분이 있으면 왼쪽 상단의 화살표 버튼에 의해 이전 단계로 이동하여 수정할 수 있다. Finish를 클릭하면 프로젝트 생성이 완료된다.

⑤ [그림 7.44]는 프로젝트 생성이 완료된 상태의 ISE Project Navigator이며, Design 창에 프로젝트 multiplier_8b가 생성되었으며 FPGA 디바이스 xc3s400-4ft256가 설정되었음을 확인할 수 있다.

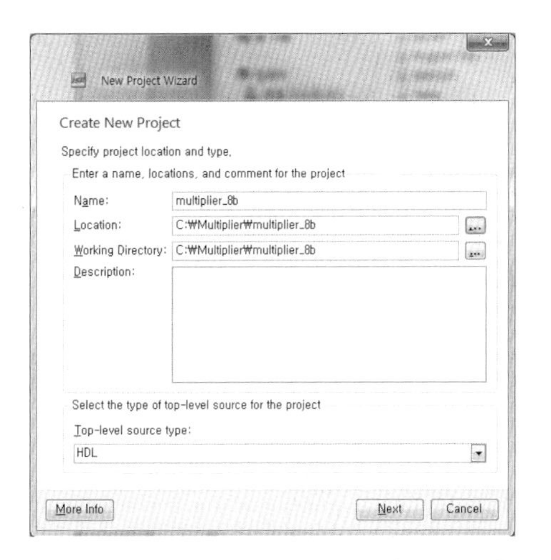

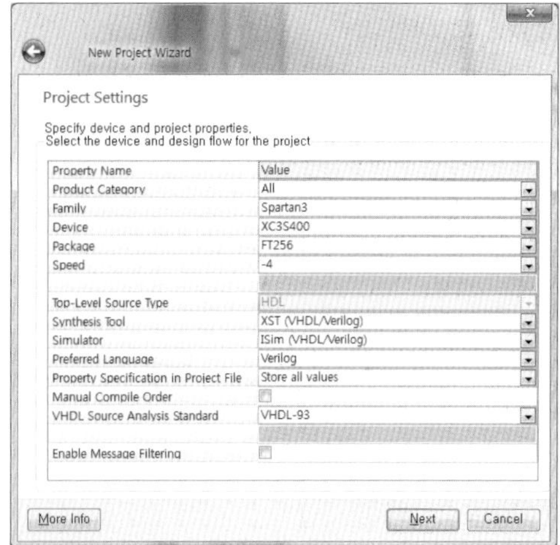

[그림 7.43] ISE 프로젝트 생성

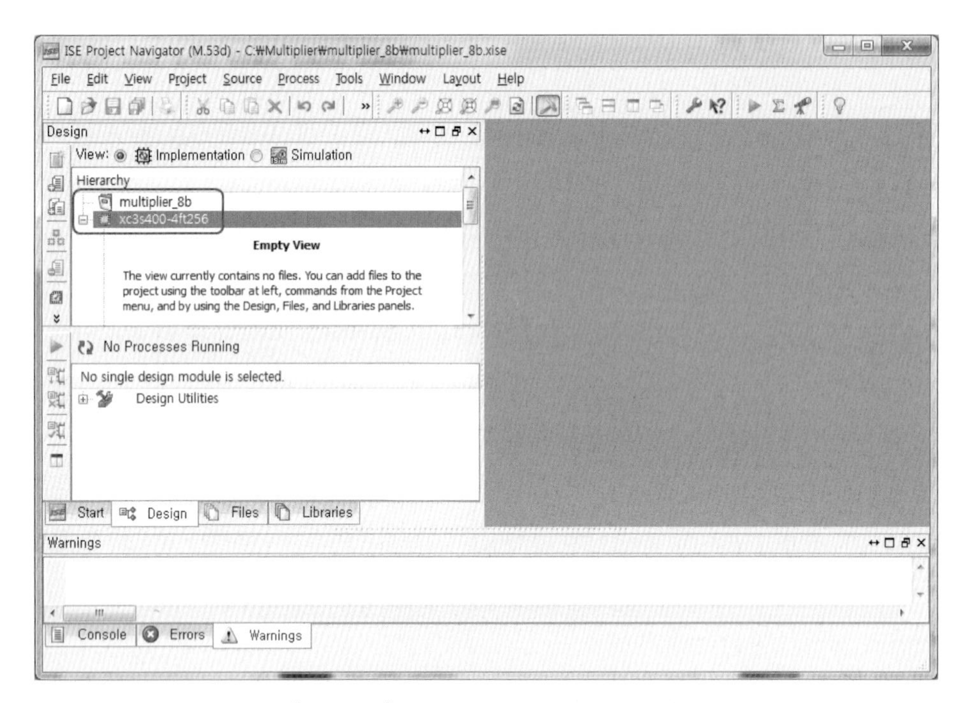

[그림 7.44] 프로젝트 생성이 완료된 상태

7.3.2 Verilog 모듈 생성

① 프로젝트에 새로운 소스 파일을 추가하기 위해서는 [그림 7.45(a)]와 같이 ISE Project Navigator 메뉴에서 Project → New Source를 실행하여 New Source Wizard 창을 활성화시킨다. 또는 [그림 7.45(b)]와 같이 Target Device를 선택한 후, 마우스 오른쪽을 눌러 팝업에서 New Source를 실행해도 된다.

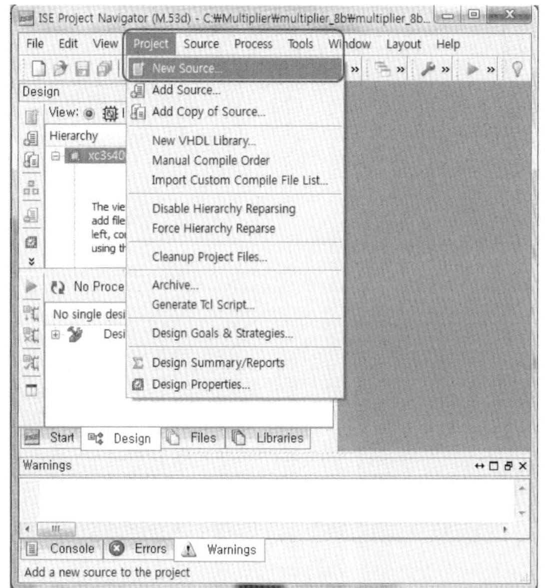

(a) Project → New Source

(b) Target Device → New Source

[그림 7.45] New Source 메뉴 실행

② [그림 7.46]과 같이 New Source Wizard 창에서 Verilog Module을 선택하고 File name 필드에 모듈이름 mul8b_top을 입력한 후, 소스 파일이 저장될 폴더 위치를 지정하고 Next를 클릭한다. Add to project 박스가 체크되어야 생성되는 소스 파일이 프로젝트에 추가된다.

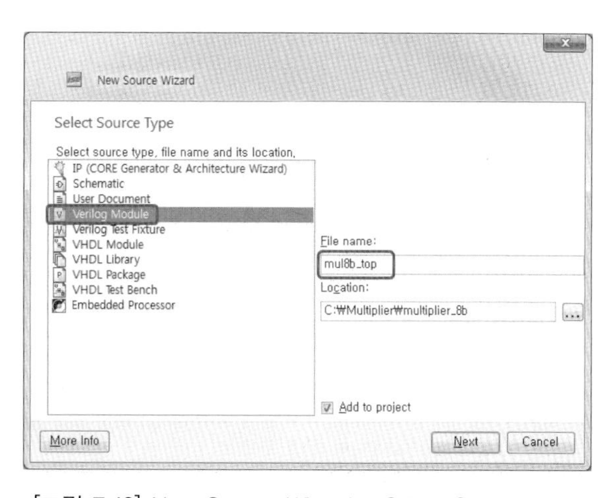

[그림 7.46] New Source Wizard - Select Source Type

③ 모듈 mul8b_top의 입력과 출력 포트를 [그림 7.47]과 같이 정의하고 Finish를 클릭하면, [그림 7.48]과 같이 mul8b_top 모듈의 소스 코드 편집 창이 Workspace 영역에 나타난다. Project Navigator 좌측 상단의 Hierarchy 영역에서 mul8b_top 모듈이 프로젝트에 포함되어 있음을 확인할 수 있다.

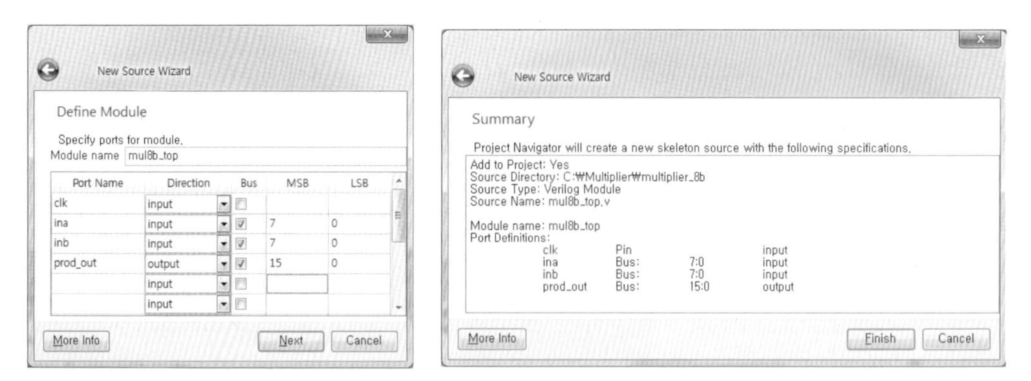

[그림 7.47] New Source Wizard - Define Module & Summary

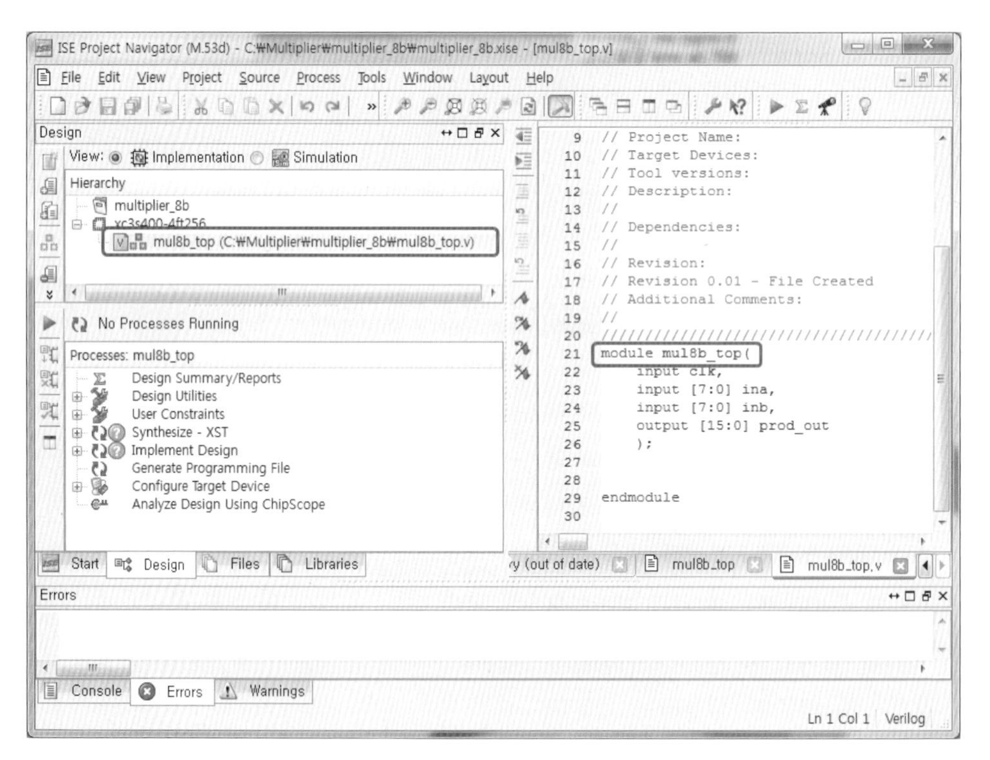

[그림 7.48] mul8b_top 모듈 생성이 완료된 상태

7.3.3 CORE Generator를 이용한 곱셈기 코어 생성

① 곱셈기 코어를 프로젝트에 추가하기 위해 ISE Project Navigator 메뉴에서 Project → New Source를 실행하여 New Source Wizard 창을 활성화시킨다. [그림 7.49]와 같이 IP(CORE Generator & Architecture Wizard)를 선택한 후, File name 필드에 생성될 곱셈기 코어의 파일이름을 지정하고 Next를 클릭한다.

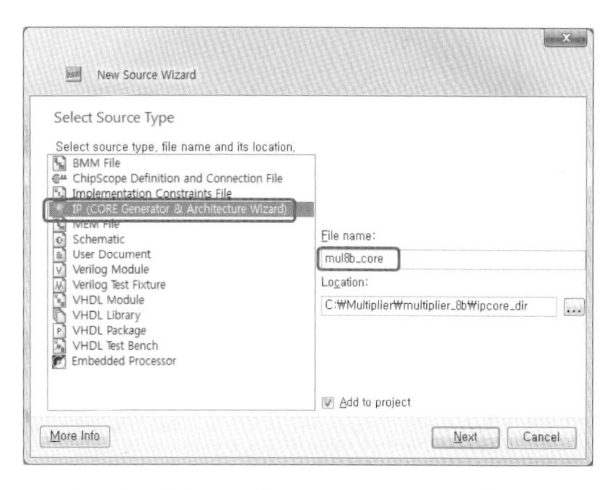

[그림 7.49] New Source Wizard – IP (CORE Generator & Architecture Wizard)

② [그림 7.50]과 같이 Select IP 창의 View by Function 탭에서 Math Functions → Multipliers 폴더에서 Multiplier를 선택하고 Next를 클릭한다. Summary 창에서 설정된 내용을 확인한 후 Finish를 클릭한다.

[그림 7.50] New Source Wizard - Select IP

③ Multiplier 창에서 [그림 7.51(a)]와 같이 Multiplier Type은 Parallel Multiplier로 설정하고, Port A와 Port B의 Data Type을 Signed, Width를 8로 입력한 후, Next를 클릭한다. 하단부의 Datasheet 버튼을 클릭하면 multiplier core에 관한 자세한 내용을 확인할 수 있다.

④ Multiplier 창 Page 2에서 Parallel Multiplier Option을 설정한다. [그림 7.51(b)]와 같이 Multiplier Construction 필드에서 Use LUTs와 Use Mults 중 하나를 선택한다. Use LUT를 선택하면 FPGA 디바이스 내부의 LUT 리소스를 이용하여 곱셈기가 구현되며, Use Mults를 선택하면 FPGA 디바이스 내부의 전용 곱셈기 리소스를 이용하여 구현된다. Optimization Options은 Speed optimized와 Area optimized 중 하나로 설정할 수 있으며, 고속 동작이 필요한 경우에는

Speed optimized로 설정하고, 작은 면적으로 구현해야 하는 경우에는 Area optimized로 설정한다. 이 실습에서는 Speed optimized로 설정한 후, Next를 클릭한다.

⑤ [그림 7.51(c)]와 같이 Multiplier 창 Page 3에서 Output Product Range는 곱셈 결과의 출력 비트 범위를 사용자가 원하는 값으로 설정할 수 있다. 이 실습예제에서는 곱셈기의 두 입력이 8비트이므로 최대 16비트의 곱셈 결과를 얻을 수 있으며, 곱셈기 외부로 출력되는 비트 수를 0 ~ 16 범위에서 설정할 수 있다. 기본 설정값을 유지하여 16비트의 결과가 출력되도록 한다. Pipelining and Control Signals에서는 곱셈기 내부에 Pipeline Stage를 삽입하여 동작속도를 향상시킬 수 있다. Optimum pipeline stage가 2라고 제시되어 있으나, 이 실습에서는 1로 설정한다. Generate를 클릭해서 곱셈기 코어를 생성한다.

⑥ ISE Project Navigator의 Design 창에 mul8b_core가 생성되었음을 확인할 수 있다. mul8b_core를 선택하고 Processes 창에서 View HDL Functional Model을 더블클릭하면, [그림 7.52]와 같이 생성된 mul8b_core 코어의 Verilog 소스 코드 창이 Workspace 영역에 나타난다.

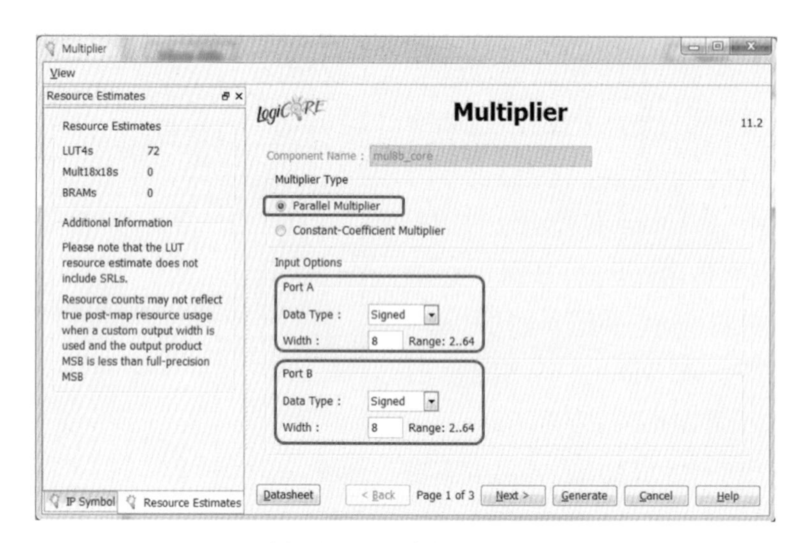

(a) Multiplier 생성 - Page 1

[그림 7.51] Multiplier 생성(계속)

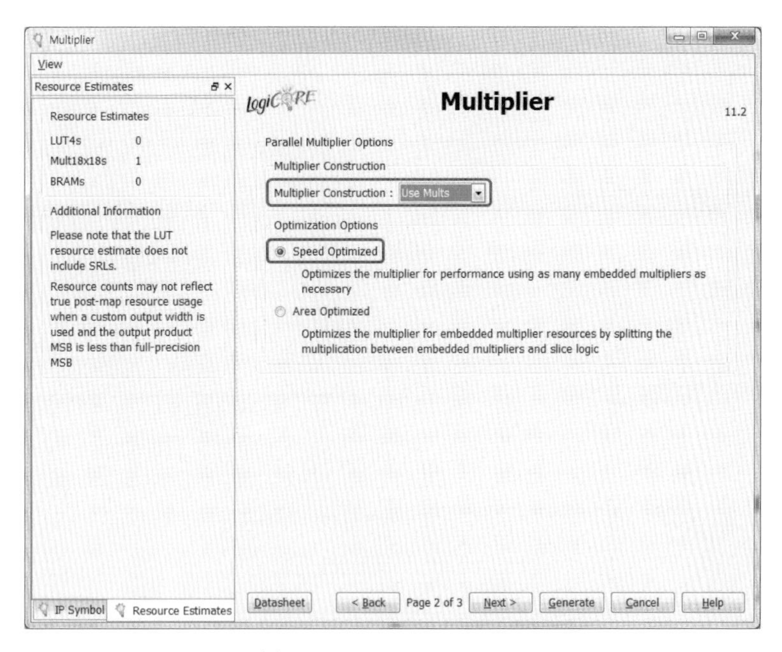

(b) Multiplier 생성 - Page 2

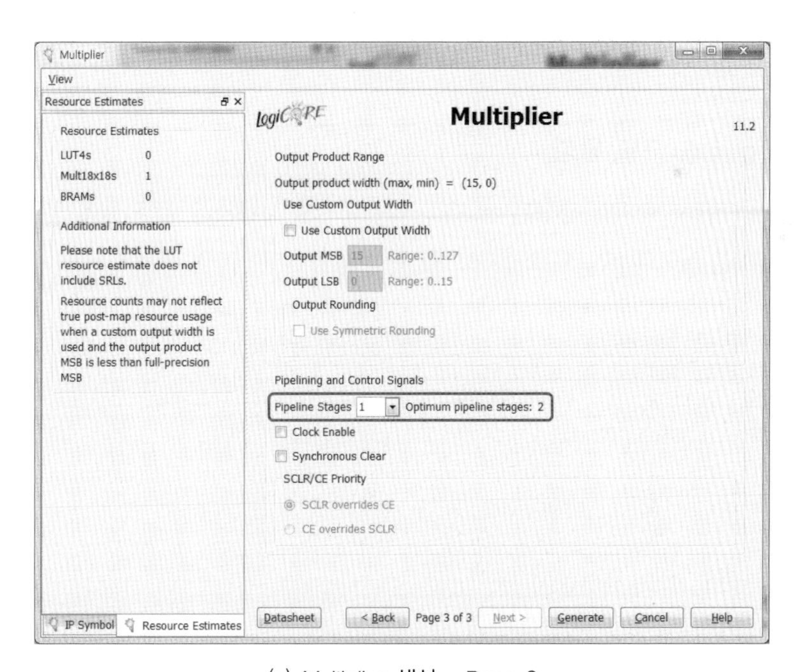

(c) Multiplier 생성 - Page 3

[그림 7.51] Multiplier 생성

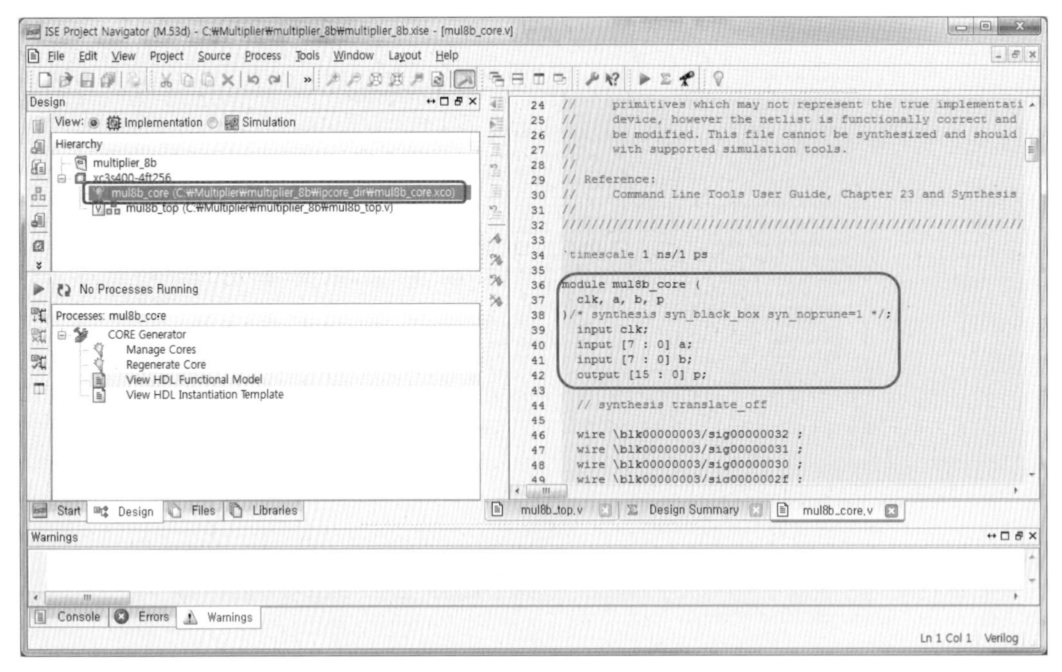

[그림 7.52] mul8b_core 코어 생성이 완료된 상태

7.3.4 Verilog 소스 코드 완성

CORE Generator에 의해 생성된 mul8b_core 모듈을 mul8b_top 모듈에 인스턴스하여 [코드 7.9]와 같이 모듈 mul8b_top의 소스 코드를 완성한다.

```
module mul8b_top(
        input clk,
        input [7:0] ina,
        input [7:0] inb,
        output [15:0] prod_out );

        mul8b_core U0(.clk(clk),
                      .a(ina),
                      .b(inb),
                      .p(prod_out));
endmodule
```

[코드 7.9] mul8b_top 모듈

7.3.5 기능 검증 - Behavioral Model 시뮬레이션

① ISE Project Navigator 좌측 상단 Design 창의 multiplier_8b를 선택하고 마우스 오른쪽을 클릭하여 New Source를 선택한다. [그림 7.53]과 같이 New Source Wizard 창에서 Verilog Test Fixture를 선택한 후, File name 필드에 테스트벤치 파일의 이름을 tb_mul8b_top로 입력하고 저장될 폴더 위치를 지정한 뒤 Next를 클릭한다.

② [그림 7.54]와 같이 New Source Wizard - Associate Source 창에서 모듈 mul8b_top을 선택하고 Next를 클릭한다. Summary 창에서 확인 후 Finish를 클릭한다.

③ Design 창의 View 필드에서 Simulation을 선택하면, [그림 7.55]와 같이 Hierarchy 영역에 테스트벤치 tb_mul8b_top이 추가되고, Workspace 영역에 편집 창이 활성화된다.

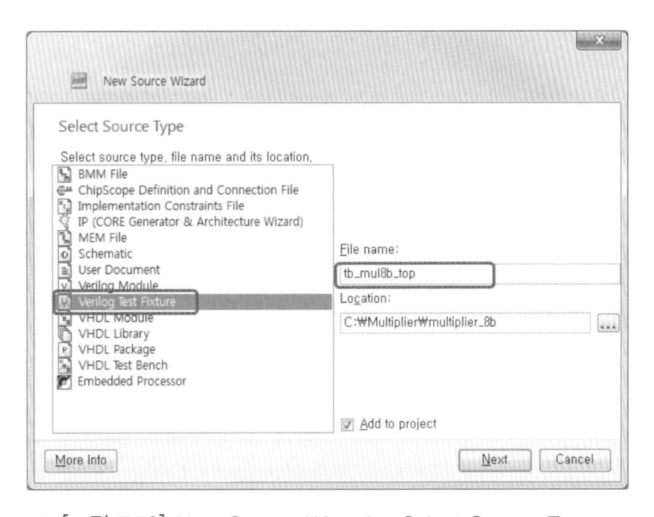

[그림 7.53] New Source Wizard - Select Source Type

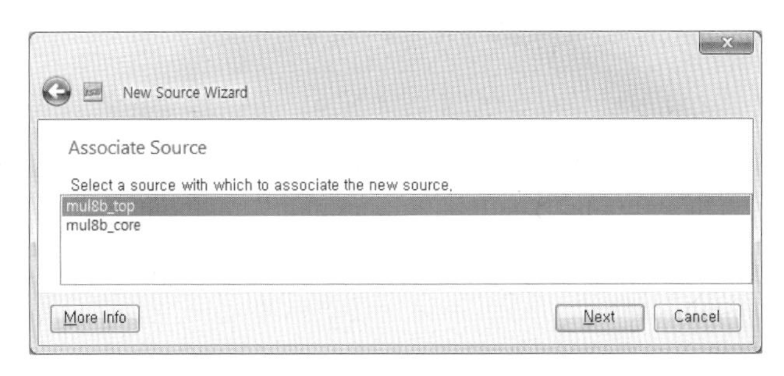

[그림 7.54] New Source Wizard - Associate Source

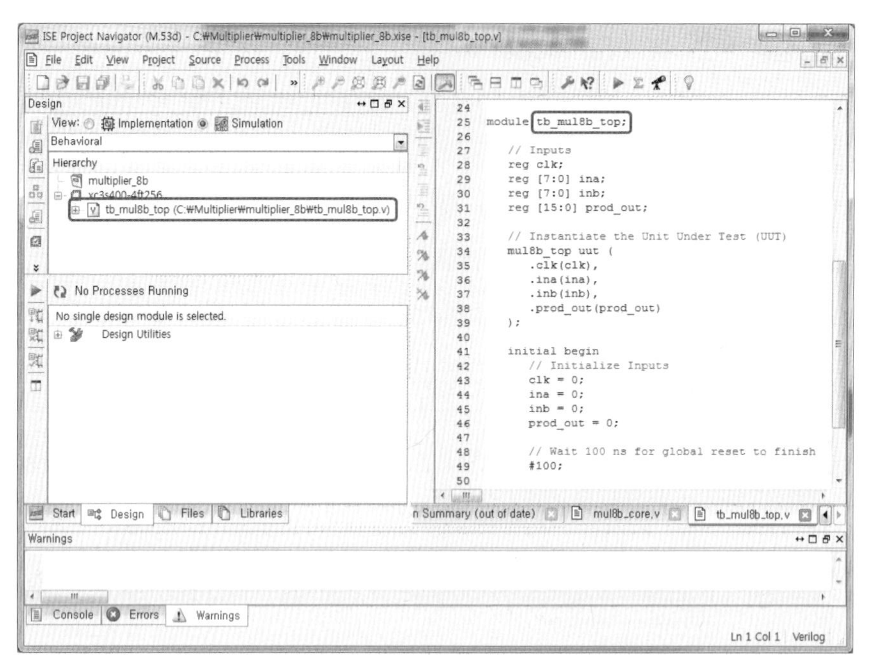

[그림 7.55] 테스트벤치 모듈 tb_mul8b_top이 생성된 상태

④ 테스트벤치 모듈 tb_mul8b_top에 [코드 7.10]을 참조하여 입력한다. 첫 번째 `initial` 구문에서는 중첩된 `for` 구문을 이용하여 8 비트의 피승수 ina와 inb를 0 ~ 255 범위의 값으로 20ns 주기로 생성하고 있다. 두 번째 `initial` 구문에서는 주기가 20ns인 클록신호를 생성하고 있다.

```
module tb_mul8b_top;
   reg clk;
   reg [7:0] ina;
   reg [7:0] inb;
   wire [15:0] prod_out;
   integer i, k;

   mul8b_top uut (
     .clk(clk),
     .ina(ina),
     .inb(inb),
     .prod_out(prod_out) );
```

[코드 7.10] 테스트벤치 모듈 tb mul8b top(계속)

```
  initial begin
    forever
      for(i=0; i<256; i=i+1) begin
        inb=i;
        for(k=0; k<256; k=k+1) begin
          ina=k;
          #20;
        end
      end
  end

  initial begin
    clk = 1'b0;
    forever begin
      #10 clk = ~clk;
    end
  end
endmodule
```

[코드 7.10] 테스트벤치 모듈 tb_mul8b_top

⑤ [그림 7.56]과 같이 Design 창의 View 필드에서 Simulation을 선택하고, Hierarchy에서 테스트벤치 모듈 tb_mul8b_top을 선택한다. Processes 창에서 Simulate Behavioral Model을 더블클릭하여 시뮬레이션을 실행시키면, ISim 창이 활성화되면서 [그림 7.57]과 같이 시뮬레이션 결과가 표시된다. 클록신호의 상승에지에서 곱셈결과 prod_out가 출력된다. 입력과 출력 데이터가 signed 형식으로 표시되도록 한 후, 확인해야 한다. 예를 들어, 49×(−31)=−1,519이고, 50×(−31)=−1,550가 되어 곱셈기가 올바로 동작함을 확인할 수 있다. 다른 값에 대해서도 확인해 본다.

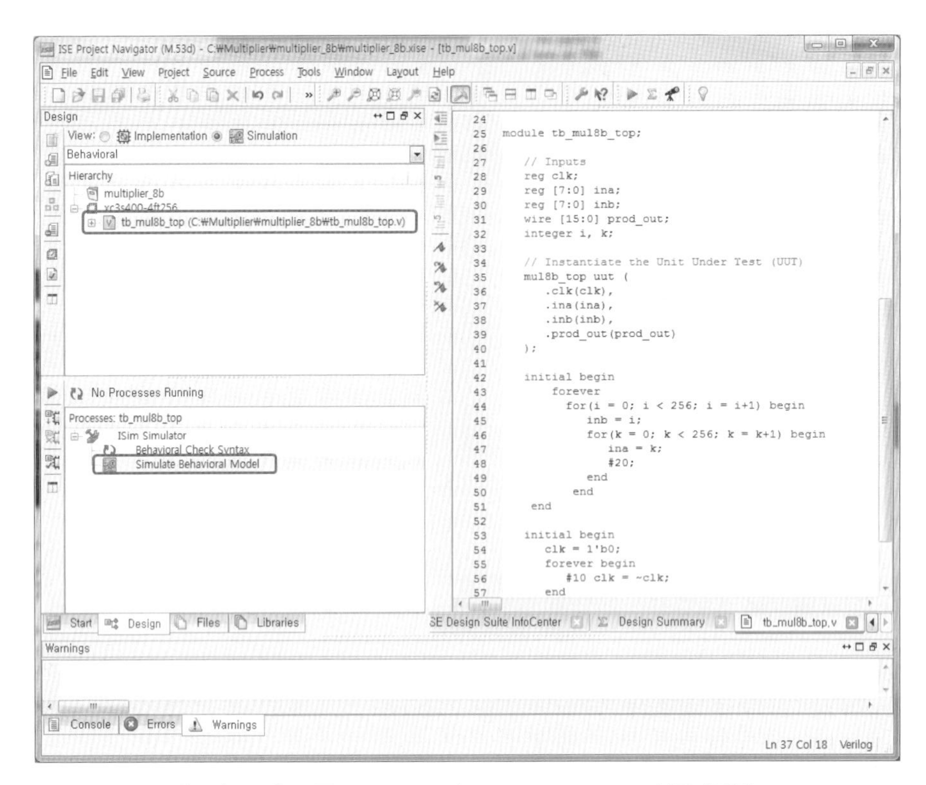

[그림 7.56] 모듈 mul8b_top의 Behavioral Model 시뮬레이션

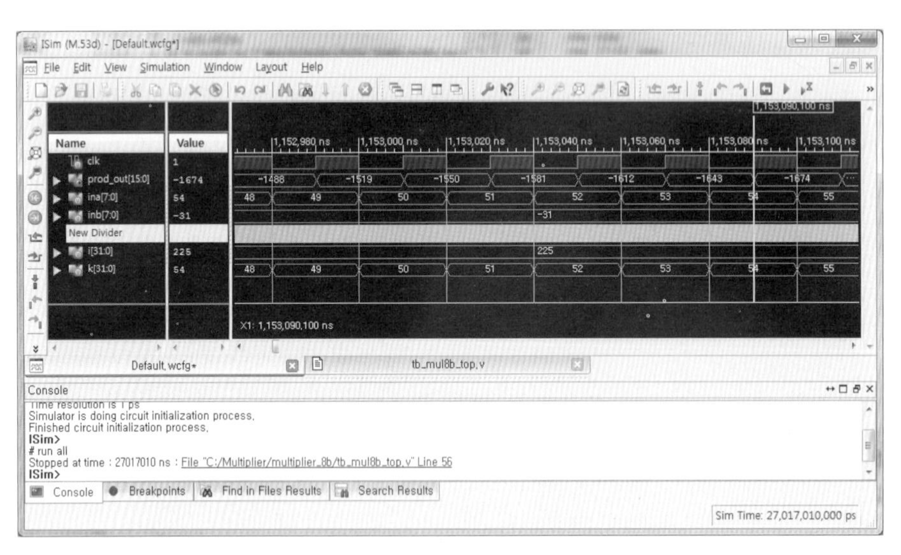

[그림 7.57] 모듈 mul8b_top의 Behavioral Model의 시뮬레이션 결과

7.3.6 합성 및 Implement Design

① Project Navigator의 Design 창에서 View 필드를 Implementation으로 선택한 후, Processes 창에서 Synthesize - XST를 더블클릭해서 합성을 실행한다.

② Processes 창에서 Implement Design을 더블클릭해서 Translate, Map, Place & Route를 연속으로 실행한다.

7.3.7 Post-Route 시뮬레이션

① Processes 창에서 Place & Route 메뉴를 확장한 후, [그림 7.58]과 같이 Generate Post-Place & Route Simulation Model을 더블클릭해서 시뮬레이션 모델을 생성한다.

② Design 창의 View 필드에서 Simulation을 선택하고, [그림 7.59]와 같이 Post-Route 시뮬레이션 모드를 선택한다.

③ Processes 창에서 Simulate Post-Place & Route Model을 더블클릭하면, ISim 창이 활성화되면서 시뮬레이션이 실행된다. 시뮬레이션 결과는 [그림 7.60]과 같으며, [그림 7.57]의 Behavioral Model 시뮬레이션 결과와 다소 차이가 있음을 볼 수 있다. [그림 7.60]의 시뮬레이션 결과에서는 곱셈기 출력 prod_out가 클록신호의 상승에지로부터 지연되어 출력되고 글리치가 포함되어 있다. 이는 합성과 배치·배선에 의해 지연이 발생하였기 때문이며, 지연 특성이 반영된 상태에서도 회로가 올바로 동작함을 확인할 수 있다.

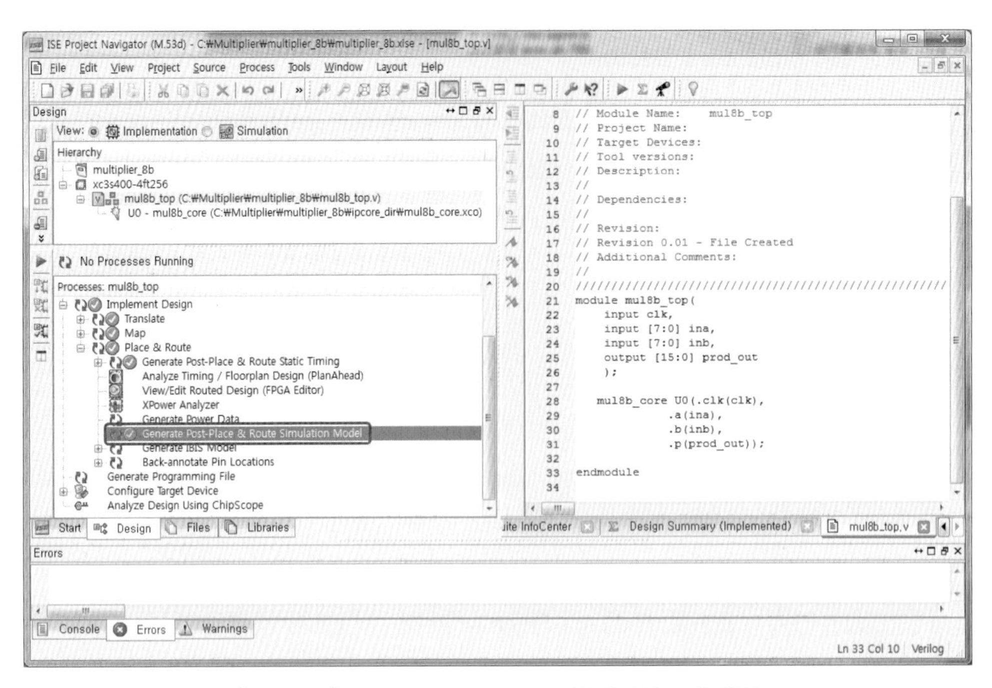

[그림 7.58] Post-Place & Route 시뮬레이션 모델 생성

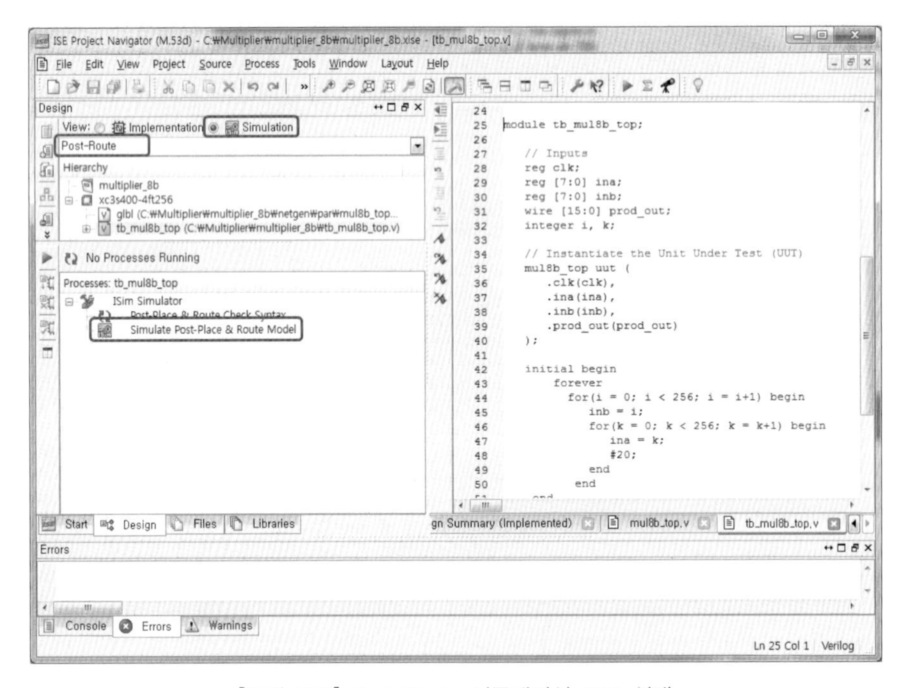

[그림 7.59] Post-Route 시뮬레이션 모드 선택

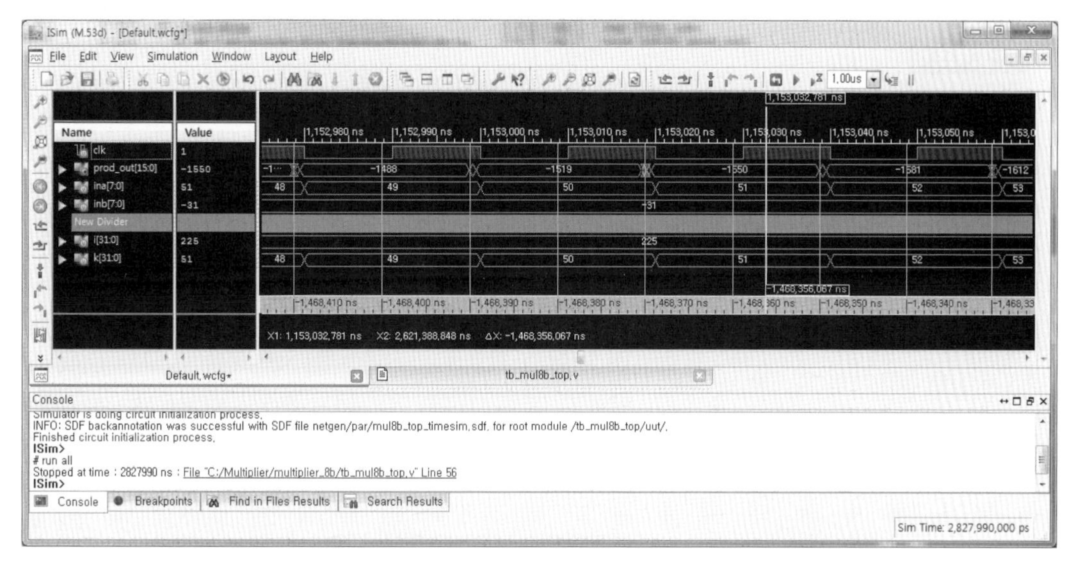

[그림 7.60] 모듈 mul8b_top의 Post-Place & Route Model의 시뮬레이션 결과

7.3.1 CORE Generator를 사용하여 2단 파이프라인을 갖는 16비트×16비트 곱셈기를 구성하고, 시뮬레이션을 통해 동작을 확인하라.

7.3.2 [그림 7.61]와 같은 8비트×8비트 곱셈기와 20비트 가산기로 구성되는 누적 가산기 (accumulator)를 설계하고, 시뮬레이션을 통해 동작을 확인하라. 곱셈기는 Core Generator를 사용하여 생성한다.

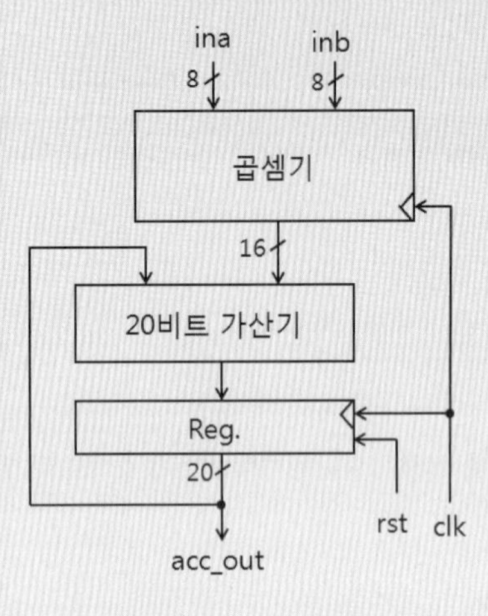

[그림 7.61] 누적 가산기

7.4 FIFO 회로

FIFO(First-In First-Out) 메모리는 데이터를 임시로 저장하는 버퍼의 일종으로서 먼저 들어온 데이터 순서로 출력되는 저장장치이다. FIFO는 서로 다른 클록 주파수로 동작하는 블록(또는 칩, 시스템) 사이에 데이터를 주고받을 때 동기화를 위해 사용된다. 예를 들면, 100MHz 클록으로 동작하는 블록과 120MHz 클록으로 동작하는 블록 사이의 동기화 인터페이스를 위한 임시 버퍼로 FIFO가 사용될 수 있다. 또한, 두 블록 사이에 직렬 입력을 FIFO를 이용하여 병렬 출력으로 변환하기 위한 용도로 사용될 수 있다.

FIFO 메모리는 기본적으로 독립적인 입력(write) 포트와 출력(read) 포트를 가지며, 각 입력과 출력은 포인터(pointer)와 연결되어 있어 해당 포인터가 가리키는 위치(주소)에 데이터를 쓰고/읽는다. FIFO의 초기화는 메모리에 저장된 데이터가 모두 삭제되고, 읽기 포인터와 쓰기 포인터를 모두 0번지로 초기화시키는 과정이다. 입력(쓰기) 동작이 발생하면, 쓰기 포인터가 증가하여 다음 데이터가 저장될 번지를 가리킨다. 출력(읽기) 동작이 발생하면, 읽기 포인터가 증가하여 다음 데이터를 읽어낼 번지를 가리킨다. 읽기와 쓰기 명령을 받을 때마다 읽기 포인터와 쓰기 포인터를 증가시키며 동작한다. FIFO 버퍼는 저장용량이 다 찰 때(full)까지 입력 가능하며, 저장내용을 모두 읽어낼 때(empty)까지 출력이 가능하다.

- **실습 목적** : Xilinx의 Core Generator를 이용한 FIFO 회로 설계과정을 익힌다.
- **실습 회로** : Core Generator를 이용하여 FIFO IP를 구성하여 8비트 데이터 128개를 저장하도록 FIFO를 설계하고, 저장된 데이터를 읽어 RF Main Module의 LED를 구동하는 회로를 설계한다. 시뮬레이션을 통해 기능을 확인한 뒤, FPGA 구현을 통해 하드웨어 동작을 확인한다. 실습회로는 [그림 7.62]와 같으며, Core Generator로 생성되는 8비트×128 용량의 FIFO 모듈, FIFO의 동작을 제어하는 FIFO control 모듈, FIFO에 저장될 데이터를 생성하는 8비트 계수기, 주파수 분주기로 구성된다. 주파수 분주기는 50MHz의 클록으로부터 1.5Hz의 클록을 생성하며, 이를 위해 1/256 분주기 2개와 1/512 분주기 1개가 사용된다. 주파수 분주기에서 생성된 1.5 Hz의 분주클록은 계수기, FIFO 그리고 FIFO 제어기의 동작 클록으로 사용된다.
- **실습 과정** : ① Project 생성 → ② Verilog 모듈 생성 → ③ CORE Generator를 이용한 FIFO 코어 생성 → ④ Verilog 소스 코드 완성 → ⑤ 기능 검증 - Behavioral Model 시뮬레이션 → ⑥ 핀 할당 및 Implement Design → ⑦ FPGA 구현 및 동작 확인
- **설계 결과 확인** : 설계된 FIFO 회로를 FPGA에 구현한 후, FIFO에 저장된 데이터를 읽어 RF Main Module의 LED에 표시하여 하드웨어 동작을 확인한다.

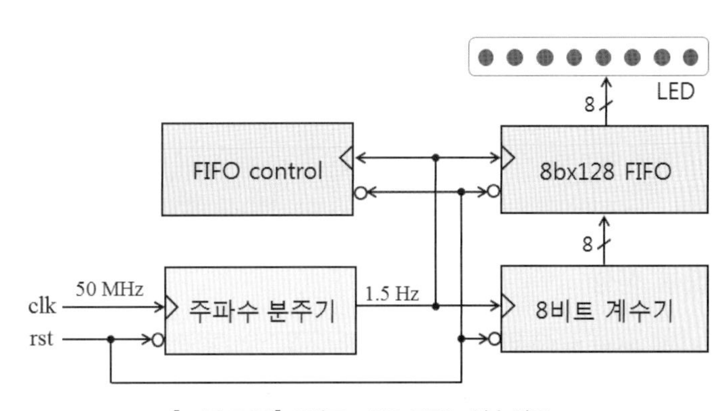

[그림 7.62] 8비트×128 FIFO 실습회로

7.4.1 Project 생성

① ISE 메뉴에서 File → New Project를 실행하면 새로운 프로젝트를 생성할 수 있는 New Project Wizard 창이 [그림 7.63]과 같이 활성화된다.

② New Project Wizard 창의 Name 필드에 프로젝트 이름을 입력하고, Location 필드에 프로젝트가 저장될 폴더 위치를 입력하고, Top-level source type 필드를 HDL로 설정한 뒤 Next를 클릭한다.

③ Project Setting 창의 Family 필드에 Spartan3를 선택하고, Device 필드에는 XC3S400을 선택하고, Package 필드에는 FT256을 선택한다.

④ Simulator와 Language 필드에 각각 ISim(Verilog/VHDL), Verilog를 선택한다.

⑤ Project Summary 창에서 프로젝트 설정 내용을 확인한 후, Finish를 클릭하면 프로젝트 생성이 완료된다.

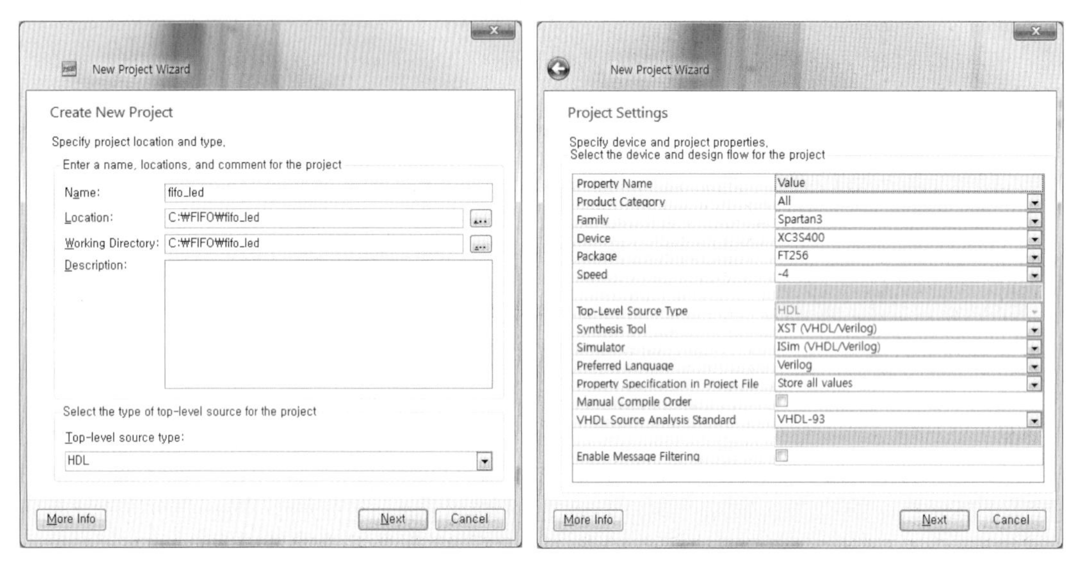

[그림 7.63] ISE 프로젝트 생성

7.4.2 Verilog 모듈 생성

① New Source Wizard 창에서 Verilog Module을 선택하고 [그림 7.64]와 같이 File name 필드에 최상위 모듈이름 fifo_led_top을 입력한 후, 소스 파일이 저장될 폴더 위치를 지정하고 Next를 클릭한다.

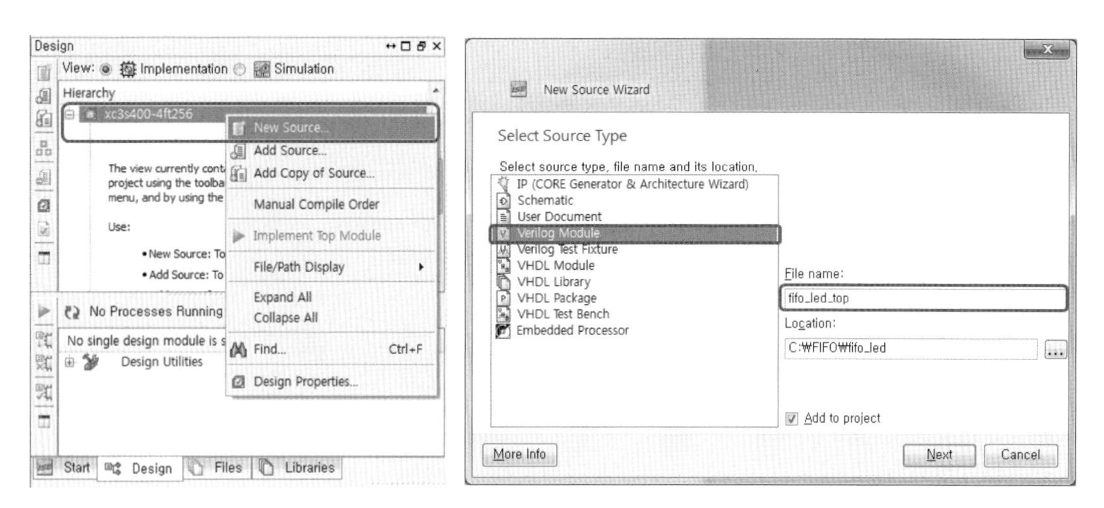

[그림 7.64] New Source Wizard - Select Source Type

② fifo_led_top 모듈의 입력, 출력 포트를 [그림 7.65]와 같이 정의하고 Finish를 클릭하면, [그림 7.66]과 같이 fifo_led_top 모듈의 소스 코드 편집 창이 Workspace 영역에 나타난다. Project Navigator 좌측 상단의 Hierarchy 영역에서 fifo_led_top 모듈이 프로젝트에 포함되어 있음을 확인할 수 있다.

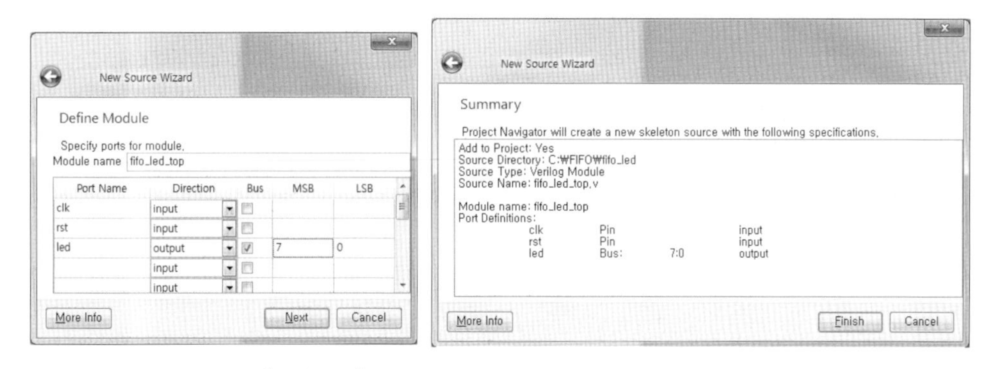

[그림 7.65] New Source Wizard - Define Module

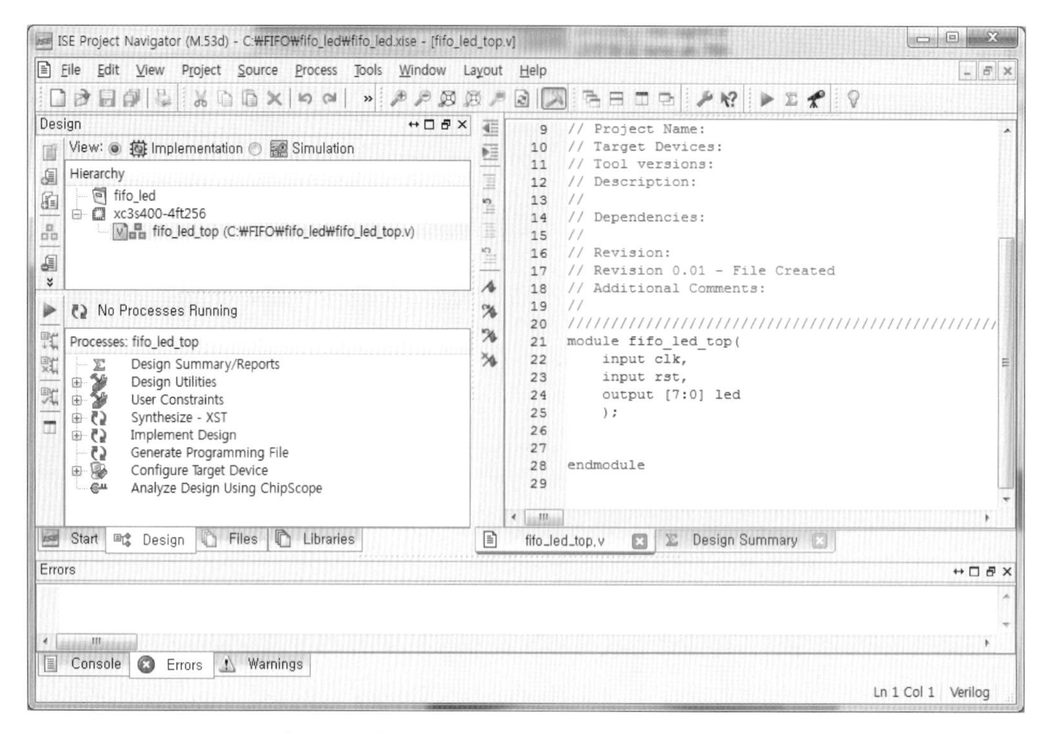

[그림 7.66] fifo_led_top 모듈의 생성이 완료된 상태

7.4.3 CORE Generator를 이용한 FIFO 코어 생성

① Project Navigator에서 New Source Wizard 창을 열고 [그림 7.67]과 같이 IP(CORE Generator & Architecture Wizard)를 선택한 후, File name 필드에 생성될 FIFO 코어의 파일이름을 지정하고 Next를 클릭한다.

② [그림 7.68]과 같이 Select IP 창의 View by Function 탭에서 Memories & Storage Elements → FIFOs 폴더에서 Fifo Generator를 선택하고 Next를 클릭한다. Summary 창에서 설정된 내용을 확인한 후 Finish를 클릭한다.

③ Fifo Generator 창에서 [그림 7.69(a)]와 같이 Read/Write Clock Domains은 Common Clock(CLK), Memory Type은 Block RAM으로 설정한 후, Next를 클릭한다. 하단부의 Datasheet 버튼을 클릭하면 FIFO 메모리에 관한 자세한 내용을 확인할 수 있다.

④ 본 실습 예제에서는 8비트 데이터 128개를 저장하도록 FIFO를 설계하며, [그림 7.69(b)]와 같이 Write Width 필드에 8, Write Depth 필드에 128로 설정한다.

⑤ Fifo Generator 설정화면 Page 3의 Optional Flags, Handshaking Options은 기본 설정값을 유지하고 Next를 클릭한다.

⑥ [그림 7.69(c)]와 같이 Fifo Generator 설정화면 Page 4의 Full Flags Reset Value를 1로 설정하고 Next를 클릭한다.

⑦ Fifo Generator 설정화면 Page 5의 항목들은 기본 설정을 유지하고 Next를 클릭한다.

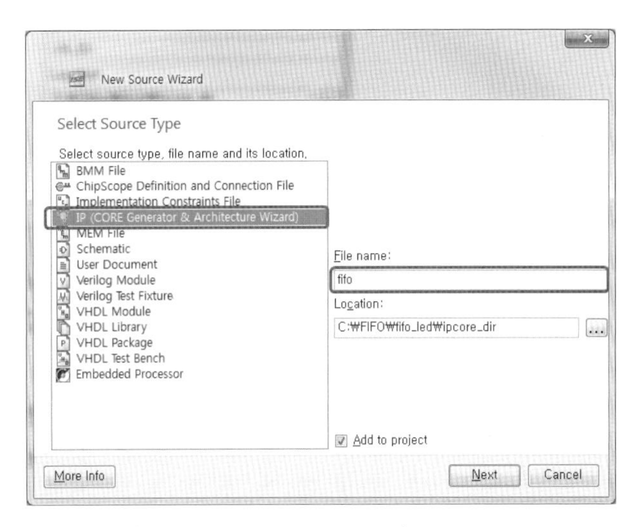

[그림 7.67] New Source Wizard – IP(CORE Generator & Architecture Wizard)

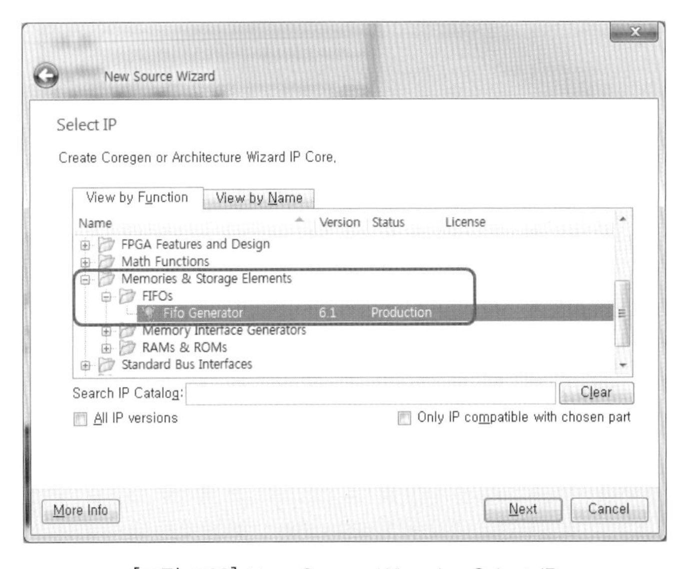

[그림 7.68] New Source Wizard – Select IP

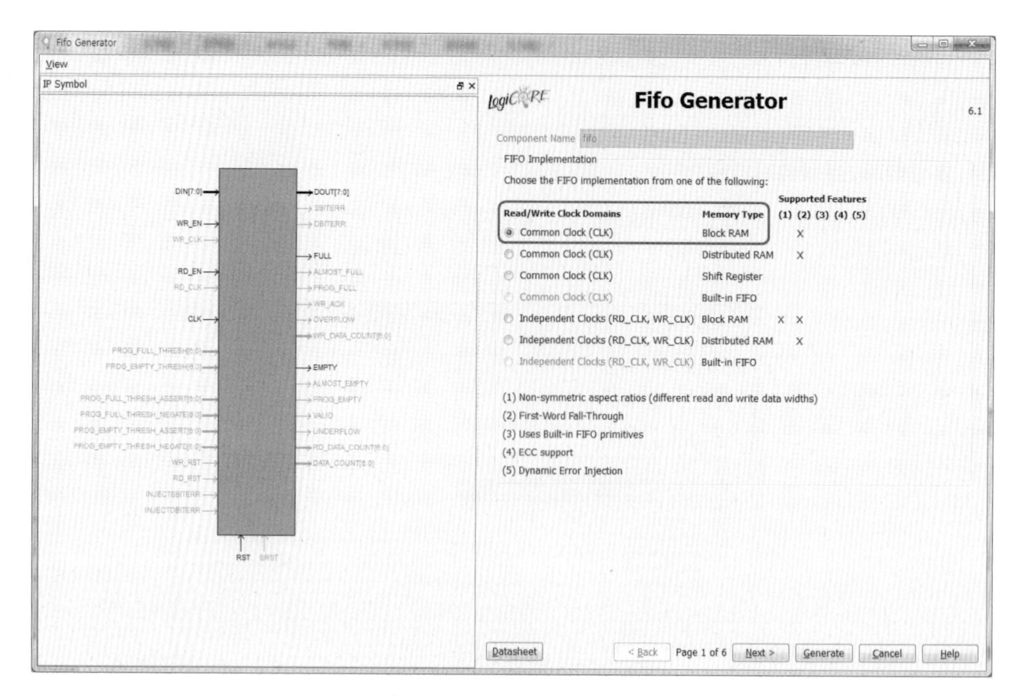

(a) Fifo Generator - Page 1

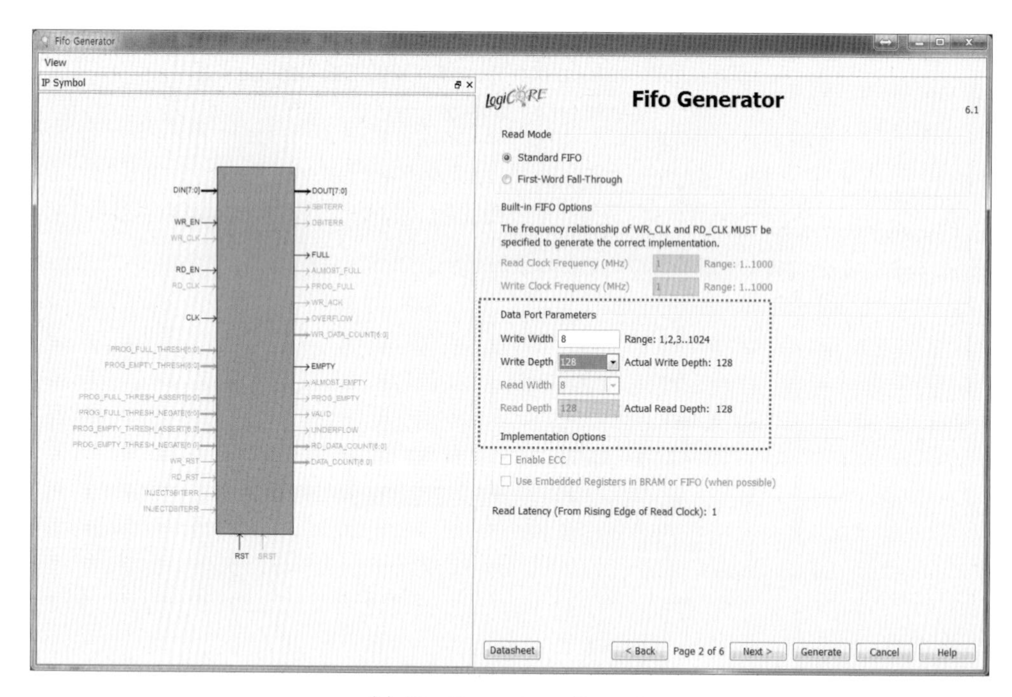

(b) Fifo Generator - Page 2

[그림 7.69] FIFO Generator(계속)

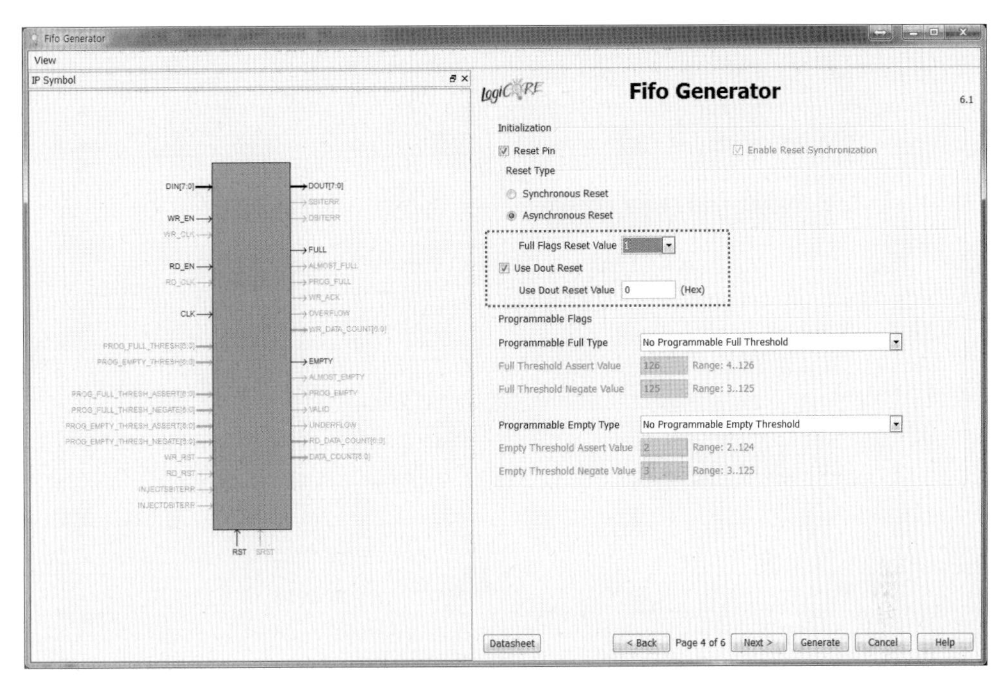

(c) Fifo Generator - Page 4

[그림 7.69] FIFO Generator

⑧ Summary 창에서 설정 내용을 확인한 후 Generate를 클릭하면, FIFO 모듈이 생성된다. Project Navigator의 Design 창에 FIFO 코어 fifo가 생성되었음을 확인할 수 있다. fifo 코어를 선택하고 Processes 창에서 View HDL Functional Model을 더블클릭하면, [그림 7.70]과 같이 생성된 fifo 코어의 Verilog 소스 코드 창이 Workspace 영역에 나타난다. CORE Generator에서 생성된 FIFO_GENERATOR_v6_1 모듈이 인스턴스되어 있음을 볼 수 있다.

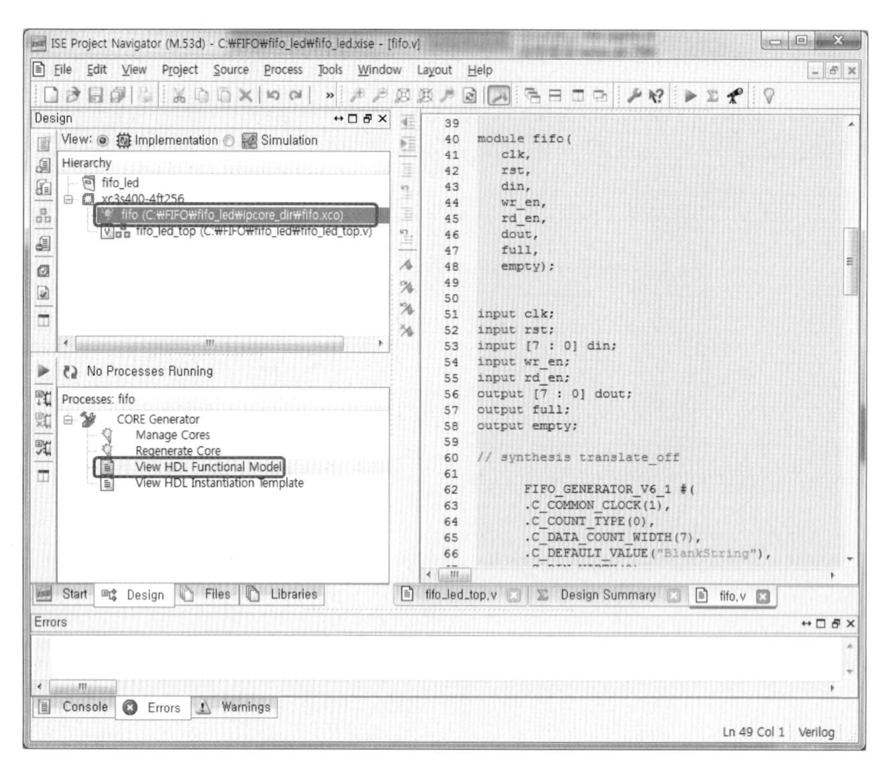

[그림 7.70] FIFO 코어 생성이 완료된 상태

7.4.4 Verilog 소스 코드 완성

fifo_led_top 모듈과 하위 모듈들의 Verilog 소스 코드를 작성하고 프로젝트에 포함시킨다. 모듈 fifo_led_top의 소스 코드는 [코드 7.11]과 같다. CORE Generator로 생성된 FIFO 모듈 fifo가 인스턴스되었으며, FIFO 제어 모듈 fifo_control, 주파수 분주기 모듈 clk_div256과 clk_div512, 계수기 모듈 counter8 등이 인스턴스되었다. 두 개의 clk_div256 모듈과 한 개의 clk_div512 모듈에 의해 50MHz의 입력 클록 clk가 1.5 Hz로 분주되어 분주 클록 clk_div_3로 출력된다. 분주된 clk_div_3는 모듈 fifo, 모듈 fifo_control, 모듈 counter8의 클록으로 사용된다. 모듈 counter8은 8비트 계수기이다. [코드 7.12] ~ [코드 7.15]를 참조하여 fifo_control, clk_div256, clk_div512, counter8 모듈들의 소스 코드를 작성한다.

```
module fifo_led_top(clk,rst,led);
   input clk,rst;
   output [7:0] led;
   wire mode, stop, full, empty, wr_en, rd_en;
   wire clk_div_1, clk_div_2,clk_div_3;
   wire [7:0] cnt_out;

   assign stop = ~wr_en;

   counter8 U0(.clk(clk_div_3),
               .rst(rst),
               .mode(mode),
               .stop(stop),
               .cnt(cnt_out));

   fifo_control U1(.clk(clk_div_3),
                   .rst(rst),
                   .full(full),
                   .empty(empty),
                   .mode(mode),
                   .wr_en(wr_en),
                   .rd_en(rd_en));

   fifo U2(.clk(clk_div_3),
           .rst(!rst),
           .din(cnt_out),
           .wr_en(wr_en),
           .rd_en(rd_en),
           .dout(led),
           .full(full),
           .empty(empty));

   clk_div256 U3(.clk(clk),
                 .rst(rst),
                 .clk_div(clk_div_1));

   clk_div256 U4(.clk(clk_div_1),
                 .rst(rst),
                 .clk_div(clk_div_2));

   clk_div512 U5(.clk(clk_div_2),
                 .rst(rst),
                 .clk_div(clk_div_3));

endmodule
```

[코드 7.11] fifo_led_top 모듈

```
module fifo_control(clk, rst, full, empty, mode, wr_en, rd_en);
  input clk, rst, full, empty;
  output mode, wr_en, rd_en;
  reg mode, wr_en, rd_en;

  always@(posedge clk or negedge rst)begin
        if(!rst) rd_en <= 0;
        else     rd_en <= ~rd_en;
  end

  always@(posedge clk or negedge rst) begin
        if(!rst) begin
              wr_en <= 0;
              mode <= 1;
        end
        else begin
              if(full) begin
                   wr_en <= 0;
                   mode <= ~mode;
              end
              else if(empty) wr_en <= 1;
        end
  end
endmodule
```

[코드 7.12] fifo_control 모듈

```
module clk_div256(clk,rst,clk_div);
  input clk, rst;
  output clk_div;
  reg [6:0] clk_cnt;
  reg       clk_div;

  always @(posedge clk or negedge rst) begin
    if(!rst) begin
      clk_cnt <= 0;
      clk_div <= 0;
    end
    else begin
      if(clk_cnt >= 127)begin
          clk_cnt <= 0;
          clk_div <= ~clk_div;
      end
          else clk_cnt <= clk_cnt + 1;
    end
  end
endmodule
```

[코드 7.13] clk_div256 모듈

```
module clk_div512(clk,rst,clk_div);
  input clk, rst;
  output clk_div;
  reg [7:0] clk_cnt;
  reg  clk_div;

  always @(posedge clk or negedge rst) begin
    if(!rst) begin
      clk_cnt <= 0;
      clk_div <= 0;
    end
    else begin
      if(clk_cnt >= 255) begin
          clk_cnt <= 0;
          clk_div <= ~clk_div;
      end
          else clk_cnt <= clk_cnt + 1;
    end
  end
endmodule
```

[코드 7.14] clk_div512 모듈

```
module counter8(clk,rst,mode,stop,cnt);
  input clk, rst, mode, stop;
  output [7:0] cnt;
  reg [7:0] cnt;

  always@(posedge clk or negedge rst) begin
      if(!rst) cnt <= 0;
      else if(!stop) begin
           if(!mode) cnt <= cnt + 1;
            else cnt <= cnt - 1;
      end
   end
endmodule
```

[코드 7.15] counter8 모듈

7.4.5 기능 검증 - Behavioral Model 시뮬레이션

① Project Navigator 좌측 상단 Design 창의 fifo를 선택하고 마우스 오른쪽을 클릭하여 New Source를 선택한다. [그림 7.71]과 같이 New Source Wizard 창에서 Verilog Test Fixture를 선택한 후, File name 필드에 테스트벤치 파일의 이름을 tb_fifo_led_top로 입력하고 저장될 폴더 위치를 지정한 뒤 Next를 클릭한다.

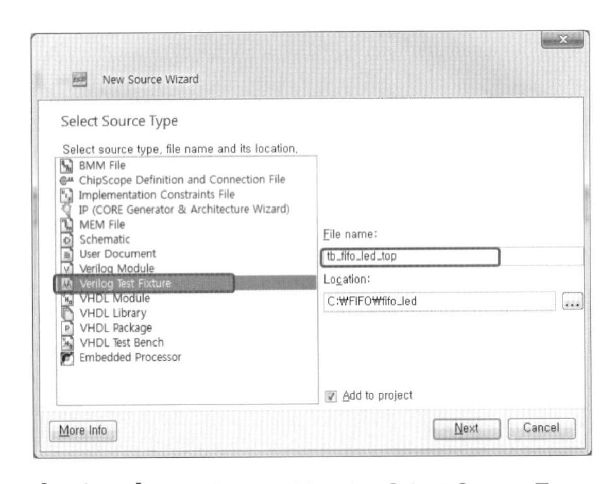

[그림 7.71] New Source Wizard - Select Source Type

② [그림 7.72]와 같이 New Source Wizard - Associate Source 창에서 모듈 fifo_led_top을 선택하고 Next를 클릭한다. Summary 창에서 확인 후 Finish를 클릭한다.

③ Design 창의 View 필드에서 Simulation을 선택하면, [그림 7.73]과 같이 Hierarchy 영역에 테스트벤치 모듈 tb_fifo_led_top이 추가되고, Workspace 영역에 편집 창이 활성화된다. [코드 7.16]과 같이 테스트벤치 모듈을 입력한다.

④ [그림 7.74]와 같이 Design 창의 View 필드에서 Simulation을 선택하고, Hierarchy에서 테스트벤치 모듈 tb_fifo_led_top을 선택한다. Processes 창에서 Simulate Behavioral Model을 더블클릭하여 시뮬레이션을 실행시키면, ISim 창이 활성화되면서 [그림 7.75]와 같이 시뮬레이션 결과가 표시된다.

[그림 7.72] New Source Wizard – Associate Source

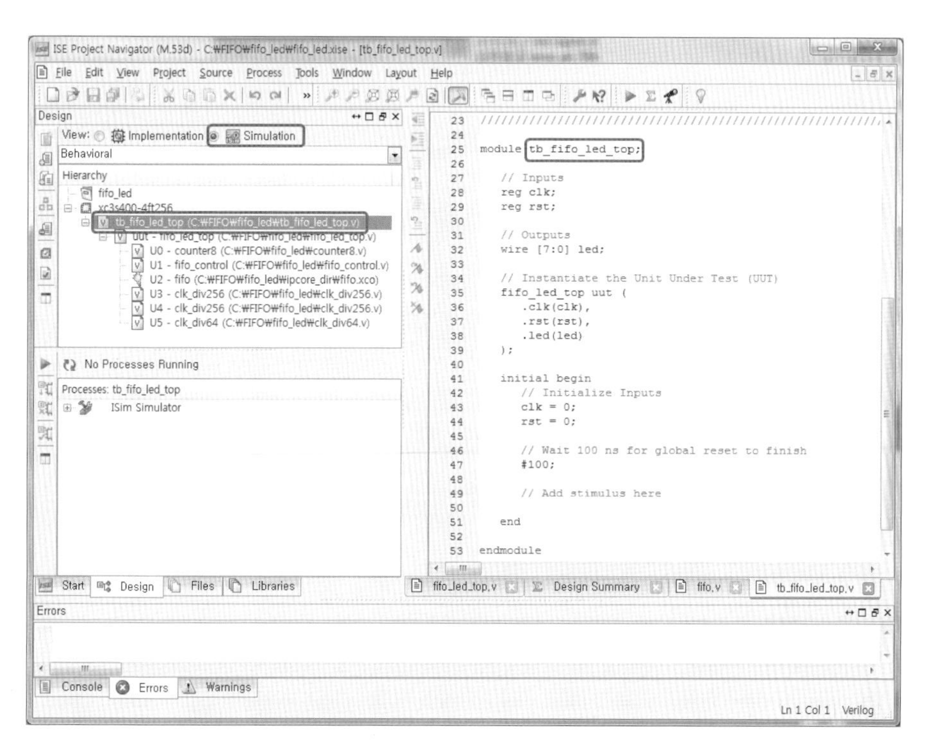

[그림 7.73] 테스트벤치 모듈 tb_fifo_led_top이 생성된 상태

```
module tb_fifo_led_top;
   reg clk, rst;
   wire [7:0] led;

   fifo_led_top uut (.clk(clk), .rst(rst), .led(led));

   initial begin
       clk = 0;
       rst = 0;
       #100 rst = 1;
       #100;
   end

always
     #20 clk = ~clk;

endmodule
```

[코드 7.16] 테스트벤치 모듈 tb_fifo_led_top

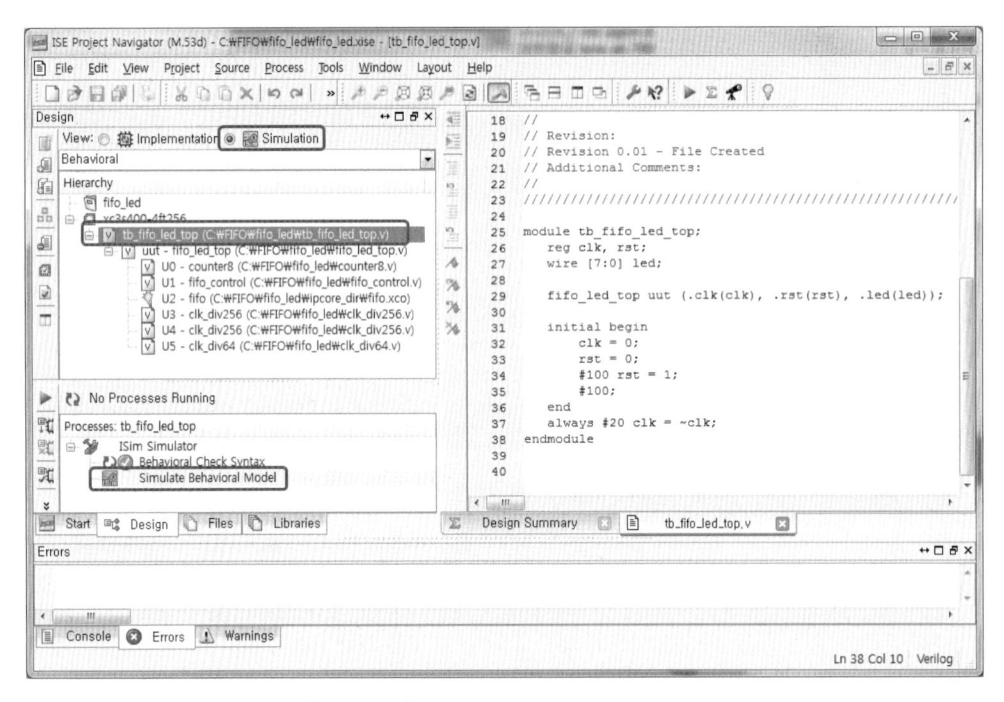

[그림 7.74] Behavioral Model 시뮬레이션

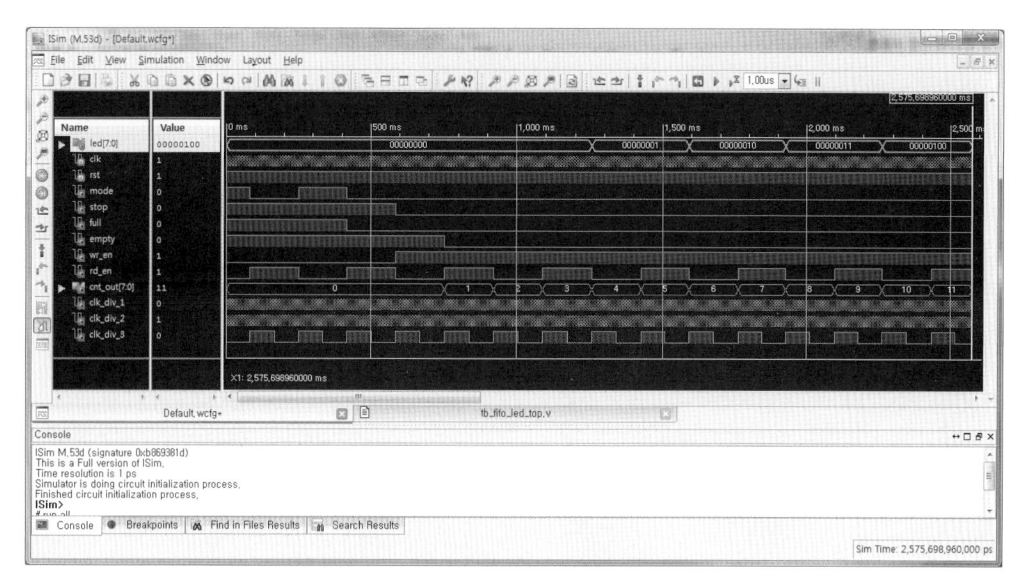

[그림 7.75] Behavioral Model의 시뮬레이션 결과

7.4.6 핀 할당 및 Implement Design

① Project Navigator 좌측 상단의 Design 창에서 프로젝트의 top 모듈 fifo_led_top을 선택하고, [그림 7.76]과 같이 Processes 창의 User Constraints 메뉴를 확장하여 I/O Pin Planning(PlanAhead)를 더블클릭해서 실행시킨다.

② [표 7.5]의 I/O 핀 할당표를 참조하여 [그림 7.77]과 같이 핀 번호를 할당한다. 모든 입출력 신호에 대한 핀 할당을 완료한 후 저장하면, fifo_led_top.ucf 파일에 핀 할당 정보가 저장된다.

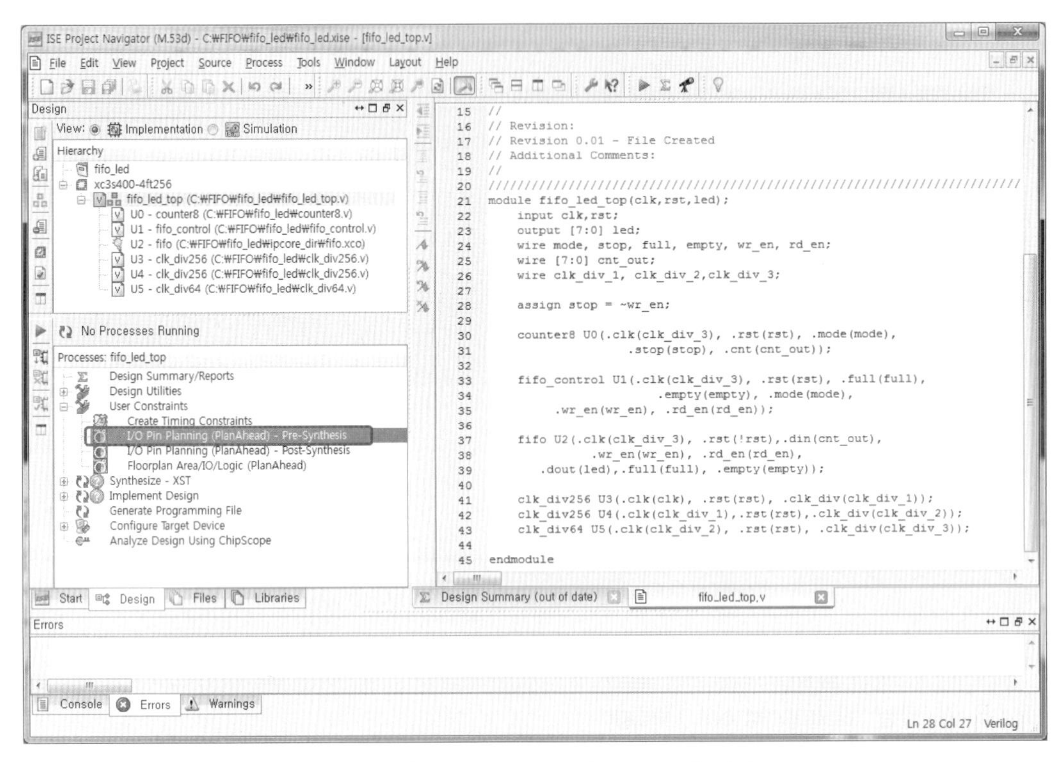

[그림 7.76] I/O Pin Planning(PlanAhead) 실행

[표 7.5] I/O 핀 할당표

<table>
<tr><th>신호이름</th><th>FPGA 핀 번호</th><th>I/O</th><th>비고</th></tr>
<tr><td>clk</td><td>T9</td><td>I</td><td>Target FPGA Clock(50MHz)</td></tr>
<tr><td>rst</td><td>F4</td><td>I</td><td>FPGA B/D Reset Signal(Active-low)</td></tr>
<tr><td>LED[0]</td><td>N5</td><td>O</td><td rowspan="8">RF Main Module</td></tr>
<tr><td>LED[1]</td><td>P7</td><td>O</td></tr>
<tr><td>LED[2]</td><td>T5</td><td>O</td></tr>
<tr><td>LED[3]</td><td>T8</td><td>O</td></tr>
<tr><td>LED[4]</td><td>T3</td><td>O</td></tr>
<tr><td>LED[5]</td><td>R3</td><td>O</td></tr>
<tr><td>LED[6]</td><td>T4</td><td>O</td></tr>
<tr><td>LED[7]</td><td>R4</td><td>O</td></tr>
</table>

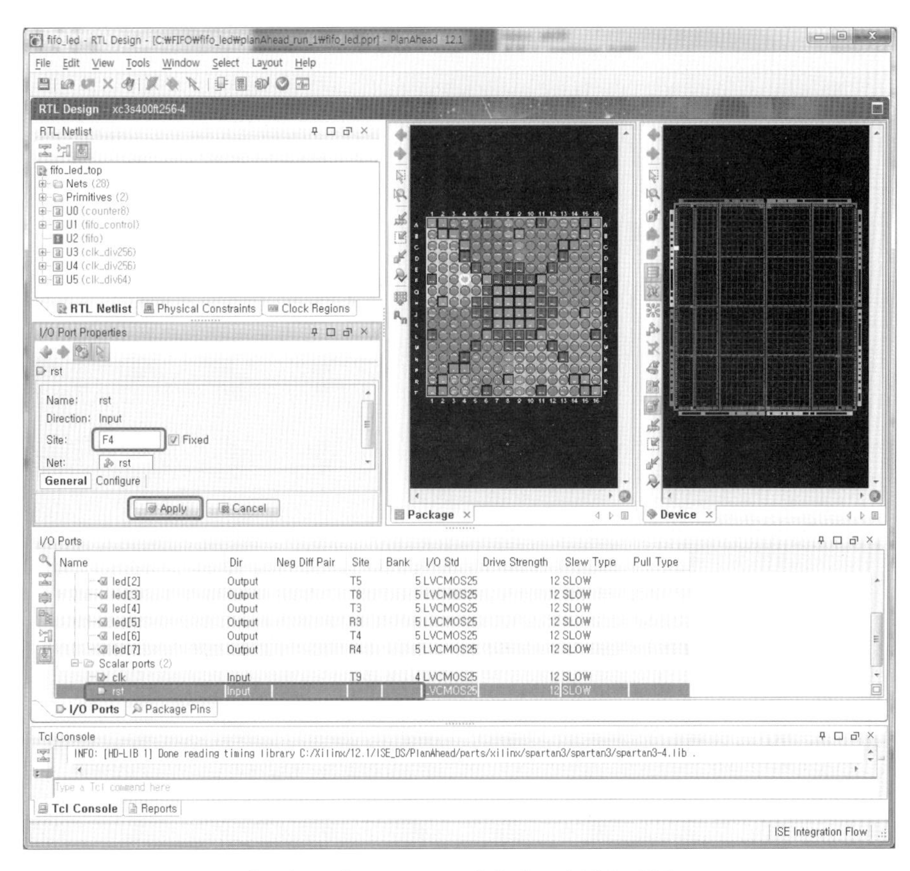

[그림 7.77] PlanAhead에서 I/O 핀 번호 입력

③ 프로젝트 폴더에서 생성된 ucf 파일을 열어 보면 다음과 같이 핀 매핑 정보가 저장되어 있음을 확인할 수 있다.

```
# PlanAhead Generated physical constraints

NET "clk" LOC = T9;
NET "led[0]" LOC = N5;
NET "led[1]" LOC = P7;
NET "led[2]" LOC = T5;
NET "led[3]" LOC = T8;
NET "led[4]" LOC = T3;
NET "led[5]" LOC = R3;
NET "led[6]" LOC = T4;
NET "led[7]" LOC = R4;
NET "rst" LOC = F4;
```

④ Project Navigator 좌측 상단의 Design 창에서 프로젝트의 top 모듈 fifo_led_top을 선택하고, Synthesize - XST와 Implement Design을 실행한다.

7.4.7 FPGA 구현 및 동작 확인

① Implement Design이 성공적으로 완료되면, [그림 7.78]과 같이 Generate Programming File을 더블클릭해서 bit 파일을 생성한다.

② 실습 장비와 PC를 JTAG 케이블로 연결한 후, [그림 7.79]와 같이 Configure Target Device 메뉴를 확장하고 Manage Configuration Project(iMPACT)를 더블클릭하여 ISE iMPACT 툴을 실행한다.

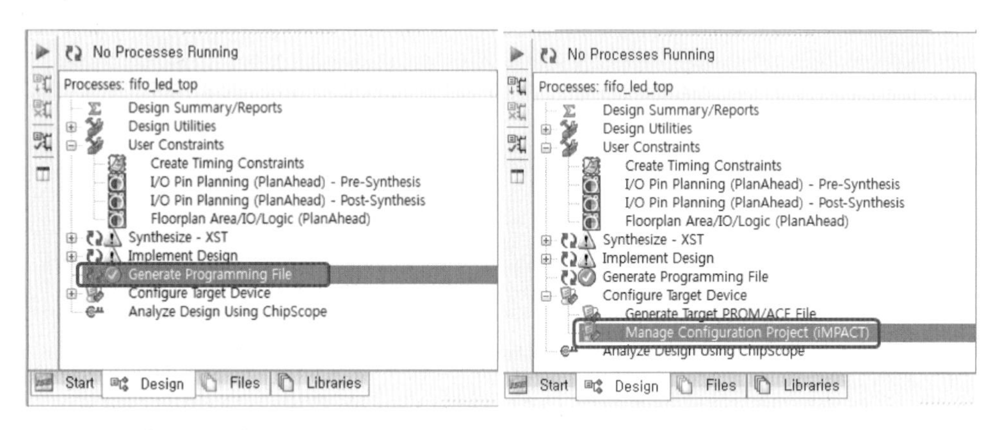

[그림 7.78] Bit 파일 생성 [그림 7.79] iMPACT 툴 실행

③ [그림 7.80]과 같이 ISE iMPACT 툴의 iMPACT Flows 창에서 Create PROM File (PROM File Formatter)을 더블클릭하면, PROM File Formatter 창이 활성화된다.

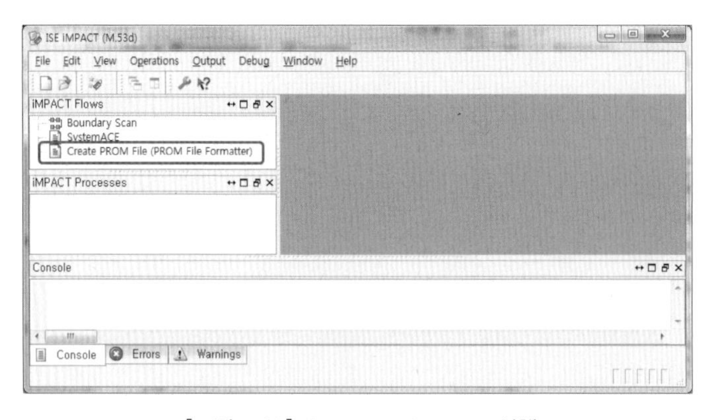

[그림 7.80] Create PROM File 실행

④ PROM File Formatter 창에서 [그림 7.81]과 같이 설정한다. ❶ Step 1. Select Storage Target에서 Xilinx Flash/PROM을 선택하고, ❷ 화살표를 클릭해서 Step 2. 단계로 넘어간다. Step 2. Add Storage Device(s)에서 ❸ 실습 장비에 탑재되어 있는 PROM 디바이스인 xcf04s [4 M]를 선택하고, ❹ Add Storage Device를 클릭하면, 선택한 PROM 디바이스가 추가되었음을 확인할 수 있다. ❺ 화살표를 클릭해서 Step 3. 단계로 넘어간다. Step 3. Enter Data에서 ❻ Output File Name 필드에 PROM 파일의 이름을 입력하고, ❼ File Format 필드에 MCS를 선택한 후, ❽ OK를 클릭한다.

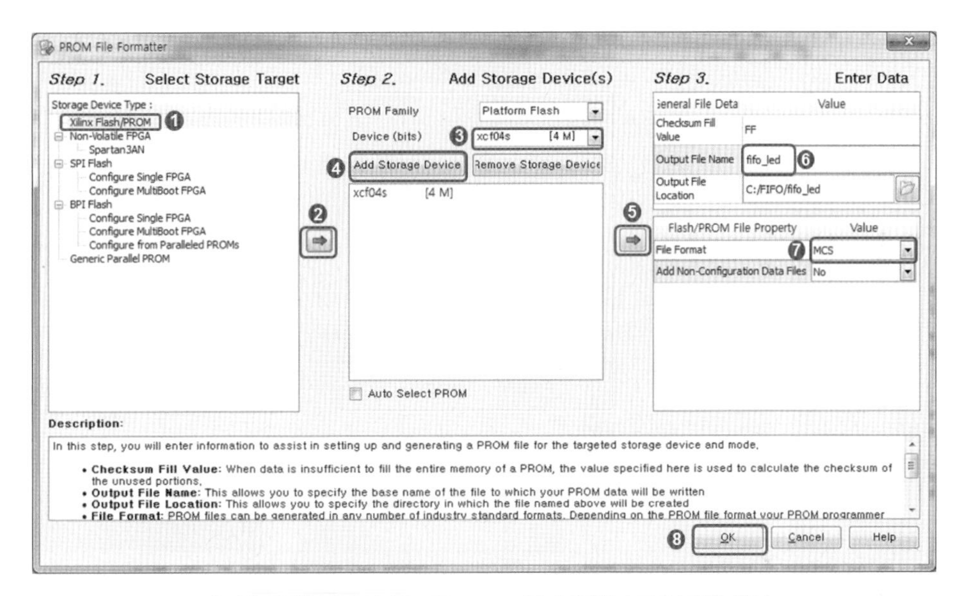

[그림 7.81] PROM File Formatter를 이용한 MCS 파일 생성

⑤ [그림 7.82(a)]와 같이 Add Device 창이 활성화되면, 단계-⑤에서 생성된 bit 파일 fifo_led_top.bit을 선택한 후, 열기를 클릭한다. [그림 7.82(b)]와 같이 다른 디바이스를 추가할 것인지 확인하는 창에서 No를 클릭한다.

⑥ [그림 7.83]과 같이 ISE iMPACT 툴의 iMPACT Processes 창에서 Generate File...을 더블클릭하면, bit 파일이 MCS 형식의 PROM 파일로 변환된다. 변환이 성공되면, Generated Succeeded라는 메시지가 표시된다.

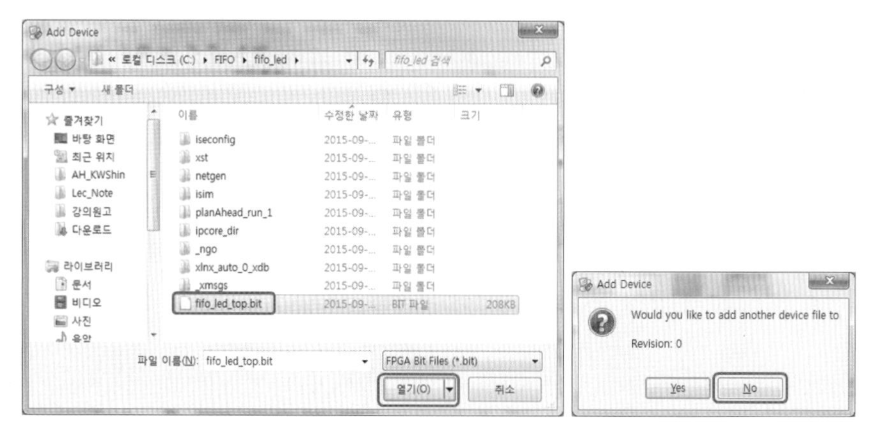

(a) .bit 파일 지정　　　　　　　　　　(b) 디바이스 추가하지 않음

[그림 7.82] MCS 파일 생성을 위한 .bit 파일 지정

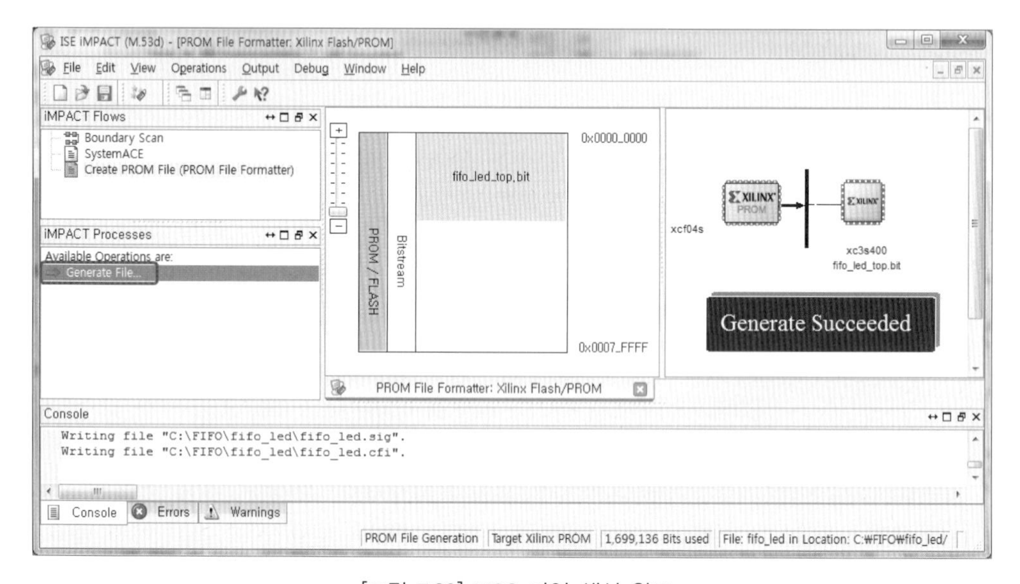

[그림 7.83] MCS 파일 생성 완료

⑦ ISE iMPACT 툴에서 Boundary Scan을 더블클릭한 후, [그림 7.84]와 같이 오른쪽 마우스를 클릭하여 Initialize Chain을 실행한다. xcf04s PROM 디바이스를 선택한 후, 생성된 mcs 파일을 할당하고 iMPACT Processes 창에서 Program을 더블클릭하여 FPGA 디바이스로 다운로드한다.

⑧ 다운로드가 완료되면 실습장비 RF Main Module의 LED가 점등되는 동작을 확인한다. 시뮬레이션 결과와 동일하게, LED의 깜박임이 1씩 증가하는 것을 관찰할 수 있다.

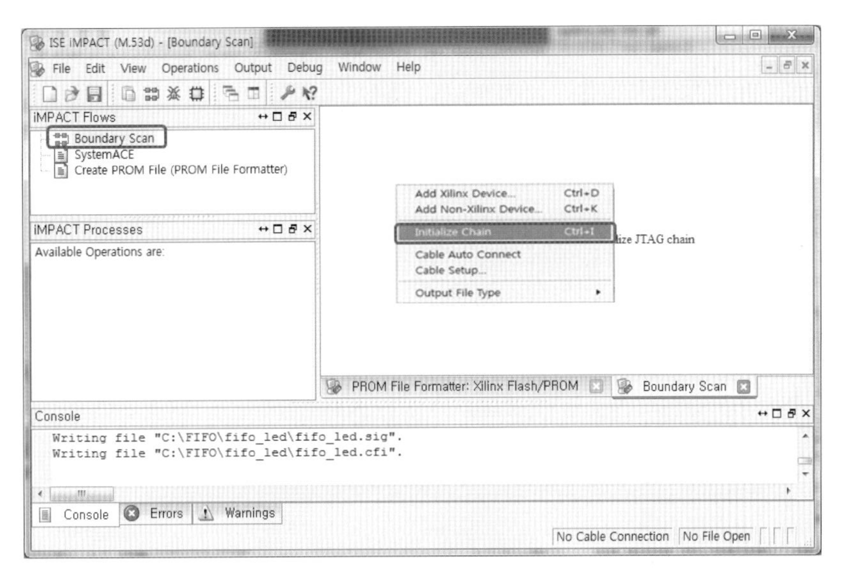

[그림 7.84] Initialize Chain 실행

7.5 디지털 클록 제어(DCM) 회로

DCM(Digital Clock Manager)은 FPGA 내부의 클록신호를 관리하는 리소스이며, 외부에서 입력되는 클록신호를 받아 주파수, 위상 등의 특성을 변환시켜주는 기능을 갖는다. DCM은 사용자 설정에 따라 디지털 주파수 합성기(digital frequency synthesizer; DFS), 디지털 위상 이동기(digital phase shifter; DPS), 지연 고정 루프(delay-locked loop; DLL) 등의 세부 기능들을 사용할 수 있다. DCM은 [그림 7.85]와 같이 Phase Shifter, DLL, DFS 등으로 구성되며, 상세한 내용은 2.6절을 참조한다. Spartan-3 계열 FPGA는 집적도에 따라 2 ~ 8개의 DCM이 내장되어 있다. Xilinx의 Core Generator를 이용하여 DCM IP를 구성하고, 시뮬레이션과 FPGA 구현을 통해 동작을 확인하는 실습을 한다.

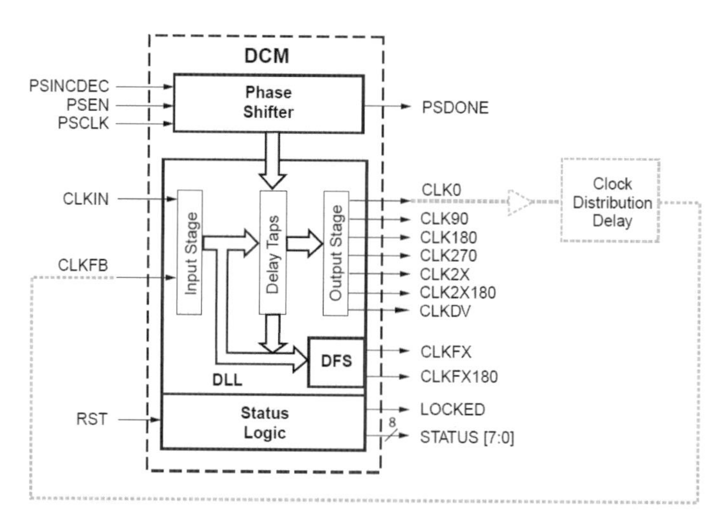

[그림 7.85] DCM의 내부 구조

- **실습 목적** : Xilinx의 Core Generator를 이용한 DCM 회로 구성 과정을 익힌다.
- **실습 회로** : Core Generator를 이용하여 DCM IP를 구성하고, 50MHz의 클록을 1/16로 분주한다. DCM에서 출력되는 분주 클록을 주파수 분주기로 다시 분주하여 1.5Hz로 만들고, RF Main Module의 LED를 구동하는 회로를 설계한다. 실습회로는 [그림 7.86]과 같으며, Core Generator로 생성되는 DCM 모듈, 주파수 분주기 그리고 LED에 표시될 값을 생성하는 4비트 링 계수기(ring counter) 모듈로 구성된다. DCM과 주파수 분주기에 의해 50MHz의 클록이 1.5Hz의 클록으로 분주되도록 하며, 이를 위해 1/256 분주기 2개와 1/32 분주기 1개가 사용된다. 주파수 분주기에서 생성된 1.5Hz의 분주클록은 링 계수기의 동작 클록으로 사용된다. 시뮬레이션을 통해 기능을 확인한 뒤, FPGA 구현을 통해 하드웨어 동작을 확인한다.
- **실습 과정** : 1 Project 생성 → 2 Verilog 모듈 생성 → 3 CORE Generator를 이용한 DCM 코어 생성 → 4 Verilog 소스 코드 완성 → 5 기능 검증 - Behavioral Model 시뮬레이션 → 6 Post-Route 시뮬레이션 → 7 핀 할당 및 Implement Design → 8 FPGA 구현 및 동작 확인
- **설계 결과 확인** : [그림 7.86]의 실습회로를 구성하여 설계된 DCM 응용회로를 FPGA에 구현하고, 링 계수기의 출력을 RF Main Module의 LED에 표시하여 하드웨어 동작을 확인한다.

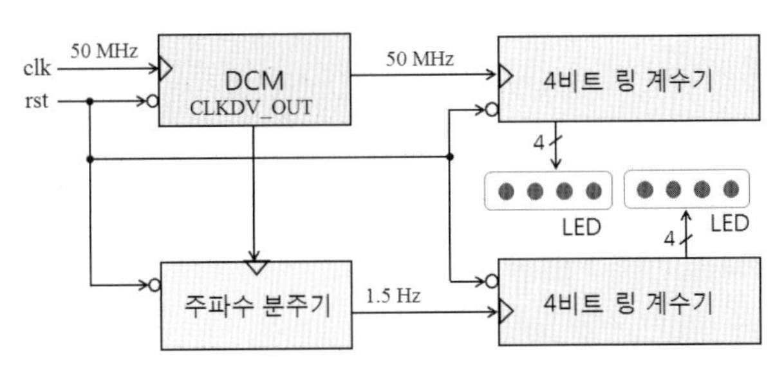

[그림 7.86] DCM 응용 실습 회로

7.5.1 Project 생성

① ISE 메뉴에서 File → New Project를 실행하면 새로운 프로젝트를 생성할 수 있는 New Project Wizard 창이 [그림 7.87]과 같이 활성화된다.

② New Project Wizard 창의 Name 필드에 프로젝트 이름을 입력하고, Location 필드에 프로젝트가 저장될 폴더 위치를 입력하고, Top-level source type 필드를 HDL로 설정한 뒤 Next를 클릭한다.

③ Project Setting 창의 Family 필드에 Spartan3를 선택하고, Device 필드에는 XC3S400을 선택하고, Package 필드에는 FT256을 선택한다.

④ Simulator와 Language 필드에 각각 ISim(Verilog/VHDL), Verilog를 선택한다.

⑤ Project Summary 창에서 프로젝트 설정 내용을 확인한 후, Finish를 클릭하면 프로젝트 생성이 완료된다.

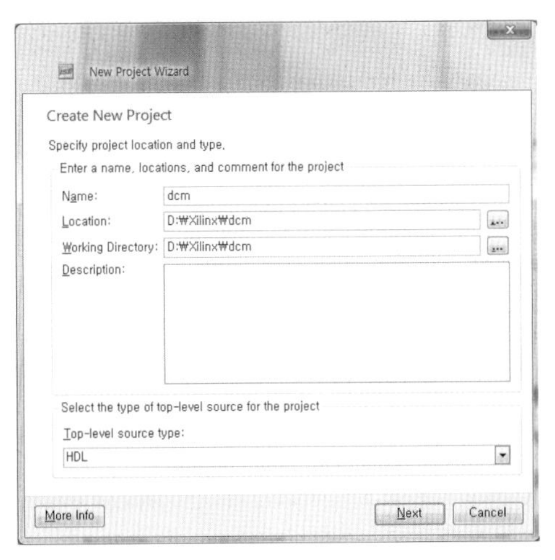

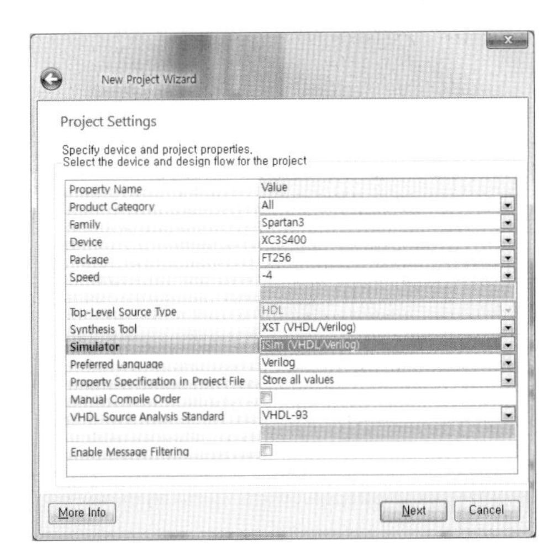

[그림 7.87] ISE 프로젝트 생성

7.5.2 Verilog 모듈 생성

① New Source Wizard 창에서 Verilog Module을 선택하고 [그림 7.88]과 같이 File name 필드에 최상위 모듈이름 dcm_top을 입력한 후, 소스 파일이 저장될 폴더 위치를 지정하고 Next를 클릭한다.

② dcm_top 모듈의 입력, 출력 포트를 [그림 7.89]와 같이 정의하고 Finish를 클릭하면, [그림 7.90]과 같이 dcm_top 모듈의 소스 코드 편집 창이 Workspace 영역에 나타난다. Project Navigator 좌측 상단의 Hierarchy 영역에서 dcm_top 모듈이 프로젝트에 포함되어 있음을 확인할 수 있다.

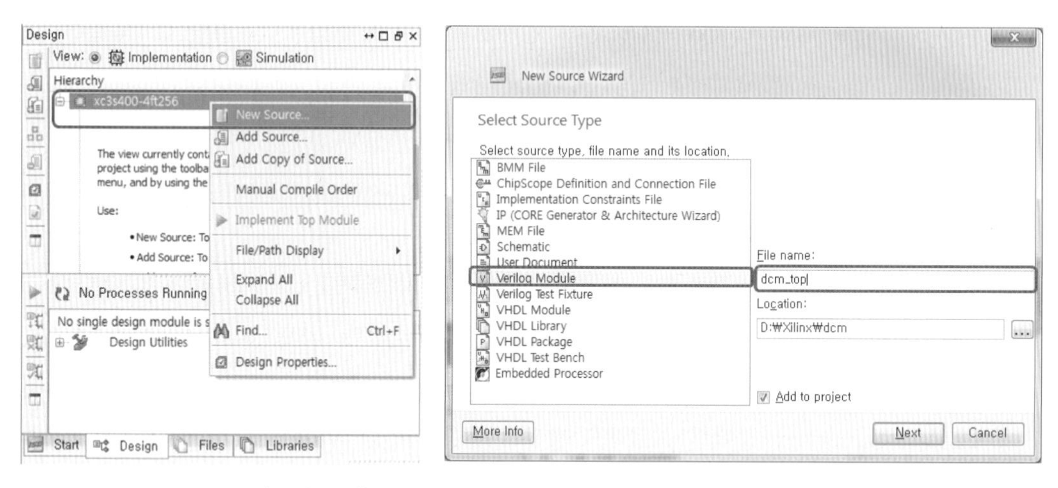

[그림 7.88] New Source Wizard - Select Source Type

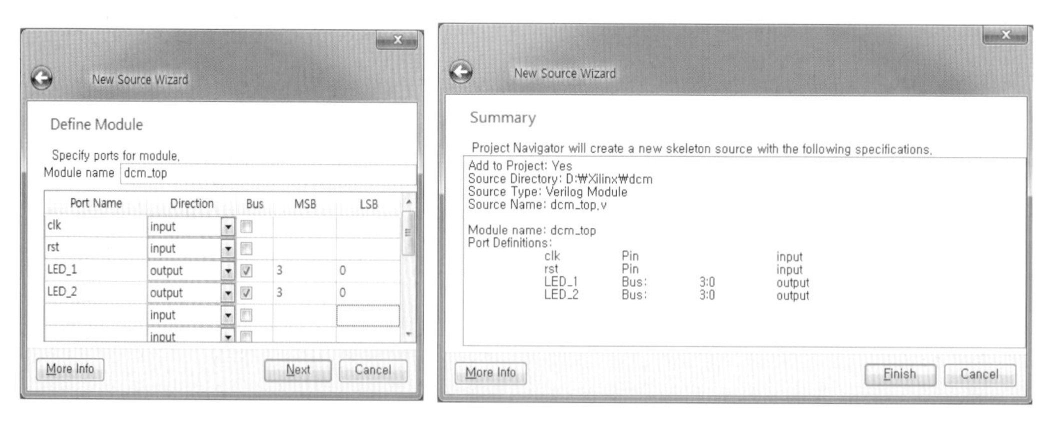

[그림 7.89] New Source Wizard - Define Module

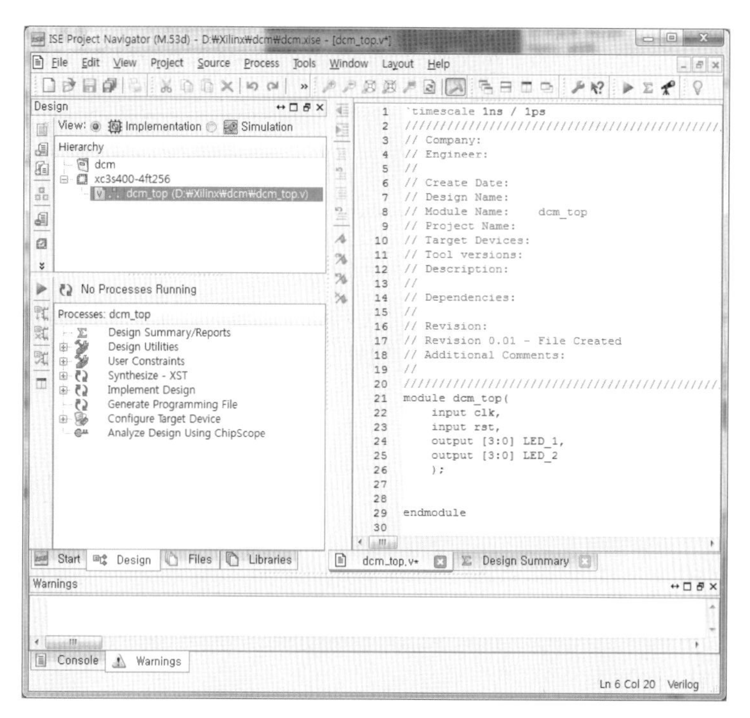

[그림 7.90] dcm_top 모듈의 생성이 완료된 상태

7.5.3 CORE Generator를 이용한 DCM 코어 생성

① Project Navigator에서 New Source Wizard 창을 열고 [그림 7.91]과 같이 IP(CORE Generator & Architecture Wizard)를 선택한 후, File name 필드에 생성될 DCM 코어의 파일이름을 지정하고 Next를 클릭한다.

② [그림 7.92]와 같이 Select IP 창의 View by Function 탭에서 FPGA Features and Design → Clocking → Spartan-3 폴더에서 Single DCM을 선택하고 Next를 클릭한다.

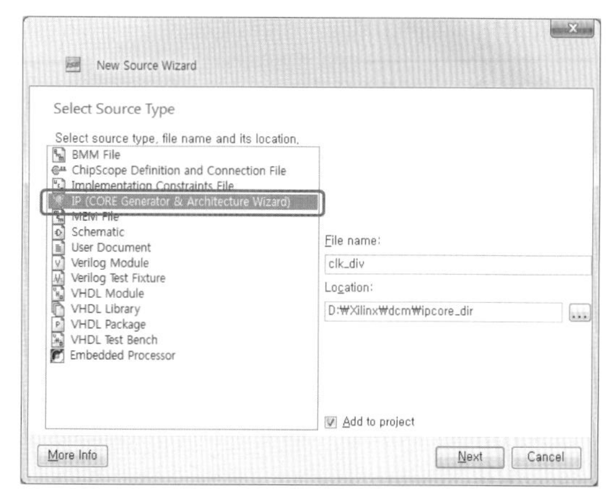

[그림 7.91] New Source Wizard – IP (CORE Generator & Architecture Wizard)

③ Summary 창에서 Finish를 클릭하면, [그림 7.93]과 같이 Xilinx Architecture Wizard - Setup 창이 나타난다. Output File Type을 Verilog로 선택한 후, OK를 클릭한다.

④ Xilinx Clocking Wizard - General Setup 창에서 DCM을 [그림 7.94]와 같이 설정한다. 본 실습 예제에서는 50MHz의 클록신호를 1/16으로 분주해서 3.125MHz(50MHz÷16)의 분주 클록을 생성하도록 DCM을 구성한다. Input Clock Frequency를 50MHz로 설정한다. DCM 블록 우측의 CLKDV를 체크하면 좌측 하단의 Divide By Value가 활성화되며, 값을 16으로 설정한다. Phase Shift, CLKIN Source, Feedback Source, Feedback Value 등의 파라미터는 기본 설정값을 유지한다. DCM의 입력, 출력 포트의 기능에 대해서는 2.6절의 [표 2.8]을 참조한다.

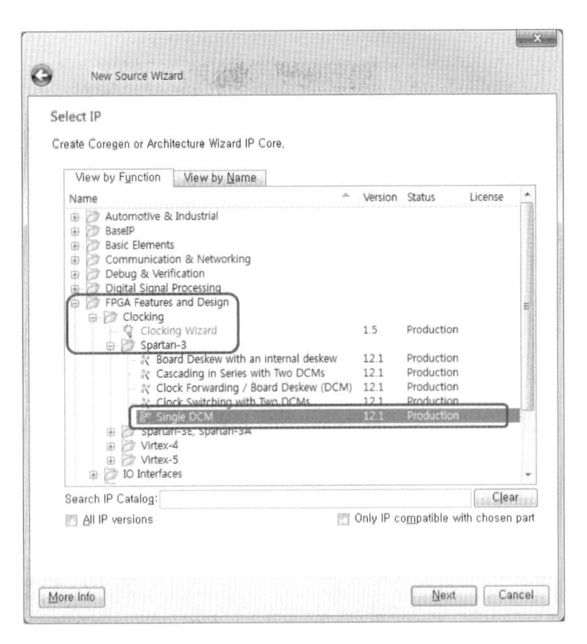

[그림 7.92] New Source Wizard - Select IP

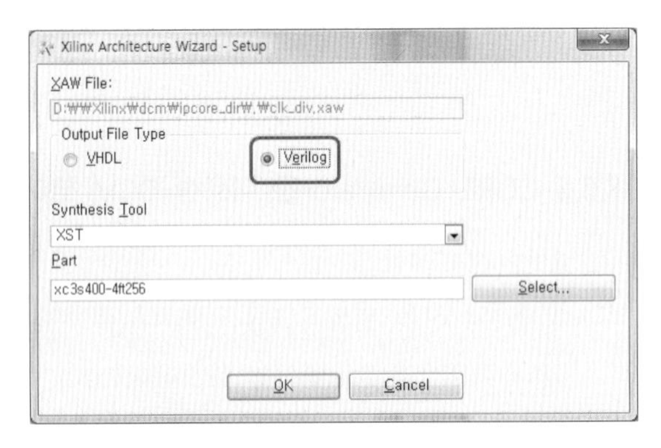

[그림 7.93] Xilinx Architecture Wizard - Setup

⑤ 다음은 DCM에서 생성되는 분주 클록 출력에 버퍼를 설정하는 과정이다. Xilinx Clocking Wizard - Clock Buffers 창에서 Use Global Buffers for all selected clock outputs를 선택하여 DCM 출력 클록에 광역 버퍼가 연결되도록 [그림 7.95]와 같이 설정한다. Next를 클릭하면 지금까지 설정된 내용들이 Summary 창에 표시되고, Finish를 클릭하면 DCM 생성이 완료된다.

⑥ Project Navigator의 Design 창에 DCM 코어 clk_div가 생성되었음을 확인할 수 있다. DCM 코어를 선택하고 Processes 창에서 View HDL Source를 더블클릭하면, [그림 7.96]과 같이 생성된 DCM 코어의 Verilog 소스 코드 창이 Workspace 영역에 나타난다. 코어 생성 과정에서 설정된 DCM의 속성들이 defparam 문으로 정의되어 있음을 볼 수 있다.

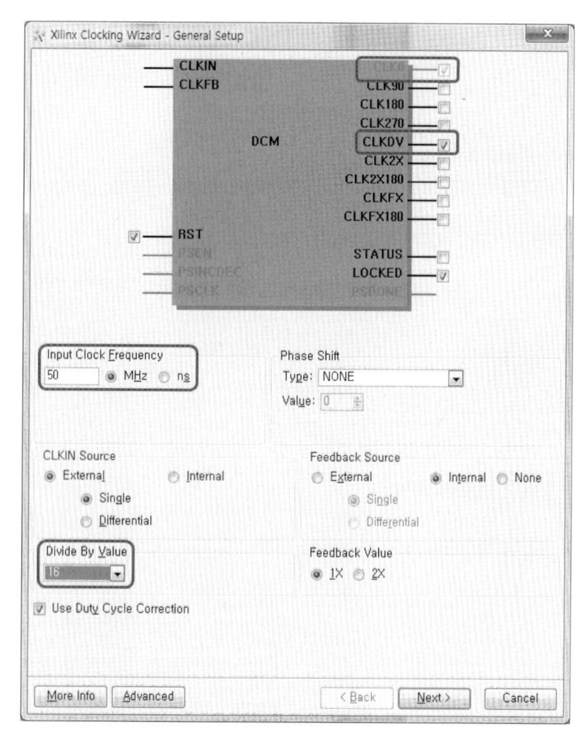

[그림 7.94] Xilinx Clocking Wizard - General Setup

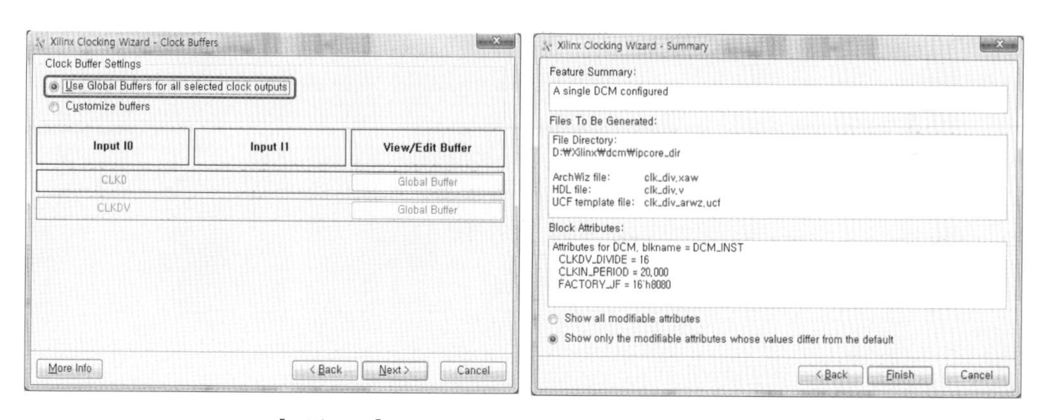

[그림 7.95] Xilinx Clocking Wizard - Clock Buffers

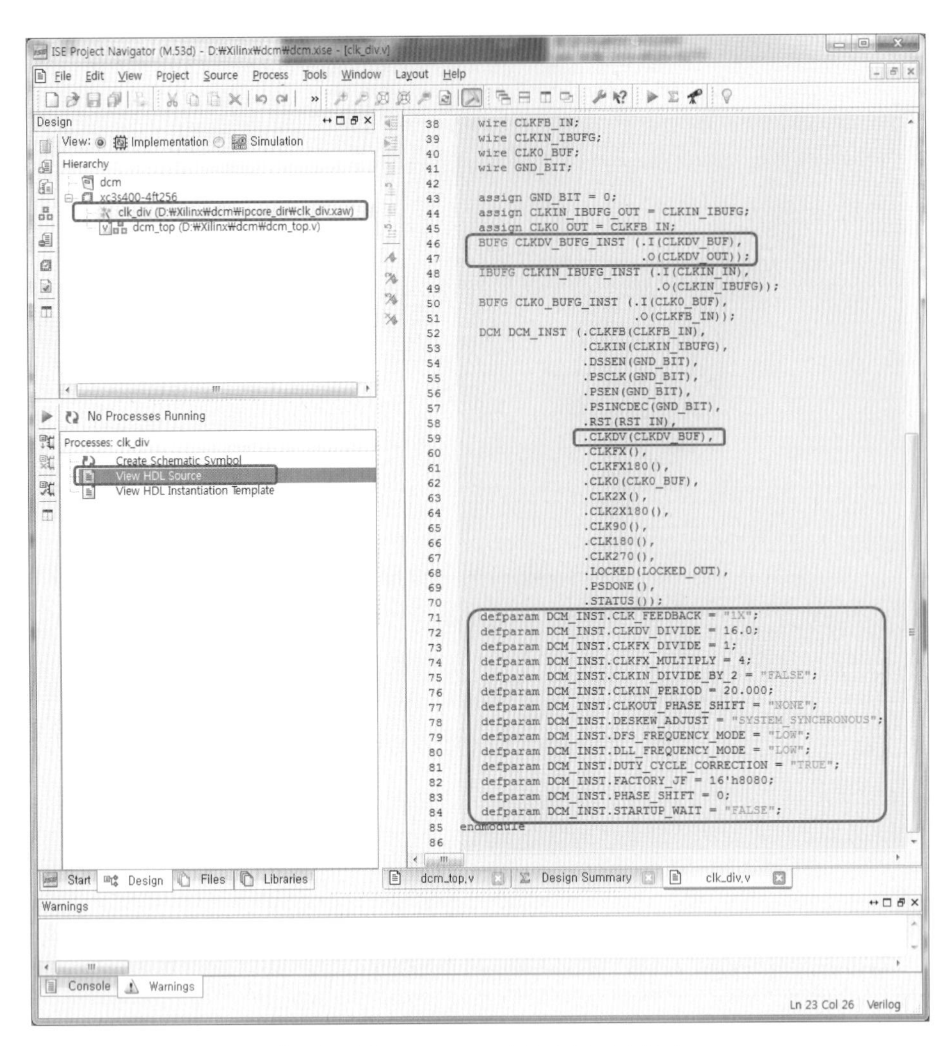

[그림 7.96] DCM 코어 생성이 완료된 상태

7.5.4 Verilog 소스 코드 완성

dcm_top 모듈과 하위 모듈들의 Verilog 소스 코드를 작성하고 프로젝트에 포함시킨다. 모듈 dcm_top의 소스 코드는 [코드 7.17]과 같다. CORE Generator로 생성된 DCM 모듈 clk_div가 인스턴스 되었으며, 주파수 분주기 모듈 clk_div256과 clk_div32, 4비트 링 계수기 모듈 ring_cnt이 인스턴스 되었다. DCM의 클록 입력포트인 CLKIN_IN에 입력 클록신호 clk가 연결되었으며, 분주클록 출력포트인 CLKDV_OUT으로부터 clk_dcm_dv가 출력된다. 입력 클록신호 clk가 내부에서 버퍼를 거친 후, clk_0으로 출력된다.

DCM에서 출력되는 분주 클록신호 clk_dcm_dv는 [코드 7.18]의 모듈 clk_div256를 통해 1/256로 분주되어 clk_div_out1가 생성되고, clk_div_out1은 모듈 clk_div256를 통해 다시 1/256로 분주되어 clk_div_out2가 생성된다. clk_div_out2는 [코드 7.19]의 모듈 clk_div32를 통해 1/32로 분주되어 clk_div_fin 신호가 생성된다. 50MHz의 clk가 DCM과 주파수 분주기를 통해 1/(16×256×256×32)로 분주되어 약 1.5Hz의 분주 클록 clk_div_fin이 생성된다.

[코드 7.20]은 하나의 '1'이 순환하며 이동하는 링 계수기이며, 시프트 연산자를 사용하여 구현되었다. 리셋이 인가되었을 때 계수기 값이 '0000'이 아닌 '0001'로 초기화되어야 하며, 계수기 값이 '0000' 또는 '1000'인 경우에는 '0001'로 복귀되도록 코딩되어야 한다.

```
module dcm_top(clk, rst, led1, led2);
  input clk, rst;
  output [3:0] led1, led2;

 clk_div U0_DCM (.CLKIN_IN(clk),
                 .RST_IN(!rst),
                 .CLKDV_OUT(clk_dcm_dv),
                 .CLKIN_IBUFG_OUT(clk_0),
                 .CLK0_OUT(),
                 .LOCKED_OUT() );

  clk_div256 U2(.clk(clk_dcm_dv),
                 .rst(rst),
                 .clk_div(clk_div_out1));

  clk_div256 U3(.clk(clk_div_out1),
                 .rst(rst),
                 .clk_div(clk_div_out2));

  clk_div32 U4(.clk(clk_div_out2),
                 .rst(rst),
                 .clk_div(clk_div_fin));

  ring_cnt U5(.clk(clk_div_fin),
                 .rst(rst),
                 .q(led2));
```

[코드 7.17] dcm_top 모듈(계속)

```
  ring_cnt U6(.clk(clk_0),
                 .rst(rst),
                 .q(led1));
endmodule
```

[코드 7.17] dcm_top 모듈

```
module clk_div256(clk, rst, clk_div);
  input clk, rst;
  output clk_div;
  reg [6:0] clk_cnt;
  reg clk_div;
 always @(posedge clk or negedge rst) begin
    if(!rst) begin
       clk_cnt <= 0;
       clk_div <= 0;
    end
    else begin
       if(clk_cnt == 127) begin
          clk_cnt <= 0;
          clk_div <= ~clk_div;
       end
       else
          clk_cnt <= clk_cnt+1;
      end
   end
endmodule
```

[코드 7.18] clk_div256 모듈

```
module clk_div32(clk, rst, clk_div);
  input clk, rst;
  output clk_div;
  reg [3:0] clk_cnt;
  reg clk_div;
  always @(posedge clk or negedge rst) begin
    if(!rst) begin
       clk_cnt <= 0;
       clk_div <= 0;
    end
    else begin
       if(clk_cnt == 15)begin
          clk_cnt <= 0;
          clk_div <= ~clk_div;
       end
       else
         clk_cnt <= clk_cnt+1;
   end
 end
endmodule
```

[코드 7.19] clk_div32 모듈

```
module ring_cnt(clk, rst, q);
   input clk, rst;
   output [3:0] q;
   reg    [3:0] q;

   always @(posedge clk or negedge rst) begin
         if(!rst)
            q <= 4'b0001;
         else begin
            if((q == 4'b0000) || (q == 4'b1000))
                q <= 4'b0001;
            else
                q <= q << 1;
         end
   end
endmodule
```

[코드 7.20] 4비트 링 계수기 모듈

7.5.5 기능 검증 – Behavioral Model 시뮬레이션

① Project Navigator 좌측 상단 Design 창의 dcm을 선택하고 마우스 오른쪽을 클릭하여 New Source를 선택한다. [그림 7.97]과 같이 New Source Wizard 창에서 Verilog Test Fixture를 선택한 후, File name 필드에 테스트벤치 파일의 이름을 입력하고 저장될 폴더 위치를 지정한 뒤 Next를 클릭한다.

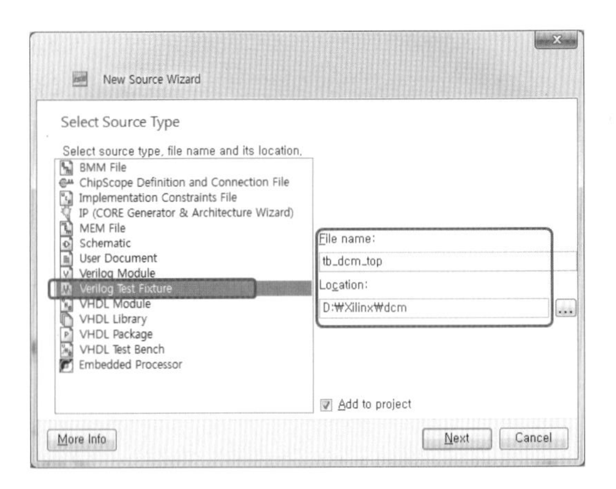

[그림 7.97] New Source Wizard – Select Source Type

② [그림 7.98]과 같이 New Source Wizard – Associate Source 창에서 시뮬레이션할 모듈 dcm_top을 선택한 후, Next를 클릭하고 Summary 창에서 확인 후 Finish를 클릭한다.

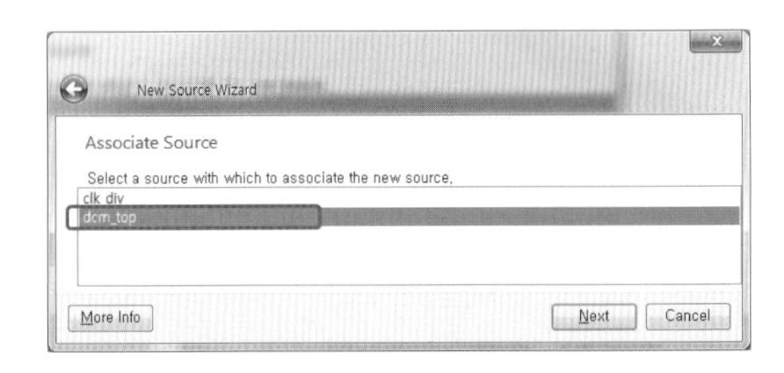

[그림 7.98] New Source Wizard – Associate Source

③ Design 창의 View 필드에서 Simulation을 선택하면, [그림 7.99]와 같이 Hierarchy 영역에 테스트벤치 모듈 tb_dcm_top이 추가되고, Workspace 영역에 편집 창이 활성화된다. [코드 7.21]과 같이 테스트벤치 모듈을 입력한다.

```
module tb_dcm_top;
  reg clk, rst;
  wire [3:0] LED_1, LED_2;

  dcm_top uut (.clk(clk),
               .rst(rst),
               .LED_1(LED_1),
               .LED_2(LED_2));
```

[코드 7.21] 테스트벤치 모듈 tb_dcm_top(계속)

```
initial begin
   clk = 0;
   rst = 1;
   #10 rst = 0;
   #80 rst = 1;
end

always #20 clk <= ~clk;

endmodule
```

[코드 7.21] 테스트벤치 모듈 tb_dcm_top

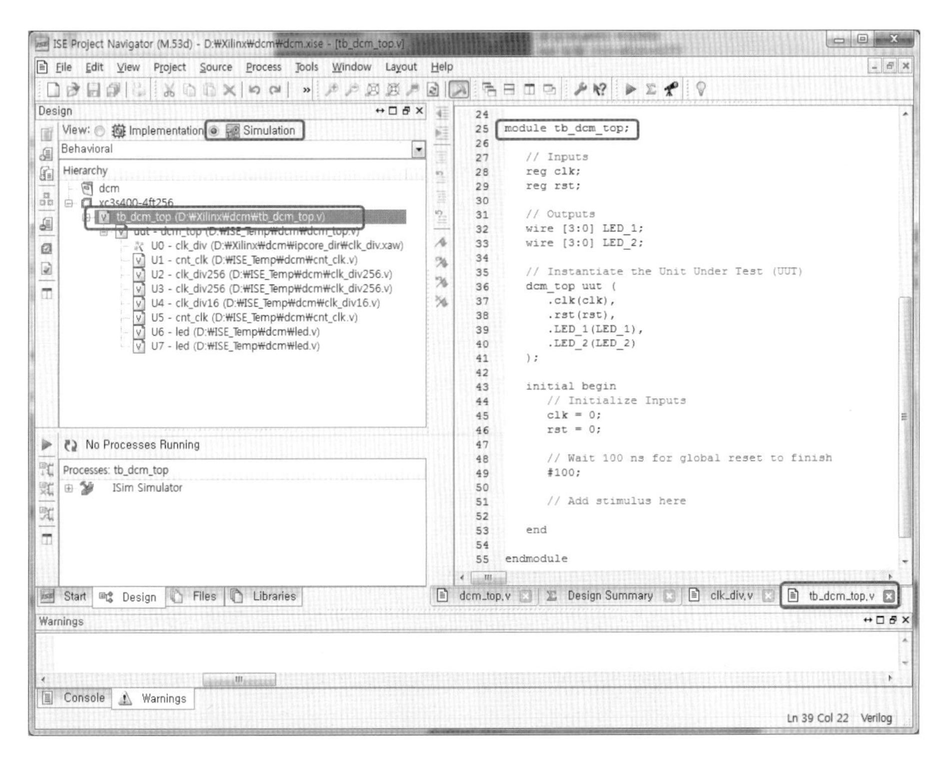

[그림 7.99] 테스트벤치 모듈 tb_dcm_top이 생성된 상태

④ [그림 7.100]과 같이 Design 창의 View 필드에서 Simulation을 선택하고, Hierarchy에서 테스트벤치 모듈 tb_dcm_top을 선택한다. Processes 창에서 Simulate Behavioral Model을 더블클릭하여 시뮬레이션을 실행시키면, ISim 창이 활성화되면서 [그림 7.101]과 같이 시뮬레이션 결과가 표시된다. 리셋신호 rst=1이 된 이후에 클록신호의 상승에지에서

LED_1이 0001 → 0010 → 0100 → 1000 → 0001의 순서로 출력됨을 확인할 수 있다. LED_2 출력은 입력 클록이 1/33,554,432로 분주된 클록 clk_div_fin에 의해 동작하므로, [그림 7.101(b)]와 같이 356ms 근처에서 1000 → 0001로 변화함을 확인할 수 있다.

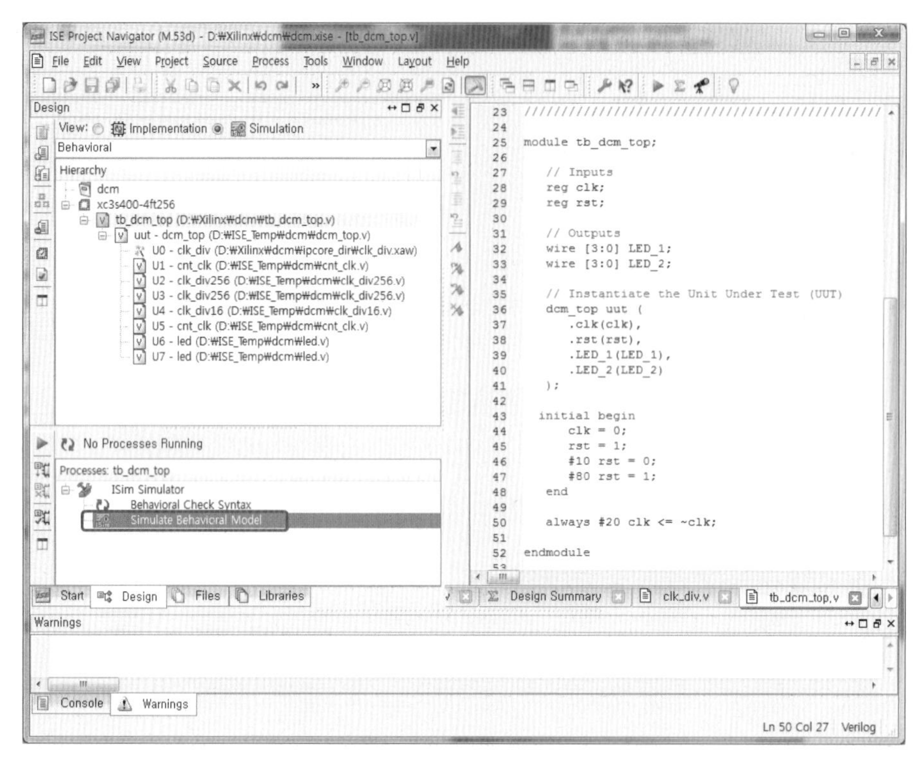

[그림 7.100] Behavioral Model 시뮬레이션

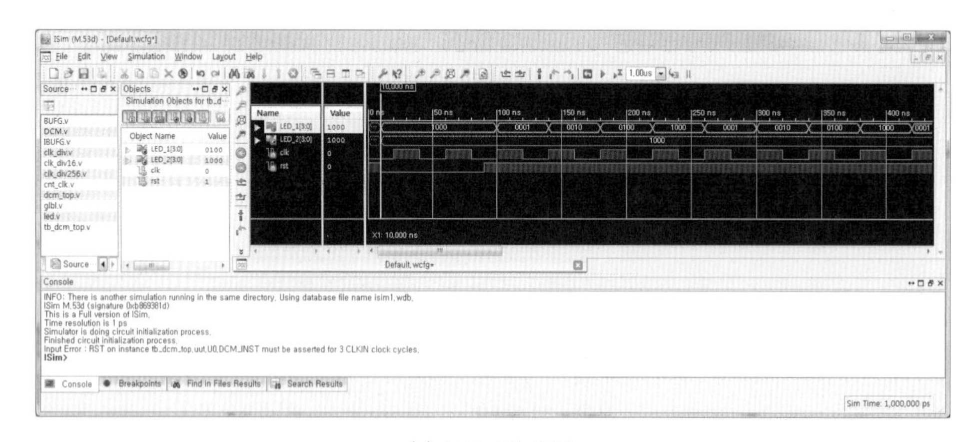

(a) LED_1의 변화

[그림 7.101] Behavioral Model의 시뮬레이션 결과(계속)

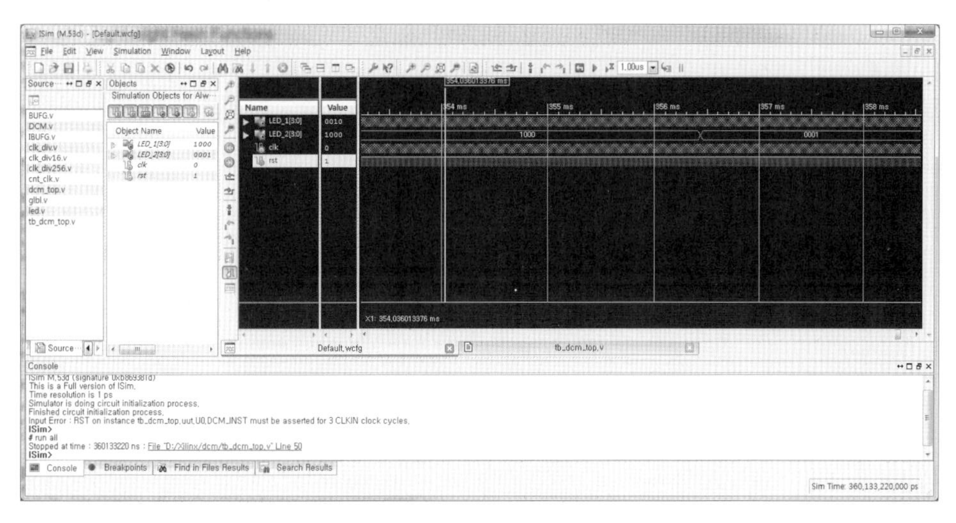

(b) LED_2의 변화

[그림 7.101] Behavioral Model의 시뮬레이션 결과

7.5.6 기능 검증 - Post-Route 시뮬레이션

① Project Navigator의 Design 창에서 View 필드를 Implementation으로 선택한 후, Processes 창에서 Synthesize - XST를 더블클릭해서 합성을 실행한다.

② Processes 창에서 Implement Design을 더블클릭해서 Translate, Map, Place & Route를 연속으로 실행한다.

③ Processes 창에서 Place & Route 메뉴를 확장한 후, Generate Post-Place & Route Simulation Model을 더블클릭해서 시뮬레이션 모델을 생성한다.

④ Design 창의 View 필드에서 Simulation을 선택하고, [그림 7.102]와 같이 Post-Route 시뮬레이션 모드를 선택한다.

⑤ Processes 창에서 Simulate Post-Place & Route Model을 더블클릭하면, ISim 창이 활성화되면서 [그림 7.103]과 같이 시뮬레이션 결과가 표시된다. [그림 7.101]의 Behavioral Model의 시뮬레이션 결과에서는 클록신호 clk의 상승에지에서 LED_1 출력이 변화하였다. 그러나 [그림 7.103]의 Post-Place & Route Model 시뮬레이션 결과에서는 합성과 배치·배선에 의한 지연시간에 의해 clk의 상승에지 이후에 LED_1 출력이 변화하는 것을 확인할 수 있다. 지연 특성이 반영된 상태에서 회로가 올바로 동작함을 확인하는 것이 중요하다.

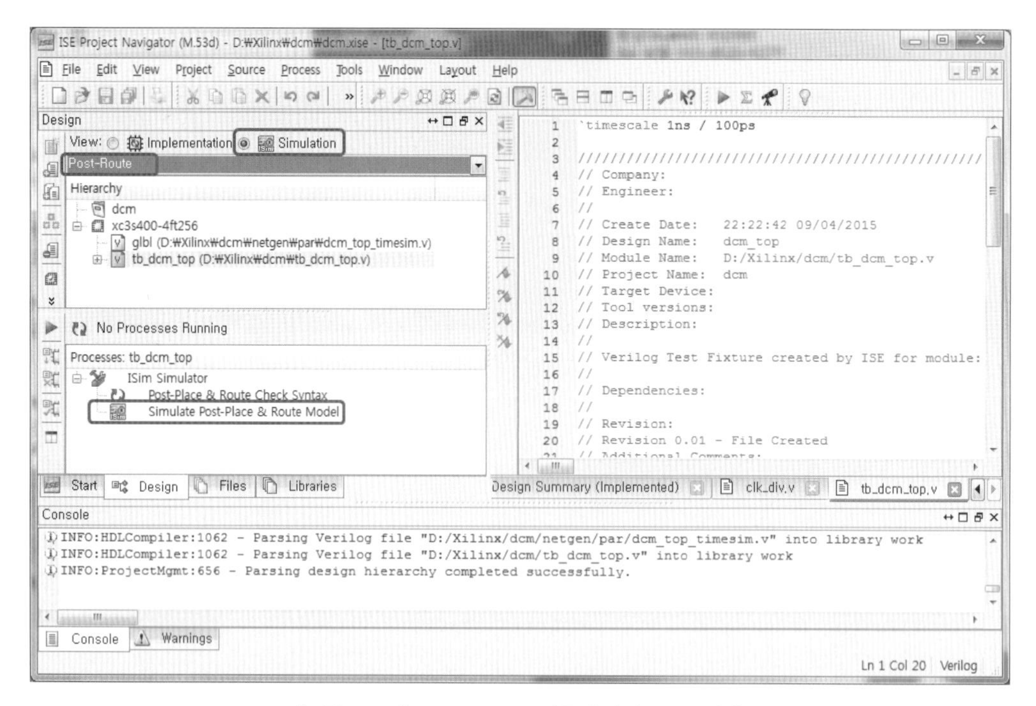

[그림 7.102] Post-Route 시뮬레이션 모드 선택

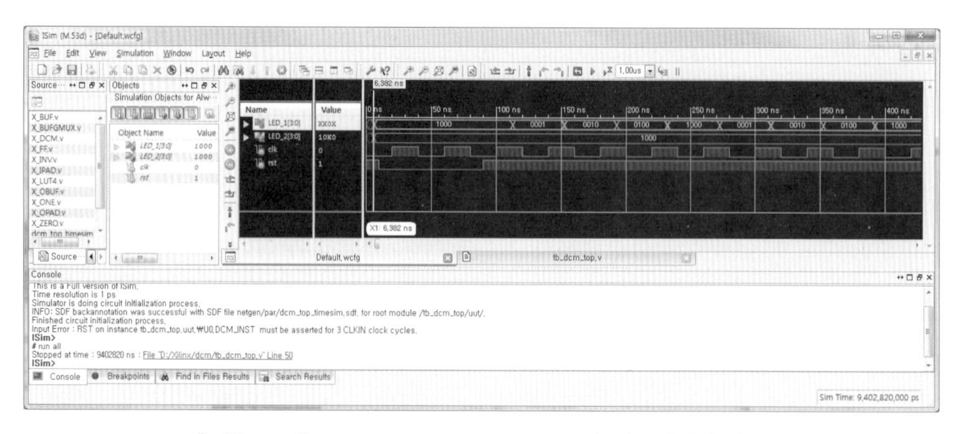

[그림 7.103] Post-Place & Route Model의 시뮬레이션 결과

7.5.7 핀 할당 및 Implement Design

① Project Navigator 좌측 상단의 Design 창에서 프로젝트의 top 모듈 dcm_top을 선택하고, [그림 7.104]와 같이 Processes 창의 User Constraints 메뉴를 확장하여 I/O Pin Planning (PlanAhead)를 더블클릭해서 실행시킨다.

② [표 7.6]의 I/O 핀 할당표를 참조하여 [그림 7.105]와 같이 핀 번호를 할당한다. PlanAhead 창의 I/O Ports 영역에서 포트를 선택하고, I/O Port Properties 영역의 General 탭에서 Site 필드에 FPGA 핀 번호를 입력한다. 모든 입출력 신호에 대한 핀 할당을 완료한 후 저장하면, dcm_top.ucf 파일에 핀 할당 정보가 저장된다.

③ Project Navigator 좌측 상단의 Design 창에서 프로젝트의 top 모듈 dcm_top을 선택하고, Synthesize - XST와 Implement Design을 실행한다.

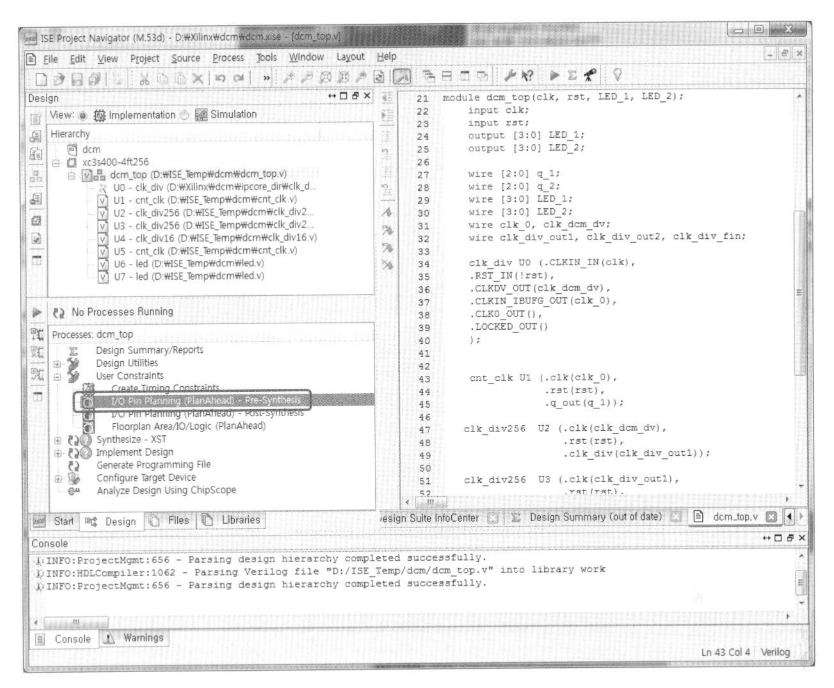

[그림 7.104] I/O Pin Planning (PlanAhead) 실행

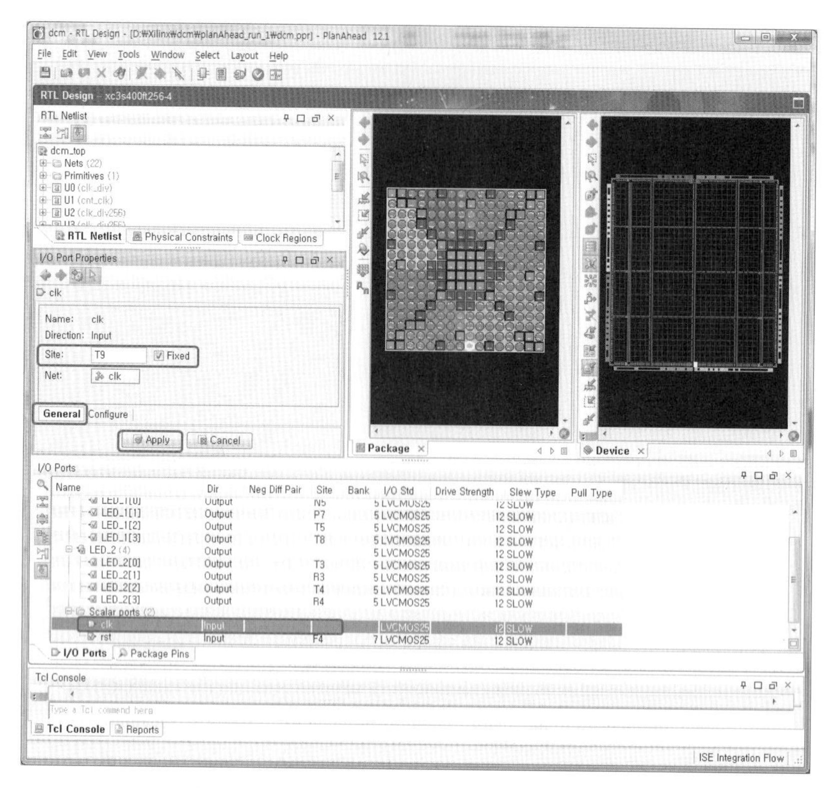

[그림 7.105] PlanAhead에서 I/O 핀 번호 입력

[표 7.6] I/O 핀 할당표

신호이름	FPGA 핀 번호	I/O	비고
clk	T9	I	Target FPGA Clock (50MHz)
rst	F4	I	FPGA B/D Reset Signal (Active-low)
LED_1[0]	N5	O	RF Main Module
LED_1[1]	P7	O	
LED_1[2]	T5	O	
LED_1[3]	T8	O	
LED_2[0]	T3	O	
LED_2[1]	R3	O	
LED_2[2]	T4	O	
LED_2[3]	R4	O	

7.5.8 FPGA 구현 및 동작 확인

① [그림 7.106]과 같이 Generate Programming File을 더블클릭해서 bit 파일을 생성한다.

② 실습 장비와 PC를 JTAG 케이블로 연결한 후, [그림 7.107]와 같이 Configure Target Device 메뉴를 확장하고 Manage Configuration Project(iMPACT)를 더블클릭하여 iMPACT 툴을 실행한다.

③ iMPACT 툴에서 Boundary Scan을 더블클릭한 후, [그림 7.108]과 같이 오른쪽 마우스를 클릭하여 Initialize Chain을 실행한다.

④ [그림 7.109]와 같이 xc3s400 FPGA 디바이스를 선택하고 생성된 bit 파일을 할당하고, iMPACT Processes 창에서 Program을 더블클릭하여 FPGA 디바이스로 다운로드한다.

⑤ 다운로드가 완료되면 RF Main Module의 LED가 점등되는 동작을 확인한다.

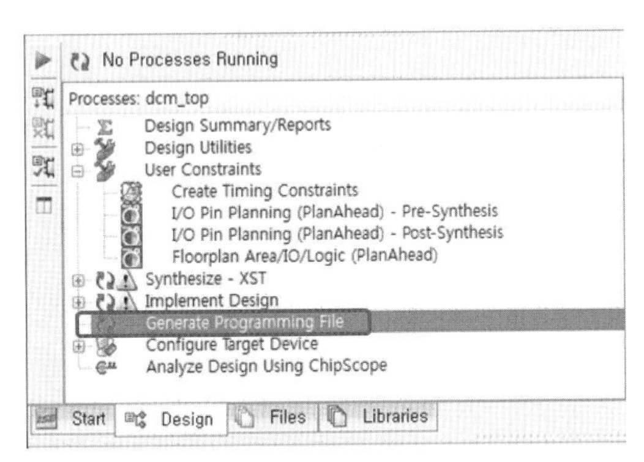

[그림 7.106] Bit 파일 생성

[그림 7.107] iMPACT 툴 실행

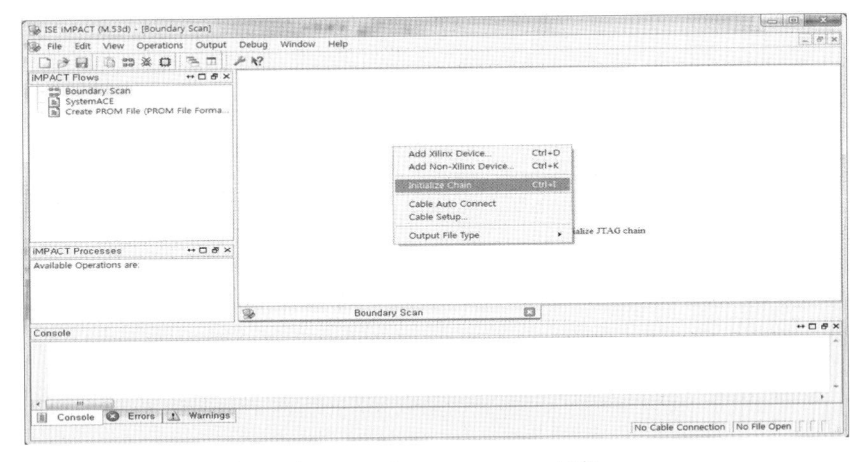

[그림 7.108] Initialize Chain 실행

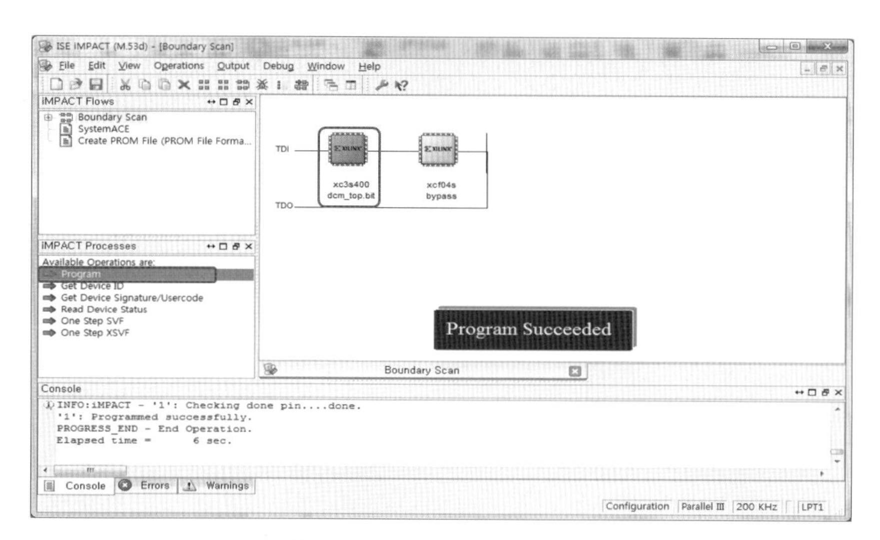

[그림 7.109] Bit 파일 다운로드

7.5.1 Core Generator를 이용하여 DCM IP를 구성하고, 50MHz의 입력 클록으로부터 1Hz, 2Hz, 3Hz, 4Hz의 분주 클록을 생성하여 RF Main Module의 LED 4개를 구동하는 회로를 설계하라. 시뮬레이션을 통해 기능을 확인한 뒤, FPGA 구현을 통해 하드웨어 동작을 확인하라.

제8장 응용회로 설계 실습(2)

8.1 스텝핑 모터 제어 회로

8.2 스텝핑 모터의 속도 제어 회로

8.3 리모컨을 이용한 모터 모듈의 무선 제어 회로

8.4 적외선 센서 모듈 제어 회로

8.5 라인 트레이서 제어 회로

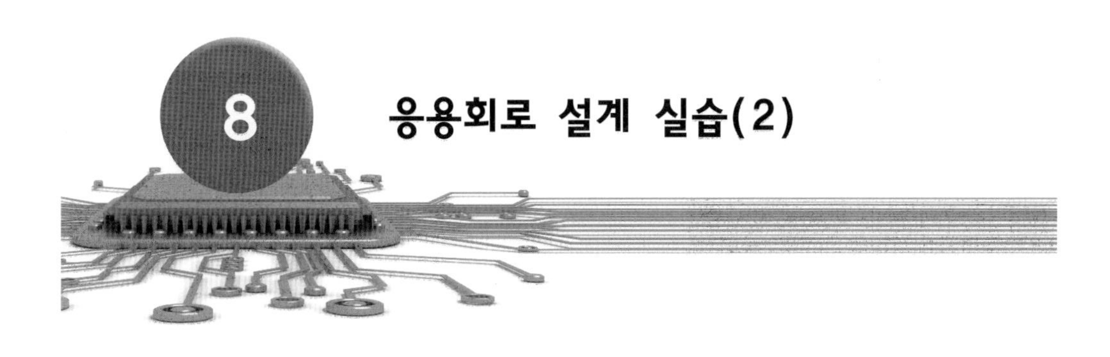

8.1 스텝핑 모터 제어 회로

스텝핑 모터(steping motor)는 입력 펄스에 따라 일정한 회전각(예를 들면, 1.8°)만큼 회전하는 장치이며, 스텝 모터 또는 펄스 모터(pulse motor)라고도 한다. AC 서보(servo) 모터, DC 서보 모터에 비해 가격이 저렴하고 수명이 길며, 디지털 제어가 용이하고 정확한 각도와 속도 제어가 용이하다는 장점을 갖는다. 그러나 고속 회전이 어렵고 소비전력이 비교적 크다는 단점을 갖는다. 회전 각도는 입력 펄스의 수에 비례하며, 입력 펄스의 속도(주파수)에 비례하여 회전 속도가 결정된다. 스텝핑 모터는 회전축에 부착된 자석(로터, rotor)과 바깥쪽에 고정된 전자석(stator)으로 구성되며, 전자석에 감겨있는 코일에 펄스 전류를 흘리면 자력이 발생하고, N극이 S극의 로터를 끌어당기고, S극이 N극의 로터를 끌어당기는 과정이 반복되어 회전한다.

스텝핑 모터를 구동하는 방식으로 단극성(unipolar) 구동, 양극성(bipolar) 구동, 초핑(chopping) 구동 등 다양한 방식들이 사용될 수 있다. 단극성 구동은 전류를 한쪽 방향으로만 흐르도록 하는 구동방식이며, 내부 권선에 중앙 탭이 있는 스텝핑 모터에 사용된다. 구동회로가 간단하고 고속 구동에 용이하다는 장점이 있으나, 저속에서 토크가 작고 에너지 효율이 나쁘다. [그림 8.1]은 바이폴라 접합 트랜지스터(BJT)를 이용한 단극성 구동회로의 예를 보인 것이다. 단자 A, B, $\overline{A}$, $\overline{B}$에 펄스가 인가되면, BJT가 도통되어 코일에 전류가 흐르게 되며, 코일이 여자(excitation)된다. PN 접합 다이오드는 역기전력으로부터 모터를 보호하기 위한 용도로 사용된다.

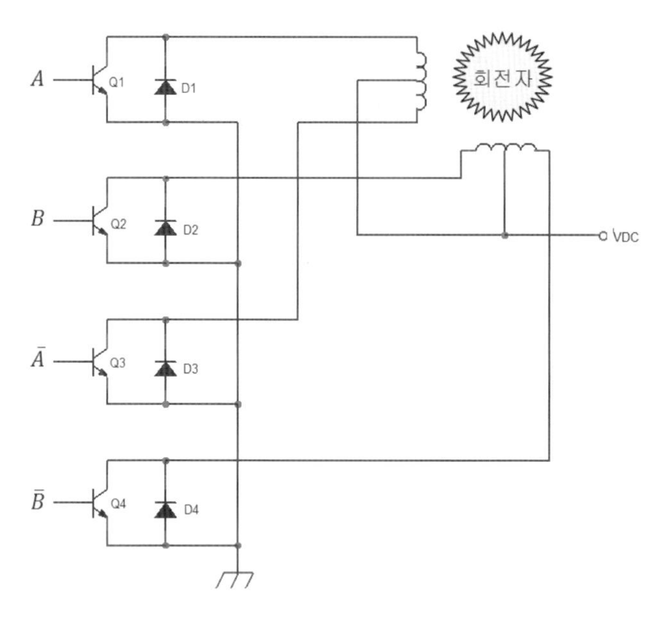

[그림 8.1] BJT를 이용한 단극성 구동회로

스텝핑 모터의 여자(excitation) 방식으로는 1상 여자 방식, 2상 여자 방식, 1-2상 여자 방식 등이 사용될 수 있다. [그림 8.2(a)]는 단극성 1상여자 방식의 신호 파형을 보인 것이며, 하나의 상에만 전류를 흐르게 하는 방식이다. 입력이 1상뿐이므로, 모터의 온도 상승이 작고 전원전압이 낮아도 되며, 출력 토크가 크다. [그림 8.2(b)]는 단극성 2상 여자 방식의 신호 파형을 보인 것이며, 두 개의 상에 전류를 흐르게 하는 방식이다. 1상 여자 방식에 비해 전류가 많이 흘러 모터의 온도 상승이 크다는 단점은 있으나, 정지상의 오버슈트나 언더슈트가 작고 과도 특성이 좋다. 단극성 1-2상 여자 방식의 신호 파형은 [그림 8.2(c)]와 같으며, 1상 여자와 2상 여자를 교대로 반복하는 방식이다. 스텝각이 1상, 2상 여자 방식에 비해 1/2이고, 응답 스텝율은 1상, 2상 여자 방식의 2배이다.

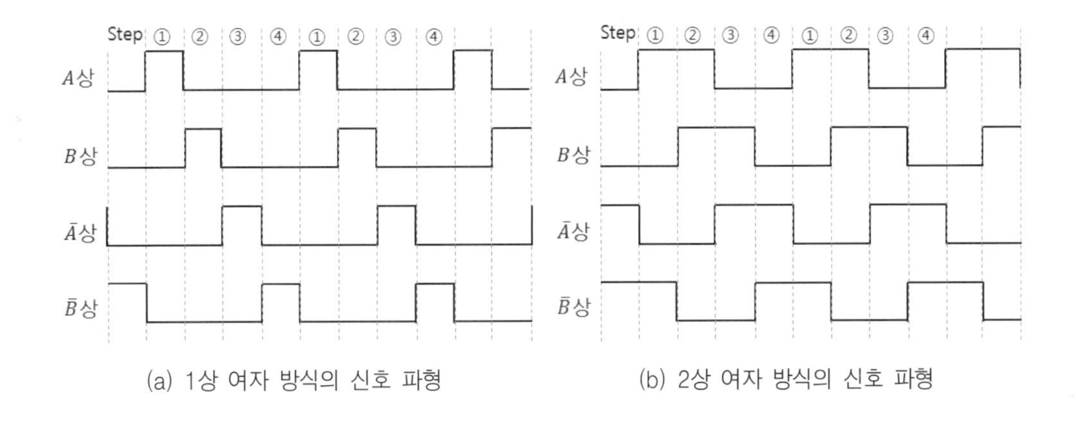

(a) 1상 여자 방식의 신호 파형　　(b) 2상 여자 방식의 신호 파형

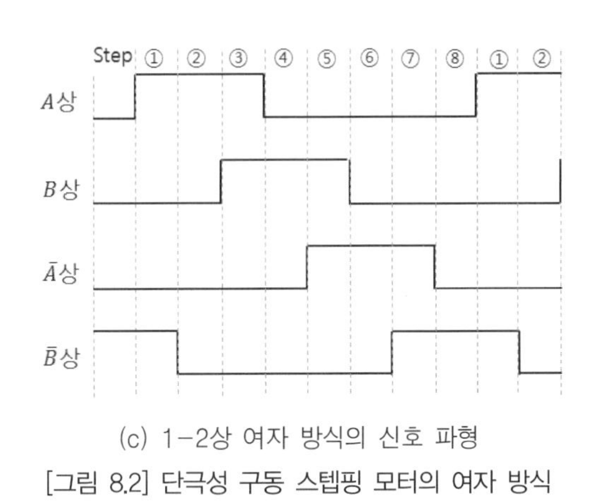

(c) 1-2상 여자 방식의 신호 파형

[그림 8.2] 단극성 구동 스텝핑 모터의 여자 방식

- **실습 목적** : 1상 여자 방식의 스텝핑 모터 구동회로를 설계하고, 동작을 확인한다.
- **실습 회로** : 스텝핑 모터를 1상 여자 방식으로 구동하는 회로를 설계하고, [그림 8.3]의 실습회로를 구성하여 동작을 확인한다.
- **Verilog HDL 모델링** : [코드 8.1]을 참조하여 스텝핑 모터 구동회로의 Verilog HDL 모델링을 완성한다. 주파수 분주기는 50MHz의 클록을 50Hz로 분주하여 내부 회로에 공급한다. 리셋신호 rst는 active-low로 동작한다. [코드 8.1]에 사용된 변수의 설명은 [표 8.1]과 같다.
- **기능 검증** : [코드 8.1]의 HDL 모델링이 완성되면, [코드 8.2]의 테스트벤치를 사용하여 기능을 검증한다. 시뮬레이션 결과는 [그림 8.4]와 같다. 50MHz의 클록을 분주하여 주파수 50Hz의 분주 클록 clk_50이 생성되었으며, 분주 클록에 동기되어 1상 여자 방식

의 모터 구동신호 MTL_A, MTL_B, MTL_nA, MTL_nB가 올바로 생성됨을 확인할 수 있다.

- **설계 결과 확인** : 실습장비의 Motor Module의 왼쪽 바퀴를 구동하여 1회전 후 멈추는 동작을 확인한다. I/O 핀 할당은 [표 8.2]를 적용한다.

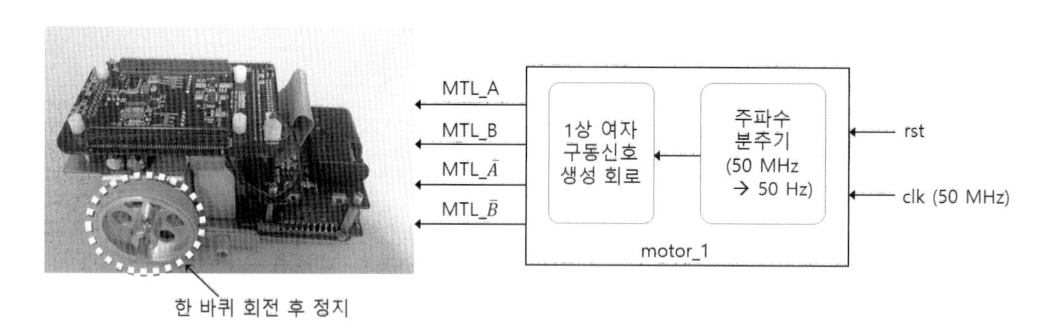

[그림 8.3] 스텝핑 모터 구동 실습회로

[표 8.1] [코드 8.1]에 사용된 변수

신호 이름	설 명
cnt [18:0]	▪ 50MHz의 클록을 50Hz로 분주하기 위해 사용되는 계수기 값 ▪ 계수기가 특정 값이 되면 clk_50의 값을 반전시킴
clk_50	▪ 50Hz 분주 클록
mot_cnt [1:0]	▪ 모터 구동신호의 순차적 생성을 위한 4진 계수기 ▪ 계수기 값에 따라 MTL_A, MTL_B, MTL_nA, MTL_nB 신호가 생성됨
phase_o [3:0]	▪ 스텝핑 모터로 연결되는 출력신호의 묶음 ▪ LSB부터 MSB 순서로 MTL_A, MTL_B, MTL_nA, MTL_nB에 연결됨 ▪ 비트 순서를 거꾸로 하면 모터의 회전의 방향이 바뀜
stop	▪ 200스텝(1회전) 후, 모터를 정지시키기 위한 신호 ▪ stop=1이 되면 모터는 회전을 멈춤
step_cnt [7:0] (0~200을 계수)	▪ 200스텝 후, 모터를 정지시키기 위한 계수기 ▪ 계수기가 특정 값이 되면 stop=1로 만듦

```
module motor_1(clk, rst, MTL_A, MTL_B, MTL_nA, MTL_nB);
  input  clk, rst;
  output MTL_A, MTL_B, MTL_nA, MTL_nB; //왼쪽 모터 구동신호

  reg   clk_50; // 50Hz 분주 클록
  reg   stop;
  reg[18:0] cnt;
  reg[1:0]  mot_cnt;
  reg[3:0]  phase_o;
  reg[7:0] step_cnt;

//① 50MHz의 클록 clk를 50Hz로 분주해서 분주 클록 clk_50을 생성
// 분주 클록 clk_50는 50%의 듀티 비를 갖도록 생성한다.
 always @(posedge clk or negedge rst) begin
   if(!rst) begin
      cnt <= 0;
      clk_50 <= 0;
   end
   else begin
              코딩을 완성한다.
   end
 end

//② 모터 구동신호의 순차적인 생성을 위한 4진 계수기(mot_cnt)
 always @(posedge clk_50 or negedge rst) begin
    if(!rst)
       mot_cnt <= 2'b00;
    else
              코딩을 완성한다.
 end

//③ 1상 여자 방식의 모터 구동신호(phase_o)를 생성
 always @(mot_cnt) begin
    case(mot_cnt)
              코딩을 완성한다.
    endcase
 end
```

[코드 8.1] 스텝핑 모터 제어회로의 HDL 모델링(계속)

```
//④ 1회전(200 steps) 후, 정지신호(stop=1)를 보냄
always @(posedge clk_50 or negedge rst) begin
   if(!rst) begin
     stop <= 1'b0;
     step_cnt <= 0;
   end
   else begin
                        코딩을 완성한다.
   end
end

// stop=0이면 phase_o로부터 모터 구동신호를 생성
// stop=1이면 모터 정지 (조건연산자 사용)
//⑤ MTL_A, MTL_B, MTL_nA, MTL_nB 신호 생성
 assign MTL_A = (!stop) ? phase_o[0] : 0;
              MTL_B, MTL_nA, MTL_nB 신호에 대해 코딩을 완성한다.

endmodule
```

[코드 8.1] 스텝핑 모터 제어회로의 HDL 모델링

```
module tb_motor_1;
   reg  clk, rst;

 motor_1 U0(clk, rst, MTL_A, MTL_B, MTL_nA, MTL_nB);

 initial begin
      clk = 1'b0;
      rst = 1'b0;
   #10 rst = 1'b1;
 end

 always  #10 clk = ~clk;

endmodule
```

[코드 8.2] [코드 8.1]의 시뮬레이션 테스트벤치

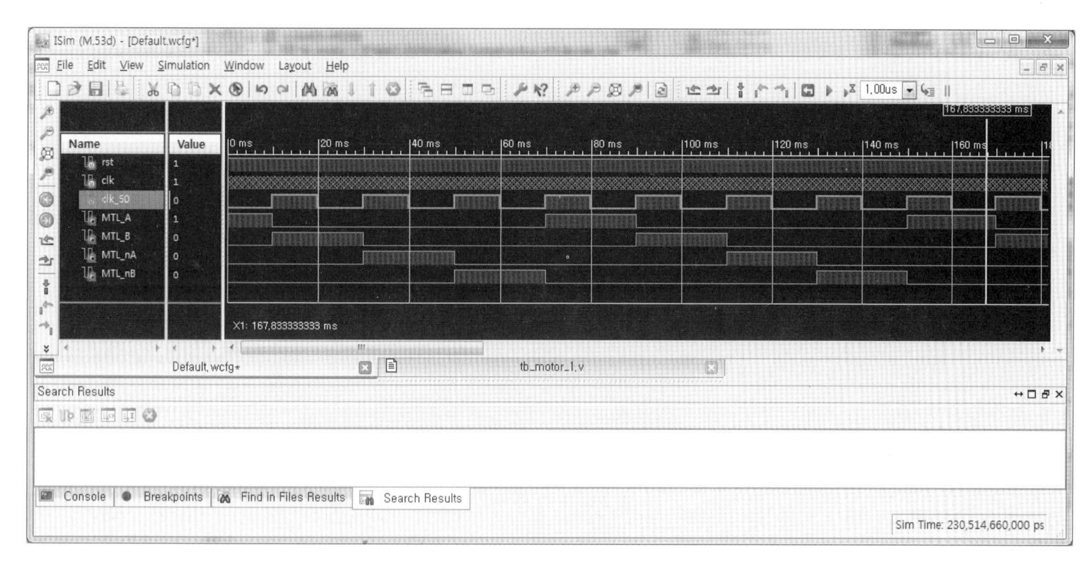

[그림 8.4] 스텝핑 모터 제어회로([코드 8.1])의 시뮬레이션 결과

[표 8.2] I/O 핀 할당표

신호이름	FPGA 핀 번호	I/O	설명
clk	T9	I	Target FPGA Clock(50MHz)
rst	F4	I	시스템 리셋
MTL_A	M7	O	스텝핑 모터로 출력되는 A상 신호
MTL_B	T7	O	스텝핑 모터로 출력되는 B상 신호
MTL_nA	R7	O	스텝핑 모터로 출력되는 $\overline{A}$상 신호
MTL_nB	P8	O	스텝핑 모터로 출력되는 $\overline{B}$상 신호

8.2 스텝핑 모터의 속도 제어 회로

- 실습 목적 : 스텝핑 모터의 회전속도를 제어하는 회로를 설계하고 동작을 확인한다.
- 실습 회로 : 스텝핑 모터의 회전속도는 입력 펄스의 주파수에 의해 결정된다. 정지상태(0Hz), 100Hz, 200Hz, 320Hz의 4가지 속도로 스텝핑 모터의 회전속도를 제어하는 회로를 설계한다. 실습장비의 Motor Module의 왼쪽 모터와 오른쪽 모터의 회전속도를 선

택하는 스위치는 [표 8.3]과 같이 정의하며, SW1 ~ SW3은 RF Main 모듈에 있는 푸시 스위치이고([그림 5.9] 참조), PUSH1은 Base 보드에 있는 푸시 스위치([그림 5.12] 참조)이다.

- **Verilog HDL 모델링** : [코드 8.3]을 참조하여 모터의 회전속도를 제어하는 회로의 Verilog HDL 모델링을 완성한다. 공급되는 클록은 50MHz이며, 리셋신호 rst는 active-low로 동작한다. [코드 8.3]에 사용된 변수의 설명은 [표 8.4]와 같다.
- **기능 검증** : [코드 8.3]의 HDL 모델링이 완성되면, [코드 8.4]의 테스트벤치를 사용하여 기능을 검증한다. 시뮬레이션 결과는 [그림 8.6]과 같다. push_1 ~ push_4 신호의 값에 따라 왼쪽 모터와 오른쪽 모터의 구동신호가 4가지(0Hz, 100Hz, 200Hz, 320Hz)의 주파수로 생성됨을 확인할 수 있다.
- **설계 결과 확인** : [그림 8.5]의 실습회로를 구성하고, 실습장비 Motor Module의 왼쪽과 오른쪽 바퀴를 서로 다른 속도로 구동하여 회전 속도의 변화를 확인한다. I/O 핀 할당은 [표 8.5]를 적용한다.

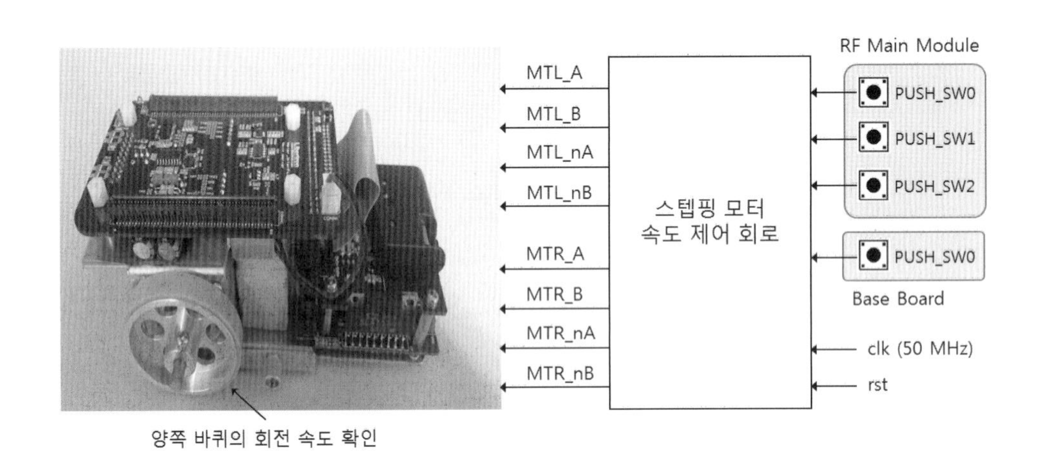

[그림 8.5] 스텝핑 모터 속도 제어 실습회로

[표 8.3] 스위치를 이용한 모터 속도 제어

SW1	SW2	왼쪽 모터	SW3	PUSH1	오른쪽 모터
누름(0)	누름(0)	0Hz (정지)	누름(0)	누름(0)	0Hz (정지)
누름(0)	뗌(1)	100Hz	누름(0)	뗌(1)	100Hz
뗌(1)	누름(0)	200Hz	뗌(1)	누름(0)	200Hz
뗌(1)	뗌(1)	320Hz	뗌(1)	뗌(1)	320Hz

[표 8.4] [코드 8.3]에 사용된 변수

신호 이름	설 명
key_in_l [1:0] key_in_r [1:0]	■ 왼쪽(오른쪽) 모터의 속도를 결정하기 위한 스위치 1과 2의 상태값 ■ 스위치 1(MSB), 스위치 2(LSB). 00 : 정지, 11 : 최대속도
speed_l [17:0] speed_r [17:0]	■ 왼쪽(오른쪽) 모터의 속도 결정을 위해 사용되는 계수기 상한값 ■ 모터에 인가해 주는 스텝의 주파수=50MHz/[(speed_l+1)×2]
motor_lcnt [17:0] motor_rcnt [17:0]	■ speed_l(speed_r)에 의해 결정된 왼쪽(오른쪽) 모터의 스텝 주파수를 만들기 위한 계수기 ■ 계수기 값이 speed_l(speed_r) 값과 같아지면 phase_lclk(phase_rclk)의 값을 반전시키며, 계수기는 0으로 reset됨
motor_lclk motor_rclk	■ 왼쪽(오른쪽) 모터의 스텝을 진행시키기 위해 사용되는 분주 클록 ■ 분주 클록의 주파수가 왼쪽(오른쪽) 모터의 속도를 결정함
phase_lcnt [1:0] phase_rcnt [1:0]	■ 왼쪽(오른쪽) 모터의 구동신호를 순차적으로 생성하기 위한 4진 계수기 ■ 계수기 값에 따라 MTL_A, MTL_B, MTL_nA, MTL_nB 신호와 MTR_A, MTR_B, MTR_nA, MTR_nB 신호가 순차적으로 생성됨 ■ phase_lclk(phase_rclk) 신호의 에지마다 1씩 증가
phase_lout [3:0] phase_rout [3:0]	■ 스텝모터로 연결되는 출력신호의 묶음 ■ LSB부터 MSB 순서로 MTL_A, MTL_B, MTL_nA, MTL_nB와 MTR_A, MTR_B, MTR_nA, MTR_nB에 연결됨 ■ 이 순서를 반대로 하면 모터의 회전방향이 바뀜 ■ 왼쪽 모터와 오른쪽 모터의 회전방향이 반대가 되어야 동일한 방향으로 진행함

```
module motor_2(clk, rst, push_1, push_2, push_3, push_4,
               MTL_A, MTL_B, MTL_nA, MTL_nB,
               MTR_A, MTR_B, MTR_nA, MTR_nB);

  input   clk, rst, push_1, push_2, push_3, push_4;
  output  MTL_A, MTL_B, MTL_nA, MTL_nB; //왼쪽 모터 구동 신호
  output  MTR_A, MTR_B, MTR_nA, MTR_nB; //오른쪽 모터 구동 신호

  wire[1:0] key_in_l, key_in_r;
  reg       motor_lclk, motor_rclk;
  reg[17:0] speed_l, speed_r, motor_lcnt, motor_rcnt;
```

[코드 8.3] 모터 회전속도 제어 회로의 HDL 모델링(계속)

```
  reg[1:0]  phase_lcnt, phase_rcnt;
  reg[3:0]  phase_lout, phase_rout;

//① 결합연산자로 push_1, push_2를 묶어 key_in_l을 생성(assign 문)
                    코딩을 완성한다.
//② 결합연산자로 push_3, push_4를 묶어 key_in_r을 생성(assign 문)
                    코딩을 완성한다.

// push button의 상태(key_in_l, key_in_r)에 따라 모터속도 제어를
// 위한 계수값(speed_l) 결정 (case 문 사용)
// key_in_l=00(정지,0Hz),=01(100Hz),=10(200Hz),=11(320Hz)
//③ 왼쪽 모터 제어
  always @(key_in_l) begin
    case(key_in_l)
                    코딩을 완성한다.
      default : speed_l = 78124;
    endcase
  end

//④ 오른쪽 모터 제어
  always @(key_in_r) begin
                    코딩을 완성한다.
  end

//⑤ 왼쪽 모터 구동을 위한 분주 클록 motor_lclk를 생성
  always @(posedge clk or negedge rst) begin
    if(!rst) begin
      motor_lcnt <= 0;
      motor_lclk <= 0;
    end
    else
                    코딩을 완성한다.
// Speed_l=0인 경우(정지상태)도 고려해야 함
// motor_lcnt <=0, motor_lclk <=0도 고려해야 함
    end
  end
```

[코드 8.3] 모터 회전속도 제어 회로의 HDL 모델링(계속)

```
//⑥ 오른쪽 모터 구동을 위한 분주 클록 motor_rclk를 생성
  always @(posedge clk  or negedge rst) begin
                   코딩을 완성한다.
  end

//⑦ 왼쪽 모터 구동신호의 순차적인 생성을 위한 4진 계수기(phase_lcnt)
  always @(posedge motor_lclk or negedge rst) begin
    if(!rst) phase_lcnt <= 2'b00;
    else
                   코딩을 완성한다.
  end

//⑧ phase_lcnt에 따라 모터 구동신호 phase_lout[3:0]를 생성(case 문)
  always @(posedge motor_lclk or negedge rst) begin
    if(!rst) phase_lout <= 4'b0000;
    else begin
      case(phase_lcnt)
                   코딩을 완성한다.
        default : phase_lout <= 4'b0000;
      endcase
    end
  end

//⑨ 오른쪽 모터 구동신호의 순차적인 생성을 위한 4진 계수기(phase_rcnt)
  always @(posedge motor_rclk or negedge rst) begin
    if(!rst) phase_rcnt <= 2'b00;
    else
                   코딩을 완성한다.
  end

//⑩ phase_rcnt에 따라 모터 구동신호 phase_rout[3:0]를 생성(case 문)
  always @(posedge motor_rclk or negedge rst) begin
    if(!rst) phase_rout <= 4'b0000;
    else begin
      case(phase_rcnt)
                   코딩을 완성한다.
        default : phase_rout <= 4'b0000;
      endcase
    end
```

[코드 8.3] 모터 회전속도 제어 회로의 HDL 모델링(계속)

```
  end

//⑪ phase_lout으로부터 MTL_A, MTL_B, MTL_nA, MTL_nB을 생성
          코딩을 완성한다(assign 문 사용).

//⑫ phase_rout으로부터 MTR_A, MTR_B, MTR_nA, MTR_nB을 생성
          코딩을 완성한다(assign 문 사용).

endmodule
```

[코드 8.3] 모터 회전속도 제어 회로의 HDL 모델링

```
module tb_motor_2;
 reg   clk, rst, push_1, push_2, push_3, push_4;

 motor_2 U0(clk, rst, push_1, push_2, push_3, push_4,
            MTL_A, MTL_B, MTL_nA, MTL_nB,
            MTR_A, MTR_B, MTR_nA, MTR_nB);

 initial begin
      clk = 1'b0;      rst = 1'b0;
      push_1 = 1'b0; push_2 = 1'b0;
      push_3 = 1'b0; push_4 = 1'b0;
   #10 rst = 1'b1;
 end

 always #10 clk = ~clk;
 always #300000000 push_1 = ~push_1;
 always #150000000 push_2 = ~push_2;
 always #400000000 push_3 = ~push_3;
 always #200000000 push_4 = ~push_4;

endmodule
```

[코드 8.4] [코드 8.3]의 시뮬레이션 테스트벤치

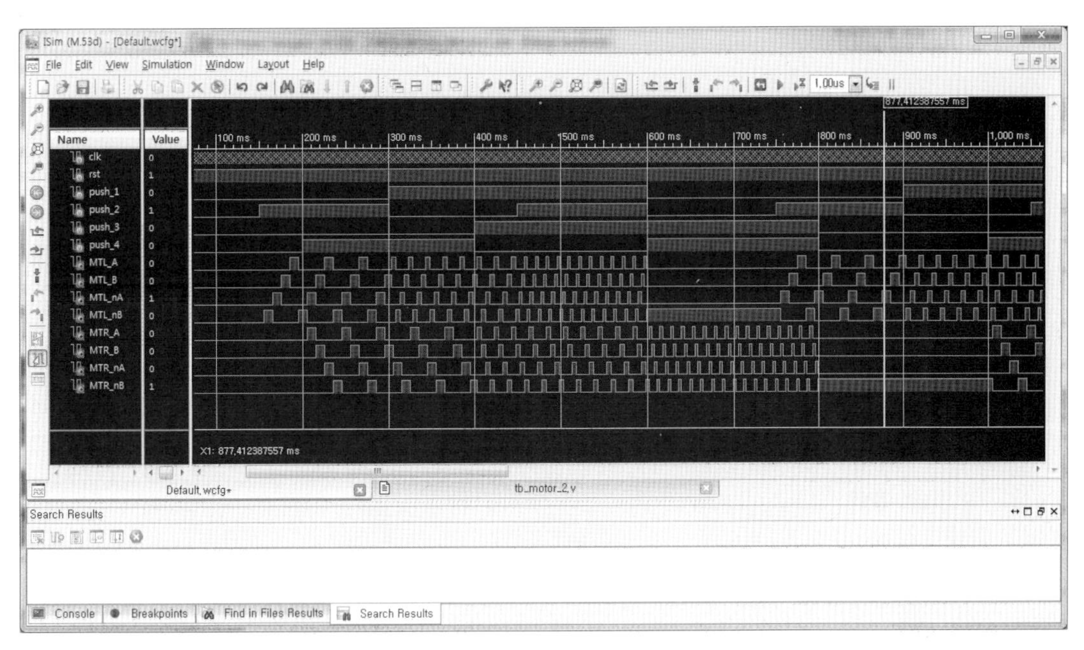

[그림 8.6] 스텝핑 모터 속도 제어 회로([코드 8.3])의 시뮬레이션 결과

[표 8.5] I/O 핀 할당표

신호이름	FPGA 핀 번호	I/O	설명
clk	T9	I	Target FPGA Clock(50MHz)
rst	F4	I	시스템 리셋
PUSH_1	P2	I	RF Module의 PUSH_SW0
PUSH_2	N3	I	RF Module의 PUSH_SW1
PUSH_3	N2	I	RF Module의 PUSH_SW2
PUSH_4	N1	I	BASE Board의 PUSH_SW0
MTL_A	M7	O	왼쪽 스텝핑 모터로 출력되는 A상 신호
MTL_B	T7	O	왼쪽 스텝핑 모터로 출력되는 B상 신호
MTL_nA	R7	O	왼쪽 스텝핑 모터로 출력되는 $\overline{A}$상 신호
MTL_nB	P8	O	왼쪽 스텝핑 모터로 출력되는 $\overline{B}$상 신호
MTR_A	T12	O	오른쪽 스텝핑 모터로 출력되는 A상 신호
MTR_B	T14	O	오른쪽 스텝핑 모터로 출력되는 B상 신호
MTR_nA	N12	O	오른쪽 스텝핑 모터로 출력되는 $\overline{A}$상 신호
MTR_nB	P13	O	오른쪽 스텝핑 모터로 출력되는 $\overline{B}$상 신호

8.3 리모컨을 이용한 모터 모듈의 무선 제어 회로

- **실습 목적** : 리모컨을 이용하여 무선으로 모터 모듈을 제어하는 회로를 설계하고, 동작을 확인한다.
- **실습 회로** : 실습장비에 제공된 리모컨의 키([그림 8.7(b)])를 조작하여 모터 모듈의 전진, 후진, 좌회전, 우회전 등의 동작을 제어하는 회로를 설계한다. 리모컨 키 조작에 따른 모터모듈의 동작제어는 [표 8.6]과 같다.
- **Verilog HDL 모델링** : [코드 8.5]를 참조하여 리모컨 키 조작 신호에 따라 모터 모듈의 동작을 제어하는 회로의 Verilog HDL 모델링을 완성한다. 공급되는 클록은 50MHz이며, 리셋신호 rst는 active-low로 동작한다. [코드 8.5]에 사용된 변수의 설명은 [표 8.7]과 같다.
- **기능 검증** : [코드 8.5]의 HDL 모델링이 완성되면, [코드 8.6]의 테스트벤치를 사용하여 기능을 검증한다. 시뮬레이션 결과는 [그림 8.8]과 같다. remote 신호가 001인 경우에 forward=0이 되어 모터 모듈의 후진 동작이 결정되고, 나머지 경우에는 forward=1이 되어 모터 모듈의 전진 동작이 결정된다. 모터 모듈의 전진과 후진 동작을 위해 왼쪽 모터와 오른쪽 모터의 구동신호가 서로 반대 위상으로 생성됨을 확인할 수 있다.
- **설계 결과 확인** : [그림 8.7(a)]의 실습회로를 구성하고, 실습장비 Motor Module의 왼쪽과 오른쪽 바퀴를 서로 다른 속도로 구동하여 직진, 후진, 좌회전, 우회전 동작을 확인한다. 무선 리모컨의 키 번호 할당은 [그림 8.7(b)]과 같으며, 리모컨 키 조작에 따른 모터 모듈의 동작 제어는 [표 8.6]과 같다. I/O 핀 할당은 [표 8.8]을 적용한다.

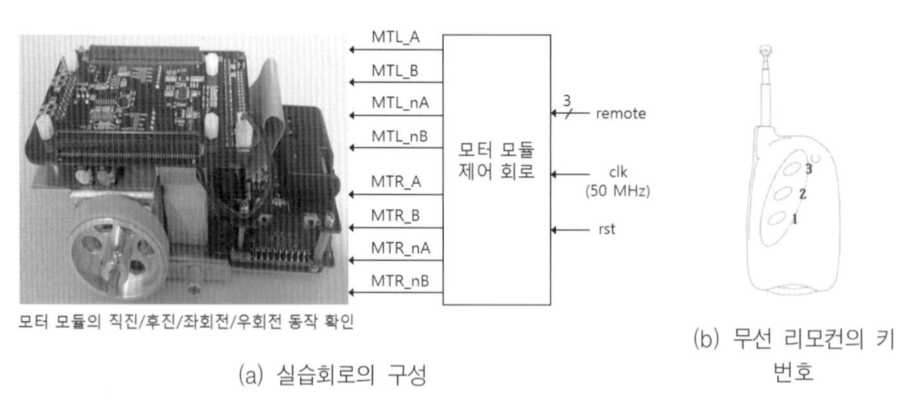

(a) 실습회로의 구성

(b) 무선 리모컨의 키 번호

[그림 8.7] 무선 리모컨을 이용한 모터 모듈 제어 회로

[표 8.6] 리모컨 키 조작에 따른 모터 모듈의 동작 제어

키 조작	remote 신호	모터 모듈의 동작
3번 키를 누름	100	전진
1번 키를 누름	001	후진
2번과 3번 키를 동시에 누름	110	우회전
1번과 2번 키를 동시에 누름	011	좌회전
나머지 경우	000 등	정지

[표 8.7] [코드 8.5]에 사용된 변수

신호 이름	설 명
remote [2:0]	■ 리모컨 키 조작에 따른 입력 신호
forward	■ 모터 모듈의 전진(forward=1), 후진(forward=0) 동작을 결정하는 신호
speed_l [17:0] speed_r [17:0]	■ 왼쪽(오른쪽) 모터의 속도 결정을 위해 사용되는 계수기 상한값 ■ 모터에 인가해 주는 스텝의 주파수=50MHz/[(speed_l+1)×2]
motor_lcnt [17:0] motor_rcnt [17:0]	■ speed_l(speed_r)에 의해 결정된 왼쪽(오른쪽) 모터의 스텝 주파수를 만들기 위한 계수기 ■ 계수기 값이 speed_l(speed_r) 값과 같아지면 phase_lclk(phase_rclk)의 값을 반전시키며, 계수기는 0으로 reset됨
phase_lclk phase_rclk	■ 왼쪽(오른쪽) 모터의 스텝을 진행시키기 위해 사용되는 분주 클록 ■ 이 클록의 주파수가 왼쪽(오른쪽) 모터의 속도를 결정함
phase_lcnt [1:0] phase_rcnt [1:0]	■ 왼쪽(오른쪽) 모터 구동신호의 순차적 생성을 위한 4진 계수기 ■ 계수기 값에 따라 MTL_A, MTL_B, MTL_nA, MTL_nB 신호와 MTR_A, MTR_B, MTR_nA, MTR_nB 신호가 순차적으로 생성됨 ■ phase_lclk(phase_rclk) 신호의 에지마다 1씩 증가
phase_lout [3:0] phase_rout [3:0]	■ 스텝모터로 연결되는 출력신호의 묶음 ■ LSB부터 MSB 순서로 MTL_A, MTL_B, MTL_nA, MTL_nB와 MTR_A, MTR_B, MTR_nA, MTR_nB에 연결됨 ■ 이 순서를 반대로 하면 모터의 회전방향이 바뀜 ■ 왼쪽 모터와 오른쪽 모터의 회전방향이 반대가 되어야 동일한 방향으로 진행함

```
module remote_motor(clk, rst, remote,
                    MTL_A, MTL_B, MTL_nA, MTL_nB,
                    MTR_A, MTR_B, MTR_nA, MTR_nB);

  input       clk, rst;
  input[2:0]  remote;  // 리모컨 입력
  output      MTL_A, MTL_B, MTL_nA, MTL_nB;
  output      MTR_A, MTR_B, MTR_nA, MTR_nB;

  reg      forward;
  reg      phase_lclk, phase_rclk;
  reg[17:0] speed_l, speed_r, motor_lcnt, motor_rcnt;
  reg[1:0] phase_lcnt, phase_rcnt;
  reg[3:0] phase_lout, phase_rout;

//① remote 값에 따라 모터의 속도 결정을 위한 계수기 상한값
// speed_l=0(0Hz), 78124(320Hz), speed_r=0(0Hz), 78124(320Hz)
// 전진: forward = 1'b1, 후진: forward = 1'b0
  always @(remote) begin
    forward = 1'b1;  // 기본동작 : 전진
    case(remote)
      3'b100 : begin  // 전진 동작
                 speed_l = 78124;  // 320Hz
                 speed_r = 78124;  // 320Hz
               end
      3'b001 ://후진 동작의 코딩을 완성한다.
      3'b110 ://우회전(오른쪽 모터 속도:0Hz) 동작의 코딩을 완성한다.
      3'b011 ://좌회전(왼쪽 모터 속도:0Hz) 동작의 코딩을 완성한다.
      default : begin
                  speed_l = 0; // 정지
                  speed_r = 0; // 정지
                end
    endcase
  end

//② 왼쪽 모터 구동을 위한 분주 클록 phase_lclk를 생성
  always @(posedge clk or negedge rst) begin
```

[코드 8.5] 리모컨을 이용한 모터 모듈 제어 회로의 HDL 모델링(계속)

```
    if(!rst) begin
      motor_lcnt <= 0;
      phase_lclk <= 0;
    end
    else
      코딩을 완성한다.
// Speed_l=0인 경우(정지상태)도 고려해야 함
    end
  end

//③ 오른쪽 모터 구동을 위한 분주 클록 phase_rclk를 생성
  always @(posedge clk or negedge rst) begin
      코딩을 완성한다.
  end

//④ 왼쪽 모터 구동신호의 순차적인 생성을 위한 4진 계수기(phase_lcnt)
  always @(posedge phase_lclk  or negedge rst) begin
    if(!rst) phase_lcnt <= 0;
    else
      코딩을 완성한다.
  end

//⑤ phase_lcnt에 따라 모터 구동신호 phase_lout[3:0]를 생성
  always @(posedge phase_lclk  or negedge rst) begin
    if(!rst) phase_lout <= 4'b0000;
    else
      코딩을 완성한다. (case 문 사용)
  end

//⑥ 오른쪽 모터 구동신호의 순차적인 생성을 위한 4진 계수기(phase_rcnt)
  always @(posedge phase_rclk  or negedge rst) begin
    if(!rst) phase_rcnt <= 0;
    else
      코딩을 완성한다.
  end

//⑦ phase_rcnt에 따라 모터 구동신호 phase_rout[3:0]를 생성
  always @(posedge phase_rclk  or negedge rst) begin
```

[코드 8.5] 리모컨을 이용한 모터 모듈 제어 회로의 HDL 모델링(계속)

```
    if(!rst) phase_rout <= 4'b0000;
    else
      코딩을 완성한다. (case 문 사용)
  end

//⑧ 왼쪽 모터 구동신호 MTL_A, MTL_B, MTL_nA, MTL_nB 생성
// phase_lout으로부터 모터 전진/후진 구동신호 생성
// forward=1(전진), forward=0(후진) : 전진과 후진은 반대 위상
    코딩을 완성한다. (assign 문과 조건연산자 사용)

//⑨ 오른쪽 모터 구동신호 MTR_A, MTR_B, MTR_nA, MTR_nB 생성
// phase_rout으로부터 모터 전진/후진 구동신호 생성
// forward=1(전진), forward=0(후진) : 전진과 후진은 반대 위상
    코딩을 완성한다. (assign 문과 조건연산자 사용)
endmodule
```

[코드 8.5] 리모컨을 이용한 모터 모듈 제어 회로의 HDL 모델링

```
module tb_remote_motor;
  reg   clk, rst;
  reg[2:0] remote;

  remote_motor U0(clk, rst, remote,
                  MTL_A, MTL_B, MTL_nA, MTL_nB,
                  MTR_A, MTR_B, MTR_nA, MTR_nB);
  initial begin
    clk = 1'b0;   rst = 1'b0;
    remote = 3'b000;
    #10 rst = 1'b1;
  end

  always  #10 clk = ~clk;

  always begin
    #100000000 remote = 3'b100;
    #100000000 remote = 3'b001;
    #100000000 remote = 3'b110;
    #100000000 remote = 3'b011;
  end
endmodule
```

[코드 8.6] [코드 8.5]의 시뮬레이션 테스트벤치

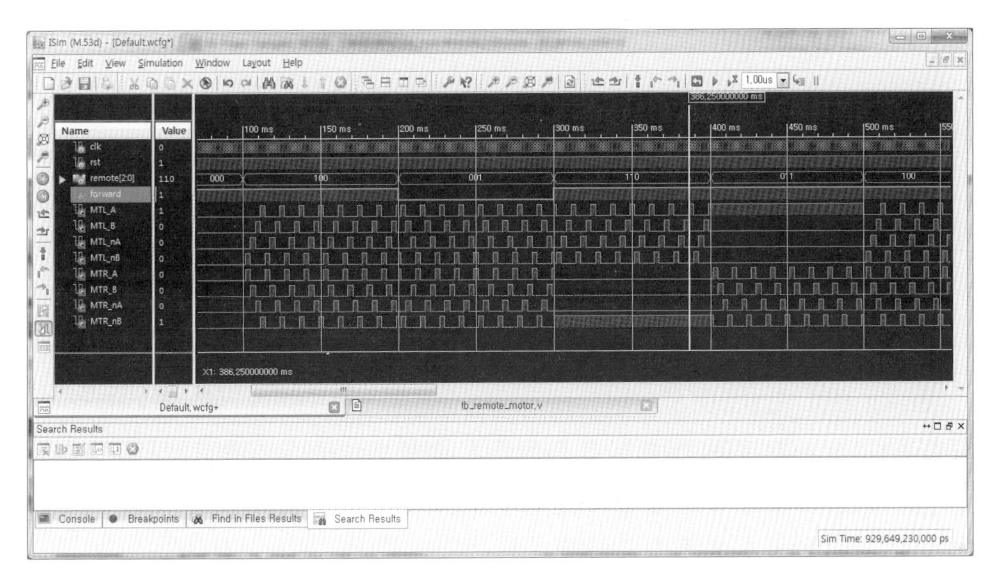

[그림 8.8] 리모컨을 이용한 모터 모듈 제어 회로([코드 8.5])의 시뮬레이션 결과

[표 8.8] I/O 핀 할당표

신호이름	FPGA 핀 번호	I/O	설명
clk	T9	I	Target FPGA Clock(50MHz)
rst	F4	I	시스템 리셋
remote[0]	K1	I	RF Module의 PUSH_SW0
remote[1]	R1	I	RF Module의 PUSH_SW1
remote[2]	P1	I	RF Module의 PUSH_SW2
MTL_A	M7	O	왼쪽 스텝핑 모터로 출력되는 A상 신호
MTL_B	T7	O	왼쪽 스텝핑 모터로 출력되는 B상 신호
MTL_nA	R7	O	왼쪽 스텝핑 모터로 출력되는 $\overline{A}$상 신호
MTL_nB	P8	O	왼쪽 스텝핑 모터로 출력되는 $\overline{B}$상 신호
MTR_A	T12	O	오른쪽 스텝핑 모터로 출력되는 A상 신호
MTR_B	T14	O	오른쪽 스텝핑 모터로 출력되는 B상 신호
MTR_nA	N12	O	오른쪽 스텝핑 모터로 출력되는 $\overline{A}$상 신호
MTR_nB	P13	O	오른쪽 스텝핑 모터로 출력되는 $\overline{B}$상 신호

8.4 적외선 센서 모듈 제어 회로

- **실습 목적** : 적외선 센서 모듈을 제어하는 회로를 설계하고 동작을 확인한다.
- **실습 회로** : 실습장비에는 라인 트레이서(line tracer)용과 마이크로 마우스(micro mouse)용 적외선 센서 모듈이 제공된다(5.3절, 5.4절 참조). 적외선 발광 다이오드를 구동하여 적외선 신호를 발생시키고, 반사되어 입력되는 적외선 신호를 수광 센서로 감지하여 수광 확인용 LED에 표시하는 적외선 센서 모듈 제어 회로를 설계한다.
- **Verilog HDL 모델링** : [코드 8.7]을 참조하여 적외선 센서 모듈의 동작을 제어하는 회로의 Verilog HDL 모델링을 완성한다. 공급되는 클록은 50MHz이며, 이를 500Hz로 분주해서 발광 다이오드를 구동하는 신호를 생성한다. 리셋신호 rst는 active-low로 동작한다.
- **기능 검증** : [코드 8.7]의 HDL 모델링이 완성되면, [코드 8.8]의 테스트벤치를 사용하여 기능을 검증한다. 시뮬레이션 결과는 [그림 8.10]과 같다. 500Hz의 분주 클록 clk_500에 의해 발광 다이오드를 구동하는 sen_out 신호가 생성되고, 수광 입력신호 sen_in이 수광 확인 led 신호로 출력됨을 확인할 수 있다.
- **설계 결과 확인** : [그림 8.9]의 실습회로를 구성하고, 라인 트레이서용 적외선 센서 모듈이 실습장비에 장착된 상태에서 적외선 흡수장치를 이동시키면서 수광 센서 신호의 변화를 수광 확인용 LED를 통해 확인한다. I/O 핀 할당은 [표 8.9]를 적용한다.

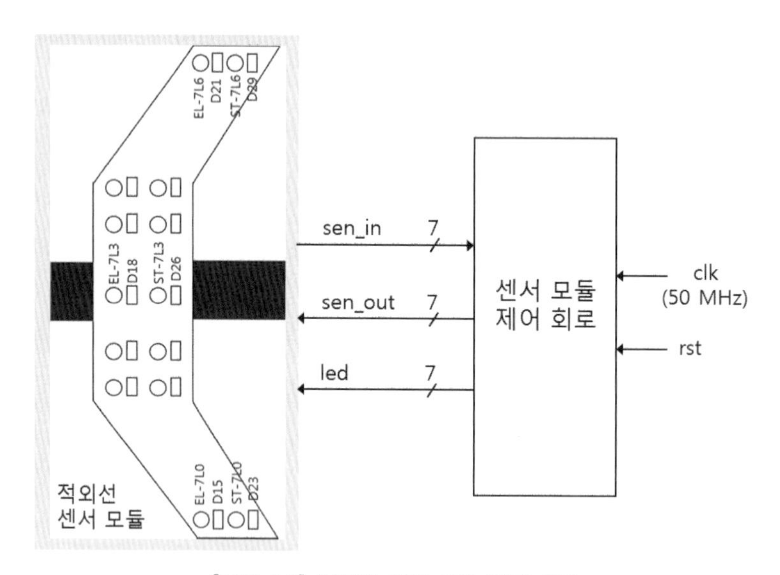

[그림 8.9] 적외선 센서 모듈 제어 회로

```
module sensor_con(clk, rst, sen_in, sen_out, led);
  input       clk, rst;
  input [6:0] sen_in;   // 적외선 수광 센서로부터 입력되는 수광 신호
  output[6:0] sen_out;  // 적외선 발광 다이오드 구동신호
  output[6:0] led;      // 적외선 수광 확인용 LED 구동 신호

  wire [6:0] sen_out;
  reg  [6:0]  led;
  reg         clk_500;  // 500Hz 분주 클록
  reg  [15:0] cnt;      // 분주 클록 생성을 위한 계수기

//① clk(50MHz)를 clk_500(500Hz)로 분주(발광 다이오드 구동 신호로 사용)
  always @(posedge clk or negedge rst) begin
    if(!rst) begin
      cnt <= 0;
      clk_500 <= 0;
    end
    else
                    코딩을 완성한다.
  end

//② clk_500 신호를 7개의 발광 다이오드로 출력함
              코딩을 완성한다. (assign,반복연산자 사용)

//③ 적외선 수광 센서로 받은 입력(sen_in)을 수광 확인 led로 출력
  always @(posedge clk_500 or negedge rst) begin
    if(!rst) led <= 0;
    else led <= sen_in;
  end

endmodule
```

[코드 8.7] 적외선 센서 모듈 제어 회로의 HDL 모델링

```
module tb_sensor_con;
  reg        clk, rst;
  reg [6:0]  sen_in;
  wire [6:0] led, sen_out;

  sensor_con U0(clk, rst, sen_in, sen_out, led);

 initial begin
       clk = 1'b0; rst = 1'b0;
       sen_in = 7'b0000000;
    #10 rst = 1'b1;
 end

 always
   #10 clk = ~clk;

 always begin
   #10000000 sen_in = 7'b1111111;
   #10000000 sen_in = 7'b0101010;
   #10000000 sen_in = 7'b1010101;
   #10000000 sen_in = 7'b0000000;
 end

endmodule
```

[코드 8.8] [코드 8.7]의 시뮬레이션 테스트벤치

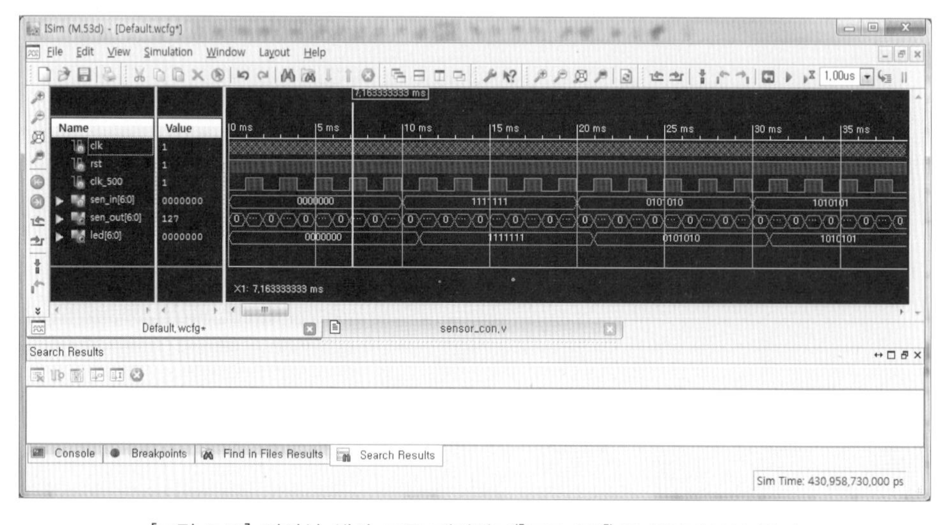

[그림 8.10] 적외선 센서 모듈 제어회로([코드 8.7])의 시뮬레이션 결과

[표 8.9] I/O 핀 할당표

신호이름	FPGA 핀 번호	I/O	설명
clk	T9	I	Target FPGA Clock(50MHz)
rst	F4	I	시스템 리셋
sen_in[0]	L3	I	적외선 수광 센서로부터 입력되는 신호
sen_in[1]	L2	I	
sen_in[2]	K5	I	
sen_in[3]	K4	I	
sen_in[4]	K3	I	
sen_in[5]	K2	I	
sen_in[6]	J4	I	
sen_out[0]	R5	O	적외선 발광 소자로 출력되는 신호
sen_out[1]	P5	O	
sen_out[2]	N6	O	
sen_out[3]	M6	O	
sen_out[4]	R6	O	
sen_out[5]	P6	O	
sen_out[6]	N7	O	
led[0]	N5	O	적외선 수광 확인용 LED 구동 신호
led[1]	P7	O	
led[2]	T5	O	
led[3]	T8	O	
led[4]	T3	O	
led[5]	R3	O	
led[6]	T4	O	

8.5 라인 트레이서 제어 회로

- **실습 목적** : 모터 모듈과 적외선 센서 모듈을 이용한 라인 트레이서 제어 회로를 설계하고, 동작을 확인한다.
- **실습 회로** : 모터 모듈에 적외선 센서 모듈을 장착하여 라인 트레이서로 동작하도록 제어하는 회로를 설계하고, [그림 8.11]의 실습회로를 구성하여 동작을 확인한다.
- **Verilog HDL 모델링** : [코드 8.9], [코드 8.10]의 Verilog HDL 모델링을 완성한다. [코드 8.9]의 top 모듈에서는 모듈 sensor_con과 모듈 motor_con을 인스턴스하며, 모듈의 포트 매핑은 [그림 8.12]와 같다. 적외선 센서 수신 데이터에 따라 좌/우 모터의 속도를 제어하기 위해 8.2절에서 설명된 방법을 적용하며, 적외선 센서 수신 데이터에 따라 주파수 분주기의 계수기 상한값을 [표 8.10]과 같이 결정한다. 센서 입력신호 sen_in을 비트 반전시킨 sen_int의 상위 3비트가 000이면 모터 모듈은 좌회전을 하고, sen_int의 하위 3비트가 000이면 모터 모듈은 우회전을 한다. 모터의 회전 속도는 분주 클록의 주파수에 의해 결정되며, 주파수 분주기의 상한값(pwm_l, pwm_r)이 클수록 분주 클록의 주파수가 작아져 모터의 회전속도가 느려진다. [표 8.10]에서 sen_int=0001100인 경우는 느린 좌회전이 이루어지고 sen_int=0000001인 경우는 빠른 좌회전이 일어난다. 또한, sen_int=0011000인 경우는 느린 우회전이 이루어지고 sen_int=1000000인 경우는 빠른 우회전이 일어난다. 모듈 sensor_con은 8.4절에서 설계된 모듈을 이용한다. 공급되는 클록은 50MHz이며, 리셋신호 rst는 active-low로 동작한다.
- **기능 검증** : HDL 모델링이 완성되면, 테스트벤치를 작성하여 기능을 검증한다.
- **설계 결과 확인** : 흰색 바탕에 주행 라인이 검은색으로 표시된 바닥(또는 판자)에 적외선 센서 모듈이 부착된 모터 모듈을 올려놓고 모터 모듈이 주행 라인을 따라 이동하는 동작을 확인한다. I/O 핀 할당은 [표 8.11]을 적용한다.

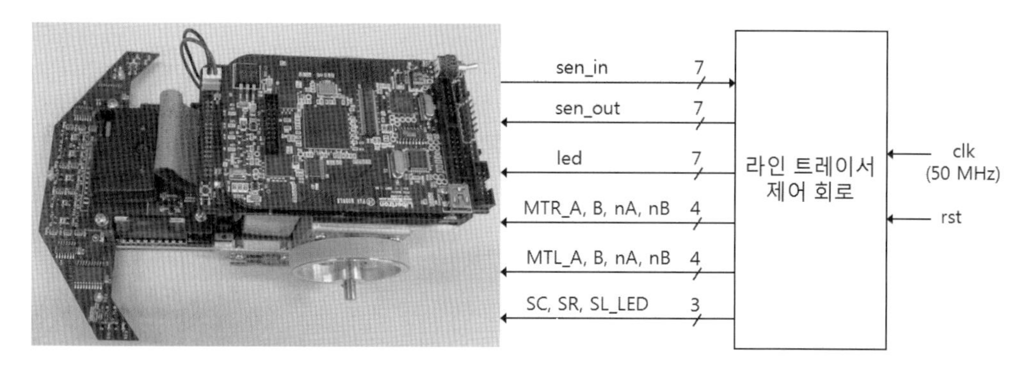

[그림 8.11] 라인 트레이서 제어 회로

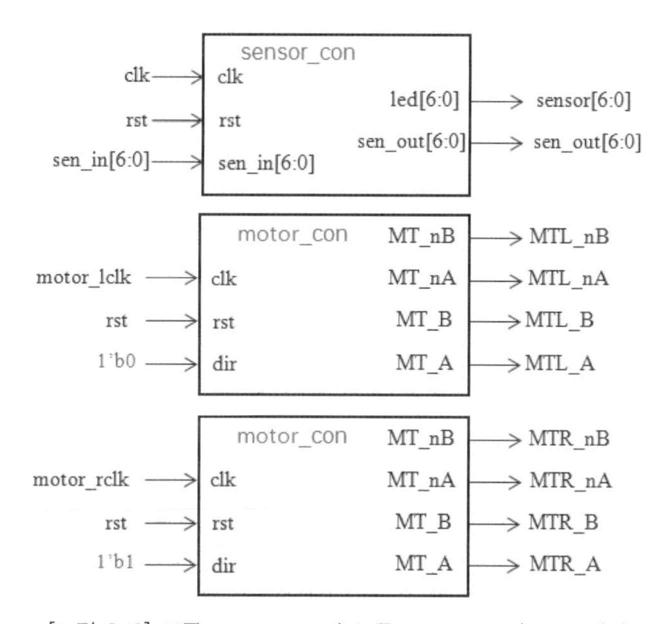

[그림 8.12] 모듈 sensor_con과 모듈 motor_con의 포트 매핑

[표 8.10] 적외선 센서 수신 데이터에 따른 좌/우 모터의 속도 제어

좌회전 동작				우회전 동작			
센서 수신 데이터 sen_int [6:0]	모터의 속도 결정을 위한 계수기 상한값		비고	센서 수신 데이터 sen_int [6:0]	모터의 속도 결정을 위한 계수기 상한값		비고
	좌(pwm_l)	우(pwm_r)			좌(pwm_l)	우(pwm_r)	
000 1100	207	179	느린 좌회전	0011 000	179	207	느린 우회전
000 1110	230	179	↓	0111 000	179	230	↓
000 1010	230	179		0101 000	179	230	
000 0100	258	179		0010 000	179	258	
000 0110	306	179		0110 000	179	306	
000 0101	347	179		1010 000	179	347	
000 0111	347	179		1110 000	179	347	
000 0010	419	179		0100 000	179	419	
000 0011	488	179		1100 000	179	488	
000 1111	488	179		1111 000	179	488	
000 0001	557	179	빠른 좌회전	1000 000	179	557	빠른 우회전

```
module line_tracer_top(clk, rst, sen_in, sen_out,
                       LED, SC_LED, SR_LED, SL_LED,
                       MTR_A, MTR_B, MTR_nA, MTR_nB,
                       MTL_A, MTL_B, MTL_nA, MTL_nB);

  input        clk, rst;
  input [6:0] sen_in;
  output[6:0] sen_out, LED;
  output       SC_LED, SR_LED, SL_LED;
  output       MTR_A, MTR_B, MTR_nA, MTR_nB;
  output       MTL_A, MTL_B, MTL_nA, MTL_nB;
```

[코드 8.9] 라인 트레이서 제어 회로 top 모듈의 HDL 모델링(계속)

```
  wire[6:0] sen_out, LED;
  wire[6:0] sensor, sen_int;
  reg       clk_100k, motor_lclk, motor_rclk;
  reg[18:0] cnt, pwm_l, pwm_r, motor_lcnt, motor_rcnt;

//① 모듈 sensor_con의 인스턴스 및 포트 매핑
            코딩을 완성한다.

//② 모듈 motor_con의 인스턴스 및 포트 매핑(왼쪽 모터 제어)
            코딩을 완성한다.

//③ 모듈 motor_con의 인스턴스 및 포트 매핑(오른쪽 모터 제어)
            코딩을 완성한다.

//④ 적외선 센서 입력(sensor)을 반전시켜 LED로 출력
  assign sen_int = ~sensor;
  assign LED = sen_int;

//⑤ 적외선 센서 입력을 wing 모듈의 중앙/좌측/우측의 3개 LED로 출력
  assign SC_LED = (sen_int == 7'b0001000) ? 1 : 0;  // 중앙
  assign SL_LED = (sen_int == 7'b0000001) ? 1 : 0;  // 좌측
  assign SR_LED = (sen_int == 7'b1000000) ? 1 : 0;  // 우측

//⑥ clk(50MHz)을 clk_100k(100kHz)로 분주
  always @(posedge clk or negedge rst) begin
    if(!rst) begin
       cnt <= 0;
       clk_100k <= 0;
    end
    else
            코딩을 완성한다.
  end
```

[코드 8.9] 라인 트레이서 제어 회로 top 모듈의 HDL 모델링(계속)

```
//⑦ 센서로 감지한 입력을 통해 좌우 모터의 속도를 제어
 always @(sen_int) begin   // table에 주어진 값 이용
   case(sen_int)
     7'b000_1100  : begin
                      pwm_l = 207; pwm_r = 179;
                    end
               코딩을 완성한다.
     default     : begin
                      pwm_l = 179; pwm_r = 179;
                   end
   endcase
 end
// clk_100k로부터 motor_lclk, motor_rclk 신호를 생성

//⑧ 왼쪽 모터 제어: (pwm_l+1)x2 로 분주된 클록 motor_lclk 생성
  always @(posedge clk_100k or negedge rst) begin
   if(!rst) begin
     motor_lcnt <= 0;
     motor_lclk <= 0;
   end
   else
               코딩을 완성한다.
  end

//⑨ 오른쪽 모터 제어: (pwm_r+1)x2 로 분주된 클록 motor_rclk 생성
               코딩을 완성한다.

endmodule
```

[코드 8.9] 라인 트레이서 제어 회로 top 모듈의 HDL 모델링

```
module motor_con(clk, rst, dir, MT_A, MT_B, MT_nA, MT_nB);
  input  clk, rst, dir;
  output MT_A, MT_B, MT_nA, MT_nB;
  wire   MT_A, MT_B, MT_nA, MT_nB;
  reg[1:0]  phase_cnt;
  reg[3:0]  phase_out;
//① 모터 구동신호의 순차적인 생성을 위한 4진 계수기(phase_cnt)
  always @(negedge rst or posedge clk) begin
                    코딩을 완성한다.
  end

//② dir 신호에 따라 모터 구동신호 phase_out을 생성
// 우측 모터(dir==1), 좌측 모터(dir==0)
  always @(posedge clk) begin
    if(dir) begin // 전진
              코딩을 완성한다. (case(phase_cnt) 사용)
    end
    else begin   // 후진
              코딩을 완성한다. (case(phase_cnt) 사용)
    end
  end

//③ 모터 구동신호 출력
  assign MT_A = phase_out[0];
  assign MT_B = phase_out[1];
  assign MT_nA = phase_out[2];
  assign MT_nB = phase_out[3];

endmodule
```

[코드 8.10] 모듈 motor_con의 HDL 모델링

[표 8.11] I/O 핀 할당표

신호이름	FPGA 핀 번호	I/O	설명
clk	T9	I	Target FPGA Clock (50MHz)
rst	F4	I	시스템 리셋
sen_in[0]	L3	I	적외선 수광 센서로부터 입력되는 감지신호
sen_in[1]	L2	I	
sen_in[2]	K5	I	
sen_in[3]	K4	I	
sen_in[4]	K3	I	
sen_in[5]	K2	I	
sen_in[6]	J4	I	
sen_out[0]	R5	O	적외선 발광 소자로 출력되는 신호
sen_out[1]	P5	O	
sen_out[2]	N6	O	
sen_out[3]	M6	O	
sen_out[4]	R6	O	
sen_out[5]	P6	O	
sen_out[6]	N7	O	
led[0]	N5	O	적외선 수광 확인용 LED 구동 신호
led[1]	P7	O	
led[2]	T5	O	
led[3]	T8	O	
led[4]	T3	O	
led[5]	R3	O	
led[6]	T4	O	
MTL_A	M7	O	왼쪽 스텝핑 모터로 출력되는 A상 신호
MTL_B	T7	O	왼쪽 스텝핑 모터로 출력되는 B상 신호
MTL_nA	R7	O	왼쪽 스텝핑 모터로 출력되는 $\overline{A}$상 신호
MTL_nB	P8	O	왼쪽 스텝핑 모터로 출력되는 $\overline{B}$상 신호
MTR_A	T12	O	오른쪽 스텝핑 모터로 출력되는 A상 신호
MTR_B	T14	O	오른쪽 스텝핑 모터로 출력되는 B상 신호

[표 8.11] I/O 핀 할당표(계속)

신호이름	FPGA 핀 번호	I/O	설명
MTR_nA	N12	O	오른쪽 스텝핑 모터로 출력되는 $\overline{A}$상 신호
MTR_nB	P13	O	오른쪽 스텝핑 모터로 출력되는 $\overline{B}$상 신호
SC_LED	E2	O	적외선 센서 모듈 중앙의 확인용 LED 구동 신호
SR_LED	E1	O	적외선 센서 모듈 우측의 확인용 LED 구동 신호
SL_LED	D3	O	적외선 센서 모듈 좌측의 확인용 LED 구동 신호

참고문헌

[1] Basic FPGA Architectures, Xilinx Inc., 2009

[2] Basic FPGA Architectures, Xilinx Inc., 2011

[3] Virtex-II Platform FPGAs: Complete Data Sheet, Xilinx Inc., DS031(v4.0) Apr. 7, 2014

[4] Virtex-4 Overview, Xilinx Inc., Mar. 2005

[5] Virtex-4 FPGA User Guide, Xilinx Inc., UG070 (v2.6) Dec. 2008

[6] Virtex-5 Overview, Xilinx Inc., 2007

[7] Virtex-5 FPGA User Guide, Xilinx Inc., UG190 (v5.4) Mar. 2012

[8] Virtex-6 FPGA Configurable Logic Block User Guide, Xilinx Inc., UG364 (v1.2) Feb. 2012

[9] Virtex-6 FPGA Clocking resources User Guide, Xilinx Inc., UG362 (v2.5) Jan. 2014

[10] Virtex-6 FPGA Memory Resources User Guide UG363 (v1.8), Xilinx Inc. Feb. 5, 2014

[11] Spartan-II FPGA Family Data Sheet, Xilinx Inc., DS001 Jun. 13, 2008

[12] Spartan-3 FPGA Family Data Sheet, Xilinx Inc., DS099 Dec. 4, 2009

[13] Spartan-3 FPGA Family Data Sheet, Xilinx Inc., DS099 Jun. 27, 2013

[14] Spartan-3 Generation FPGA User Guide, Extended Spartan-3A, Spartan-3E, and Spartan-3 FPGA Families, Xilinx Inc., UG331 (v2.5) Jun. 2011

[15] Spartan-6 FPGA Configurable Logic Block User Guide, Xilinx Inc., UG384 (v1.1) Feb. 2010

[16] Spartan-6 FPGA Clocking Resources User Guide, Xilinx Inc., UG382 (v1.10) Jun. 2015

[17] Xilinx Tool Flow, Xilinx Inc., 2011

[18] 신경욱, CMOS 디지털 집적회로 설계 - 기본 이론부터 실습까지, 한빛아카데미, 2014

[19] 신경욱, Verilog HDL을 이용한 디지털 시스템 설계 및 실습, 카오스북, 2013

[20] iRoV-Lab 3000 User Manual, ㈜리버트론, 2007

찾아보기